高等学校“十三五”规划教材

计算机网络工程实践

桂学勤　钟良骥
徐　斌　胡文杰　编著

中国铁道出版社有限公司
CHINA RAILWAY PUBLISHING HOUSE CO., LTD.

内 容 简 介

本书全面介绍了网络工程相关技术，共分为9章：第1章介绍了计算机网络互联基础知识，是本书的引导章节，主要包括网络体系结构、IP地址、路由技术、VLAN技术、ACL技术和NAT技术等；第2章至第8章讲解了网络互联高级技术，主要包括局域网高级技术、城域网与广域网技术、内部路由协议、外部路由协议、路由控制技术、出口选路控制技术、网络可靠性技术等；第9章为防火墙技术，简要介绍了防火墙发展历史，并结合华为USG防火墙，介绍防火墙知识和基本配置方法。

本书内容丰富，既有理论深度，又有实用价值，适合作为高等学校网络工程专业的教材，也可作为计算机网络爱好者的自学参考用书。

图书在版编目（CIP）数据

计算机网络工程实践/桂学勤等编著. —北京：中国铁道出版社有限公司，2020.8（2022.6重印）
高等学校“十三五”规划教材
ISBN 978-7-113-27075-9

Ⅰ.①计… Ⅱ.①桂… Ⅲ.①计算机网络-高等学校-教材 Ⅳ.①TP393

中国版本图书馆CIP数据核字(2020)第126267号

书　　名：计算机网络工程实践
作　　者：桂学勤　钟良骥　徐　斌　胡文杰

策　　划：徐海英　　编辑部电话：（010）63551006
责任编辑：王春霞　彭立辉
封面设计：付　巍
封面制作：刘　颖
责任校对：张玉华
责任印制：樊启鹏

出版发行：中国铁道出版社有限公司（100054，北京市西城区右安门西街8号）
网　　址：http://www.tdpress.com/51eds/
印　　刷：河北宝昌佳彩印刷有限公司
版　　次：2020年8月第1版　2022年6月第2次印刷
开　　本：787 mm×1 092 mm 1/16　印张：19.75　字数：505千
书　　号：ISBN 978-7-113-27075-9
定　　价：54.00元

Foreword

前　言

目前，大多数计算机网络应用实践类教材，主要针对学习计算机网络的初学者，用于理论结合实践学习掌握计算机网络的基本技术，主要包括 IP 地址的配置方法、VLAN 配置方法、生成树配置方法，以及计算机网络路由基本技术及其配置方法；一般介绍 RIP 和 OSPF 协议的简单配置方法，网络地址转换 NAT 技术及其配置方法；学习小型网络通过 NAT 配置上网，以及基本的 VLAN 技术和路由技术。

对于大学网络工程专业的学生和爱好网络工程与系统集成的人员来说,还需要进一步学习网络高级技术。为此，我们组织了专门的教师队伍，对网络工程高级技术进行理论和实践应用研究，并撰写了这本《计算机网络工程实践》教材，力图较为系统地介绍网络工程高级技术及其实际应用方法。

本书全面介绍了网络工程的相关技术，共分为 9 章：第 1 章介绍计算机网络互联基础知识，在简要介绍网络体系结构、IP 地址、路由技术、VLAN 与三层交换技术、ACL 技术和 NAT 技术的基础上，对各项网络互联基本技术通过具体项目进行了实现；第 2～8 章介绍网络互联高级技术，包括局域网高级技术、城域网和广域网技术、内部路由协议、外部路由协议、路由控制技术、出口选路控制技术、网络可靠性技术，在讲述网络互联高级技术的同时，对各项网络互联高级技术通过具体项目进行了实现；第 9 章介绍防火墙技术，简要介绍了防火墙的发展历史，并结合华为路由器防火墙、USG 防火墙，介绍防火墙知识和基本配置方法，并进行了防火墙示例配置演示。

为便于读者学习网络工程高级技术及培养实践动手能力，针对教材中涉及的各项网络互联技术，本书配备了操作视频，读者可通过扫描二维码进行观看，具有很强的学习指导作用。

本书由桂学勤、钟良骥、徐斌、胡文杰编著，其中：钟良骥编写了第1章，桂学勤编写了第2～7章，胡文杰编写了第8章，徐斌编写了第9章。

本书涉及的技术文档主要参考了华为技术有限公司网站产品技术文档，包括《Huawei AR150&AR160&AR200&AR1200&AR2200&AR3200 产品文档》《S2750，S5700，S6700 系列以太网交换机产品文档》《Secoway USG2000&USG5000 统一安全网关产品文档》等。

由于时间仓促，编者水平有限，书中疏漏与不妥之处在所难免，诚望读者批评指正。希望本书的出版能够为更多对计算机网络感兴趣的读者提供一定的帮助。

编 者

2020年2月22日

目 录

第1章 计算机网络互联基础 «‹

本章作为本门课程的引导章节，简要回顾“计算机网络互联技术”课程的相关内容。它既是本书的引导章节，也是保证教材内容完整性的章节。

对于已经学习过计算机网络互联基础技术相关知识的同学，本章可以作为对相关知识的回顾学习。对于没有学习过计算机网络互联基础技术相关知识的同学，需要先学习计算机网络互联技术相关知识，然后再学习本书高级网络技术及相关的实践内容。

1.1 计算机网络基础

1.1.1 网络基础知识

1. 网络定义

计算机网络是指将地理位置不同的具有独立功能的多台计算机及其外围设备，通过通信线路连接起来，在网络操作系统、网络管理软件及网络通信协议的管理和协调下，实现资源共享和信息传递的计算机系统。

计算机网络的功能表现在软硬件资源共享和用户之间信息交换。

2. 网络分类

计算机网络的分类方法有多种，其中最主要的方式是根据覆盖范围进行分类。计算机网络按照覆盖的地理范围进行分类，可以很好地反应不同类型网络的技术特征。按照覆盖的地理范围，计算机网络可以分为4种类型：个人区域网（Personal Area Network，PAN）、局域网（Local Area Network，LAN）、城域网（Metropolitan Area Network，MAN）、广域网（Wide Area Network，WAN）。

① 个人区域网：主要用于无线通信技术实现联网设备之间的通信，作用范围在10 m左右，比较典型的设备有无线鼠标、无线键盘等。目前，无线个人区域网主要使用802.15.4标准、蓝牙技术与ZigBee标准。

② 局域网：它是一种在局部区域范围内使用的，由多台计算机和网络设备连接起来组成的网络，覆盖范围通常在10 km之内。局域网一般属于一个单位或部门，可以用于办公室、企业、园区、学校等主干网络。比较典型的局域网有以太网（Ethernet）和无线局域网技术（WLAN）。

③ 城域网：指作用范围在广域网与局域网之间的网络，其网络覆盖范围通常可以延伸到整个城市，可以在10~100 km城市范围。一般以光纤作为传输介质，将多个局域网连接形成大型网络，支持数据、语音、视频综合业务的数据传输。常用的城域网技术有万兆以太网技术和IP over SDH技术。

④ 广域网：通常跨接很大的物理范围，覆盖的范围比局域网（LAN）和城域网（MAN）都广，从几十千米到几千千米，它能连接多个城市或国家，形成国际性的远程网络。广域网的通

信子网主要使用分组交换技术，可以利用公用分组交换网、卫星通信网和无线分组交换网，将分布在不同地区的局域网或计算机系统互联起来，达到资源共享的目的。例如，因特网（Internet）是世界范围内最大的广域网。目前，广域网互联主要采用光纤传输介质，底层采用 SDH 和 WDM 技术，支持 IP 业务技术主要采用 IP over SDH 和 IP over WDM 技术。

3. **网络拓扑结构**

在网络中，拓扑结构（Topology）形象地描述了网络的结构和配置，包括各种节点的相互关系和位置。网络中各种设备通过图表示，并通过连线把设备之间的关系表示出来。这种设备图及连线表示的设备关系，就是网络拓扑结构。

根据信号传输方式的不同，可以把网络分为两类：点到点通信网络和广播通信网络。

点到点通信网络将网络中的设备以点到点的方式连接起来。网络中设备通过点到点链路进行点到点数据传输。点到点通信网络的拓扑结构有点对点状、环状、网状等。点到点通信网络主要用于城域网或广域网中。

广播通信网络利用传输介质把多个设备连接起来，一点发送，多点接收；利用传输介质的共享性消除网络线路重复建设，降低网络工程费用；广泛应用于局域网通信中。广播通信网络采用的拓扑结构有总线、星状、无线蜂窝状等。例如，同轴电缆连接的总线网络、双绞线连接的星状网络、以微波方式进行传输的无线蜂窝网络等。

（1）基本拓扑结构

① 点对点状拓扑结构。点对点状拓扑网络采用点到点通信方式进行信号传输，点对点状网络拓扑结构简单，易于布线，并且节省传输介质（一般采用光缆），往往用于主干传输链路。支持点对点状拓扑结构的网络有 SDH（同步数字系列）、DWDM（密集波分复用）等。在城域网或广域网中，经常采用点对点状拓扑结构，如图 1-1 所示。

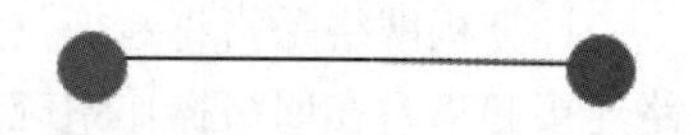

图 1-1　点对点状拓扑结构

点对点状拓扑结构网络的优点是：每条点对点链路都是独立的，链路两端设备独占链路。只要是两端设备协商一致的包格式和控制机制，通信就可以顺利进行。缺点是：利用点对点链路组网，需要的连接链路多。对于中间有多个节点的两点之间通信，需要通过多跳才能到达，网络时延较大。

② 环状拓扑结构。在环状拓扑结构网络中，各个节点通过环接口，连接在一条首尾相接的闭合环状通信线路中。在环状拓扑结构中，节点之间的信号沿着环路顺时针或逆时针方向传输。支持环状结构的网络早期有令牌环网、FDDI 网络，这两种网络都已经淘汰。现在主要的环状拓扑结构网络有 SDH（同步数字系列）、WDM（波分复用）、RPR（以太光网弹性分组环）、DPT（动态分组传输）等。环状拓扑结构主要用于城域网，如图 1-2 所示。

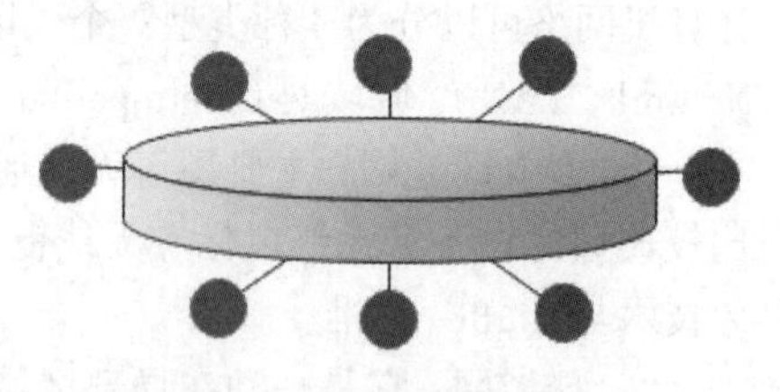

图 1-2　环状拓扑结构

环状拓扑结构网络的铺设可以采用多芯光缆，同时在光纤两端通过阻抗匹配器来实现环的封闭，形成环状拓扑结构。环状网络中任何信息都必须通过所有节点，如果环中某个节点中断。环上所有节点的通信就会终止。为了避免这个缺点，一般采用双环结构。双环结构网络工作时，外环传输数据，内环作为备用环路。当环路发生故障时，信号自动从外环切换到内环，这是双环网络的自愈合功能。

环状网络一般采用光纤组网，优点是：适合于主干网络长距离传输，相对于星状拓扑结构网络而言，组建环状网络所需的光缆较少，且双环网络具有自愈合功能，增加了网络的可靠性。

缺点是：环状网络不适合多节点的接入，增加节点会导致跳数增加，加大传输延时。环网出现故障时，故障点较难确定。

③ 总线状拓扑结构。它采用一条链路作为公共传输信道，网络上所有节点都通过接口连接到链路上，如图 1-3 所示。总线状网络拓扑结构采用广播方式发送信息，一个节点发送，其他节点都能够收到信息。节点通过目标地址判断是否是发送给自己的数据来选择接收或丢弃。节点发送数据可以采用令牌机制或碰撞检查机制。

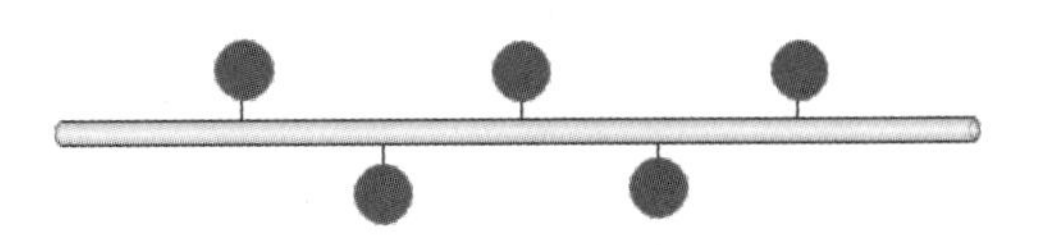

图 1-3　总线状拓扑结构

总线状网络的主要优点是：结构简单灵活，设备投入量少，成本低，安装使用方便。总线状网络的主要缺点是对通信线路敏感。任何通信线路的故障都会使得整个网络不能正常运行。

局域网中，采用同轴电缆的以太网支持总线状拓扑结构，但由于传输速率低，网络可靠性差，同轴电缆以太网已被淘汰。

④ 星状拓扑结构。在星状拓扑结构中，网络中的各节点单独以一条链路连接到一个中央节点上，由该中央节点向目的节点传送信息。中央节点执行集中式通信控制策略，因此中央节点相对复杂，负担比各节点重得多。在星状网中任何两个节点要进行通信都必须经过中央节点。

星状拓扑结构网络的中央节点要与多机连接，线路较多，为便于集中连线，一般采用交换设备的硬件作为中央节点。星状网络拓扑结构是广泛且首选使用的局域网的网络拓扑结构之一，如图 1-4 所示。

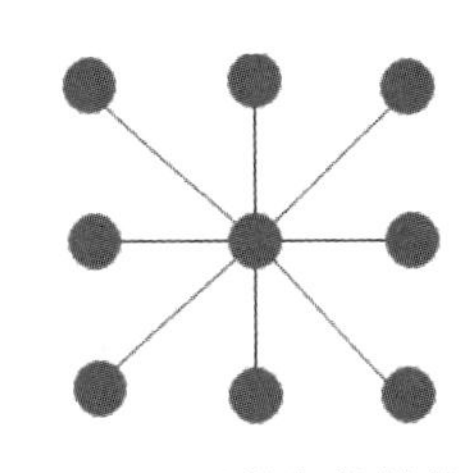

图 1-4　星状拓扑结构

星状拓扑结构的优点是：局域网一般采用双绞线作为传输介质，传输速率高，网络扩展性好；网络结构简单，容易维护。缺点是：需要耗费大量的电缆，安装、维护的工作量也大；中央节点负担重，一旦发生故障，与之相连的设备无法工作。

⑤ 蜂窝状拓扑结构。蜂窝状网络用于无线通信网络。它将一块大的区域划分为多个小的蜂窝，每个蜂窝使用一个小功率发射器（接收基站 BS 或无线接入点 AP），蜂窝的大小与发生器的频率相关，一般使用正六边形来描述蜂窝形状，如图 1-5 所示。每一个蜂窝使用一组频道，如果两个蜂窝相隔足够远，则可以使用同一组频道。

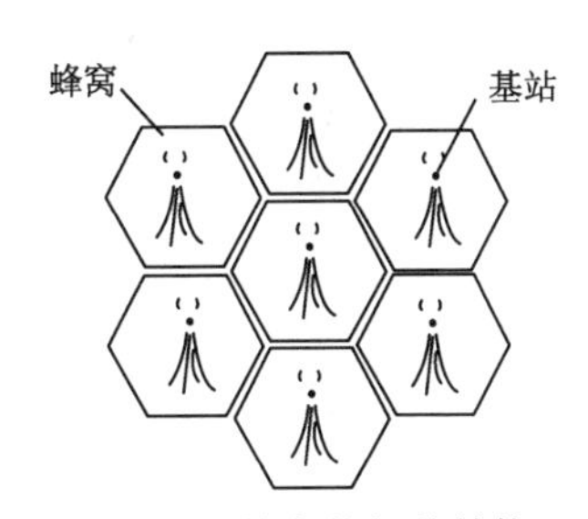

图 1-5　蜂窝状拓扑结构

蜂窝状拓扑结构的优点是：用户使用网络方便，组建无线网络容易。缺点是：信号在一个蜂窝内无处不在，信号容易受到干扰，存在安全隐患；传输距离有限。

蜂窝状拓扑结构起用于移动通信，随着无线通信技术的发展，这种技术也广泛用于计算机网络，如无线局域网（WLAN）。WLAN 的实现协议有很多，其中最著名也是应用最为广泛的当属无线保真技术 Wi-Fi，它实际上提供了一种能够将各种终端都使用无线进行互联的技术，为用户屏蔽了各种终端之间的差异性。具体的无线网络拓扑结构有两种：Ad-Hoc 结构和 Infrastructure 结构。

（2）组合拓扑结构

大型网络都是通过基本网络拓扑结构组成。随着网络规模的扩展，网络的拓扑结构会变得更加复杂，会通过基本的网络拓扑结构组合成更加复杂的网络拓扑结构。这种组合而成的网络拓扑结构有网状拓扑结构、树状拓扑结构、混合拓扑结构等。

① 网状拓扑结构。它是点对点拓扑结构的扩展，采用点对点通信方式。网络拓扑结构有半网状拓扑结构和全网状拓扑结构。网状拓扑结构中任何两个点之间都有直达链路连接。网状拓扑结构（见图 1–6）一般用于城域网或广域网中，或大型网络中的局域网核心层，且核心层节点较少的情况。

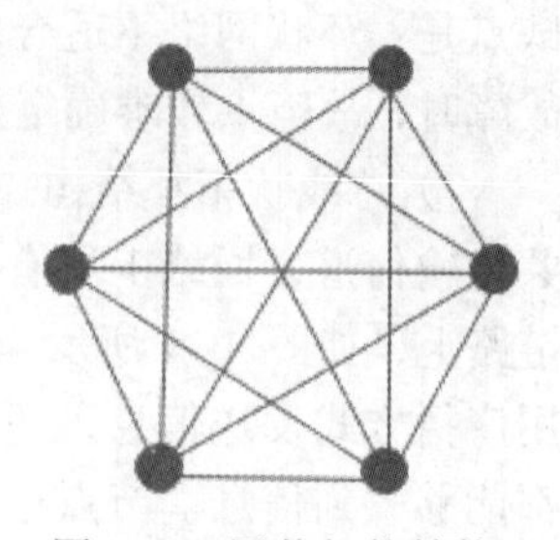
图 1–6 网状拓扑结构

网状拓扑结构的优点是：网络冗余链路多，网络可靠性高。对于全互联网络结构，任何一条链路发生故障，都可以通过其他链路到达，网络延时少。缺点是：网络线路多，线路利用率低，网络基建和维护费用高。对于全互联网络结构，每增加一个节点，会增加很多与该节点连接的链路。

实际网络建设中，一般不会采用网状拓扑结构，对于采用核心层点对点链路互联的网络，为了提高核心层可靠性，可能会采用网状拓扑结构，这种情况，核心层设备往往较少。

② 树状拓扑结构。树状拓扑结构也称层次拓扑结构，它是星状拓扑结构的扩展（星状+星状），目前主要用于大型局域网。树状拓扑结构采用分层的思想，针对不同网络规模，可以采用不同的树状结构，基本可以分为核心层、汇聚层、接入层。树状结构具有星状结构的优缺点，如图 1–7 所示。

③ 混合拓扑结构。混合拓扑结构（见图 1–8）是由多种拓扑结构组成，多用于大型网络中，例如，在核心层采用环状拓扑结构，汇聚层和接入层采用星状拓扑结构组网形成的混合拓扑结构网络（环状+星状）。对于多分部的单位，每个分部采用星状结构或树状结构，分部之间互联采用路由器通过点对点链路连接形成的混合拓扑结构网络（点对点+星状）。另外，内部网络还可能部署无线局域网，组成更加复杂的网络拓扑结构。

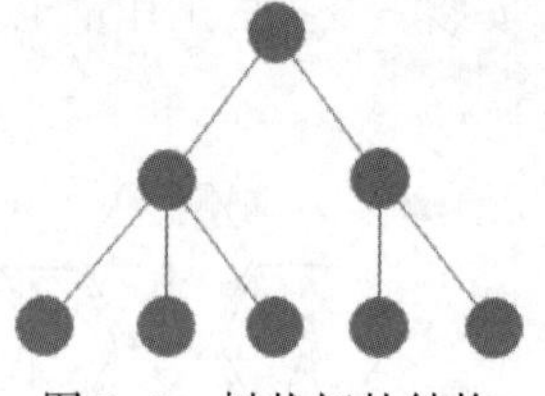
图 1–7 树状拓扑结构

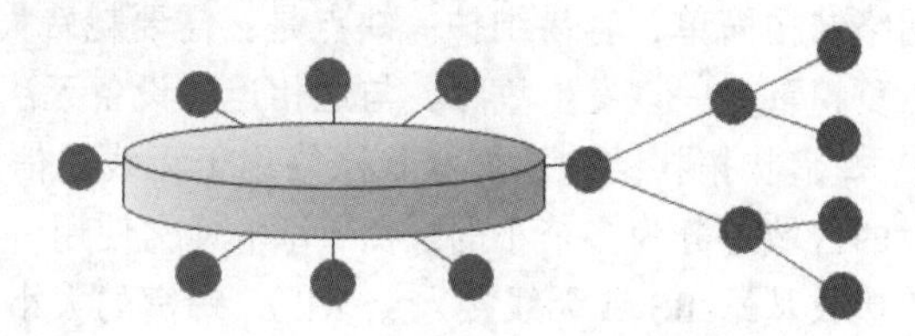
图 1–8 混合拓扑结构

1.1.2 网络体系结构

1. 网络体系结构基本概念

（1）协议

计算机网络由多台计算机主机组成，主机之间需要不断地交换数据。要做到有条不紊地交换数据，每台主机都必须遵守一些事先预定好的通信规则。协议就是一组控制数据交互过程的通信规则。

网络协议由 3 个要素组成：

① 语法。语法是用户数据与控制信息的结构与格式。

② 语义。语义用于解释控制信息每个部分的含义，它规定了需要发出何种控制信息，以及做出什么样的响应。

③ 时序。时序是对事件发生顺序的详细描述。

简单地说，语法表达要做什么，语义表达要怎么做，时序表达做的先后顺序。

（2）协议分层

对于结构复杂的计算机网络来说，为保证计算机网络有条不紊地交换数据，必须制定大量的协议，构成一套完整的协议体系。为便于组织管理协议体系，一般采用层次结构来管理协议。

协议分层具有许多优点：各层之间相对独立，某一层并不需要知道它的下层是如何实现的，而仅仅需要知道该层通过层间的接口所提供的服务即可；分层结构可以简化设计工作，将一个庞大而复杂的系统变得容易实现；分层结构使网络灵活性增强，当某一层发生变化时，只要层间接口关系保持不变，则这层上下层均可不受影响；有助于标准化工作，可以做到每一层的功能及其所提供的服务都有精确的说明。

如何划分协议的层次是网络体系结构的另一个重要问题，层次划分必须适当。层次太多会造成系统开销的增加。层次太少又会造成每层的功能不明确、相邻层间接口不明确，从而降低协议的可靠性。一般网络体系结构的层次为 4~7 层。

（3）网络体系结构

为便于描述计算机网络，引入一个重要概念——网络体系结构。我们可以这样理解网络体系结构的概念，即网络体系结构是网络分层、各层协议以及层间接口的集合。

常用的网络体系结构有 OSI/RM 网络体系结构和 TCP/IP 网络体系结构。

2. OSI/RM 网络体系结构

早期的计算机网络，不同制造商具有不同的体系结构，只有同一家制造商生产的网络设备组成的网络才可以进行通信，不同结构不同网络的计算机不能进行通信。为了促进异种网络的互联通信，20 世纪 70 年后期，国际化标准组织（ISO）制定了一个参考模型，即开放系统互连参考模型，简称 OSI 模型。

开放是指只要遵循 OSI 标准，一个系统就可以和另一个遵循同样协议的任何一台联网的计算机系统进行通信。

（1）OSI 模型的结构

OSI 模型把整个网络划分为 7 个层次，图 1-9 所示为广域网结构和 OSI 模型结构示意图。

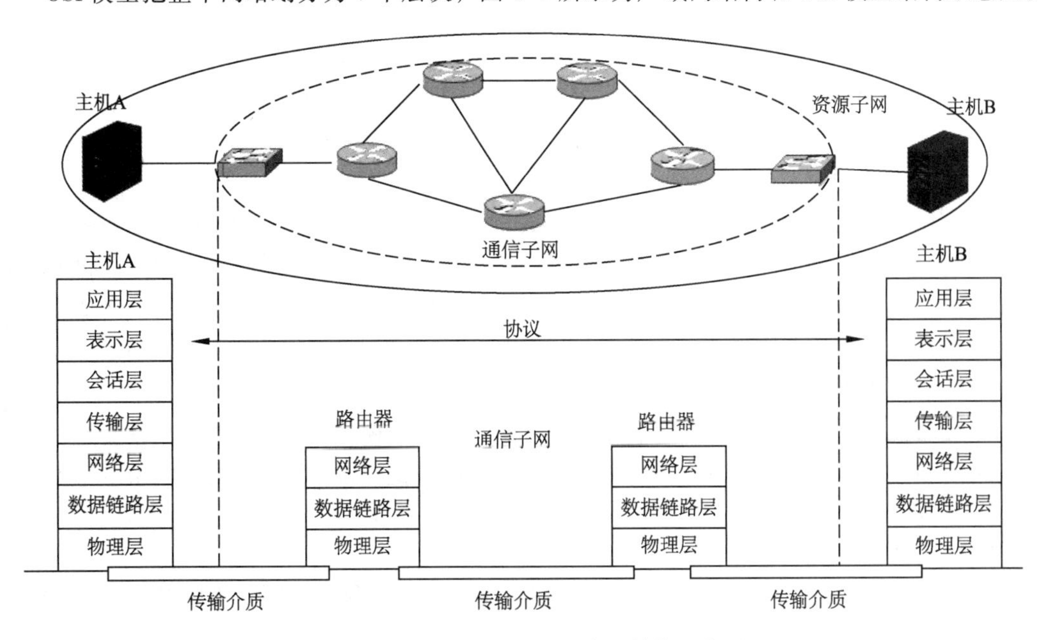

图 1-9　广域网结构和 OSI 模型结构示意图

（2）OSI 划分层次的主要原则

OSI 模型的 7 个层次，每层执行一种明确定义的功能，其层次划分的主要原则如下：

① 网络中各主机都具有相同的层次。

② 不同主机的同等层具有相同的功能。

③ 同一主机内相邻层之间通过接口通信。

④ 每层可以使用下层提供的服务，并向上层提供服务。

⑤ 不同主机的同等层通过协议来实现同等层之间的通信。

（3）OSI 各层的主要功能

OSI 模型将网络分层 7 层，这 7 层从低层到高层分别是：物理层、数据链路层、网络层、传输层、会话层、表示层、应用层。

① 物理层（Physical Layer）：它是 OSI 模型的最底层，涉及网络物理设备之间的接口，其目的是向高层提供透明的二进制流传输。物理层提供为监理、维护和拆除物理链路所需要的机械、电气、功能和过程特征。

② 数据链路层（Data Link Layer）：通过一些数据链路层协议，在相邻节点的物理链路上建立数据链路，实现可靠的数据传输，从而保证数据通信的正确性。其主要任务是加强物理层传输原始比特的功能，使之对网络层显现为一条无错线路。

③ 网络层（Network Layer）：其实质功能是将信息分组从源计算机选择路径发送给目的地计算机。由于互联网是由大量异构网络通过路由器相互连接起来的，因此网络层的主要功能是通过路由器实现路径选择和数据转发的功能。

④ 传输层（Transport Layer）：负责端到端的通信，是七层模型中负责数据通信的最高层，也是面向网络通信的低三层和面向信息处理的高三层之间的中间层。传输层实现两个目的：一是提供可靠的端到端的通信；二是向会话层提供独立于网络的传输服务。

⑤ 会话层（Session Layer）：其主要目的是提供一个面向用户的连接服务，它给会话用户之间的对话和活动提供组织和同步所必需的手段，以便对数据的传输提供控制和管理。传输协议负责产生和维持两点之间的逻辑连接，而会话协议在上述连接服务基础上，提供一个用户接口。

⑥ 表示层（Presentation Layer）：用于处理与数据表示有关的问题，包括转换、机密和压缩等。每台计算机都有自己表示数据的内部方法，所以需要协议和转换来保证不同计算机可以彼此理解。

⑦ 应用层（Application Layer）：其任务是为最终用户服务，每个应用协议都是为解决某一类具体的应用问题，而问题的解决往往是通过位于不同主机中的多个进程之间的通信和协同工作来完成的。为解决具体问题而彼此通信的进程称为应用进程。应用层的具体内容就是规定应用进程在通信时所遵循的协议。

3. TCP/IP 网络体系结构

OSI 模型的研究促进了计算机网络体系的形成，但 OSI 模型并没有成为真正意义上的网络体系结构标准。随着 TCP/IP 网络体系结构在互联网中的广泛应用，TCP/IP 网络体系结构成为公认的互联网协议标准。

（1）TCP/IP 模型结构

TCP/IP 模型将网络分成四层，分别是应用层、传输层、网际层、网络接口层。TCP/IP 模型与 OSI 模型层次对应关系如图 1-10 所示。

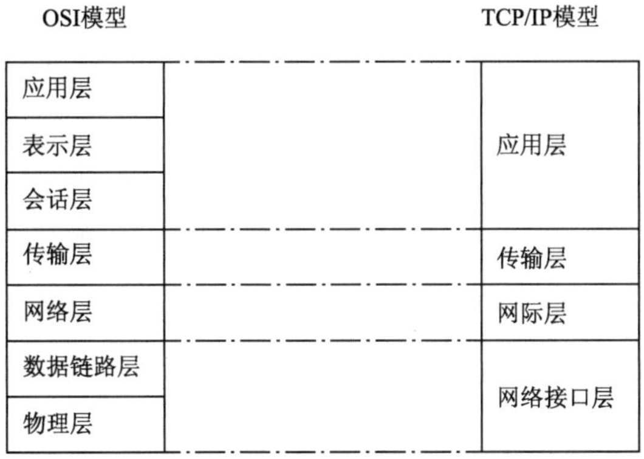

OSI模型	TCP/IP模型
应用层	应用层
表示层	
会话层	
传输层	传输层
网络层	网际层
数据链路层	网络接口层
物理层	

图 1-10　TCP/IP 模型与 OSI 模型层次对应关系

（2）TCP/IP 协议体系特点

TCP/IP 是 Internet 中重要的通信协议。它规定了计算机通信所使用的协议数据单元、格式、报头与相应的动作。TCP/IP 协议体系具有如下特点：

① 开放的协议标准。

② 独立于特定的计算机硬件和操作系统。

③ 独立于特定的网络硬件，可以运行在局域网、广域网，适合于网络互联。

④ 统一的网络地址分配方案，网络设备在 Internet 中都有唯一的 IP 地址。

⑤ 标准化的应用层协议，可以提供多种网络服务。

（3）TCP/IP 各层的主要功能

① 网络接口层：它是 TCP/IP 参考模型的最底层，负责发送和接收 IP 分组。TCP/IP 协议对网络接口层并没有规定具体协议，它采用开放的策略，允许使用局域网、城域网、广域网的各种协议。这体现了 TCP/IP 体系的开放性、兼容性，是 TCP/IP 成功的基础。

② 网际层：使用 IP 协议，IP 是一种不可靠、无连接的数据报传输协议，主要功能包括路由选择和数据准发。

③ 传输层：负责在会话进程之间建立端到端的连接。传输层使用两个不同协议，一个是传输控制协议（TCP），另一个是用户数据报协议（UDP）。TCP 是一种可靠的、面向连接的传输协议。UDP 是一种不可靠的、无连接的传输协议。

④ 应用层：它是 TCP/IP 模型中的最高层，包含各种标准的网络应用协议，包括 Tlenet、FTP、SMTP、HTTP、DNS、DHCP 等。

OSI 的七层协议体系结构清晰，理论完整，但它复杂不实用。TCP/IP 协议体系得到了广泛使用，它实际只定义了最上面的三层，最下面的网络接口层并没有具体内容。网络接口层采用开放的策略，允许使用各种局域网、广域网等，即网络接口层由具体的网络决定。而具体实际网络一般包括数据链路层和物理层两层，即 OSI 体系结构中最低两层。因此，具体网络的体系结构是包括五层协议的体系结构，有时也把最底下两层合称为网络接口层。多种网络体系结构分层对应关系如图 1-11 所示。

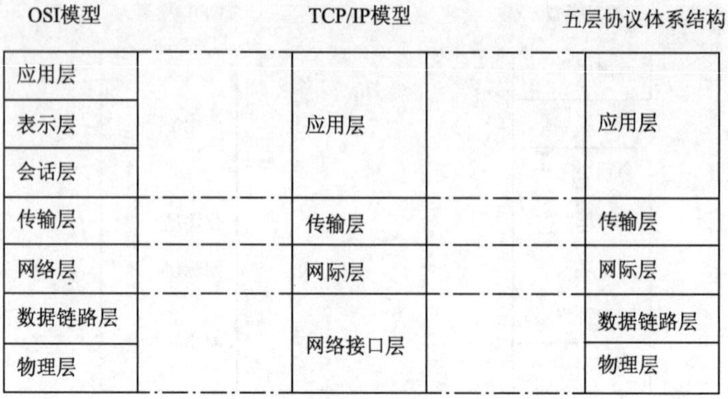

OSI模型	TCP/IP模型	五层协议体系结构
应用层	应用层	应用层
表示层		
会话层		
传输层	传输层	传输层
网络层	网际层	网际层
数据链路层	网络接口层	数据链路层
物理层		物理层

图 1-11　多种网络体系结构分层对应关系

1.1.3　网络传输设备

网络传输设备在数据通信过程中起到了非常重要的作用，这里主要介绍网络适配器、交换机和路由器。

1. 网络适配器

计算机与局域网的连接是通过网络适配器（Network Adapter）进行的。网络适配器又称网络接口卡（Network Interface Card，NIC），简称为网卡。网卡是工作在链路层的网络组件，是局域网中连接计算机和传输介质的接口。它不仅能实现与局域网传输介质之间的物理连接和电信号匹配，还涉及帧的发送与接收、帧的封装与拆封、介质访问控制、数据的编码与解码以及数据缓存的功能等。

（1）网络适配器的功能

网卡上面一般装有处理器和存储器（包括 RAM 和 ROM）。网卡和局域网之间的通信是通过电缆或双绞线以串行传输方式进行的。而网卡和计算机之间的通信则是通过计算机主板上的 I/O 总线以并行传输方式进行的。因此，网卡的一个重要功能就是要进行串行/并行转换。由于网络上的数据传输速率和计算机总线上的数据传输速率并不相同，因此在网卡中还必须装有对数据进行缓存的存储芯片。在安装网卡时必须将管理网卡的设备驱动程序安装在计算机的操作系统中，网卡还要能够实现以太网协议。

网卡本身不带电源，必须使用所插入的计算机的电源，并受该计算机的控制，因此网卡可看成一个半自治的单元。当网卡收到一个有差错的帧时，就将这个帧丢弃而不必通知它所插入的计算机。当网卡收到一个正确的帧时，就使用中断来通知该计算机并交付给协议栈中的网络层。当计算机要发送一个 IP 数据包时，由协议栈向下交给网卡组装成帧后发送到局域网。

（2）网络适配器的分类

按照网络类型来分，网卡分为以太网卡、令牌环网卡、ATM 网卡。随着网络发展，局域网一般采用以太网，所以目前市面上主要是以太网卡。

按照网卡速率来分，可以分为 10 Mbit/s 网卡、100 Mbit/s 网卡、1 000 Mbit/s 网卡。其中最流行的是 100 Mbit/s 网卡。

按照主板上总线类型来分，网络分为 ISA 网卡、PCI 网卡、USB 网卡。PCI 网卡是应用最广泛、最流行的网卡。USB 网卡是外置式的，主要满足笔记本计算机用户的需要。目前，一般计算机主板都配备有集成网卡。

2. **交换机**

根据使用网络类型不同，交换机可以分为以太网交换机、令牌交换机、ATM 交换机等。但随着网络的发展，目前局域网主要采用以太网技术。因此，以太网交换机是目前局域网交换机的主流交换机，以太网交换机几乎成为局域网的标准交换设备。这里所指的交换机是指以太网交换机。

（1）交换机的基本功能

在以太网的设计使用过程中，为了满足网络覆盖范围、网络性能和性价比方面的不同要求，研制了中继器、集线器、网桥、交换机等网络互联设备，目前，中继器、集线器、网桥已淘汰，交换机成为局域网主要使用的互联设备。交换机一般工作在数据链路层，其每个接口都直接与单台主机或另一个以太网交换机相连，工作在全双工方式。

交换机基本功能包括学习功能、数据过滤/转发、阻断环路 3 项功能。

① 学习功能：交换机中有一个 MAC 地址表，交换机通过学习，了解每一端口相连设备的 MAC 地址，并将 MAC 地址同相应的端口映射起来存放在交换机的 MAC 地址表中。

② 数据过滤/转发：当一个数据帧的目的地址在 MAC 地址表中有映射时，它被转发到连接目的节点的端口而不是所有端口（如该数据帧为广播/组播帧则转发至所有端口）。通过学习功能，然后采用数据过滤/转发功能，提高数据转发效率。

③ 阻断环路：当交换机包括冗余环路时，会产生广播风暴、MAC 地址抖动、重复帧发送等问题，交换机通过生成树协议避免环路的产生，同时允许存在后备路径。

（2）交换机的数据转发方式

交换机数据转发有 3 种方式：直通转发、存储转发、无碎片直通转发，不同的交换机往往支持不同的转发方式。

① 直通转发：直通转发方式的交换机在输入端口检测到一个数据包时，检查该包的包头，获取包的目的地址，启动内部的动态查找表转换成相应的输出端口，在输入与输出交叉处接通，把数据包直通到相应的端口，实现交换功能。由于不需要存储，延迟非常小、交换非常快，这是它的优点。它的缺点是：因为数据包内容并没有被以太网交换机保存下来，所以无法检查所传送的数据包是否有误，不能提供错误检测能力。

② 存储转发：存储转发方式是计算机网络领域应用最为广泛的方式。它把输入端口的数据包先存储起来，然后进行 CRC（循环冗余码校验）检查，在对错误包进行处理后才取出数据包的目的地址，通过查找表转换成输出端口送出包。正因如此，存储转发方式在数据处理时延时大，这是它的不足，但是它可以对进入交换机的数据包进行错误检测，有效地改善网络性能。尤其重要的是，它可以支持不同速度的端口间的转换，保持高速端口与低速端口间的协同工作。

③ 无碎片直通转发：这是介于前两者之间的一种解决方案。它检查数据包的长度是否达到 64 字节，如果小于 64 字节，说明是假包，则丢弃该包；如果大于 64 字节，则发送该包。这种方式也不提供数据校验。它的数据处理速度比存储转发方式快，但比直通式慢。

（3）交换机的产生

交换机的前身是集线器（Hub），集线器工作于 OSI 网络标准模型第一层，即“物理层”，其主要功能是对接收到的信号进行再生整形放大，以扩大网络的传输距离，同时把所有节点集中在以它为中心的节点上。以集线器为核心构建的网络是共享式以太网的典型代表。严格来说，集线器不属于交换机范畴，但由于集线器在网络发展初期具有举足轻重的作用，在很长时间内占据着目前接入交换机的应用位置，因此往往也被看成是（第）一层交换机。

网桥（Bridge）是早期的两个端口二层网络设备，用来连接不同网段。网桥的两个端口分别有一条独立的交换信道，不是共享一条背板总线，可隔离冲突域。网桥比集线器性能更好，集线器上各端口都是共享同一条背板总线。

交换机是在多端口网桥的基础上逐步发展起来的。最初的交换机可以理解为多端口的网桥，是完全符合 OSI 定义的层次模型的，也就是说工作在 OSI 网络标准模型的第二层（数据链路层），因此也被称为二层交换机。

从 1989 年第一台以太网交换机面世至今，经过多年的快速发展，交换机的转发技术从当年的二层转发，发展到支持三层硬件转发，甚至还出现了工作在四层及更高层的交换机。转发性能上有了极大提升，端口速率从 10 Mbit/s 发展到了 100 Gbit/s，单台设备的交换容量也由几十 Mbit/s 提升到了几十 Tbit/s。凭借着“高性能、低成本”等优势，交换机如今已经成为应用最为广泛的网络设备。

交换机支持全双工通信。全双工是指交换机在发送数据的同时也能够接收数据，两者同步进行。这好像我们平时打电话一样，说话的同时也能够听到对方的声音。标准的以太网采用 CSMA/CD 机制，任何时候只能一台设备成功发送，是半双工传输方式。采用交换机后，交换机每个端口采用独占方式工作，因此能够支持全双工通信。注意，只有采用全双工网卡和交换机才能支持全双工通信方式。随着技术的不断进步，半双工会逐渐退出历史舞台。目前，几乎所有的网卡和交换机都支持全双工通信方式。

3. 路由器

路由器是网络层设备，有多种网络接口，用来将异构的通信网络连接起来，通过处理 IP 地址来转发 IP 分组，形成一个虚拟的 IP 通信网络。路由器是真正的网络与网络的互联设备，通过它可以将不同的网络连接起来，使网络具有可扩展性。

（1）路由器功能

路由器工作在网络层，实现网际互联，主要完成网络层的功能。路由器负责将数据分组从源端主机经过最佳路径传送到目的主机。路由器必须具备两种功能：路由选择和数据转发。其主要作用就是确定到达目的网络的最佳路径，并完成分组信息的转发。

路由器和交换机都能完成数据的转发，但路由和交换的不同在于，交换发生在 OSI 网络标准模型的第二层（数据链路层），而路由发生在第三层（网络层）。这一区别决定了路由器和交换机在实现各自功能的方式是截然不同的。

另外，由于应用需求对网络技术的推动和路由器在子网络中的特殊位置，路由器已不再局限于它的基本功能，它还提供许多其他功能，如包过滤功能、组播功能、服务质量（QoS）功能、安全功能，以及流量控制、拥塞控制等功能。

① 路由选择：路由选择就是路由器依据目的 IP 地址的网络地址部分，通过路由选择算法确定一条从源节点到达目的节点的最佳路由。在实际的互联网环境中，任意两台主机之间的传输链路上可能会经过多个路由器，它们之间也可以有多条传输路由。因此，经过的每一个路由器都必须知道应该往哪里转发数据才能把数据传送到目的主机。为此，每个经过的路由器需要确定它的下一跳路由器的 IP 地址，即选择到达下一个路由器的路由。然后再按照选定的下一跳路由器的 IP 地址，将数据包转发给下一跳路由器。通过这样一跳一跳地沿着选好的路由转发数量分组，最终把分组传送到目的主机。由此可见，路由选择的核心就是确定下一跳路由器的 IP 地址。

路由器路由选择功能的实现，关键在于建立和维护一个正确、稳定的路由表，路由表是路由选择的核心。路由表的内容主要包括：目的网络地址、下一跳路由器地址和目的端口等信息。另外，每一台路由器的路由表中还包含默认路由的信息。

② 数据转发：数据转发主要完成按照路由选择指出的路由，将数据分组从源节点传送到目的节点。对于某一台路由器而言，数据转发需要完成的工作仅仅是根据路由表给出的最佳路由信息，将从源端口接收的数据分组转发到目的端口，再从目的端口输出，把数据分组转发给下一跳路由器。

路由器在接收到一个数据分组时，首先查看数据分组头中的目的 IP 地址字段，根据目的 IP 地址的网络地址部分去查询路由表。如果表中给出的是到达目的网络地址的下一跳路由器，由下一跳路由器继续转发，这样一跳一跳地转发下去，最终将数据分组转发到目的端。如果目的网络是与路由器的一个端口直接相连的，则在对应于目的网络地址的路由表表项中，给出的是目的端口。在这种情况下，路由器就将数据分组直接发往目的端口。但如果在路由表中既没有找到下一跳路由器地址，也没有找到目的端口时，路由器则将数据分组转发给默认路由，由默认路由所连的路由器继续转发，最终将数据分组转发到目的端。假如最终还是没有到达该目的网络的路由信息，就将该分组丢弃。

默认路由又称默认网关，它是配置在一台主机上的 TCP/IP 属性的一个参数。默认网关是与主机在同一个子网的路由器端口的 IP 地址。如果目标网络没有直接显示在路由表中，就将数据分组传送给默认网关。一般路由器的默认网关都是指向连接 Internet 的出口路由器。

在路由选择和分组转发中，默认路由是不可缺少的一种应用。例如，在一个园区网内的网络站点访问 Internet 时，一般都需要通过默认路由的应用完成端到端的数据转发。

（2）路由器内部结构

路由器内部结构主要包括两个部分：路由选择和分组转发，如图 1-12 所示。

路由选择部分也是控制部分，其核心部件是路由选择处理机。路由选择处理机根据路由选择协议计算形成路由表，路由表是选路的依据。路由处理机还与相邻路由器交换路由信息，更新和维护路由表。

分组转发部分由输入端口、交换结构、输出端口组成。交换结构的作用是根据转发表对分组进行处理，即将某个输入端口进入的分组从另一个合适的输出端口转发出去。路由器中转发表根据路由表形成，是分组在设备内部转发的依据。

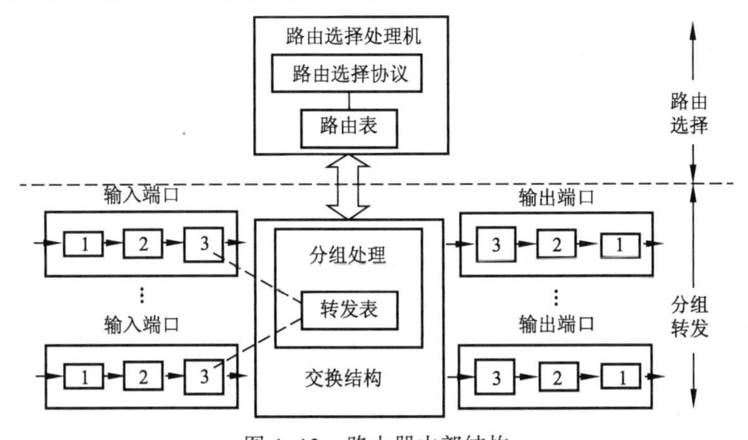

图 1-12　路由器内部结构

1—物理层；2—数据链路层；3—网络层

注意：路由表描述的是链路状态信息，包括目的地址、子网掩码、下一跳地址等信息。表达的是将数据包从一个设备转发到另一设备。而转发表描述的主机内部信息，表达的是主机内部将数据包从设备一个输入端口导向另一个输出端口。

（3）数据转发方式

路由器中交换结构是路由器内部的关键部件，正是这个交换结构负责将分组从一个输入端口转移到另一个合适的输出端口，实现数据的转发功能。

高性能的路由器交换结构的设计需要考虑的因素包括：吞吐量、报文丢失率、报文延时、缓冲空间和实现的复杂性等。常用交换结构的实现有 3 种方式：共享总线交换、共享内存交换、交叉矩阵交换。

① 共享总线交换：路由器在某个输入端口接收到一个分组并进行缓存，然后通过路由器选路处理，再通过共享总线把分组从输入端口直接传送到输出端口。由于总线是共享的，一次只能一个分组通过，所以路由器交换带宽受总线速率的限制。早期的路由器主要采用共享总线交换结构。

② 共享内存交换：当路由器在某个输入端口收到一个分组时，就将分组复制到内存中，通过路由器选路处理，在将数据从内存中复制到某个合适的输出端口进行分组转发。一部分路由器也通过共享内存转发分组。

③ 交叉矩阵交换：交叉矩阵交换可以同时提供多个数据通路，一个交叉矩阵往往有 N 个输入和 N 个输出，但路由器在 X 输入端接收到一个分组，通过路由器选路处理，需要从 Y 输出端输出，则交叉点（X,Y）闭合，数据从 X 输入端输出到 Y 输出端。交叉点的打开与闭合由调度器来控制。交叉矩阵交换路由器的速度取决于调度器的速度。

1.2 IP 地址基础知识

IP 地址（Internet Protocol Address，网际协议地址）是 IP 协议提供的一种统一的地址格式，它为网络上的每一个路由器和主机接口分配一个逻辑地址，用来标识网络接口，以此来屏蔽物理地址的差异。

IP 地址是一个 32 位的二进制数，分为 4 段，每段 8 位，用十进制数字表示，每段数字范围为 0 ~ 255，段与段之间用句点隔开。IP 地址这种表示方法通常称为“点分十进制”表示法。例如，IP 地址：192.168.10.10。

1.2.1 IP 地址技术的发展阶段

IP 地址技术发展经历了 4 个阶段，分别是：标准分类 IP 地址、划分子网的 IP 地址及可变长子网掩码、无分类域间路由（CIDR）技术、网络地址转换 NAT 技术。

1. 标准分类 IP 地址

标准 IP 地址由两部分组成：网络号 net-ID，主机号 host-ID。不同类型的网络地址，网络号、主机号长度不一致。

标准 IP 地址将 IP 地址分为 A、B、C、D、E 类，其中 A、B、C 类地址为主机类 IP 地址，D 类地址为组播地址，E 类地址保留给将来使用。

A 类地址网络号 8 位，主机号 24 位，第一个字节首位必须为 0，首个点分十进制的取值为 1 ~ 126。IP 地址的范围：1.0.0.0~126.255.255.255。

B 类地址网络号 16 位，主机号 16 位，第一个字节前两位必须为 10，首个点分十进制的取值为 128 ~ 191。IP 地址的范围：128.0.0.0~191.255.255.255。

C 类地址网络号 24 位，主机号 8 位，第一个字节前三位必须为 110，首个点分十进制的取值为 192 ~ 223。IP 地址的范围：192.0.0.0~223.255.255.255。

2. 划分子网的 IP 地址及可变长子网掩码（VLSM）

标准 IP 地址存在两个主要问题：一是 IP 地址的有效利用率不高，存在大量 IP 地址的浪费；二是路由器的数据转发效率不高。为了解决这两个问题，1991 年，研究人员提出了子网的概念，就是在 A、B、C 类地址中借用主机号的一部分作为子网的子网号，利用子网号在内部进行网络划分，减少一个标准网络中主机数量，提高 IP 地址的利用率。IP 地址变成三级地址结构：网络号 net-ID、子网号 Sub-ID、主机号 host-ID。也可以理解为两部分：网段号（net-ID + Sub-ID）、主机号（host-ID）。

为了从 IP 地址中识别网段号，人们提出了子网掩码的概念。子网掩码规定：子网掩码中网络号和子网号用全 1 表示，主机号用全 0 表示。通过子网掩码可以提取网段号。

当借用主机号作为子网号时，子网号的长多是可以变化的，为此，人们提出可变长子网掩码的概念。利用可变长子网掩码可以划分子网，识别子网号，同时保持了对标准的 IP 地址的兼容。

3. 无分类域间路由（CIDR）技术

在可变长子网掩码的基础上，人们提出了无分类域间路由的概念。无分类域间路由技术不再采用传统的标准 IP 地址的分类方法，取消 A、B、C 类地址分类，IP 地址由可变长的网络号和主机号组成，极大地减少了 IP 地址分配时的浪费现象。

采用 CIDR 技术的 IP 地址，无法从地址本身来判断网络号的长度。因此，CIDR 地址利用“斜线记法”。表示网段地址：<网络前缀/网段长度>。表示 IP 地址：<IP 地址/网段长度>。无分类域间路由将 IP 地址又变成两部分：网络号 net-id、主机号 host-id。但是，网络号、主机号的长度是变化的。

采用“斜线记法”表示 IP 地址，既给出 IP 地址，也提供网络地址的长度。这种表示与用子网掩码表示网络地址具有相同的效果。所以，无分类域间也可采用子网掩码来表示网络地址。但是这里不存在子网，应该称为掩码，习惯上还是称为子网掩码。

4. 网络地址转换 NAT 技术

由于 IPv4 地址的严重不足，为了有效缓解 IP 地址短缺的问题，1999 年，提出网络地址转换（NAT）技术。采用 NAT 技术，可以通过少量公网 IP 地址，使大量分配私有 IP 地址的主机通过地址转换访问互联网，极大地缓解了 IPv4 地址不足的问题。采用 NAT 技术还能够屏蔽外部主机对内部主机的访问，提供网络安全的功能。正是因为这两点，目前大量的单位都是通过 NAT 技术上网，同时也极大地延缓了 IPv6 替代 IPv4 网络的进度。

1.2.2　私有 IP 地址

RFC1918 标准规定了两种类型的 IP 地址：一种是允许在互联网上使用的 IP 地址，称为公有地址，这类地址不允许重复使用，且需要向 NIC 申请；另一种为私有地址，这类地址在内部网使用，无须向 NIC 申请。

A 类私有地址：10.0.0.0~10.255.255.255。

B 类私有地址：172.16.0.0~172.31.255.255。

C 类私有地址：192.168.0.0 ~ 192.168.255.255。

1.2.3 特殊 IP 地址

网络号与主机号为全 0 和全 1 的地址有特殊含义，不能分配给主机。127.0.0.0 网段的所有地址是回环地址。

① 0.0.0.0：严格来说，0.0.0.0 已经不是一个真正意义上的 IP 地址。它表示的是这样一个集合：所有不清楚的主机和目的网络。如果在计算机网络设置中设置了默认网关，那么 Windows 系统会自动产生一个目的地址为 0.0.0.0 的默认路由。

② 255.255.255.255：限制广播地址，对本机来说，这个地址指本网段内的所有主机。这个地址不能被路由器转发。

③ 127.0.0.1：本机地址，也称回环地址，主要用于测试。在 Windows 系统中，这个地址有一个别名 Localhost。

④ 224.0.0.1：组播地址，从 224.0.0.0~239.255.255.255 都是这样的地址。224.0.0.1 特指所有主机，224.0.0.2 特指所有路由器。这样的地址多用于一些特定的程序以及多媒体程序。

⑤ 169.254.x.x：如果主机使用了 DHCP 功能自动获得一个 IP 地址，那么当 DHCP 服务器发生故障，或响应时间太长而超出了一个系统规定的时间时，Windows 系统会分配这样一个地址。如果发现主机 IP 地址是一个诸如此类的地址，则网络不能正常运行。

1.2.4 动态分配 IP 地址技术

DHCP（Dynamic Host Configuration Protocol，动态主机配置协议），通常被应用在大型的局域网络环境中，主要作用是集中管理、分配 IP 地址，使网络环境中的主机动态地获得 IP 地址、Gateway 地址、DNS 服务器地址等信息，并能够提升地址的使用率。DHCP 的前身是 BOOTP 协议（Bootstrap Protocol），BOOTP 用于无盘工作站的局域网中，可以让无盘工作站从一个中心服务器上获得 IP 地址。

网络工程师可以通过在服务器中配置 DHCP 服务，实现主机 IP 地址的动态分配。一般网络设备接口（如路由器）和网络服务器需要使用固定 IP 地址。

1.3 网络路由技术

路由选择是由路由协议实现的。互联网采用的路由协议主要是动态的路由选择协议。为了减少路由的复杂度，互联网采用分层的路由选择协议。

人们把互联网化分成许多小的自治系统（Autonomous System，AS），自治系统是一个单一技术管理下的一组路由器。在目前的互联网中，一个大的 ISP 就是一个自治系统。互联网把路由选择协议划分为两类：内部网关路由协议（Interior gateway Protocol，IGP）和外部网关路由协议（External Gateway Protocol，EGP）。自治系统之间的路由选择称为域间路由选择，而自治系统内部路由选择称为域内路由选择。

1.3.1 路由协议分类

路由协议是实现路由选择算法的协议，有静态路由协议和动态路由协议之分。

静态路由配置

1. **静态路由协议**

静态路由是指由网络管理员根据网络拓扑结构来手动配置，而形成的路由表项信息。静态路由是最简单的路由形式，它无须路由器的 CPU 来计算路由，并且需要较少的内存。但当网络发生问题或拓扑结构发生变化时，网络管理员就必须手工调整路由，以适应这些改变。因此，静态路由比较适用于小型网络。

静态路由的配置命令格式：

```
ip route-static ip-address {mask|mask-length}
    {nexthop-address|interface-type interface-number}
```

默认路由是另外一种特殊的静态路由，是没有在路由表中找到匹配的路由表项时才使用的路由。

默认路由的配置命令格式：

```
ip route-static 0.0.0.0 0.0.0.0 {nexthop-address|interface-type interface-
number}
```

如果报文的目的地址不能与路由表的任何目的地址相匹配，那么该报文将选取默认路由进行转发。如果没有默认路由且报文的目的地址不在路由表中，那么该报文将被丢弃，并向源端返回一个 ICMP（Internet Control Message Protocol）报文，报告该目的地址或网络不可达。

2. **动态路由协议**

动态路由是通过网络中路由器之间的相互通信来传递路由信息，利用接收到的路由信息自动更新路由表。

动态路由协议可以动态地随着网络拓扑结构的变化，并在较短时间内自动更新路由表，使网络达到收敛状态。

动态路由协议按照区域划分，可分为内部网关路由协议和外部网关路由协议。

① 内部网关路由协议：是自治系统内部的路由协议，包含多个路由协议，如 RIP（Routing Information Protocol，路由信息协议）、OSPF（Open Shortest Path First，开放式最短路径优先协议）、ISIS（Intermediate System-to-Intermediate System，中间系统-中间系统路由协议）等。

② 外部网关路由协议：是自治系统之间的路由协议，主要包括 BGP 协议（Border Gateway Protocol，边界网关协议）。

按照执行的算法分类，又可分为距离矢量路由协议和链路状态路由协议。

③ 距离矢量路由协议：距离矢量路由算法让每个路由器建立并维护一张路由表，表中的内容主要包括路由器到达每个目的地已知的距离和路径。距离和向量是距离矢量算法的基本要素。RIP 路由协议是距离矢量路由协议；BGP 是通路向量路由协议，可以认为是一种特殊距离向量路由协议。

④ 链路状态路由协议：链路状态路由协议核心及其工作基础是路由器利用收集到的链路状态信息建立和维护一张网络拓扑结构图。根据拓扑结构图，计算出到达目的地的最短路径。OSPF 路由协议就是链路状态路由协议，ISIS 也是链路状态路由协议。

1.3.2　常用的动态路由协议

RIP 路由配置

下面先分别介绍常用的路由协议：RIP、OSPF、ISIS、BGP 协议。

1. **RIP 路由协议**

RIP 路由协议采用距离向量算法，是一种距离向量路由协议。RIP 使用跳数作为度量依据。所谓跳数，是指数据包从源网络发送至目的网络所途经的路由器台数。例如，跳数为 2，是指数据包的目的网络与源网络之间有两台路由器。RIP 规定，一个路由器到其直接相连的网络的跳数为 1，跳数为 16 表示目的不可达，跳数 16 被定义为无穷大，也就是说，一条有效路径最多包含 15 个路由器。

RIP 在 RFC1058 文档中定义，RIP 使用 UDP 报文交换路由信息，UDP 端口号为 520。通常情况下，RIPv1 报文为广播报文，RIPv2 报文为组播报文，组播地址为 224.0.0.9。RIP 每隔 30 s 向外发送一次更新报文。如果设备经过 180 s 没有收到来自对端的路由更新报文，则将所有来自此设备的路由信息标志为不可达，若在 240 s 内仍未收到更新报文就将这些路由从路由表中删除。

RIP 路由协议是适合于小型以及同介质网络的一种路由协议。目前，在实际网络中已较少使用。

2. OSPF 路由协议

OSPF 路由配置

OSPF 是一个内部网关协议，是对链路状态路由协议的一种实现，并通过著名的迪克斯特拉算法（Dijkstra）计算最短路径树。OSPF 分为 OSPFv2 和 OSPFv3 两个版本，其中 OSPFv2 用在 IPv4 网络，OSPFv3 用在 IPv6 网络。OSPFv2 是由 RFC 2328 定义的，OSPFv3 是由 RFC 5340 定义的。

OSPF 路由协议是一种典型的链路状态（Link-State）路由协议，一般用于一个路由域内。这里路由域是指一组通过统一的路由政策或路由协议互相交换路由信息的网络，可以是一个自治系统。在这个路由域中，所有的 OSPF 路由器都维护一个相同的、描述这个自治系统结构的链路状态数据库（LSDB），该数据库中存放的是路由域中相应链路的状态信息，OSPF 路由器正是通过这个链路状态数据库计算出 OSPF 路由表。为了确保链路状态数据库与全网的状态保持一致，OSPF 还规定，在链路状态收敛一致后，每隔一段时间（如 30 min）就要刷新一次数据中的链路状态。

因为 OSPF 路由器之间会将所有的链路状态（LSA）相互交换，当网络规模达到一定程度时，LSA 将形成一个庞大的链路状态数据库，势必会给 OSPF 计算带来巨大的压力。为了能够降低 OSPF 计算的复杂程度，缓解计算压力，OSPF 采用分区域计算，将网络中所有 OSPF 路由器划分成不同的区域，每个区域负责各自区域精确的 LSA 传递与路由计算，然后再将一个区域的 LSA 简化和汇总之后转发到另外一个区域。这样一来，在区域内部，拥有网络精确的 LSA，而在不同区域，则传递简化的 LSA。区域的划分为了能够尽量设计成无环网络，所以采用了 Hub-Spoke 的拓扑结构，也就是采用核心与分支的拓扑结构。

区域的命名可以采用整数数字，如 1、2，也可以采用 IP 地址的形式，0.0.0.1、0.0.0.2，因为采用了 Hub-Spoke 的架构，所以必须定义出一个核心，其他部分都与核心相连，OSPF 的 area 0 就是所有区域的核心，称为 BackBone 区域（骨干区域），其他区域称为 Normal 区域（常规区域），在理论上，所有的常规区域应该直接和骨干区域相连，常规区域只能和骨干区域交换 LSA，常规区域与常规区域之间即使直连也无法互换 LSA。

OSPF 区域是基于路由器的接口划分的，而不是基于整台路由器划分的，一台路由器可以属于单个区域，也可以属于多个区域。如果一台 OSPF 路由器属于单个区域，即该路由器所有接口都属于同一个区域，那么这台路由器称为内部路由器（Internal Router，IR）；如果一台 OSPF 路由器属于多个区域，即该路由器的接口不都属于一个区域，那么这台路由器称为区域边界路由器（Area Border Router，ABR）；如果一台 OSPF 路由器将外部路由协议重分布进 OSPF，那么这台路由器称为自治系统边界路由器（Autonomous System Boundary Router，ASBR）。

OSPF 路由协议是适合于大型网络的一种路由协议，是目前在实际网络中应用较多的内部动态路由协议。

3. ISIS 路由协议

ISIS 路由协议最初是国际标准化组织 ISO 为 CLNP（Connection Less Network Protocol，无连接网络协议）设计的一种动态路由协议。为了提供对 IP 路由的支持，通过对 ISIS 进行扩充和修改，使 ISIS 能够同时应用在 TCP/IP 和 OSI 环境中，形成了集成化 ISIS（Integrated ISIS）。现在提到的 ISIS 协议都是指集成化的 ISIS 路由协议。ISIS 属于内部网关路由协议，也是一种链路状态路由协议，与 OSPF 路由协议非常相似，使用最短路径优先算法进行路由计算。

OSI 网络和 IP 网络的网络层地址的编址方式不同。IP 网络的地址是 IPv4 地址或 IPv6 地址，而 ISIS 协议将 OSI 网络层地址称为 NSAP（Network Service Access Point，网络服务接入点），用来描述 OSI 模型的网络地址结构，NSAP 地址代表的是一个节点，而不是一个接口。ISIS 路由协议的 NSAP 地址由 IDP（Initial Domain Part，初始域部分）和 DSP（Domain Specific Part，域内特定部分）组成，地址总长度 8~20 字节。集成的 ISIS 协议中，将 NSAP 地址细分为 3 个部分：Area-Address、System-ID、NET_SEL。

① Area-Address：1~13 字节，由 IDP 和 DSP 中的 HO-DSP 一起用来标识路由域中的区域，称为区域地址。一般情况下，一台路由器只需要配置一个区域地址，且同一区域中所有节点的区域地址都相同。为支持区域的平滑合并、分裂、迁移，一台路由器最多可配置 3 个区域地址。

② System-ID：6 字节，用来在区域内唯一标识终端系统或路由器，它的长度固定为 6 字节。System ID 的指定可以有不同的方法，但要保证能够唯一标识终端系统或路由器，一般 System ID 由 Router ID 或者 MAC 地址转换而成。

③ NET_SEL：1 字节，NSAP 选择符，类似于 IP 中的协议标识符，不同的传输对应不同的 NSEL。在 IP 中，NSEL 均为 00。

NET（Network Entity Title，网络实体名称）指的是 IS 本身的网络层信息，不包括传输层信息，可以看作是一类特殊的 NSAP，即 NSEL 为 00 的 NSAP 地址。NET 的长度与 NSAP 相同，最多为 20 字节，最少为 8 字节。

一个完整的 NSAP 地址结构如图 1-13 所示。例如：49.0001.0000.0000.0001.00。

IDP		DSP		
AFI	IDI	H-O DSP	Sysetem-ID	NET_SEL
可变长度区域地址			6 B	1 B

图 1-13　NASP 地址结构

ISIS 路由协议定义的网络包含终端系统（End System）、中间系统（Intermediate System）、区域（Area）和路由域（Routing Domain）。一个路由器是 Intermediate System（IS），一个主机就是 End System（ES）。主机和路由器之间运行的协议称为 ES-IS，路由器与路由器之间运行的协议称为 ISIS。区域是路由域的细分单元，ISIS 允许将整个路由域分为多个区域，ISIS 就是用来提供路由域内或一个区域内的路由。

为了支持大规模的路由网络，ISIS 在路由域内采用两级的分层结构。一个大的路由域被分成一个或多个区域（Areas），并定义了路由器的 3 种角色：Level-1、Level-2、Level-1-2。区域内的路由通过 Level-1 路由器管理，区域间的路由通过 Level-2 路由器管理。

① Level-1 路由器负责区域内的路由，它只与属于同一区域的 Level-1 和 Level-1-2 路由器形成邻居关系，维护一个 Level-1 的链路状态数据库，该链路状态数据库包含本区域的路由信

息，到区域外的报文转发给最近的 Level-1-2 路由器。

② Level-2 路由器负责区域间的路由，可以与同一区域或者其他区域的 Level-2 和 Level-1-2 路由器形成邻居关系，维护一个 Level-2 的链路状态数据库，该链路状态数据库包含区域间的路由信息。所有 Level-2 路由器和 Level-1-2 路由器组成路由域的骨干网，负责在不同区域间通信。路由域中的 Level-2 路由器必须是物理连续的，以保证骨干网的连续性。

③ 同时属于 Level-1 和 Level-2 的路由器称为 Level-1-2 路由器，可以与同一区域的 Level-1 和 Level-1-2 路由器形成 Level-1 邻居关系，也可以与同一区域或者其他区域的 Level-2 和 Level-1-2 路由器形成 Level-2 的邻居关系。Level-1 路由器必须通过 Level-1-2 路由器才能连接至其他区域。Level-1-2 路由器维护两个链路状态数据库，Level-1 的链路状态数据库用于区域内路由，Level-2 的链路状态数据库用于区域间路由。

与 OSPF 不同，ISIS 路由协议定义的网络中，每台路由器只能属于一个区域，区域边界在链路上，而不是路由器接口上。

ISIS 路由协议和 OSPF 路由协议一样适用于大型网络，目前主要用于城域网和承载网中。例如，中国公用计算机互联网 CHINANET 的骨干网络内部路由协议采用的就是 ISIS 路由协议。

4. BGP 路由协议

BGP 路由协议运行在 TCP 协议之上，用于在不同的自治系统之间交换路由信息。传递自治系统之间的可达性信息以及所通过的自治系统列表。两个自治系统中利用 BGP 交换信息的路由器也被称为边界网关（Border Gateway）或边界路由器（Border Router）。由于可能与不同的自治系统相连，在一个自治系统内部可能存在多个运行 BGP 的边界路由器。同一个自治系统中的两个或多个对等实体之间运行的 BGP 称为 IBGP（Internal BGP）。不同的自治系统的对等实体之间运行的 BGP 称为 EBGP（External BGP）。

BGP 属于外部网关路由协议，可以实现自治系统间无环路的域间路由。BGP 是沟通 Internet 广域网的主用路由协议，例如不同省份、不同国家之间的路由大多要依靠 BGP 协议。BGP 的邻居关系（或称对等实体）是通过人工配置实现的，对等实体之间通过 TCP（端口 179）会话交互数据。BGP 路由器会周期地发送保持存活消息来维护连接（默认周期为 30 s）。在路由协议中，只有 BGP 使用 TCP 作为传输层协议。

自治系统（AS）：自治系统是在单一技术管理体系下的多个路由器的集合，在自治系统内部使用内部网关协议（IGP）和通用参数来决定如何路由数据包，在自治系统间则使用 AS 间路由协议来路由数据包，这是自治系统的一个经典定义。注意，在一个自治系统内是可以使用多种 IGP 协议和参数的。不过，对其他的自治系统来说，某一自治系统的管理都具有统一的内部路由方案，并且通过该自治系统要传输到的目的地始终是一致的。

自治系统号码（ASN）：自治系统号（ASN）由 16 位组成，一共具有 65 536 个可能取值。号码 0 和号码 65 535 保留。64 512~65 534 之间的号码块被指定为专用，称为私有自治系统号。自治系统号 23 456 被保留作为 16 位 ASN 和 32 位 ASN 的转换标识。除此之外，从 1~64 511（除去 23 456）之间的号码能够用于互联网路由。ASN 号码是非结构性的，因为在 ASN 号码结构中没有内部字段，ASN 也不具备汇总或总结功能。

1.3.3 路由协议选择

尽管路由协议的工作原理是非常复杂的，但对于路由协议的选择却是一件相对比较简单的工作。一般来说，自治系统之间路由协议采用 BGP 路由协议，每个 ISP 是一个自治系统；自治系统内部的路由协议可以选择 RIP、ISIS、OSPF 路由协议。对于拓扑结构极少变化的小型网络，或末节网络（Stub Network），可以使用静态路由或 RIP 路由协议；对于大型较复杂的网络可以选择 OSPF 协议和 ISIS 协议。

1.3.4　路由配置实验

计算机网络互联技术相关的教材一般都讲述了采用 RIP 协议和 OSPF 协议的配置方法，本示例可以采用 RIP 协议或 OSPF 协议配置实现网络互通。但这里为便于学习 ISIS 路由协议的基本配置方法，使用 ISIS 协议进行配置举例。

ISIS 路由配置

1. **实验名称**

ISIS 路由协议配置实验。

2. **实验目的**

学习 ISIS 路由协议基础知识，掌握 ISIS 路由协议的基本配置方法。

3. **实验拓扑**

这里采用华为的 eNSP 软件进行配置。采用图 1-14 所示的网络拓扑图。假定网络中有 3 个路由器、5 个网络，分别是 200.1.1.0/24、200.1.2.0/24、200.1.3.0/24、200.1.4.0/24、200.1.5.0/24。

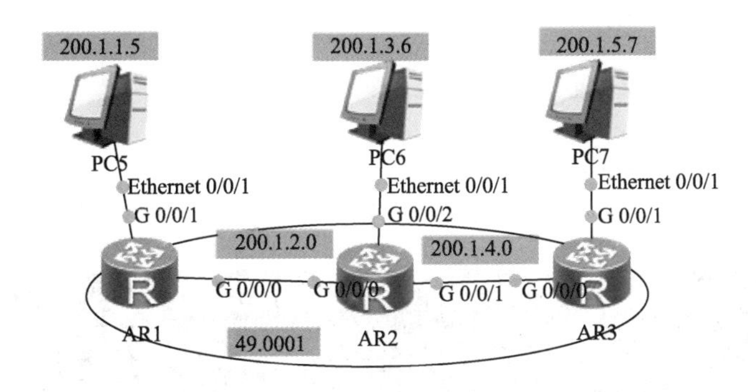

图 1-14　路由实验网络拓扑图

4. **实验内容**

采用 ISIS 单区域配置，AR1、AR2 和 AR3 都属于 49.0001 区域，Level-2 类型。AR1、AR2 和 AR3 组成 backbone 骨干区域。要求通过动态路由协议 ISIS 的配置，使网络互联互通。

5. **实验步骤**

（1）AR1 配置

```
isis 100
  is-level level-2
  network-entity 49.0001.0000.0000.0001.00
interface GigabitEthernet0/0/0
  ip address 200.1.2.1 255.255.255.0
  isis enable 100
interface GigabitEthernet0/0/1
  ip address 200.1.1.1 255.255.255.0
  isis enable 100
```

（2）AR2 配置

```
isis 100
  network-entity 49.0001.0000.0000.0002.00
  is-level level-2
interface GigabitEthernet0/0/0
  ip address 200.1.2.2 255.255.255.0
  isis enable 100
interface GigabitEthernet0/0/1
  ip address 200.1.4.2 255.255.255.0
  isis enable 100
#
interface GigabitEthernet0/0/2
  ip address 200.1.3.1 255.255.255.0
  isis enable 100
```

（3）AR3 配置

```
isis 100
  is-level level-2
  network-entity 49.0001.0000.0000.0003.00
interface GigabitEthernet0/0/0
  ip address 200.1.4.3 255.255.255.0
  isis enable 100
interface GigabitEthernet0/0/1
  ip address 200.1.5.1 255.255.255.0
  isis enable 100
```

（4）查看路由器 ISIS 路由表

通过以上配置，AR1、AR2、AR3 形成以下路由表，如图 1-15 所示。

```
[ar3]disp isis route

                         Route information for ISIS(100)
                         -------------------------------

                        ISIS(100) Level-2 Forwarding Table
                        ----------------------------------

IPV4 Destination     IntCost    ExtCost ExitInterface    NextHop         Flags
-------------------------------------------------------------------------------
200.1.5.0/24         10         NULL    GE0/0/1          Direct          D/-/L/-
200.1.4.0/24         10         NULL    GE0/0/0          Direct          D/-/L/-
200.1.3.0/24         20         NULL    GE0/0/0          200.1.4.2       A/-/-/-
200.1.2.0/24         20         NULL    GE0/0/0          200.1.4.2       A/-/-/-
200.1.1.0/24         30         NULL    GE0/0/0          200.1.4.2       A/-/-/-
     Flags: D-Direct, A-Added to URT, L-Advertised in LSPs, S-IGP Shortcut,
                            U-Up/Down Bit Set
```

图 1-15　AR3 中 ISIS 路由表信息

图 1-15 所示为 AR3 路由器 ISIS 路由表。ISIS 路由表反映以下信息：

① AR3 属于 level-2 路由器，维护一张 Level-2 路由表。

② 200.1.4.0/24 和 200.1.5.0/24 属于直连网络，默认初始开销是 10。

③ 200.1.2.0/24 和 200.1.3.0/24 开销为 20。

④ 200.1.1.0/24 开销为 30。

⑤ Level-2 包含完成的路由器信息。

6. **实验测试**

① PC5 利用 ping 命令分别访问 PC6、PC7，访问成功。

② PC6 利用 ping 命令访问 PC7，访问成功。

1.4　局域网技术

局域网的种类很多，包括以太网、令牌环网、FDDI 网络等，但随着网络的发展，局域网主要采用以太网技术。

最初的以太网使用的传输介质是一根粗的同轴电缆，其长度可达 2.5 km，采用共享方式进行数据传输，无论那台主机发送数据，网络中其余所有主机都能够收到数据。共享信道中，如果一台主机正在发送数据时，另一台主机也开始发送数据；或者两台主机同时发送数据，就会产生冲突。为避免计算机同时发送数据产生冲突，共享式以太网采用了 CSMA/CD（Carrier Sense Multiple Access/Collision Detection）技术、半双工工作方式。

共享式以太网在扩展性上很差，因为共享以太网网段上的设备越多，发生冲突的可能性就越大，因此无法应对大型网络环境。解决这个问题的方法是通过减少每个网段的用户数量，来消除冲突和争用问题，这样交换式的以太网就设计出来。

交换式以太网连接设备采用交换机（1989 年产生）。一台交换机连接的每个网段（每个接口）都使用一个独立的冲突域，通过增加网段数，减少每个网段的用户数来减少冲突。如果一个交换机端口只连接一个用户，则一个网段上就只有一个用户，从而消除了冲突。交换式以太网采用全双工工作方式。

1. **生成树协议**（IEEE802.1D—1990）

为了使网络更加可靠，减少网络故障，可以通过网络冗余避免单点故障，保证网络不间断运行。不过，基于交换机的冗余拓扑会使网络的物理拓扑形成环路，而物理的环路结构很容易引起广播风暴、多帧复制和 MAC 地址表的抖动等问题，会导致网络不可用。为解决这一问题，IEEE 通过了 IEEE802.1D 协议及生成树协议（Spanning Tree Protocol）。

IEEE 802.1D 协议通过在交换机上运行一套复杂的算法，使冗余端口置于“阻塞状态”，使得网络中的计算机在通信时只有一条链路有效。而当这条链路出现故障时，将处于“阻塞状态”的端口重新打开，从而确保网络连接的稳定可靠。

2. **VLAN 技术**（1999）

交互式局域网在机关、学校、企事业单位得到广泛使用，通过交换机连接形成的网络是一个广播域，随着交换式局域网内部主机数量的增加，大量的广播报文带来了带宽浪费和安全问题。为解决这个问题，产生了虚拟局域网（Virtual Local Area Network，VLAN）技术。VLAN 技术用于把利用交换机连接形成的单个广播域分割成多个广播域。

通过将物理网络划分成虚拟网络 VLAN 网段，可以限制广播包，强化网络管理和网络安全，便于根据用户组织结构管理网络，形成一个个虚拟工作组。

1.4.1　生成树协议

STP 协议的主要思想就是当网络中存在备份链路时，只允许主链路结合。如果主链路因故障而被断开后，备用链路才会开启。当交换机间存在多条链路时，交换机的生成树算法只启动最主要的一条链路，而将其他链路都阻塞掉，并变成备用链路。当主链路出现问题时，生成树协议将自动启用备用链路接替主链路的工作，不需要任何人干预。

1. **生成树协议的基本概念**

STP 协议中定义桥协议数据单元（BPDU）、交换机 ID、端口 ID 和路径成本（Path Cost），以及根交换机（Root Bridge）、根端口（Root Port）、指定端口（Designated Port）等概念。目的在于通过构造一个自然树的方法达到阻塞冗余环路的目的，同时实现链路备份和路径最优化。用于构造这棵树的算法称为生成树算法（Spanning Tree Algorithm，SPA）。STP 不断地检测网络，以便可以检测到一个线路、设备故障。当网络拓扑发生变化时，运行 STP 的交换机会自动重新配置端口，以避免环路的发生或链接的丢失。

（1）桥协议数据单元

BPDU 用于在交换机或者网桥之间传递信息，每 2 s 发送一次报文。STP 是一种二层报文，目的 MAC 地址是多播硬件地址：01-80-c2-00-00-00，所有支持 STP 协议的交换机都会接收并处理 BPDU 报文，该报文携带了用于生成树计算所需的所有信息。BPDU 的报文字段信息如图 1-16 所示。

Protocol ID （2 B）	Version （1 B）	Type （1 B）	Flags （1 B）	Root BID （8 B）	Root Path （4 B）
Sender BID （8 B）	Port ID （2 B）	M-Age （2 B）	Max Age （2 B）	Hello （2 B）	FD （2 B）

图 1-16　BPDU 报文信息字段

在 BPDU 中，最关键的字段是根交换机 ID（Root BID）、根路径（Root Path）、发送交换机 ID（Sender BID）、端口 ID（Port ID）等。STP 的工作过程依靠这几个字段的值。交换机通过交换 BPDU 信息，完成以下工作：

① 网络中选择了一个交换机为根交换机。

② 每个非根交换机都计算到根交换机的最短路径。

③ 每个非根交换机选定一个到根交换机最短路径的端口作为根端口。

④ 每个网段都有了指定交换机，位于该网段与根交换机之间的最短路径中指定交换机和网段相连的端口称为指定端口。

⑤ 根端口和指定端口进入转发 Forwarding 状态。

⑥ 其他的冗余端口就处于阻塞状态（Blocking）。

（2）交换机 ID

交换机 ID 由 2 个字段、8 字节组成。其中包括 2 字节的优先级和 6 字节的交换机 MAC 地址组成，如图 1-17 所示。

交换机优先级默认值为 32 768（0x8000），优先级最低的为根交换机。如果优先级相同，则比较 MAC 地址，具有最小 MAC 地址的交换机称为根交换机。

（3）端口 ID

交换机端口 ID 由 2 个字段、2 字节组成。其中 1 字节为端口优先级，1 字节为端口编号，如图 1-18 所示。

交换机优先级 （2 B）	交换机MAC地址 （6 B）

图 1-17　交换机 ID

端口优先级 （1 B）	端口编号 （1 B）

图 1-18　端口 ID

端口优先级是 0~255 之间的数字，默认值是 128（0x80）。端口优先级值越小，则优先级越高；如果端口优先级相同，则编号越小，优先级越高。注意：端口编号是按照端口在交换机上的顺序排列的。

（4）路径成本

生成树依赖于路径成本，最短路径建立在累计路径成本的基础上。生成树的根路径成本就是到根交换机的路径中所有链路的路径成本的累计和。路径成本的计算与链路带宽相关连，STP 的路径成本越低越好。

STP 协议的定义标准 IEEE 802.1D 最初将路径成本定义为 1 000 Mbit/s 除以链路的带宽（单位为 Mbit/s）。例如，10BaseT 链路的开销是 100（1000/10），快速以太网以及 FDDI 的开销都是 10。随着吉比特以太网和速率更高的技术的出现，这种定义就出现了一些问题。开销是作为整数而不是浮点数存放的。例如，10 Gbit/s 的开销是 1000/10000=0.1，而这是一个无效的开销。为了解决这个问题。IEEE 改变了这个定义，将路径成本模式分为两种：一种是短整型模式（dot1d），一种是长整型模式（dot1t）。修改后的路径成本定义如表 1-1 所示。华为默认采用的路径成本模式是长整型模式（dot1t）。

表 1-1　路径成本信息表

链路带宽/（Mbit/s）	路径成本（短整型模式）802.1d	路径成本（长整型模式）802.1t
10	100	2000000
100	19	200000
1 000	4	20000
10 000	2	2000

2. 生成树协议工作过程

计算机网络中，生成树协议要构造一个无环路的拓扑结构，需要经过以下 4 个步骤形成。

生成树协议工作过程

① 选择一台根交换机。

② 在每个非根网桥上选择一个根端口。

③ 在每个网段上选择一个指定端口。

④ 阻塞非根、非指定端口。

通过以上 4 步，可以形成一个无环路的拓扑结构。下面结合网络拓扑图说明利用生成树协议形成无环路拓扑图的过程。拓扑图中采用 3 台交换机（LSW1、LSW2 和 LSW3）两两连接成环路，如图 1-19 所示。

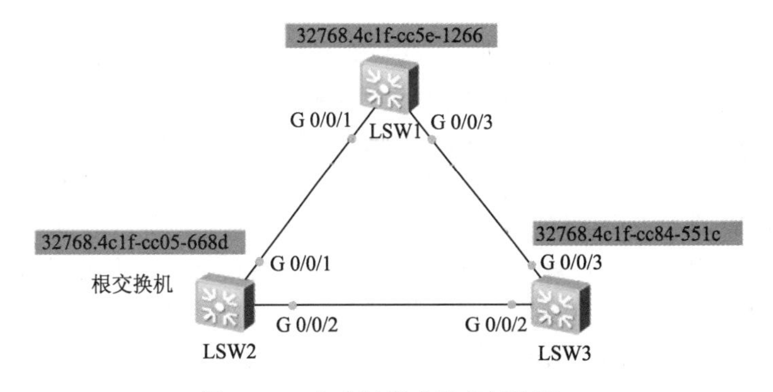

图 1-19　生成树形成示意拓扑图

（1）选择根交换机

选择根交换是通过 BPDU 的信息交换，并比较交换机 ID，其中交换机 ID 最小的成为根交换机。比较方法如下：

① 先比较交换机 ID 中的优先级，具有最小优先级的交换机定为根交换机。

② 优先级一样，再比较交换机 ID 中的 MAC 地址，MAC 地址最小的为根交换机。

华为交换机默认采用的生成树协议是 MSTP，首先利用命令：STP mode STP，将所有交换机 STP 模式改为 STP。然后利用命令：display STP 查看每个交换机的 STP 信息。通过查看 STP 信息，可以看到每个交换机的交换机 ID，如图 1-20 所示。通过比较交换机 ID，可以看出 LSW2 为的交换机 ID 最小，LSW2 为根交互机。

```
LSW1    LSW2    LSW3
[Huawei]disp stp
-------[CIST Global Info][Mode STP]-------
CIST Bridge         :32768.4clf-cc5e-1266
Config Times        :Hello 2s MaxAge 20s FwDly 15s MaxHop 20
Active Times        :Hello 2s MaxAge 20s FwDly 15s MaxHop 20
CIST Root/ERPC      :32768.4clf-cc05-668d / 20000
CIST RegRoot/IRPC   :32768.4clf-cc5e-1266 / 0
CIST RootPortId     :128.1
BPDU-Protection     :Disabled
TC or TCN received  :44
TC count per hello  :0
STP Converge Mode   :Normal
Time since last TC  :0 days 0h:3m:11s
Number of TC        :9
Last TC occurred    :GigabitEthernet0/0/1
```

图 1-20　交换机 ID 信息显示

（2）非根网桥上选择根端口

所谓根端口，就是从非根交换机到达根交换机的最短路径上的端口，即根路径成本最小的端口。LSW1 和 LSW3 为非根交换机，需要在非根交换机 LSW1 和 LSW3 上各选举一个根端口。

需要理解的一个要点：根端口是非根桥交换机用来接收来自根桥交换机方向的 BPDU，因此首先需要计算从根交换机到达非根交换机上的哪个端口成本（Cost）最小。如果路径成本都一样，再看每个端口上一级（即发送者）的交换机 ID，如果交换机 ID 也一样，再比较上一级发送者的发送端口优先级。比较过程中选出的端口为非根交换机上的根端口，主要用来接收来自根桥方向的 BPDU。选择根端口的顺序如下：

① 根路径成本最小。

② 发送交换机 ID 最小。

③ 发送端口 ID 最小。

如图 1-21 所示，LSW2 为根交换机，LSW1 和 LSW3 为非根交换机，各选举一个根端口。对于 LSW1 来时，从 LSW1 端口 G0/0/1 到达根交换机的路径成本为 20000（LSW1 的 G0/0/1 路径成本 20000），从 LSW1 端口 G0/0/3 到达根交换机的路径成本为 40000（LSW1 的 G0/0/3 的路径成本 20000 加上 LSW3 的 G0/0/2 的路径成本 20000）。通过比较 G0/0/1 和 G0/0/3 的路径成本，LSW1 的端口 G0/0/1 选举为根端口。同理，LSW3 的 G0/0/2 被选举为根端口。

根路径成本的计算方法：计算从根交换机（发送端）到达非根交换机的对应端口，所经过路径上的各接收端口路径的成本之和。要特别注意的是，根桥上所有指定端口的根路径成本，以及同交换机上不同端口间路径的成本均为零。

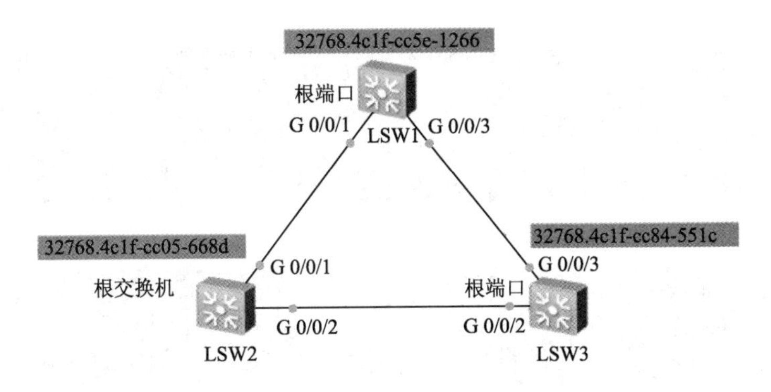

图 1–21　根交换机和根端口示意图

（3）每个网段选择指定端口

所谓指定端口，就是连接在某个网段上的一个桥接端口，该网段既通过指定端口接收根交换机流量，也通过指定端口向根交换机发送流量。桥接中的每个网段都有一个指定端口。图 1–21 中，3 台交换机互联的每个网段都有一个指定端口。

选择指定端口的顺序如下：

① 根路径成本最小（根桥到端口途中不要经过该链路上另一个端口）。

② 所在交换机的网桥 ID 最小。

③ 端口 ID 最小。

根交换机的每个活动端口都是指定端口。因为它的每个端口都具有最小根路径成本。图 1–21 中根交换机 LSW2 的活动端口 G0/0/1 和 G0/0/2 都当选为指定端口。而连接 LSW1 和 LSW3 的网段，所在交换机 LSW1 和 LSW3 到达根交换机的路径成本都为 20000。需要比较所在交换机网桥 ID，通过比较，LSW1 的网桥 ID 小，所以 LSW1 的 G0/0/3 成为指定端口。而 LSW3 的 G0/0/3 成为非根非指定端口，如图 1–22 所示。

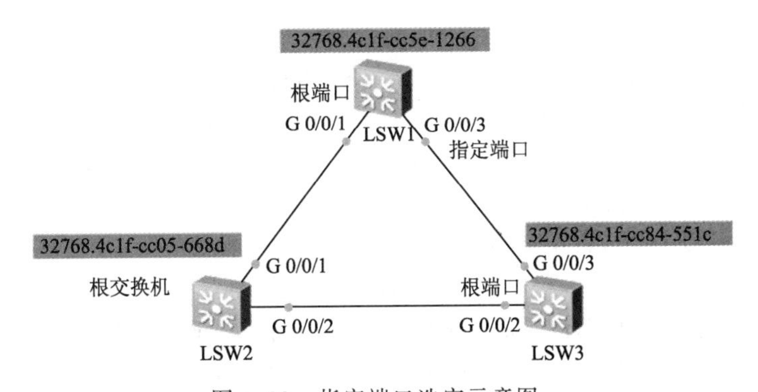

图 1–22　指定端口选定示意图

（4）阻塞非根非指定端口

在确定根端口、指定端口和非根非指定端口后，STP 协议阻塞非根非指定端口，即 LSW3 的 G0/0/3 端口进入阻塞状态，形成一个无环路的拓扑结构。如图 1–23 所示，可以看到 LSW1 的 G0/0/3 端口为指定端口（Designated Port），转发状态。而 LSW3 交换机的 G0/0/3 端口为替代端口（Alternate Port），丢弃状态。

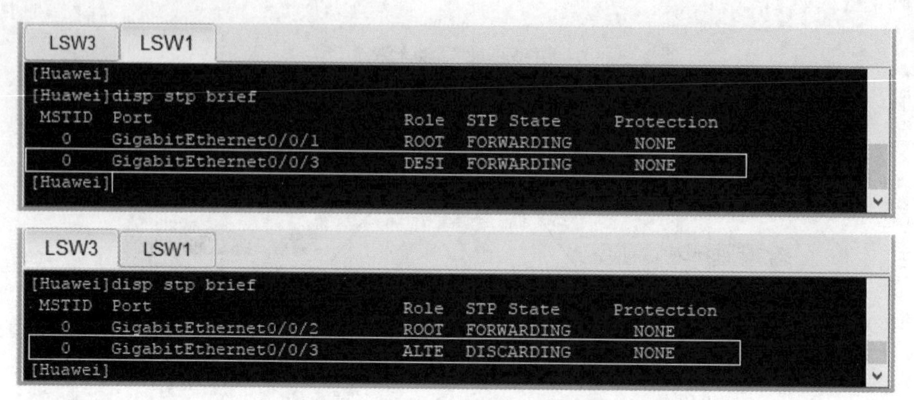

图 1-23 非根非指定端口阻塞信息显示

3. 生成树端口状态及变化

在 STP 中，正常的端口有 4 种状态：阻塞（Blocking）、监听（Listening）、学习（Learning）、转发（Forwarding）。

除此之外，端口还有一个禁用（Disable）状态，由网络管理员设置，这个状态并不是正常的 STP 状态。

为了保证 STP 网络中树状结构的稳定，交换机还通过接收和发送 BPDU 以及定时器来维持网络的稳定。STP 还定义发送 BPDU 报文的时间 Hello Time（2 s）、最大老化时间 Max-age（20 s）、转发延时时间（15 s）3 个定时器。

交换机端口状态变化过程：链路启动→进入阻塞状态（最大老化时间 20 s）→进入监听状态（转发延时 15 s）→进入学习状态（转发延时 15 s）→转发状态。在这个状态转换过程中最短需要经过监听和学习状态的转发延时共 30 s。最长还需要经过阻塞状态的最大老化时间 20 s，共 50 s。也就是说，交换机端口从正常启动或网络拓扑发生变化后，需要经过 30~50 s 的收敛时间后，才能进入稳定状态。

4. 快速生成树协议（RSTP）

生成树协议的端口状态的转换需要经过 30~50 s 的收敛时间，才能进入稳定的转发状态或阻塞状态。在早期的网络中，这个收敛时间是可以接受的，但随着越来越多的业务在网络中开展，30~50 s 的收敛时间已经无法接受。为此，21 世纪初，IEEE802.1w 标准推出，作为对 802.1D 标准的补充，也称为 RSTP（Rapid Spanning Tree Protocol，快速生成树）。

RSTP 对于 STP 技术的改进主要在于缩短形成生成树的收敛时间。RSTP 的收敛时间最快可以缩短到 1 s 以内。RSTP 针对 STP 的改进主要体现在三方面：

① 增加了 2 个新的端口角色，替代端口（Alternate Port）和备份端口（Backup Port），替代端口作为根端口的备份端口，备份端口作为指定端口的备份端口。

② 将端口由原来的 5 种状态改为只有 3 种状态：丢弃（Discarding）、学习（Learning）、转发（Forwarding）。STP 中禁用（Disable）、阻塞（Blocking）和监听（Listening）3 种状态对应了 RSTP 中的丢弃（Discarding）状态。

③ 可以把直接与终端相连的端口定义为边缘端口（Edged Port），边缘端口直接进入转发状态，不需要任何延时。边缘端口需要手工配置（在接口中使用命令 STP edged-port enable 进行配置）。

5. STP（RSTP）配置方法

配置生成树需要首先了解交换机中的生成树相关参数的默认值，下面列出一些生成树相关的默认值，以供参考。

① 交换机 STP 优先级：32768。

② 交换机端口优先级：128。

③ 交换机端口开销：默认是自动判断，采用长整型模式。

④ Hello Time：2 s。

⑤ MAX-age time：20 s。

⑥ Forwarding-delay(FwDly) Time：15 s。

一般交换机默认开启生成树协议，并自动形成生成树。网络管理员可以根据需要对生成树协议进行手动配置，以便形成满足用户需要的特定生成树。下面列出一些常用的生成树配置命令，并简要说明。

① STP enable（disable）：开启和关闭 STP。

② STP mode STP/RSTP：设置生成树模式。

③ STP priority <0--61440>：设置交换机优先级（4096 倍数）。

④ STP port priority <0--240>（接口模式下）：设置端口优先级（16 倍数）。

⑤ Stp pathcost-standard <dot1t/dot1d>：设置路径成本模式。

⑥ Stp cost <1-200000000>（接口模式下）：设置接口路径成本（默认自动计算）。

⑦ Stp timer <hello/max-age/forward-delay>：设置定时器时间（建议采用默认值）。

⑧ Display stp /display stp brief：查看生成树配置。

1.4.2 VLAN 技术

VLAN（虚拟局域网）技术用于把交换机连接形成的单个广播域分割成为多个广播域，将物理网络划分为多个逻辑网络。可以限制广播包，强化网络管理和网络安全。

1. VLAN 的定义方法

VLAN 的定义方法有多种，常用的 VLAN 定义方法有 4 种，分别是基于接口的 VLAN、基于 MAC 地址的 VLAN、基于网络协议的 VLAN、基于 IP 组播的 VLAN。

① 基于接口的 VLAN：这是划分虚拟局域网最简单也是最常用的方法，它根据以太网交换机的接口来划分 VLAN。IEEE802.1q 规定了基于以太网交换机的接口来划分 VLAN 的标准。这种方法定义 VLAN 成员简单，定义的 VLAN 接口属于哪一个 VLAN 是固定不变的，也称为静态 VLAN。

② 基于 MAC 地址的 VLAN：根据每个主机的 MAC 地址来划分 VLAN，即每个 MAC 地址的主机固定属于一个 VLAN。这种方式最大的优点是当用户物理位置移动时，VLAN 不用重新配置。这种方式的缺点也很明显，网络初始化时，所有主机中的 MAC 地址都必须进行登记，并划分 VLAN，实际应用维护困难。

③ 基于网络协议的 VLAN：根据每个主机使用的网络层地址或协议类型进行 VLAN 划分。例如，可以根据 IP 地址划分 VLAN，或者根据网络层使用的协议类型来划分 VLAN（如果支持多种网络层协议）。这种方法需要检查每一个数据包的网络层地址或协议类型，效率低下。

④ 基于 IP 组播的 VLAN：IP 组播实际上也可以理解为是一种 VLAN 的定义，即认为一个组播组就是一个 VLAN。这种方式效率不高，不适合局域网。基于 IP 组播的 VLAN 可以用于广域网，用于组播通信。

以上各种不同的 VLAN 定义方法各有优缺点。早期，各厂商宣称实现了 VLAN，但实现方法各不相同，无法互联互通。1999 年，IEEE 颁布了用以标准化的 IEEE802.1q 协议草案。802.1q 协议定义的基于接口的 VLAN 模型。只要采用 802.1q 协议标准定义的 VLAN，不同厂商设备也可以保证网络的互联互通。目前使用最多的 VLAN 定义方法就是采用 802.1q 协议的基于端口 VLAN 定义方式。

2. 802.1q 标签

根据 802.1q 协议，用于实现 VLAN 功能的关键是 VLAN 标签，支持 802.1q 的交换机接口可以配置来传输标签帧和无标签帧。

注意：一个包含 VLAN 信息的标签字段可以插入以太帧中，如果接口连接设备是支持 802.1q 的设备（如交换机），那么，标签帧可用于在交换机之间传递 VLAN 成员信息。但是，对于不支持 802.1q 的设备相连接口，则必须确保它们能够用于传输无标签帧。

802.1q 标签由 4 字节组成。802.1q 标签的插入位置和标签格式如图 1-24 所示。该帧头包括 TPID 和 TCI 两部分，TCI 由 PRI、CFI 和 VID 组成，各字段信息解释如下。

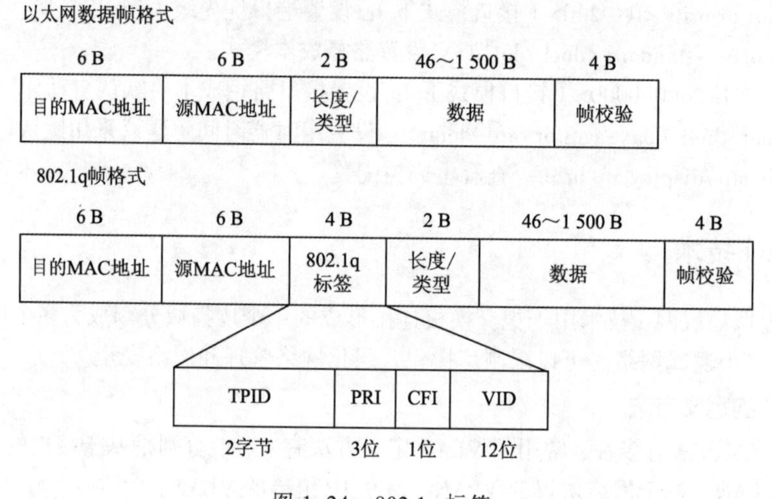

图 1-24 802.1q 标签

① TPID：标签协议标识字段（Tag Protocol Identifier），值为 0x8100，用于说明该帧为 802.1q 帧。

② TCI：标签控制信息字段（Tag Control Information），包括用户优先级，规范格式指示器（CFI）和 VLANID。

- PRI：3 位二进制位，一共 8 种优先级，主要用于交换机发生拥塞时，优先发送优先级高的数据。
- CFI（Canonical Format Indicator）：在以太网交换机中，CFI 被固定设置为 0，表示以太网数据格式。
- VID：这是一个 12 位的域，指明 VLAN 的 ID，用以指明属于哪个 VLAN。支持的 VLAN 编号理论上为 4 096（2^{12}）个。在 4 096 个 VLAN 中，0 用于识别帧优先级，4 095 作为预留值，所以 VLAN 配置的最大值为 4 094。

3. 交换机接口与默认 VLAN

为了支持 802.1q 协议，交换机接口支持两种工作模式：一种是 ACCESS 模式（接入接口）；另一种是 TRUNK 模式（干道接口）。每个 ACCESS 接口和 TRUNK 接口都有一个默认 VLAN。

TRUNK 接口可以允许多个 VLAN 通过，它发出的帧包含 VLAN 标签，它可以接收和发送包含多个 VLAN 的报文，一般用于交换机与交换机之间互联的接口。每一个 802.1q 的 TRUNK 接口都有一个默认的 VLANID，802.1q 协议不为默认 VLAN 的帧打标签。默认情况下，TRUNK 接口的默认 VLANID 为 VLAN1。

ACCESS 接口只能属于一个 VLAN，发送的帧不带有 VLAN 标签，一般用于连接计算机的接口。ACCESS 接口只属于一个 VLAN，所以 ACCESS 接口的默认 VLAN 就是所在的 VLAN。一般终端主机可以接收没有打标签的默认 VLAN 帧数据，但不能读取打了标签的数据帧。

注意： 华为交换机的接口还支持一种工作模式，Hybrid 模式（混合模式）。Hybrid 类型接口既可以用来连接用户主机，也可以用来连接其他交换机设备；Hybrid 接口既可以连接接入链路，又可以连接干道链路。Hybrid 接口允许多个 VLAN 的帧通过，并可以在出接口方向将某些 VLAN 帧的 Tag 剥掉。

4. VLAN 配置方法

在交换机中，可以添加、删除、修改 VLAN 配置。注意，VLAN1 是由交换机自动创建的，并且不可删除。默认情况下，VLAN1 是 TRUNK 接口的默认 VLAN，VLAN1 常用作管理 VLAN。这里采用华为设备配置命令进行说明。

（1）建立和删除 VLAN

VLAN 配置需要首先建立 VLAN。建立 VLAN 的配置命令如下：

```
<huawei> system-view
[huawei] vlan batch vlan-id1 vlan-id2 vlan-id3 ...
```

删除 VLAN 的配置命令如下：

```
<huawei> system-view
[huawei] undo vlan vlan-id ...
```

（2）添加 VLAN 接口

建立 VLAN 之后，需要将连接计算机的接口添加到相应的 VLAN 之中。向 VLAN 中添加接口配置命令如下：

```
<Huawei> system-view
[Huawei] interface interface-id
[Huawei-interface-id] port link-type access
[Huawei-interface-id] port default vlan vlan-id
```

（3）配置 VLAN TURNK 链路

对于多交换机网络，VLAN 配置还需要将交换机与交换机互联的接口配置为 VLAN TRUNK 链路，使用如下命令配置 VLAN TRUNK 链路。

```
<Huawei> system-view
[Huawei] interface interface-id
[Huawei-interface-id] port link-type trunk
[Huawei-interface-id] port trunk allow-pass vlan all
```

通过以上 3 个步骤的配置，一般同一 VLAN 之中的计算机可以互相通信，但 VLAN 之间还不能通信。

5. VLAN 之间的通信

VLAN 能够隔离广播，但并不是要让不同 VLAN 的计算机不能互相通信。注意，不同的 VLAN 属于不同的网络，VLAN 之间的通信等同于不同广播域之间的通信，需要通过第三层设备才能通信。一般来说，VLAN 之间可以采用两种方式通信：一是利用路由器来实现 VLAN 之间的通信，利用路由器实现 VLAN 之间的通信也称为单臂路由；二是利用三层交换机来实现 VLAN 之间的通信。

采用单臂路由的方式实现 VLAN 之间的通信具有速度慢、转发速率低的缺点，容易产生瓶颈。实际网络一般采用三层交换机来实现 VLAN 之间的通信。

三层交换机本质上是带有路由功能的二层交换机，可以把它看成一台路由器和一台交换机的组成产品。在一台三层交换机内部，分别设置了交换模块和路由模块，而内置的路由模块与交换模块类似，采用 ASIC 硬件处理路由，因此三层交换机可以高速处理路由。

采用三层交换机实现 VLAN 之间的通信，只要在三层交换机创建 VLAN 的虚拟交换接口（Switch Virtual Interface，SVI），并设置 SVI 接口的 IP 地址作为 VLAN 的默认网关，VLAN 之间的计算机就可以通信。下面简要介绍 VLAN 之间通信的配置方法。

① 在三层交换机创建 VLAN 的虚拟交换接口。

② 设置 SVI 接口的 IP 地址。

配置命令如下：

```
<Huawei> system-view
[Huawei] interface vlanif vlan-id
[Huawei-vlanif10] ip address ip-address netmask
```

6. VLAN 及 VLAN 间通信配置实验

（1）实验名称

VLAN 及 VLAN 间通信实践。

（2）实验目的

① 学习 VLAN 基础知识，掌握 VLAN 的基本配置方法。

② 学习掌握 VLAN 内及 VLAN 间通信的配置方法。

（3）实验拓扑

VLAN 及 VLAN 间通信配置

这里采用华为的 eNSP 软件进行配置，采用图 1-25 所示的网络拓扑图。

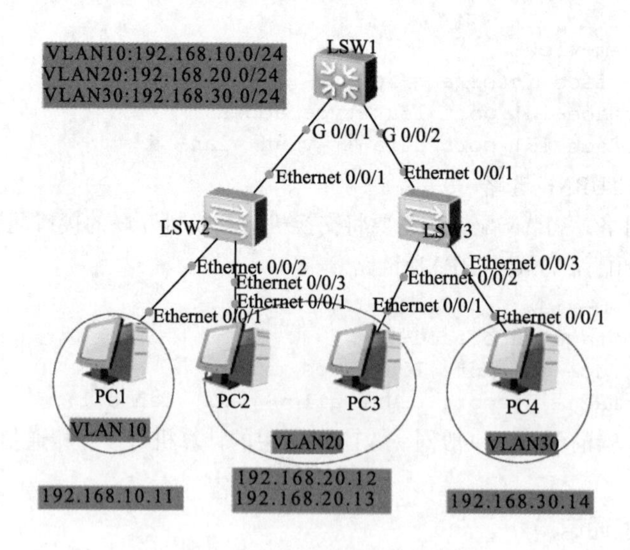

图 1-25　VLAN 间通信实验拓扑图

（4）实验内容

假定网络有 3 个 VLAN，分别是 VLAN10、VLAN20、VLAN30。VLAN10 的 IP 网段地址为

192.168.10.0/24，VLAN20 的 IP 网段地址为 192.168.20.0/24，VLAN30 的 IP 网段地址为 192.168.30.0/24。其中，PC1 属于 VLAN10，PC2 和 PC3 属于 VLAN 20，PC4 属于 VLAN30。通过 VLAN 及 VLAN 间通信的配置，使 VLAN 内部和 VLAN 之间可以互相通信。

（5）实验步骤

① 建立 VLAN。

分别在 LSW1、LSW2、LSW3 中配置 vlan10、vlan20、vlan30 三个 VLAN。配置命令如下：

```
[huawei] vlan batch 10 20 30  ##表示同时建立 vlan 10、vlan20、vlan30 三个 VLAN
```

② 配置 VLAN 接口。

将连接计算机的接口添加到相应的 VLAN，LSW2 交换机配置如下（LSW3 参照配置）：

```
[LSW2] interface  e0/0/2                          #进入接口
[LSW2-Ethernet0/0/2] port link-type access        #将接口设置为 ACCESS 模式
[LSW2-Ethernet0/0/2] port default vlan 10         #将接口默认 VLAN 设置为 vlan10
[LSW2] interface  e0/0/3                          #进入接口
[LSW2-Ethernet0/0/3] port link-type access        #将接口设置 ACCESS 模式
[LSW2-Ethernet0/0/2] port default vlan 20         #将接口默认 VLAN 设置为 vlan20
```

③ 配置 VLAN TRUNK 链路。

注意：是交换机与交换机互联的接口配置为 VLAN TRUNK 链路。这里给出 LSW1 交换机的配置，LSW2 和 LSW3 交换机参照 LSW 进行配置。

```
[LSW1] interface GigabitEthernet0/0/1                 #进入 G0/0/1 接口
    [LSW1-GigabitEthernet0/0/1]port link-type trunk  #将接口设置 TRUNK 模式
[LSW1-GigabitEthernet0/0/1]port trunk allow-pass vlan all
                                                      #设置允许通过的 VLANID
[LSW1] interface GigabitEthernet0/0/2                 #进入 G0/0/2 接口
    [LSW1-GigabitEthernet0/0/2]port link-type trunk  #将接口设置 TRUNK 模式
[LSW1-GigabitEthernet0/0/2]port trunk allow-pass vlan all
                                                      #设置允许通过的 VLANID
```

④ VLAN 之间的通信配置。

在交换机 LSW1 中配置相应 VLAN 的虚拟交换接口 SVI 及对应的 IP 地址即可。配置命令如下：

```
[LSW1] interface vlanif 10  #建立 VLANIF10
[LSW1-vlanif10] ip address 192.168.10.1 24  #设置 VLANIF10 接口 IP 地址
[LSW1] interface vlanif 20
[LSW1-vlanif10] ip address 192.168.20.1 24
[LSW1] interface vlanif 30
[LSW1-vlanif10] ip address 192.168.30.1 255.255.255.0
```

通过以上配置，VLAN 内部和 VLAN 之间就可以通信了。

（6）实验测试

① 利用 PC1 通过 ping 命令，访问 PC2、PC4。

② 利用 PC2 通过 ping 命令，访问 PC3、PC4。

1.5 ACL 技术

访问控制列表（Access Control List，ACL）是由一系列规则组成的集合，ACL 通过这些规则对报文进行分类，从而使设备可以对不同类型报文进行不同的处理。

网络中的设备相互通信时，需要保障网络传输的安全可靠和性能稳定。要防止对网络的攻击，如 IP（Internet Protocol）报文、TCP（Transmission Control Protocol）报文、ICMP（Internet Control

Message Protocol）报文的攻击；要限制网络流量和提高网络性能，如限定网络上行、下行流量的带宽，保证高带宽网络资源的充分利用；对网络访问行为进行控制，如企业网中内、外网的通信，用户访问特定网络资源的控制，特定时间段内允许对网络的访问等。ACL 的出现，有效地解决了上述问题，切实保障了网络传输的稳定性和可靠性。

注意：华为和思科设备在 ACL 的默认配置、编号范围、规则匹配方式等方面存在一定的差异，在学习和使用的过程中要注意。这里按照华为 ACL 的规则进行讲解。

1.5.1 ACL 的基本原理

ACL 是由一系列的语句组成，每条语句描述一条规则，也可以说 ACL 是一个规则组。每条规则包括两部分：一是报文匹配条件；二是相关操作。当设备为报文找到规则中与报文匹配的条件后，则会采取相应操作，包括允许（Permit）和拒绝（Deny）。

1. ACL 的规则管理

每个 ACL 作为一个规则组，可以包含多个规则。规则通过规则 ID（Rule-ID）来标识，规则 ID 可以由用户进行配置，也可以由系统自动根据步长生成。一个 ACL 中所有规则均按照规则 ID 从小到大排序，规则 ID 之间会留下一定的间隔。如果不指定规则 ID，则具体间隔大小由“ACL 的步长”来设置，默认 ACL 步长为 5。

步长的含义：设备自动为 ACL 规则分配编号时，每个相邻规则编号之间的差值。例如，如果将步长设置为 5，规则编号分配是按照 5、10、15……这样的规律分配的。当步长改变后，ACL 中的规则编号会自动从步长值开始重新排列。例如，原来规则编号为 5、10、15、20，当通过命令把步长改为 2 后，则规则编号变成 2、4、6、8。

步长的作用：通过设置步长，使规则之间留有一定的空间，用户可以在规则之间插入新的规则，以控制规则的匹配顺序。例如，配置好了 4 个规则，规则编号为 5、10、15、20。此时，如果用户希望能在第一条规则之后插入一条规则，则可以使用命令在 5 和 10 之间插入一条编号为 7 的规则。

2. ACL 的规则匹配

当报文到达设备时，设备从报文中提取信息，并将该信息与 ACL 中的规则进行匹配，只要有一条规则中报文匹配条件和报文匹配，就停止查找，称为命中规则。查找完所有规则，如果没有符合条件的规则，称为未命中规则。

根据规则中操作的不同，可以把 ACL 规则分为 Permit（允许）规则和 Deny（拒绝）规则。命中规则可以分为命中 Permit 规则和命中 Deny 规则。

1.5.2 ACL 的匹配顺序

一个 ACL 可以由多条 deny/permit 语句组成，每一条语句描述一条规则（一条规则可以包含另一条规则，但两条规则不可能完全相同）。

设备支持两种匹配顺序：配置顺序（Config）和自动排序（Auto）。当将一个数据包和访问控制列表的规则进行匹配时，由规则的匹配顺序决定规则的优先级，可以在创建 ACL 时指定匹配顺序。

1. 配置顺序

配置顺序按 ACL 规则编号从小到大的顺序进行匹配。默认采用配置顺序方式进行规则匹配。

2. **自动排序**

自动排序使用“深度优先”的原则进行匹配。“深度优先”即根据规则的精确度排序，匹配条件（如协议类型、源和目的 IP 地址范围等）限制越严格越精确。例如，可以比较地址的通配符，通配符掩码越小，则指定的主机的范围就越小，限制就越严格。若“深度优先”的顺序相同，则匹配该规则时按 Rule-ID 从小到大排列。

注意：通配符掩码与反向掩码类似，以点分十进制表示，并用二进制的“0”表示“匹配”，“1”表示“不关心”，这恰好与子网掩码的表示方法相反。另外，通配符 1 或者 0 可以不连续，掩码与反掩码必须连续。例如，IP 地址 192.168.1.169、通配符掩码 0.0.0.172 表示的网址为 192.168.1.x0x0xx01，其中，x 可以是 0，也可以是 1。

ACL 规则按照“深度优先”顺序匹配的原则如表 1-2 所示。

表 1-2　ACL 匹配规则表

ACL 类型	匹 配 原 则
基本 ACL	① 看规则中是否带 VPN 实例，带 VPN 实例的规则优先。 ② 比较源 IP 地址范围，源 IP 地址范围小的规则优先。 ③ 如果源 IP 地址范围相同，则 Rule-ID 小的优先
高级 ACL	① 看规则中是否带 VPN 实例，带 VPN 实例的规则优先。 ② 比较协议范围，指定了 IP 协议承载的协议类型的规则优先。 ③ 如果协议范围相同，则比较源 IP 地址范围，源 IP 地址范围小的规则优先。 ④ 如果协议范围、源 IP 地址范围相同，则比较目的 IP 地址范围，目的 IP 地址范围小的规则优先。 ⑤ 如果协议范围、源 IP 地址范围、目的 IP 地址范围相同，则比较 TCP/UDP 端口号范围，端口号范围小的规则优先。 ⑥ 如果上述范围都相同，则 Rule-ID 小的优先
二层 ACL	① 先比较二层协议类型通配符，通配符大的规则优先。 ② 如果二层协议类型通配符相同，则比较源 MAC 地址范围，源 MAC 地址范围小的规则优先。 ③ 如果源 MAC 地址范围相同，则比较目的 MAC 地址范围，目的 MAC 地址范围小的规则优先。 ④ 如果源 MAC 地址范围、目的 MAC 地址范围相同，则 Rule-ID 小的优先

1.5.3　ACL 分类

ACL 的类型根据不同的划分规则可以有不同的分类。

1. **按照创建 ACL 的命名方式分类**

按照创建 ACL 的命名方式分为数字型 ACL 和命名型 ACL。

创建 ACL 时指定一个编号，称为数字型 ACL。编号为 ACL 功能的标示。例如 2 000 ~ 2 999 为基本 ACL，3 000 ~ 3 999 为高级 ACL，4 000 ~ 4 999 为二层 ACL。

创建 ACL 时指定一个名称，称为命名型 ACL。用户在创建 ACL 时，可以为 ACL 指定一个名称，每个 ACL 最多只能有一个名称。命名型的 ACL 使用户可以通过名称唯一地确定一个 ACL，并对其进行相应的操作。

在创建 ACL 时，用户可以选择是否配置名称。ACL 创建后，不允许用户修改 ACL 名称，也不允许为未命名的 ACL 添加名称。如果删除 ACL 名称，则表示删除整个 ACL。

在指定命名型 ACL 时，也可以同时配置对应编号。如果没有配置对应编号，系统在记录此命名型 ACL 时会自动为其分配一个数字型 ACL 的编号。

2. 按照 ACL 的功能分类

按照 ACL 的功能分类，ACL 可以分为 5 种类型：基本 ACL、高级 ACL、二层 ACL、基本 ACL6、高级 ACL6。其中，基本 ACL6、高级 ACL6 适用于 IPv6，这里不做介绍，下面通过表 1-3 给出关于基本 ACL、高级 ACL、二层 ACL 的功能和说明。

表 1-3 ACL 按功能分类表

功能分类	功能介绍	说明
基本 ACL	可使用 IPv4 报文的源 IP 地址、VPN 实例、分片标记和时间段信息来定义规则	基本 IPv4 ACL 简称基本 ACL。编号范围为 2 000 ~ 2 999
高级 ACL	既使用 IPv4 报文的源 IP 地址，也使用目的地址、IP 优先级、ToS、DSCP、IP 协议类型、ICMP 类型、TCP 源端口/目的端口、UDP 源端口/目的端口号等来定义规则	高级 IPv4 ACL 简称高级 ACL。编号范围为 3 000 ~ 3 999
二层 ACL	可根据报文的以太网帧头信息来定义规则，如根据源 MAC 地址、目的 MAC 地址、以太帧协议类型等	编号范围为 4 000 ~ 4 999

1.5.4 ACL 规则支持的可选参数

1. 对生效时间段的支持

ACL 规则中的生效时间段是一种可选参数。某些引用 ACL 的业务或功能需要限制在一定的时间范围内生效，用户可以为 ACL 创建生效时间段，通过在规则中引用时间段信息限制 ACL 生效的时间范围，从而达到该业务或功能在一定的时间范围内生效的目的。

执行命令 time-range time-name {start-time to end-time {days} &<1-7> | from time1 date1 [to time2 date2] }，创建一个时间段。默认情况下，设备没有配置时间段。

使用同一 time-name 可以配置多条不同的时间段，以达到这样的效果：各周期时间段之间以及各绝对时间段之间分别取并集之后，再取二者的交集作为最终生效的时间范围。例如，时间段 test 配置了 3 个生效时段：

从 2018 年 1 月 1 日 00:00 起到 2018 年 12 月 31 日 23:59 生效，这是一个绝对时间段。

在周一到周五每天 8:00—18:00 生效，这是一个周期时间段，在周六、周日下午 14:00—18:00 生效，这是一个周期时间段，则时间段 test 最终描述的时间范围为：2018 年的周一到周五每天 8:00—18:00 以及周六和周日下午 14:00—18:00。

由于网络延迟等原因，可能造成网络上设备时间不同步，建议配置 NTP（Network Time Protocol），以保证网络上时间的一致。

上面 3 个时间段的配置命令如下：

```
time-range test from 00:00 2018/1/1 to 23:59 2018/12/31
time-range test 08:00 to 18:00 working-day
time-range test 14:00 to 18:00 off-day
```

2. 对 IP 报文分片的支持

华为设备支持通过 ACL 对分片报文进行三层（IP 层）匹配的包过滤功能。

① 对于不包含参数 fragment（碎片）的 ACL 规则。如果规则中包含了匹配 TCP/UDP 端口号的参数，设备仅会匹配非分片报文和首片分片报文（首片分片报文的处理方式与非分片报文

相同），对首片分片后续的分片报文不进行匹配处理。如果规则中未包含匹配 TCP/UDP 端口号的参数，设备不仅会匹配非分片报文和首片分片报文，也会匹配首片分片后续的分片报文。

② 对于包含参数 fragment 的 ACL 规则，设备则仅匹配非首片分片报文。

传统的报文过滤并不处理所有 IP 报文分片，而是只对第一个（首片）分片报文进行匹配处理，后续分片一律放行。这样，网络攻击者可能构造后续的分片报文进行流量攻击，就带来了安全隐患。因此，针对网络攻击者构造分片报文进行流量攻击的情况，可以配置包含参数 fragment 的 ACL 规则，使设备仅过滤非首片分片报文，从而避免因过滤掉其他非分片报文而影响业务的正常运行，也可防止设备因不处理非首片分片报文而达不到防范分片报文攻击的目的。

3. 对 logging 的支持

如果用户需要将 ACL 规则匹配的报文的 IP 信息记录日志，可以在 rule 命令行中配置 logging 参数，并可以设置日志刷新以及日志老化的时间间隔。

1.5.5 ACL 应用

ACL 本身只是一组规则，只能区分报文，无法实现对报文的区别处理，也就是说 ACL 本身的作用只是用于数据流量标识。但 ACL 可与多种具体应用相结合来实现多种功能。下面介绍访问控制列表几种常见的应用。

1. 用于流量控制

访问控制列表用于流量控制（基于 ACL 简化流策略），包括报文过滤（Traffic-Filter）、流量监管（Traffic-Limit）、流镜像（Traffic-Mirror）、重定向（Traffic-Redirect）、重标记（Traffic-Remark）、流量统计（Traffic-Statistic）等。其中，最常见的应用是与报文过滤功能相结合，通过允许一些符合匹配规则的数据包通过，同时拒绝另一部分不符合匹配规则的数据包，来实现安全控制以及网络访问行为控制等功能。这也是访问控制列表最典型的应用。

2. 用于网络地址转换

通过 ACL 与网络地址转换技术相结合，可以限定哪些数据包进行网络地址转换，哪些数据包不进行网络地址转换。

3. 用于登录控制

访问控制列表 ACL 用于登录控制涉及的业务模块有 Telnet、FTP、TFTP、SFTP、HTTP、SNMP 等。用于对设备的登录权限进行控制，允许合法用户登录，拒绝非法用户登录，从而有效防止未经授权用户的非法接入，保证网络安全性。

4. 用于策略路由和路由过滤

可以根据 ACL 对数据流量的标识，对不同流量标识选择不同的链路访问网络，实现策略路由；还可以通过 ACL 规则来匹配路由信息中的相关参数，以实现路由策略和路由过滤，等等。

访问控制列表 ACL 最常见的应用是用于报文过滤和网络地址转换。ACL 用于报文过滤可以实现网络安全和网络行为管理等功能，1.5.7 节 ACL 报文过滤配置实验说明 ACL 用于报文过滤的配置方法。

1.5.6 ACL 规则配置使用方法

ACL 规则的配置使用分为 3 个步骤：第一步是创建 ACL 规则；第二步是配置 ACL 规则；第

三步是应用ACL规则。下面结合ACL功能分类方式介绍ACL规则的配置使用方法。

1. **创建ACL规则**

（1）创建数字型ACL

数据型ACL定义格式如下：

```
acl [number] acl-number [match-order {auto|config }]
```

基本 ACL 编号 acl-number 的范围是 2 000~2 999。高级 ACL 编号 acl-number 的范围是 3 000~3 999。二层ACL编号acl-number的范围是4 000~4 999。

（2）创建命名型ACL

命名型ACL定义格式如下：

① 基本ACL：

```
acl name acl-name {basic |acl-number} [match-order {auto|config}]
```

② 高级ACL：

```
acl name acl-name {advance |acl-number} [match-order {auto|config}]
```

③ 二层ACL：

```
acl name acl-name {link |acl-number} [match-order {auto|config}]
```

basic 代表创建一个命名型的基本 ACL；advance 代表创建一个命名型的高级 ACL；link 代表创建一个命名型的二层ACL。

2. **配置ACL规则**

（1）配置基本ACL规则

基本ACL可以根据报文自身的源IP地址、分片标记信息，以及时间段、VPN实例信息对IPv4报文进行分类。配置基本ACL时，需要先创建一个基本ACL。基本ACL通过rule（规则）匹配报文的信息，实现对报文的分类，因此创建基本ACL以后，需要配置基本ACL的规则。配置方法如下：

```
rule [rule-id] {deny|permit} [source{source-address source-wildcard |any}
|logging |fragment |time-range time-name ]
```

如果需要配置多个规则，可以反复执行本步骤。

（2）配置高级ACL规则

高级ACL可以根据源IP地址、目的IP地址、IP优先级、ToS、DSCP、IP协议类型、ICMP类型、TCP源端口/目的端口、UDP源端口/目的端口号等信息对IPv4报文进行分类。配置高级ACL时，需要先创建一个高级ACL。高级ACL通过rule（规则）匹配报文的信息，实现对报文的分类，因此创建高级ACL以后，需要配置高级ACL的规则。

① 根据IP协议版本配置高级ACL规则。

当IP协议版本为IPv4时，高级访问控制列表的命令格式为：

```
rule[rule-id] {deny|permit} ip [destination{ destination-address
destination-wildcard |any} |source {source-address source-wildcard |any}
|logging| fragment| time-range time-name | [ dscp dscp| [tos tos| precedence
precedence] ] ]
```

② 根据报文中IP承载的协议类型配置高级ACL规则。

IP报文中承载的协议类型包括ICMP、TCP、UDP、GRE、IGMP、IPINIP、OSPF等，这里不一一列举它们的高级访问控制列表的命令格式，仅提供TCP/UDP的高级访问控制列表的命令格式，以便参考。

当 IP 承载的协议类型为 TCP 或 UDP 时，高级访问控制列表的命令格式为：

```
rule [rule-id] {deny|permit} { protocol-number|tcp| udp } [destination {destination-address destination-wildcard |any} |destination-port{ eq port |gt port|lt port | range port-start port-end} | source {source-address source-wildcard| any} |source-port {eq port|gt port|lt port| range port-start port-end} |logging | fragment |time-range time-name | [dscp dscp| [tos tos| precedence precedence]]]
```

如果高级 ACL 需要配置多个规则，可以反复执行本步骤。

注意： 如果要同时配置 precedence precedence 和 tos tos 参数，则需要将 precedence precedence 和 tos tos 参数连续配置。参数 dscp dscp 和 precedence precedence 不能同时配置。参数 dscp dscp 和 tos tos 不能同时配置。

（3）配置二层 ACL 规则

二层 ACL 可以根据报文二层 ACL 根据报文的源 MAC 地址、目的 MAC 地址、MAC 承载的协议类型等信息对报文进行分类。配置二层 ACL 时，需要先创建一个二层 ACL。二层 ACL 通过 rule（规则）匹配报文的信息，实现对报文的分类，因此创建 ACL 以后，需要配置 ACL 的规则。

二层 ACL 规则命令格式为：

```
rule [rule-id] {permit|deny} [l2-protocol type-value [type-mask] |destination-mac dest-mac-address [dest-mac-mask] |source-mac source-mac-address [source-mac-mask] |vlan-id vlan-id [vlan-id-mask] |8021p 802.1p-value | [time-range time-name] ]
```

如果二层 ACL 需要配置多个规则，可以反复执行本步骤。

在 ACL 中配置首条规则时，如果未指定参数 rule-id，设备使用步长值作为规则的起始编号。后续配置规则如仍未指定参数 rule-id，则设备使用最后一个规则的 rule-id 的下一个步长的整数倍数值作为规则编号。例如，ACL 中包含规则 rule 5 和 rule 7，ACL 的步长为 5，则系统分配给新配置的未指定 rule-id 的规则的编号为 10。

当用户指定参数 time-range 引入 ACL 规则生效时间段时，如果 time-name 不存在，则该规则配置不生效。

3. 应用 ACL 规则

ACL 本身只是一组规则，只能区分报文，无法实现对报文的区别处理。对不同种类报文的处理方法，需要由引用 ACL 的具体功能来决定。ACL 可以在很多具体功能中被应用，不同的应用功能中，对 ACL 分类出来的报文的处理方式是不一致的。

1.5.7 ACL 报文过滤配置实验

ACL 应用

通过配置基于 ACL 的报文过滤，对匹配 ACL 规则报文进行禁止/允许动作，进而实现对网络流量的控制。配置报文过滤需要首先配置用于报文过滤的 ACL 规则，然后配置报文过滤。配置报文过滤在接口视图下进行。执行命令 traffic-filter {inbound | outbound} acl {acl-number |name acl-name}，配置基于 ACL 的报文过滤。

配置报文过滤需要进入相应的网络接口，使用 traffic-filter 命令配置。在配置报文过滤时，每个接口最多可以使用两条 traffic-filter 命令，一个入方向，采用 inbound 参数；一个出方向，采用 outbound 参数。

注意：本示例要在下一节的 NAT 配置示例完成后，进行本示例的配置和测试。

1. **实验名称**

ACL 报文过滤配置实验。

2. **实验目的**

学习掌握访问控制列表 ACL 基础知识，掌握 ACL 报文过滤的配置方法。

3. **实验拓扑**

配置报文过滤示例采用 1.6 节的 NAT 配置实验拓扑图。

4. **实验内容**

① 要求内部用户在上班时间不能访问外部网络，在下班可以访问外部网络。

② 允许 192.168.10.0/24 网段用户访问 IP 地址为 200.1.1.5 设备，但不允许内部其他用户访问。

对于第一个要求，可以采用基本的 ACL 实现；第二个要求，可以采用高级 ACL 实现。两个报文过滤要求的实现都在 AR1 中配置。

5. **实验步骤**

① 内部用户上班时间不能访问外网，下班时间可以访问外网。

```
[AR1]  time-range  workdaytime  08:00 to 18:00 working-day
acl number 2001
Rule 5 deny source any  time-range  workdaytime
Rule 10 permit source any
Int g0/0/0
Traffic-filter outbound acl 2001
```

注意：由于 int g0/0/0 接口配置了网络地址转换，源地址为 192.168.0.0 开头的地址在出口被转换成 200.1.2.0 开头的全局地址，所以这里的源地址（source）没有使用以 192.168.0.0 开头的地址，而使用 any 代替。

② 允许 192.168.10.0/24 网段用户访问 200.1.1.5，但不允许内部其他用户访问。

```
[AR1]  acl number 3001
Rule 5 permit ip destination 200.1.1.5 0.0.0.0 source 192.168.10.0 0.0.0.255
Rule 10 deny ip destination 200.1.1.5 0.0.0.0 source any
Int g0/0/2
Traffic-filter inbound acl 3001
```

6. **实验测试**

可以采取的测试方法：在接口配置 Traffic-filter 之前，利用 ping 命令测试一次；在接口配置 Traffic-filter 之后，再利用 ping 命令测试一次，比较两次 ping 命令结果的差异，体会基于 ACL 的简单流量过滤的效果。

为了测试生效时间 time-range 的效果，可以在用户模式下，利用 clock datetime 命令设置的系统时间来检验生效时间 time-range 的效果。clock datetime 用法如图 1-26 所示。

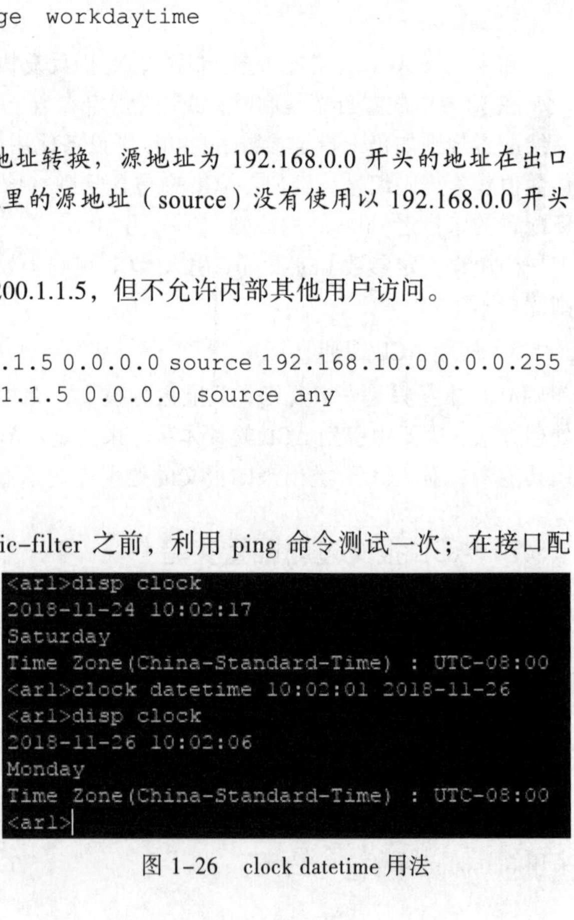

```
<arl>disp clock
2018-11-24 10:02:17
Saturday
Time Zone(China-Standard-Time) : UTC-08:00
<arl>clock datetime 10:02:01 2018-11-26
<arl>disp clock
2018-11-26 10:02:06
Monday
Time Zone(China-Standard-Time) : UTC-08:00
<arl>
```

图 1-26　clock datetime 用法

1.6 NAT 技术

随着互联网技术的不断发展，互联网应用越来越丰富，接入互联网的设备越来越多，包括笔记本计算机、台式机、路由器、交换机都需要接入 Internet。特别是随着物联网技术的产生和发展，包括家电在内的各种电子产品都需要接入互联网。因此，IPv4 地址严重的不足。如果没有 IP 地址扩展方案，Internet 的发展将受到限制。

近年来，已经出现了几种 IP 地址扩展方案，包括可变长子网掩码（VLSM）、无分类域间路由（SIDR）和 IPv6 技术，以及动态主机配置协议（DHCP）、网络地址转换技术（NAT）等。其中 NAT 技术是一种节约大型网络中注册 IP 地址并简化 IP 寻址管理任务的有效机制。NAT 技术已经标准化并在 RFC1613 中描述。

1.6.1 NAT 技术概述

NAT 技术提供了一种在末节网络（末梢网络）中使用相同的私有 IP 地址空间，通过网络地址转换技术，使用少量公网 IP 地址使得内网大量用户可以访问互联网，从而减少所需公有 IP 地址的解决方案。

对于大多数需要接入 Internet 的企业来说，都必须使用 NAT。IPS 为企业大量用户提供 Internet 服务，但一般只会分配极少的公网 IP 地址给企业，因此企业内部需要通过 NAT 技术，使内部大量主机通过少量几个公网 IP 地址访问互联网。

NAT 技术作为减缓 IP 地址枯竭的一种过渡方案，NAT 通过地址重用的方法来满足 IP 地址的需要，可以在一定程度上缓解 IP 地址空间枯竭的压力。NAT 除了解决 IP 地址短缺的问题，还带来了两个好处：

① 有效避免来自外网的攻击，可以很大程度上提高网络安全性。

② 控制内网主机访问外网，同时也可以控制外网主机访问内网。

1.6.2 NAT 的实现方式

网络地址转换技术主要包含两大类：基本网络地址转换（Basic NAT）和基于端口网络地址转换（NAPT）。

1. 基本网络地址转换

基本网络地址转换是公网 IP 地址和私有 IP 地址之间的一对一的转换，在这种方式下只对 IP 地址进行转换，而不处理 TCP/UDP 协议的端口号。一个公网 IP 地址不能同时被多个私网用户使用。基本网络地址转换由于不能将一个公网 IP 地址提供给多个私网用户使用，一般很少使用，往往用在将内部服务器映射为外部服务器时使用。实现的方式分为：静态 NAT（nat static 和 nat server）和一对一动态 NAT。图 1-27 所示为基本网络地址转换示例。

图 1-27 中的网络地址转换是一对一的地址转换，内部主机本地地址 192.168.10.10 通过基本的网络地址转换，转换成内部全局地址 200.1.10.10，并利用 200.1.10.10 这个公网地址访问外部网络。

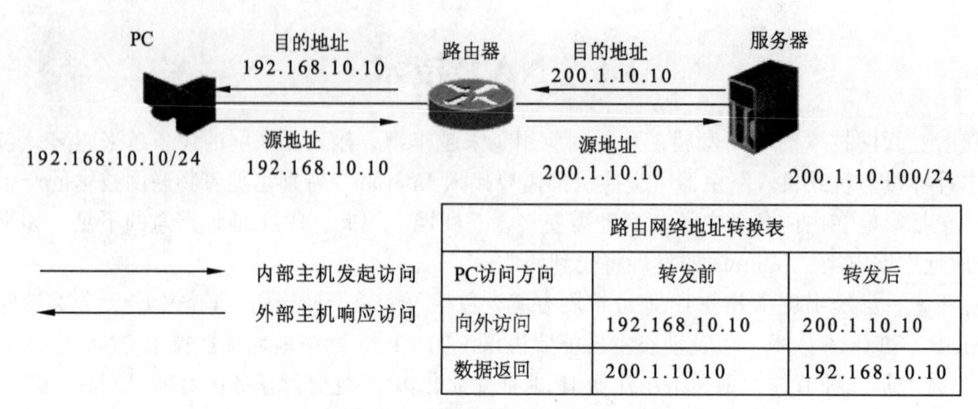

路由网络地址转换表		
PC访问方向	转发前	转发后
向外访问	192.168.10.10	200.1.10.10
数据返回	200.1.10.10	192.168.10.10

图 1–27　基本网络地址转换示例

2. 基于端口网络地址转换

基于端口网络地址转换（Network Address Port Translation，NAPT）可以实现并发的地址转换。它允许多个内部私有 IP 地址映射到同一个公有 IP 地址上，因此也可以称为“多对一地址转换”或地址复用。NAPT 方式属于多对一的地址转换，它通过使用“IP 地址 + 端口号”的形式进行转换，使多个私网用户可共用一个公网 IP 地址访问外网。

基于端口网络地址转换（NAPT）是目前主要采用的网络地址转换技术。它的实现方式分为两种：基于地址池 NAPT（华为称为地址池 NAT）和基于接口 IP 地址 NAPT（华为称为 Easy IP）。图 1–28 所示为基于端口网络地址转换示例。

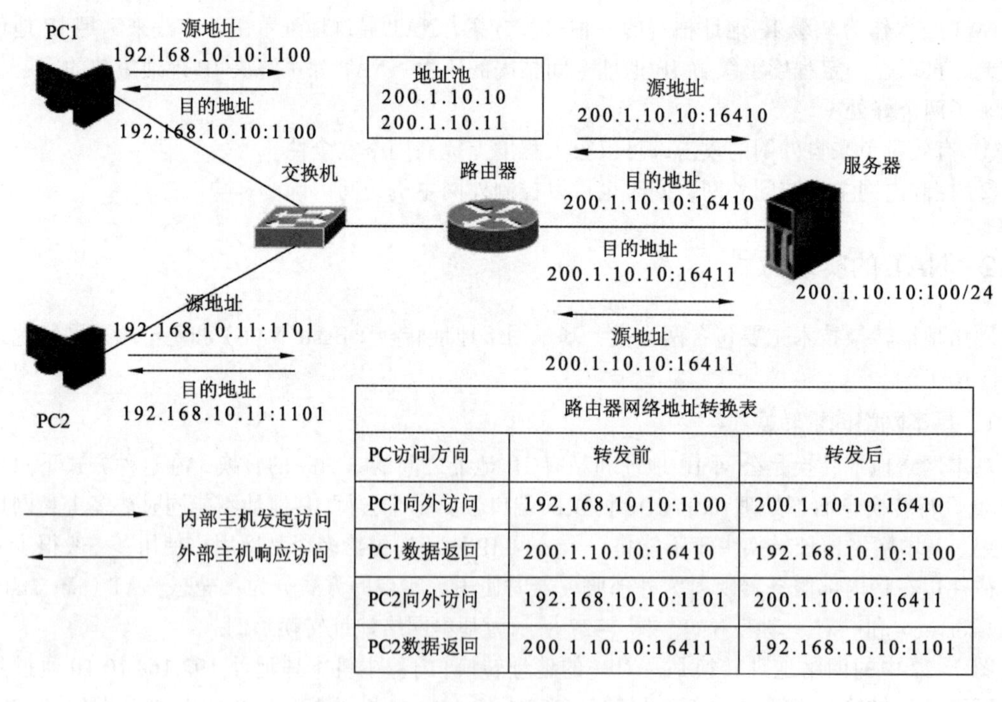

路由器网络地址转换表		
PC访问方向	转发前	转发后
PC1向外访问	192.168.10.10:1100	200.1.10.10:16410
PC1数据返回	200.1.10.10:16410	192.168.10.10:1100
PC2向外访问	192.168.10.10:1101	200.1.10.10:16411
PC2数据返回	200.1.10.10:16411	192.168.10.10:1101

图 1–28　基于端口网络地址转换示例

图 1–28 反应的是基于地址池的 NAPT，是目前主要采用的网络地址转换方式。它是将多个内部主机 IP 地址映射到一个公网 IP 地址上，是多对一的地址转换。多台内部主机本地地址 192.168.10.10、192.168.10.11 通过基于端口的地址转换，转换成内部全局地址 200.1.10.10，并

利用 200.1.10.10 这个公网地址访问外部网络。

1.6.3 NAT 配置方法

NAT 配置主要包括两种情况：一是动态地址转换配置；二是静态地址转换配置。

动态地址转换配置，包括动态一对一的动态地址转换和多对一的基于端口的动态地址转换配置，采用的命令是 nat outbound。

静态地址转换配置，包括静态地址转换和内部服务器地址转换配置。静态地址转换配置使用的命令是 nat static；内部服务器地址转换配置使用的命令是 nat server。

下面根据 3 种 NAT 配置命令介绍 NAT 配置使用方法。

1. **配置动态地址转换**（nat outbound）

配置动态地址转换，需要配置访问控制列表 ACL，用于限定需要进行地址转换的源地址范围，以及用户地址转换的公网地址池。所以，配置过程包含 3 个步骤。

① 配置访问控制列表（基本 ACL 和高级 ACL），用于限定可以进行地址转换的源地址范围。仅当 ACL 的 rule 配置为 permit 时，设备允许匹配该规则中指定的源 IP 地址使用地址池进行地址转换。

② 配置公网地址池，使用命令 nat address-group group-index start-address end-address。

③ 配置动态地址转换。首先进入地址转换的接口视图，使用命令 interface interface-type interface-number，然后执行动态地址转换。

如果采用带地址池的动态地址转换，采用命令 nat outbound acl-number address-group group-index [no-pat]。使用参数 no-pat，则为一对一动态地址转换；不使用参数 no-pat，则为多对一基于端口动态地址转换（NAPT）。

如果采用外部接口地址进行动态地址转换，采用命令 nat outbound acl-number [interface interface-type interface-number，这种方式华为称为 Easy IP。

2. **配置静态地址转换**（nat static）

静态地址转换，可以在接口视图下配置，也可以在全局视图下配置，一般采用接口视图下配置。

在接口视图下，配置静态地址转换，根据实际情况选择下面的一条命令执行。

```
nat static protocol { tcp | udp } global { global-address |current-interface|
interface interface-type interface-numbe} global-port [global-port2] inside
host-address [host-address2] [host-port] [netmask mask] [acl acl-number]
```

或

```
nat static [protocol {protocol-number | icmp | tcp | udp } ] global {global-
address |current-interface |interface interface-type interface-number} inside
host-address [ netmask mask] [acl acl-number]
```

3. **配置内部服务器网络地址转换**（nat server）

内部服务器地址转换只用于内部服务器向外提供网络服务。首先进入接口视图，采用命令 interface interface-type interface-number，然后配置内部服务器网络地址转换。根据实际情况选择一条命令配置执行。

```
nat server protocol{tcp | udp } global { global-address |current-interface
|interface  interface-type  interface-number}  global-port  [global-port2]
inside host-address [host-address2] [host-port] [acl acl-number]
```

或

```
nat server [protocol {protocol-number |icmp |tcp |udp} ] global { global-address |current-interface | interface interface-type interface-number } inside host-address [acl acl-number]
```

nat server 配置主要针对网络具体应用服务的地址转换，一般需要指定应用服务对应的端口。对于指定对应服务端口的地址转换，nat server 和 nat static 的区别就是 nat server 对于内网主动访问外网的情况不做端口替换，仅做地址替换。

1.6.4 NAT 配置实验

NAT 配置

1. 实验名称

NAT 配置实验。

2. 实验目的

学习掌握网络地址转换 NAT 基础知识，掌握 NAT 的配置方法。

3. 实验拓扑

将前面 VLAN 实验和 ISIS 路由实验拓扑中的设备 LSW1 与 AR1 连接起来，形成如图 1–29 所示的网络拓扑图。

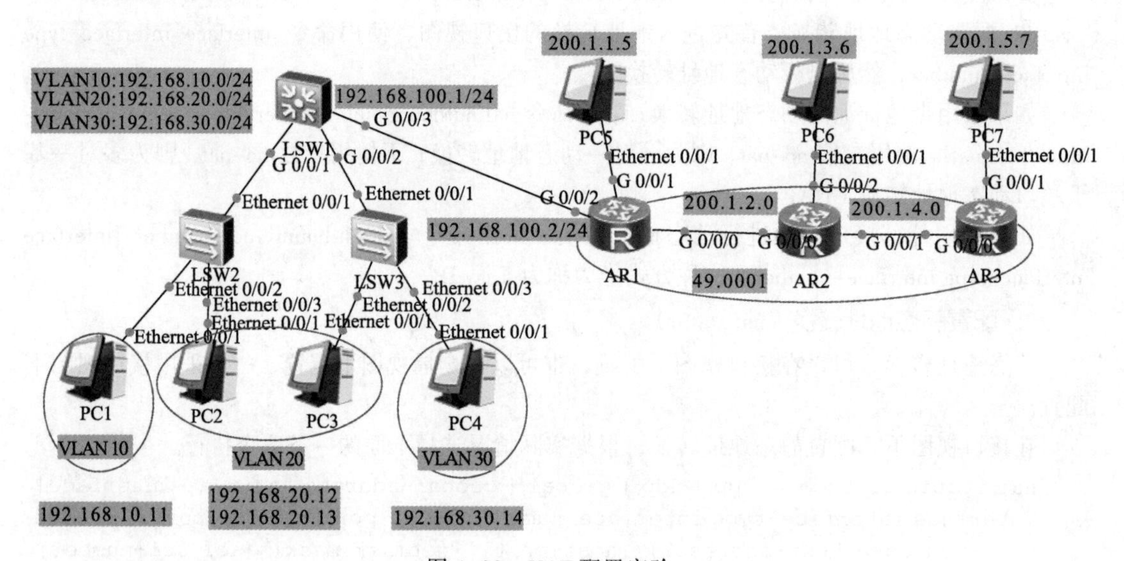

图 1–29 NAT 配置实验

4. 实验内容

拓扑中，由交换机组成网络模拟企业内部网络，并通过 AR1 访问外部网络，AR1 为企业内部网络的出口路由器。AR2 和 AR3 路由器组成网络模拟外部公共互联网。

AR1 作为内部网络的出口路由，要求在 AR1 中基于地址池 NAPT 进行配置，使内部网络所有主机通过 NAT 配置访问外网。

注意：华为 S5700 系列三层交换机不支持 NAT。

5. **实验步骤**

（1）初始配置

LSW1 和 AR1 连接的链路采用 192.168.100.0/24 的私有网段地址，LSW1 连接的接口 VLANIF 100 的 IP 地址为 192.168.100.1/24。路由器 AR1 的接口 G 0/0/2 的 IP 地址为 192.168.100.2/24。配置 NAT 之前，要达到的基本条件如下：

① 内部网络互联互通。

② 外部网络互联互通。

③ 配置 NAT 的设备外部接口为公网地址且能够访问外部网络。

④ 外部主机与内部主机之间不用互通。

下面首先进行初始配置，以满足上述配置 NAT 的条件。具体配置如下：

① 内部网络互联网互通。为保证内部网络互联互通，计划内部网络采用 OSPF 协议实现内部网络互通。在前面 VLAN 配置的基础上，配置如下：

- LSW1 配置：

```
[lsw1] vlan 100
[lsw1] int vlanif100
         Ip address 192.168.100.1 24
[lsw1] int g0/0/3
         Port link-type access
         Port default vlan 100
[lsw1] ip route-static 0.0.0.0 0.0.0.0 192.168.100.2
[lsw1] ospf 100
         area 0.0.0.0
         network 192.168.10.0  0.0.0.255
         network 192.168.20.0  0.0.0.255
         network 192.168.30.0  0.0.0.255
         network 192.168.100.0  0.0.0.255
```

- AR1 配置：

```
[AR1] int 0/0/2
         Ip address 192.168.100.2  24
[AR1] ip route-static 0.0.0.0 0.0.0.0 200.1.2.2
[AR1] ospf 100
         area 0.0.0.0
         network 192.168.100.0  0.0.0.255
```

② 外部网络互联互通。在前面 ISIS 配置实验中外部网络采用 ISIS 路由协议实现了互通。

③ 配置 NAT 的设备外部接口为公网地址且能够访问外部网络。

AR1 中的接口 G0/0/0 接口作为外部接口，采用的地址为 200.1.2.1，是公网地址，且能够访问外部网络。

④ 外部主机与内部主机之间不用互通。

这里以 PC1 和 PC7 为例进行测试。PC1 能够访问 AR1，但不能访问 PC7。PC7 能够访问 AR1，但不能访问 PC1，如图 1-30 所示。

（2）地址池 NAT outbound 配置

如果用户想通过动态 NAT 访问外网，可以根据自己公网 IP 的规划情况选择地址池 NAT outbound 方式或 Easy IP 方式。

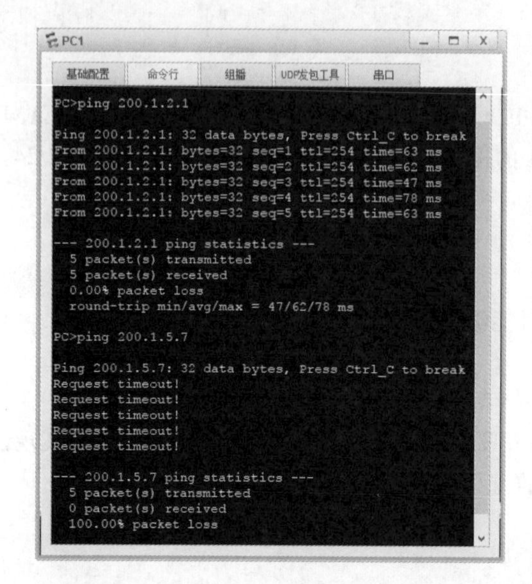

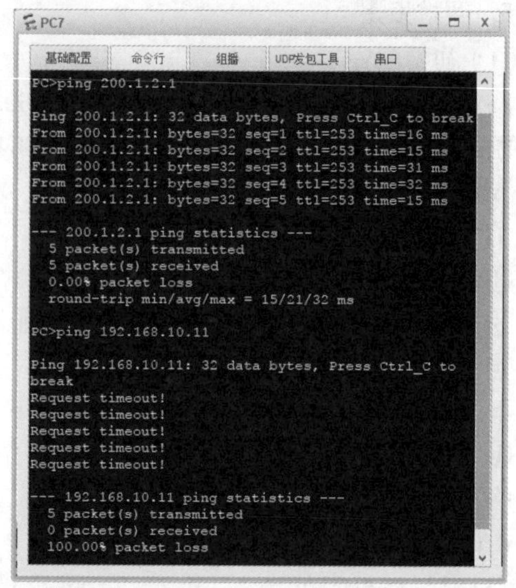

图 1-30　NAT 配置前内外主机联通测试

- 用户在配置了 NAT 设备出接口的 IP 和其他应用之后，还有空闲公网 IP 地址，可以选择带地址池的 NAT outbound 方式，也称为基于端口的 NAT（NAPT）。
- 用户在配置了 NAT 设备出接口的 IP 和其他应用之后，已没有其他可用公网 IP 地址，可以选择 Easy IP 方式，Easy IP 可以借用 NAT 设备出接口的 IP 地址完成动态 NAT。

这里采用地址池 NAT outbound 方式，地址池 NAT outbound 所用地址池是用来存放动态 NAT 使用到的 IP 地址的集合，在做动态 NAT 时会选择地址池中的某个地址用作地址转换。

① 配置地址转换的 ACL 规则：

```
[AR1]acl number 2000
     Rule 5  permit source 192.168.10.0 0.0.0.255
     Rule 10 permit source 192.168.20.0 0.0.0.255
     Rule 15 permit source 192.168.30.0 0.0.0.255
     Rule 20 permit source 192.168.100.0 0.0.0.255
     Rule 25 deny source any
```

② 配置公网地址池：

```
[AR1]nat address-group 1 200.1.2.10 200.1.2.19
```

③ 配置地址池 NAT：

```
[AR1] int G0/0/0
[AR1-Gigabitethernet0/0/0] nat outbound 2000 address-group 1 [no-pat]
```

注意：加上 no-pat 表示一对一的动态 NAT，去掉 no-pat 表示基于地址池的动态 NAPT，因此实际配置中不加上 no-pat 参数。

6. 实验测试

利用 PC1 和 PC7 进行测试。PC1 能够访问 AR1，也能够访问 PC7，如图 1-31（左）所示。图中分前后两次执行 ping 命令，第一次 ping 命令是在配置 NAT outbound 之前，第二次 ping 命令是在配置 NAT outbound 之后，配置成功。图 1-31（右）是在地址转换设备 AR1 中利用 display nat session all 命令显示的网络地址转换情况。

```
PC1
基础配置 命令行 组播 UDP发包工具 串口
PC>ping 200.1.5.7

Ping 200.1.5.7: 32 data bytes, Press Ctrl_C to break
Request timeout!
Request timeout!
Request timeout!
Request timeout!
Request timeout!

--- 200.1.5.7 ping statistics ---
  5 packet(s) transmitted
  0 packet(s) received
  100.00% packet loss

PC>ping 200.1.5.7

Ping 200.1.5.7: 32 data bytes, Press Ctrl_C to break
Request timeout!
Request timeout!
From 200.1.5.7: bytes=32 seq=3 ttl=124 time=47 ms
From 200.1.5.7: bytes=32 seq=4 ttl=124 time=47 ms
From 200.1.5.7: bytes=32 seq=5 ttl=124 time=47 ms

--- 200.1.5.7 ping statistics ---
  5 packet(s) transmitted
  3 packet(s) received
  40.00% packet loss
  round-trip min/avg/max = 0/47/47 ms

PC>
```

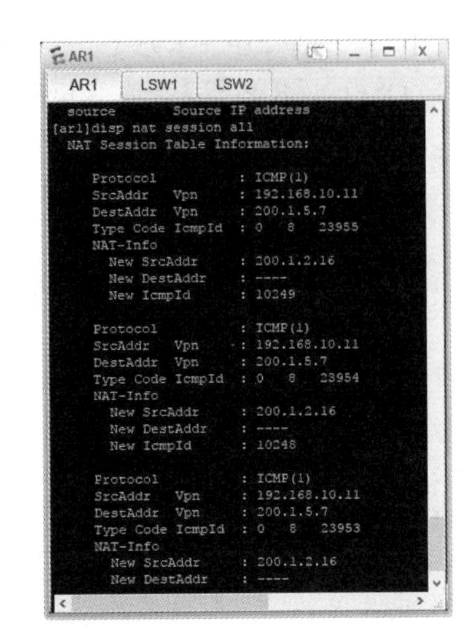

图 1-31　NAT 配置后内外主机联通测试

小　　结

本章主要介绍了以下知识：计算机网络基础知识，包括什么是计算机网络、网络拓扑结构，计算机网络的体系结构，常用的网络设备，包括网络适配器、交换机、路由器等；IP 地址的基础知识，包括 IP 地址的结构、IPv4 地址的发展变化等；局域网技术，主要介绍 VLAN 技术和 STP/RSTP 技术；路由技术知识，包括静态路由、动态路由、RIP 协议、OPSF 协议、ISIS 协议等，以及企业网络出口采用的访问控制列表 ACL 技术和网络地址转换技术 NAT 等，并给出网络互联基本技术的配置方法和实验。

小型企业网络综合配置

习　　题

一、选择题

1. 计算机网络的目标是实现（　　）。
   A. 数据处理　　B. 信息传输与数据处理
   C. 文献查询　　D. 资源共享与信息传输
2. 计算机网络的体系结构是指（　　）。
   A. 计算机网络的分层结构和协议的结合　　B. 计算机网络的连接形式
   C. 计算机网络的协议结合　　D. 由通信线路连接起来的网络系统
3. 用于检测一台主机的网络层是否连通的命令是（　　）。
   A. ping　　B. arp　　C. telnet　　D. ipconfig
4. 某公司申请到一个 C 类 IP 地址，需要分配给 8 个子公司，最好的子网掩码应该为(　　)。
   A. 255.255.255.0　　B. 255.255.255.128
   C. 255.255.255.240　　D. 255.255.255.224
5. 对于一个没有子网划分的传统 C 类网络来说，允许安装（　　）台主机。
   A. 1 024　　B. 65 025　　C. 254　　D. 16

6. 关于 OSPF 和 RIP，下列（　　）说法是正确的。
   A. OSPF 和 RIP 都适合在规模庞大的、动态的互联网上使用
   B. OSPF 和 RIP 比较适合在小型的、静态的互联网上使用
   C. OSPF 适合于小型的、静态的互联网上使用，而 RIP 适合于在大型的、动态的互联网上使用
   D. OSPF 适合于大型的、动态的互联网上使用，而 RIP 适合于在小型的、动态的互联网上使用
7. 划分 VLAN 的方法有多种，这些方法中不包括（　　）。
   A. 根据端口划分
   B. 根据路由设备划分
   C. 根据 MAC 地址划分
   D. 根据 IP 地址划分
8. STP 协议报文计算生成树，根桥的选举是基于比较（　　）。
   A. Bridge ID
   B. Path Cost
   C. Port Cost
   D. Port ID
9. 如下访问控制列表的含义是（　　）。

```
[HUAWEI]ACL 3000
[HUAWEI-acl-3000]rule deny icmp source 10.1.10.10 0.0.255.255 destination
any icmp-type host-unreachable
```

   A. 规则序列号是 3000，禁止到 10.1.10.10 主机的所有主机不可达报文
   B. 规则序列号是 3000，禁止到 10.1.0.0/16 网段的所有主机不可达报文
   C. 规则序列号是 3000，禁止从 10.1.0.0/16 网段来的所有主机不可达报文
   D. 规则序列号是 3000，禁止从 10.1.10.10 主机来的所有主机不可达报文
10. 下面有关 NAT 叙述不正确的是（　　）。
   A. NAT 是英文“地址转换”的缩写，又称地址翻译
   B. NAT 用来实现私有地址与公用网络地址之间的转换
   C. 当内部网络的主机访问外部网络时，一定不需要 NAT
   D. 地址转换的提出为解决 IP 地址紧张问题提供了一个有效途径

二、实践题

利用华为 eNSP 虚拟仿真软件完成以下实践。

（1）ISIS 路由配置实践。

（2）VLAN 及 VLAN 间通信实践。

（3）网络地址转换 NAT 实践。

（4）ACL 报文过滤实践。

第 2 章

局域网高级技术 «‹

局域网高级技术主要讲述局域网相关的高级技术，包括高级 VLAN 技术、多生成树协议（MSTP）、链路聚合、交换机端口安全等相关技术。其中，高级 VLAN 技术包括 VLAN-Aggregate（VLAN 聚合）、MUX-VLAN（私有 VLAN）、QinQ 等技术。

2.1 高级 VLAN 技术

通过交换机连接形成的网络是一个广播域，所有广播和未知单播帧会广播扩展到网络中全部端口，造成一定的安全问题和带宽浪费。为解决这个问题，产生了 VLAN 技术。VLAN 技术用于把交换机连接形成的单个广播域分割成为多个广播域。从而减少网络中的广播流量。总之，通过在交换机网络中实施 VLAN 技术，可以带来诸如隔离广播、增加安全、故障隔离等好处。

2.1.1 VLAN-Aggregate

交换网络中，VLAN 技术以其对广播域的灵活控制和部署方便而得到了广泛应用。但是在一般的三层路由器中，通常是采用一个 VLAN 对应一个三层逻辑接口的方式实现广播域之间的互通，这样导致了 IP 地址的浪费。配置 VLAN 聚合功能可以在实现 VLAN 间互通的同时节省网络 IP 地址资源。

VLAN 聚合将一个 Super-VLAN 和多个 Sub-VLAN 关联，Super-VLAN 内可以创建对应的 VLANIF 接口，VLANIF 接口下可以配置 IP 地址。所有 Sub-VLAN 内的接口共用 Super-VLAN 的 VLANIF 接口 IP 地址作为网关进行 VLAN 间互通。这样既减少了一部分子网号、子网默认网关地址和子网定向广播地址的消耗，又实现了不同广播域使用同一子网网段地址，消除了子网差异，增加了编址的灵活性，减少了闲置地址浪费。

1. VLAN-Aggregate **基本概念**

VLAN-Aggregate 技术就是在一个物理网络内，用多个 VLAN 隔离广播域，使不同的 VLAN 属于同一个子网。它引入了 Super-VLAN 和 Sub-VLAN 的概念。

VLAN-Aggregate
- Super-VLAN（一个）：可以创建 VLANIF 接口，不包含物理接口
- Sub-VLAN（多个）：不能创建 VLANIF 接口，只包含物理接口

① Super-VLAN：和通常意义上的 VLAN 不同，它只建立三层接口，与该子网对应，而且不包含物理接口。可以把它看作一个逻辑的三层概念—若干 Sub-VLAN 的集合。

② Sub-VLAN：只包含物理接口，用于隔离广播域的 VLAN，不能建立三层 VLANIF 接口。它与外部的三层交换是靠 Super-VLAN 的三层接口来实现的。

一个 Super-VLAN 可以包含一个或多个保持着不同广播域的 Sub-VLAN。Sub-VLAN 不再占用一个独立的子网网段。在同一个 Super-VLAN 中，无论主机属于哪一个 Sub-VLAN，它的 IP

地址都在 Super-VLAN 对应的子网网段内。

这样，Sub-VLAN 间共用同一个三层接口，既减少了一部分子网号、子网默认网关地址和子网定向广播地址的消耗，又实现了不同广播域使用同一子网网段地址的目的。消除了子网差异，增加了编址的灵活性，减少了闲置地址浪费。

2. VLAN Aggregate **通信**

VLAN Aggregate 在实现不同 VLAN 间共用同一子网网段地址的同时也带来了 Sub-VLAN 间的三层转发问题。普通 VLAN 实现方式中，VLAN 间的主机可以通过各自不同的网关进行三层转发来达到互通的目的。但是 VLAN Aggregation 方式下，同一个 Super-VLAN 内的主机使用的是同一个网段的地址和共用同一个网关地址。即使属于不同 Sub-VLAN 的主机，由于它们同属一个子网，彼此通信时只会做二层转发，而不会通过网关进行三层转发。而实际上不同的 Sub-VLAN 的主机在二层是相互隔离的，这就造成了 Sub-VLAN 间无法通信的问题。解决这一问题的方法就是使用 Proxy ARP。

（1）Proxy ARP 特点及方式

如果 ARP 请求是从一个网络的主机发往另一个网络上的主机，连接这两个网络的设备就可以回答该请求，这个过程称作 ARP 代理（Proxy ARP）。Proxy ARP 有以下特点：

① 所有处理在 ARP 子网网关（ARP Subnet Gateways）进行，所连网络中的主机不必做任何改动。

② 可以隐藏物理网络细节，使两个物理网络可以使用同一个网络号。在主机端看不到子网，只是一个标准 IP 网络。

③ Proxy ARP 只影响主机的 ARP 高速缓存，对网关的 ARP 高速缓存和路由表没有影响。

④ 使用 Proxy ARP 后，主机应该减小 ARP 老化时间，以尽快使无效 ARP 项失效，减少发给交换机而交换机却不能转发的报文。

Proxy ARP 方式如表 2-1 所示。

表 2-1 Proxy ARP 方式

Proxy ARP 方式	解决的问题
路由式 Proxy ARP	解决同一网段不同物理网络上计算机的互通问题。 命令：arp-proxy enable
VLAN 内 Proxy ARP	解决相同 VLAN 内，且 VLAN 配置用户隔离后的网络上计算机互通问题。（MUX-VLAN 中 Seperate-VLAN 中设备通信）。 命令：arp-proxy inner-sub-vlan-proxy enable
VLAN 间 Proxy ARP	解决不同 VLAN 之间，或者相同 VLAN 内的不同 Sub VLAN 之间对应计算机的三层互通问题（vlan-aggregate 中 Sub VLAN 间通信）。 命令：arp-proxy inter-sub-vlan-proxy enable

（2）不同 Sub-VLAN 间互通

例如，Super-VLAN（VLAN4）包含 Sub-VLAN（VLAN2 和 VLAN3），具体组网如图 2-1 所示。

VLAN2 内的主机 A 与 VLAN3 内的主机 B 的通信过程如下：（假设主机 A 的 ARP 表中无主机 B 的对应表项并且网关上使能了 Sub-VLAN 间的 Proxy ARP）。

① 主机 A 将主机 B 的 IP 地址（192.168.4.3/24）和自己所在网段 192.168.4.0/24 进行比较，发现主机 B 和自己在同一个子网，但是主机 A 的 ARP 表中无主机 B 的对应表项。

② 主机 A 发送 ARP 广播，请求主机 B 的 MAC 地址。

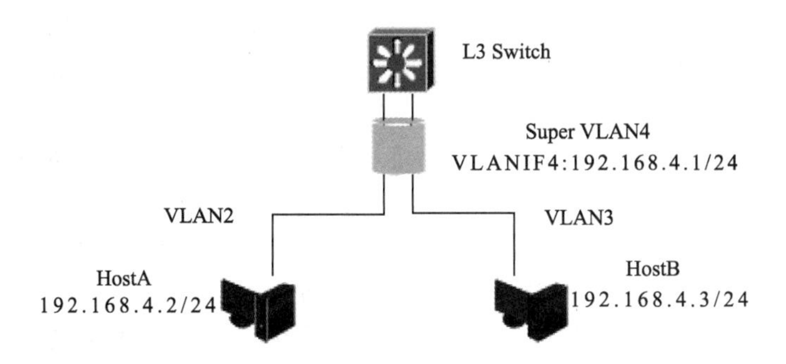

图 2-1　Sub-VLAN 间互通示例

③ 主机 B 并不在 VLAN2 的广播域内，无法接收到主机 A 的这个 ARP 请求。

④ 由于网关上使能 Sub-VLAN 间的 Proxy ARP，当网关收到主机 A 的 ARP 请求后，开始在路由表中查找，发现 ARP 请求中的主机 B 的 IP 地址（192.168.4.3）为直连接口路由，则网关向所有其他 Sub-VLAN 接口发送一个 ARP 广播，请求主机 B 的 MAC 地址。

⑤ 主机 B 收到网关发送的 ARP 广播后，对此请求进行 ARP 应答。

⑥ 网关收到主机 B 的应答后，就把自己的 MAC 地址当作 B 的 MAC 地址回应给主机 A。

⑦ 网关和主机 A 的 ARP 表项中都存在主机 B 的对应表项。

⑧ 主机 A 之后要发给 B 的报文都先发送给网关，由网关做三层转发。

⑨ 主机 B 发送报文给主机 A 的过程和上述的 A 到 B 的报文流程类似，不再赘述。

（3）Sub-VLAN 二层通信

如图 2-2 所示，交换机与交换机之间的连接采用 Trunk 类型接口连接。这种情况下，Switch1 和 Switch2 的 VLAN 和 VLAN-Aggregate 配置相同。

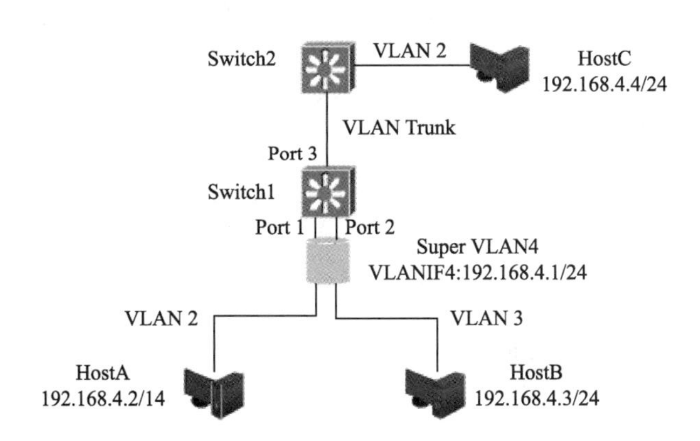

图 2-2　Sub-VLAN 二层通信示例

Super-VLAN 中是不存在物理接口的，这种限制是强制的，表现在：

① 如果先配置了 Super-VLAN，再配置 Trunk 接口时，Trunk 的 VLAN allowed 表项里就自动滤除了 Super VLAN。

② 虽然 Switch1 的 Port3 允许所有的 VLAN 通过，但是也不会有作为 Super-VLAN 的 VLAN4 的报文从该接口进出。

如果先配好了 Trunk 接口，并允许所有 VLAN 通过，则在此设备上将无法配置 Super-VLAN。本质原因是有物理接口的 VLAN 都不能被配置为 Super-VLAN。而允许所有 VLAN 通过的 Trunk

接口是所有 VLAN 的 tagged 接口，当然任何 VLAN 都不能被配置为 Super-VLAN。

在 Sub-VLAN 二层通信中，无论是数据帧进入接口，还是从接口发出数据帧，都不会有针对 Super-VLAN 的报文。

假定 VLAN2 内的主机 A 与 VLAN2 内的主机 C 进行通信，通信过程如下：

① 主机 A 将主机 C 的 IP 地址（192.168.4.4/24）和自己所在网段 192.168.4.0/24 进行比较，发现主机 C 和自己在同一个子网，但是主机 A 的 ARP 表中无主机 C 的对应表项。

② 主机 A 发送 ARP 广播，请求主机 C 的 MAC 地址。

③ 主机 C 在 VLAN2 的广播域内，主机 C 接收到主机 A 的这个 ARP 请求，对此请求进行 ARP 应答。

④ 主机 C 的应答后，就把自己的 MAC 地址回应给主机 A。

⑤ 主机 A 的 ARP 表项中就存在主机 C 的对应表项。

⑥ 主机 A 之后要发给 C 的报文根据 ARP 表项直接发送给主机 C。

图 2-2 中，从主机 A 侧 Port1 进入设备 Switch1 的帧会被打上 VLAN2 的标签（Tag），在设备 Switch1 中这个 Tag 不会因为 VLAN2 是 VLAN4 的 Sub-VLAN 而变为 VLAN4 的标签（Tag）。该数据帧从 Trunk 类型的接口 Port3 出去时，依然是携带 VLAN2 的标签（Tag）。

也就是说，设备 Switch1 本身不会发出 VLAN4 的报文。就算其他设备有 VLAN4 的报文发送到该设备上，这些报文也会因为设备 Switch1 上没有 VLAN4 对应物理接口而被丢弃。

（4）Sub-VLAN 与外部网络三层通信

如图 2-3 所示，交换机与交换机之间的连接链路采用 Access 类型接口连接。

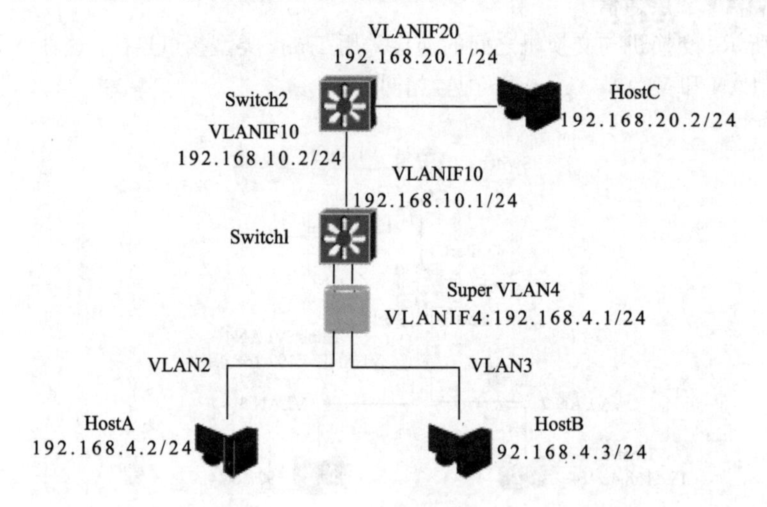

图 2-3 Sub-VLAN 与外部网络三层通信示例

Switch1 上配置了 Super-VLAN 4、Sub-VLAN2 和 Sub-VLAN3，并配置一个普通的 VLAN10；Switch2 上配置两个普通的 VLAN10 和 VLAN20。两个交换机中通过建立 SVI 接口 VLANIF10，并通过 VLANIF10 接口进行三层通信。假设 Switch1 上已配置了去往 192.168.20.0/24 网段的路由，Switch2 上已配置了去往 192.168.4.0/24 网段的路由。

Super-VLAN4 中的 Sub-VLAN2 下的主机 A 想访问与 Switch2 相连的主机 C，则通信过程如下：

① 主机 A 将主机 C 的 IP 地址（192.168.20.2/24）和自己所在网段 192.168.4.0/24 进行比较，发现主机 C 和自己不在同一个子网。

② 主机 A 发送 ARP 请求给自己的网关，请求网关的 MAC 地址。

③ Switch1 收到该 ARP 请求后，查找 Sub-VLAN 和 Super-VLAN 的对应关系，从 Sub-VLAN2 发送 ARP 应答给主机 A。 ARP 应答报文中的源 MAC 地址为 Super-VLAN4 对应的 VLANIF4 的 MAC 地址。

④ 主机 A 学习到网关的 MAC 地址。

⑤ 主机 A 向网关发送目的 MAC 为 Super-VLAN4 对应的 VLANIF4 的 MAC 地址，目的 IP 为 192.168.20.2 的报文。

⑥ Switch1 收到该报文后进行三层转发，下一跳地址为 192.168.10.2，出接口为 VLANIF10，把报文发送给 Switch2。

⑦ Switch2 收到该报文后进行三层转发，通过接口 VLANIF20，把报文发送给主机 C。

⑧ 主机 C 的回应报文，在 Switch2 上进行三层转发到达 Switch1。

⑨ Switch1 收到该报文后进行三层转发，通过 Super-VLAN，把报文发送给主机 A。

3. VLAN Aggregate **配置**

配置 VLAN 聚合的主要目的是节省 IP 地址。在 VLAN 聚合中，Sub-VLAN 可以加入物理接口，但不能创建对应的 VLANIF 接口，所有 Sub-VLAN 内的接口共用 Super-VLAN 的 VLANIF 接口 IP 地址，这既减少了一部分子网号、子网默认网关地址和子网定向广播地址的消耗，又实现了不同广播域使用同一子网网段地址，消除了子网差异，增加了编址的灵活性，减少了闲置地址浪费。从而在保证了各个 Sub-VLAN 作为一个独立广播域实现了广播隔离的同时，将使用普通 VLAN 浪费掉的 IP 地址节省下来。

配置 VLAN Aggregate 主要包括以下几个步骤：

（1）创建 Sub-VLAN

执行命令 vlan vlan-id 建立 Sub-VLAN。

（2）创建 Super-VLAN

执行命令 vlan vlan-id 建立 VLAN，并进入 VLAN；执行命令 aggregate-vlan，创建 Super-VLAN。Super-VLAN 中不能包含任何物理接口，VLAN1 不能配置为 Super-VLAN。

（3）将 Sub-VLAN 加入 Super-VLAN

执行命令 access-vlan {vlan-id1 [to vlan-id2]}，将 Sub-VLAN 加入 Super-VLAN。将 Sub-VLAN 加入到 Super-VLAN 中时，必须保证 Sub-VLAN 没有创建对应的 VLANIF 接口。

（4）为 Super-VLAN 设置 VLANIF 的 IP 地址

执行命令 int vlanif vlan-id 命令创建 Super-VLAN 接口，并进入 Super-VLAN 的 VLANIF 接口，使用 ip address ip-address {mask|mask-length}，配置 VLANIF 接口的 IP 地址。

（5）为 Super-VLAN 的 VLANIF 设置 ARP Proxy

在 Super-VLAN 的 VLANIF 接口视图下，执行命令 arp-proxy inter-sub-vlan-proxy enable，使能 Sub-VLAN 间的 Proxy ARP 功能。

2.1.2 MUX-VLAN

要在二层网络中隔离用户或者隔离广播，可以将一组设备加入多个 VLAN 之中。但是，VLAN 的最大个数只有 4 094 个，所以当需要隔离大量的广播域时会受到 VLAN 个数的限制。

例如，在网络服务商网络中，为了隔离不同客户之间的通信，将每个客户作为一个 VLAN，但如果客户的数量增大到 VLAN 的最大个数时，网络服务提供商的服务就会受到限制。

还有，在企业网络中，企业员工和企业客户可以访问企业的服务器。对于企业来说，希望企业内部员工之间可以互相交流，而企业客户之间是隔离的，不能够互相访问。为了实现所有用户都可访问企业服务器，可通过配置 VLAN 间通信实现。如果企业拥有大量的用户，就要为不能互相访问的用户都分配 VLAN，就会出现 VLAN 不够用的情况。

这种为每个用户分配一个 VLAN 的解决方案，不但会导致 VLAN 数不够用，还会导致大量 IP 地址的浪费，并且还会增加网络管理者的工作量和维护量。

MUX-VLAN（Multiplex VLAN）也称 Private-VLAN，是能够为相同 VLAN 内的不同端口提供隔离的 VLAN。通过 MUX-VLAN 技术，可以隔离相同 VLAN 中的网络设置之间的流量，并且位于相同子网中设备只能与网关或其他网络设备进行通信，实现网络内部隔离。

1. MUX-VLAN 的基本概念

MUX-VLAN 可以将一个 VLAN 的二层广播域划分成多个子域。MUX-VLAN 分为 Principal VLAN（主 VLAN）和 Subordinate VLAN（从 VLAN），Subordinate VLAN 又分为 Separate-VLAN（隔离型从 VLAN）和 Group-VLAN（互通型从 VLAN）。

在整个 MUX-VLAN 域中，只有一个 Principal VLAN；Subordinate VLAN 可以有多个，其中 Separate-VLAN 只能有一个，Group VLAN 可以有多个。

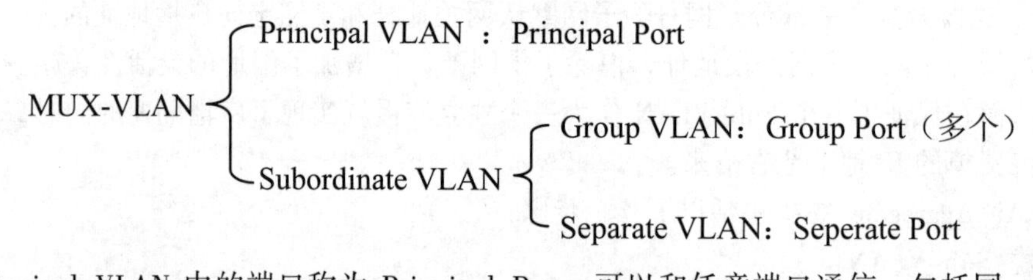

Principal VLAN 中的端口称为 Principal Port，可以和任意端口通信，包括同一个 Principal VLAN 中的 Group Port 和 Separate Port。

Group VLAN 中端口称为 Group Port，Group Port 之间可以互相访问，也可以与 Principal VLAN 中的 Principle Port 通信，但不可以与其他 Group Vlan 中的 Group Port 通信。

Separate VLAN 中端口称为 Separate Port，Separate Port 之间不可以互相访问，但可以与 Principal VLAN 中的 Principle Port 通信。

2. MUX-VLAN 的组网方式

注意：MUX-VLAN 本身是一个整体（一个单独的 VLAN 系统）。对于外部来看，就是一个 VLAN，就是一个网络，Principal VLAN 是它对外的体现。

组网方式一：整个网络就是一个 MUX-VLAN 网络。

在企业网络中，如果要求企业员工和企业客户可以访问企业的服务器，且希望企业内部员工之间可以互相交流，而企业客户之间是隔离的，不能够互相访问，就可以采用 MUX-VLAN 网络，这种情况下，整个网络就是一个 MUX-VLAN 网络。

如图 2-4 所示，根据 MUX VLAN 特性，企业可以用 Principal Port 连接企业服务器及外部网络。Separate Port 连接企业客户，Group Port 连接企业员工。这样就能够实现企业客户、企业员工都能够访问企业服务器，而企业员工内部可以通信、企业客户间不能通信、企业客户和企业员工之间不能互访的目的。

组网方式二：MUX-VLAN 作为整个网络的一个 VLAN。

在服务商网络中，一般采用多 VLAN 组成网络，同时为接入用户提供上网功能。为了隔离不同客户之间的通信，可以采用 MUX-VLAN，用于普通用户接入上网。做到普通用户接入网络采用同一个 VLAN（MUX-VLAN），但同时互相隔离。

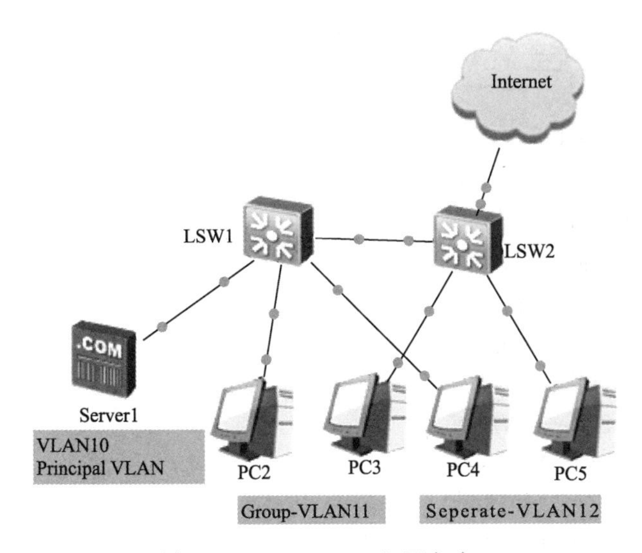

图 2-4 MUX-VLAN 组网方式一

如图 2-5 所示。LSW3 为服务商网络的核心交换机，采用 VLAN 组成网络，包含多个 VLAN。其中的 VLAN10 用于连接 MUX-VLAN10。LSW1 和 LSW2 用于组建 MUX-VLAN10 网络，它们之间互联接口采用 Trunk 模式。MUX-VLAN10 作为一个整体通过 LSW2 的 G0/0/1 接口与 LSW3 连接，LSW2 的 G0/0/1 口配置为 MUX-VLAN10 的 Principal Port。LSW3 把整个 MUX-VLAN 看成一个整体，通过 LSW3 的 G0/0/1 接口连接，LSW3 的 G0/0/1 采用 Access 模式，默认 VLAN 为 VLAN10。

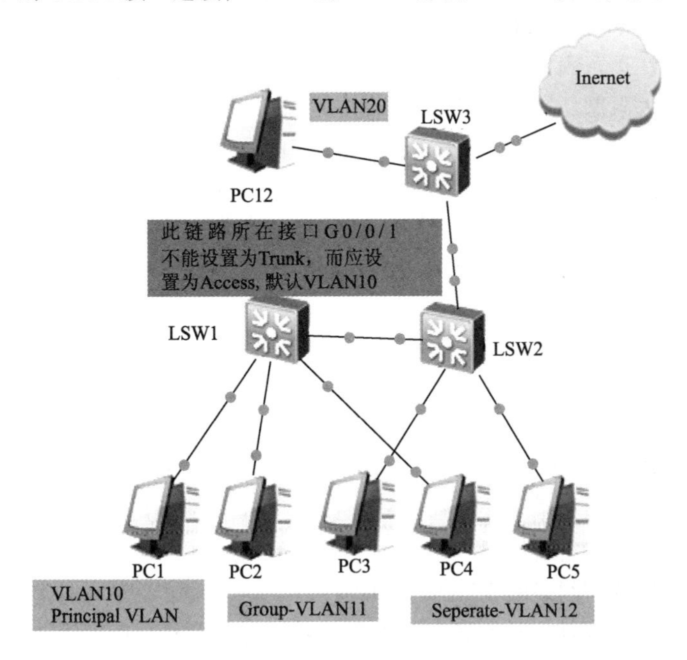

图 2-5 MUX-VLAN 组网方式二

3. MUX-VLAN 配置方法

配置 MUX-VLAN 的主要目的是节省 VLANID。通过将 MUX-VLAN 中所有需要隔离的多个用户放入 MUX-VLAN 中的 Separate-VLAN，从而减少隔离用户占用 VLANID 的数量。

配置 MUX-VLAN 主要包括以下几个步骤：

（1）创建 VLAN

执行 vlan vlan-id 命令建立 VLAN。

（2）配置 MUX-VLAN

执行 vlan vlan-id 命令建立 VLAN，并进入 VLAN 视图。执行 mux-vlan 命令创建 MUX-VLAN，即 Principal VLAN。

（3）配置 Subordinate VLAN 的 Group VLAN

在 Principal VLAN 视图下，执行 subordinate group {vlan-id1 [to vlan-id2] }命令。配置 Subordinate VLAN 中的 Group VLAN。

（4）配置 Subordinate VLAN 的 Separate VLAN

在 Principal VLAN 视图下，执行 subordinate separate {vlan-id1 [to vlan-id2] }命令。配置 Subordinate VLAN 中的 Separate VLAN。

（5）使能接口 MUX VLAN 功能

在将相应接口加入 VLAN 的同时，使能 MUX VLAN 功能。在相应接口下执行 port link-type access 命令，配置端口类型，同时执行 port mux-vlan enable 命令，使能接口的 MUX VLAN 功能。

2.1.3 QinQ 技术

QinQ（802.1Q-in-802.1Q）技术是一项扩展 VLAN 空间的技术，通过在 802.1Q 标签报文的基础上再增加一层 802.1Q 的标签来达到扩展 VLAN 空间的功能，可以使私网 VLAN 透传公网。由于在骨干网中传递的报文有两层 802.1Q 标签（一层公网标签，一层私网标签），即 802.1Q-in-802.1Q，所以称为 QinQ 协议。

随着以太网技术在运营商网络中的大量部署（即城域以太网），利用 802.1Q VLAN 对用户进行隔离和标识受到很大限制。因为 IEEE802.1Q 中定义的 VLAN 标签域只有 12 比特，仅能表示 4 096 个 VLAN，无法满足城域以太网中标识大量用户的需求，于是 QinQ 技术应运而生。

QinQ 最初主要是为拓展 VLAN 的数量空间而产生的。它是通过在原有的 802.1Q 报文的基础上增加一层 802.1Q 标签来实现的，使得 VLAN 数量增加到 4 094 × 4 094。

随着城域以太网的发展以及运营商精细化运作的要求，QinQ 的双层标签又有了进一步的使用场景。它的内外层标签可以代表不同的信息，如内层标签代表用户，外层标签代表业务。另外，QinQ 报文带着两层标签穿越运营商网络，内层标签透明传送，也是一种简单实用的 VPN 技术。因此，它又可以作为核心 MPLS VPN 在城域以太网 VPN 的延伸，最终形成端到端的 VPN 技术。

由于 QinQ 方便易用的特点，现在已经在各运营商中得到广泛应用，如 QinQ 技术在城域以太网解决方案中和多种业务相结合。特别是灵活 QinQ（Selective QinQ/VLAN Stacking）的出现，使得 QinQ 业务更加受到运营商的推崇和青睐，它具有不同用户之间的 VLAN 与公网 VLAN 有效分离、最大限度节省运营商网络的 VLAN 资源等特点。随着城域以太网的大力发展，各个设备提供商都提出了各自的城域以太网的解决方案。QinQ 因为其自身简单灵活的特点，在各解决方案中扮演着重要的角色。

1. QinQ 特点

QinQ 通过增加一层 802.1Q 的标签头实现了扩展 VLAN 空间的功能，同时是一种简单实用的 VPN 技术。它具有以下价值和特点：

① 扩展 VLAN 空间，对用户进行隔离和标识不再受到限制。

② QinQ 可用于实现城域以太网 VPN。

③ QinQ 内外层标签可以代表不同的信息，如内层标签代表用户，外层标签代表业务，更利于业务的部署。

④ QinQ 封装、终结的方式很丰富，帮助运营商实现业务精细化运营。

2. **QinQ 典型应用**

图 2-6 所示为 QinQ 技术的典型应用场景。用户网络 A 和用户网络 B 在整个网络中都存在跨区域现象。

假如用户网络 A 和用户网络 B 的私网 VLAN 分别为 VLAN 1 ~ VLAN 50 和 VLAN 1 ~ VLAN 100。运营商网络为用户网络 A 和 B 分配的公网 VLAN 分别为 VLAN 10 和 VLAN 20。当用户网络 A 和 B 中带私网 VLAN 标签的报文进入运营商网络时，报文外面就会被分别封装上 VLAN 10 和 VLAN 20 的公网 VLAN 标签。这样，来自不同用户网络的报文在运营商网络中传输时被完全分开，即使这些用户网络各自的 VLAN 范围存在重叠，在运营商网络中传输时也不会产生冲突。

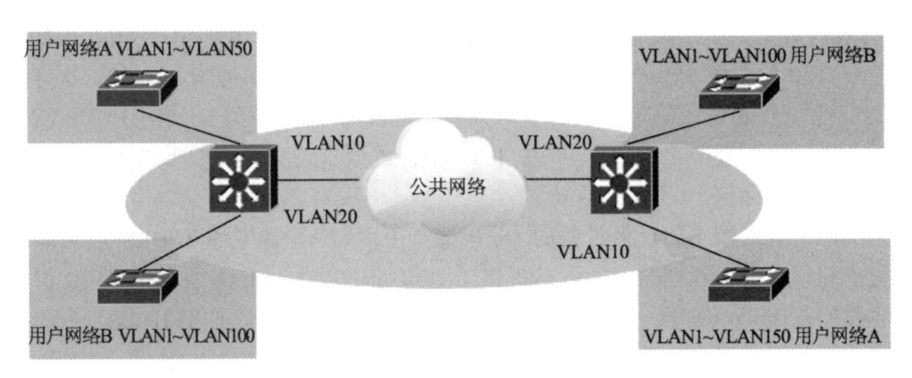

图 2-6 QinQ 典型应用示例

图 2-6 中用户网络中的数据处理过程如下：

① 用户网络 A 和用户网络 B 在不需要跨域公共城域网传递时，只需要使用私网的 VLAN 标签进行报文传递。

② 当用户网络 A 和用户网络 B 需要利用公共城域网传递报文时，利用 QinQ 技术，在私网 VLAN 标签的基础上增加一层公网 VLAN 标签，数据报在公网的传输过程中，设备只根据外层公网 VLAN 标签转发报文，并根据报文的外层 VLAN 标签进行 MAC 地址学习，而用户的私网 VLAN 标签将被当作报文的数据部分进行传输。

③ 当报文穿过公共的运营商网络到达运营商网络另一侧时，报文会被剥离运营商网络为其添加的公网 VLAN 标签，然后报文在另一侧的用户网络中利用私有 VLAN 标签进行报文传递。

3. **QinQ 报文封装格式**

QinQ 报文有固定的格式，就是在 802.1Q 的标签之上再打一层 802.1Q 标签，QinQ 报文比 802.1Q 报文多 4 字节，如图 2-7 所示。

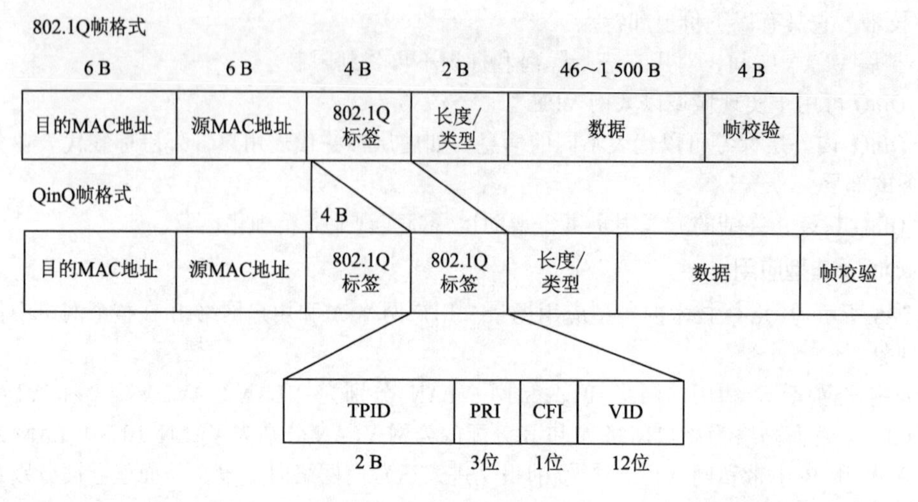

图 2-7　QinQ 报文封装格式

这里特别要强调的是标签协议标识（Tag Protocol Identifier，TPID）是 VLAN 标签中的一个字段，表示 VLAN 标签的协议类型，IEEE 802.1Q 协议规定该字段的取值为 0x8100。对于采用 QinQ 技术封装的数据，存在两个 TPID 值。为了以示区别，可以修改 TPID 的值。例如，将公网 VLAN 标签的 TPID 值设置为 0x9100，私网 VLAN 标签的 TPID 值保持为 0x8100。这样，通过检查对应的 TPID 值，设备就可确定收到的帧承载的是运营商 VLAN 标记还是用户 VLAN 标记。接收到帧之后，设备将配置的 TPID 值与帧中 TPID 字段的值进行比较。如果二者匹配，则该帧承载的是对应的 VLAN 标记。

在不同的网络规划或不同厂商设备的 QinQ 报文中，VLAN 标签的 TPID 字段可能设置为不同的值。为了和现有网络规划兼容，设备提供了 QinQ 报文外层 VLAN 标签的 TPID 值可修改功能。用户通过配置 TPID 的值，使得发送到公网中的 QinQ 报文携带的 TPID 值与当前网络配置相同，从而实现与现有网络的兼容。

通过在相应的接口执行 qinq protocol protocol-id 命令，配置外层 VLAN 标签的协议类型。例如，修改为 0x9100，命令为 qinq protocol 0x9100。注意，若当前接口类型为 dot1q tunnel，则 qinq protocol 命令不生效。默认情况下，外层 VLAN 标签的 TPID 值为 0x8100。

超大帧（JUMBO 帧）问题：QinQ 报文比 802.1Q 报文多 4 字节。对于长度大于 1 518 字节的以太网帧和长度大于 1 522 字节的 VLAN 帧称为超大帧，即 JUMBO 帧。

以太网接口在进行文件传输等大吞吐量数据交换时，可能会收到超过普通报文长度的超大帧。当接收的超大帧长度超过接口默认可处理的数据帧长时，设备将不进行处理直接丢弃。用户可根据接口实际需要处理的报文长度，调整接口允许通过的超大帧长度。

配置接口允许超大帧通过功能可以使报文转发长度不再局限于普通的以太网报文长度，给用户提供了一个更加灵活的应用。当传送相同长度的数据报文信息时，如果使用多个普通以太帧传输时会有很多帧间隙和报头等冗余信息，而使用超大帧传输时，帧数量较少，这样就减少了无用帧间隙及报头的传送，提高了带宽的利用率。当然，接口允许通过的超大帧长度也不能都设置为最大值，因为报文在网络传输过程中，需要途经的每台设备均支持转发该超大帧，否则报文将在转发途中丢弃。

默认情况下，华为 S5700EI、S5700SI 允许通过的最大帧长度为 1 600 字节；其他形态交换机允许通过的最大帧长度为 9 216 字节。交换机默认支持的最大帧长超过 1 504 字节，不需要手动配置。

华为交换机执行命令 jumboframe enable [value]，用于配置接口允许通过的最大帧长。当接口使能 jumboframe enable 且没有设置 value 值时，S5700EI 允许最大帧长为 9 712 字节；S5700SI 允许最大最大帧长为 10 224 字节；其他形态交换机允许最大长度为 9 216 字节的帧通过以太网接口。

4. QinQ 实现方式

QinQ 的实现方式可分为以下两种：基本 QinQ 和灵活 QinQ。

（1）基本 QinQ

基本 QinQ 又称 QinQ 二层隧道，是基于接口方式实现的。开启接口的基本 QinQ 功能后，当该接口接收到报文时，设备会为该报文打上本接口默认 VLAN 的 VLAN 标签。

① 如果收到带有 VLAN 标签的报文，该报文成为带双标签的报文。

② 如果收到不带 VLAN 标签的报文，该报文成为带有本端口默认 VLAN 标签的报文。

当需要较多的 VLAN 时，可以配置基本 QinQ 功能。通过对 VLAN 增加外层标签，使得 VLAN 的可用数目范围变大，解决 VLAN 数目资源紧缺的问题。

（2）灵活 QinQ

灵活 QinQ 是对 QinQ 的一种更灵活的实现，又称 VLAN Stacking 或 QinQ Stacking。它是基于接口与 VLAN 相结合的方式实现的。除了能实现所有基本 QinQ 的功能外，对于同一个接口接收的报文还可以根据不同的 VLAN 做不同的动作，可以实现以下功能：

① 基于 VLAN ID 的灵活 QinQ：为具有不同内层 VLAN ID 的报文添加不同的外层 VLAN 标签。

② 基于 802.1p 优先级的灵活 QinQ：根据报文的原有内层 VLAN 的 802.1p 优先级添加不同的外层 VLAN 标签。

③ 基于流策略的灵活 QinQ：根据 QoS 策略添加不同的外层 VLAN 标签。基于流策略的灵活 QinQ 能够针对业务类型提供差别服务。

灵活 QinQ 功能是对基本 QinQ 功能的扩展，它比基本 QinQ 的功能更灵活。二者之间的主要区别是：

① 基本 QinQ：对进入二层 QinQ 接口的所有帧都加上相同的外层标签。

② 灵活 QinQ：对进入二层 QinQ 接口的帧，可以根据不同的内层标签而加上不同的外层标签，对于用户 VLAN 的划分更加细致。

5. QinQ 配置方法

这里给出基本 QinQ 的配置方法。对于灵活的 QinQ 配置，用户可以自行查阅相关资料。基本 QinQ 的配置过程如下。

为了使私网与公网有效分离，并最大限度地节省 VLAN 资源，可在设备提供的 QinQ 接口上，配置二层 802.1Q Tag。私网 Tag 用于内部网络（如企业网），公网 Tag 用于外部网络（如运营商网络），从而最多可以提供 4 094 × 4 094 个 VLAN，并满足不同私网用户之间相同 VLAN 可以透明传输。

（1）创建公网 VLAN

执行 vlan vlan-id 命令，创建公网所在的 VLAN。

（2）进入相应接口配置 dot1q-tunnel 接口类型

执行 interface interface-type interface-number 命令，进入相应接口。然后执行 port link-type dot1q-tunnel 命令，配置接口类型为 dot1q-tunnel。默认情况下，接口的类型为 Hybrid。当接口类型为 dot1q-tunnel 时，该接口不支持二层组播功能。

（3）配置接口公网 PVID（默认 VLAN）

执行 port default vlan vlan-id 命令，配置公网 VLAN 标签的 VLAN 编号(即接口的默认 VLAN)。

2.1.4 高级 VLAN 技术综合实验

前面介绍了高级 VLAN 技术中的 VLAN Aggregate、MUX-VLAN 和 QinQ 技术的理论知识，本节通过一个综合实验项目，学习掌握 VLAN Aggregate、MUX-VLAN 和 QinQ 配置使用方法。

1. **实验名称**

高级 VLAN 技术综合实验。

2. **实验目的**

① 学习 VLAN Aggregate 理论知识，掌握 VLAN Aggregate 的配置方法。

② 学习 MUX VLAN 理论知识，掌握 MUX VLAN 的配置方法。

③ 学习 QinQ 技术理论知识，掌握 QinQ 的配置方法。

④ 通过理论学习和实验操作，了解掌握相关技术的应用场景。

3. **实验拓扑**

实验采用图 2-8 所示的网络拓扑图。

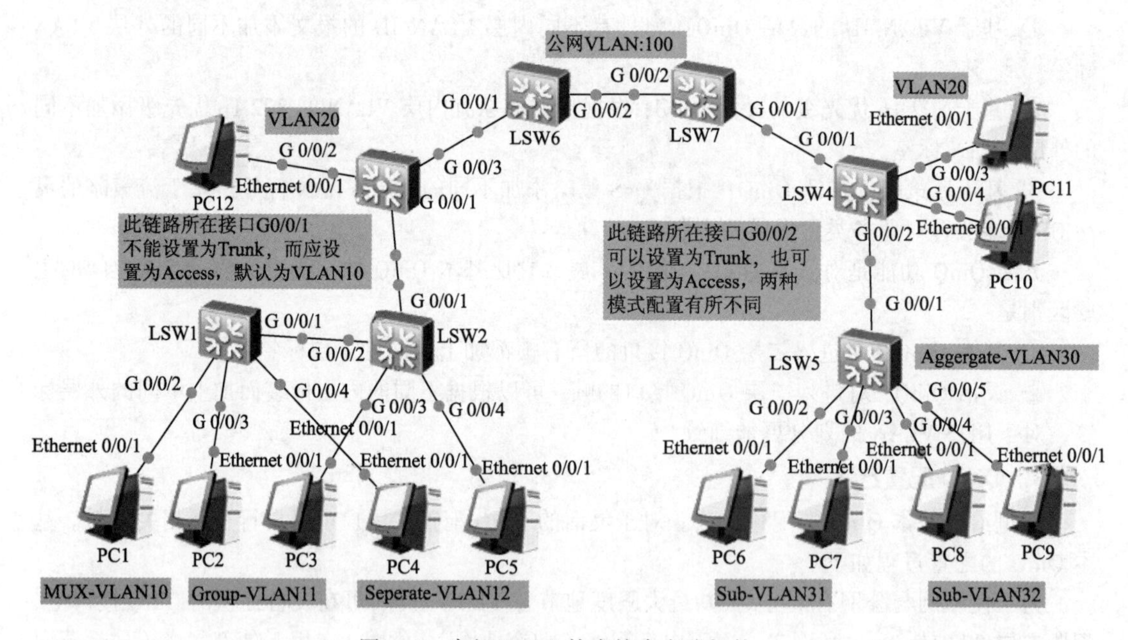

图 2-8 高级 VLAN 技术综合实践拓扑

4. **实验内容**

本实验是一个综合实验，包含 MUX-VLAN 配置，VLAN-Aggregate 配置和 QinQ 配置。具体实验内容包括：

① 左侧的 LSW1 和 LSW2 用于做 MUX-VLAN 配置，LSW1 和 LSW2 之间接口采用 Trunk 模式，LSW2 和 LSW3 之间接口采用 Access 模式，LSW3 用于 VLAN 通信测试。

② 右侧的 LSW5 和 LSW4 用于做 VLAN-Aggregate 配置，LSW5 和 LSW4 接口采用 Trunk 模式。

③ LSW6 和 LSW7 模拟城域网边界 PE 设备，LSW3 和 LSW4 模拟企业网位于两区域的 CE 设备，通过在 LSW6 和 LSW7 中进行 QinQ 二层隧道配置，实现跨区域企业网互通。

5. **实验步骤**

（1）MUX-VLAN 配置

在 LSW1 和 LSW2 中建立 MUX-VLAN，VLAN10 为 Principal-VLAN，VLAN11 为 Group-VLAN，VLAN12 为 Separate-VLAN。

注意：对于外部来看，MUX-VLAN 是一个整体（单独的 VLAN 系统），可以减少 Vlan 开销。

① 初始配置：

- PC1 属于 VLAN10，192.168.10.111。
- PC2 和 PC3 属于 VLAN11：192.168.10.2，192.168.10.3。
- PC4 和 PC5 属于 VLAN12：192.168.10.4，192.168.10.5。
- PC12 属于 VLAN20：192.168.20.12。

② LSW1 配置：

```
vlan batch 10 to 12                  ###建立 VLAN 10,11,12
vlan 10                              ###进入 VLAN10 视图
  mux-vlan                           ###将 VLAN10 设置 Principal-VLAN
  subordinate separate 12            ###将 VLAN12 设置为 Separate-VLAN
  subordinate group 11               ###将 VLAN11 设置为 Group-VLAN
interface GigabitEthernet0/0/1
  port link-type trunk               ###交换机之间的接口采用 Trunk
  port trunk allow-pass vlan 10 to 12
interface GigabitEthernet0/0/2       ###GigabitEthernet0/0/2 属于 VLAN10
  port link-type access
  port default vlan 10
  port mux-vlan enable               ###开启端口的 MUX-VLAN 功能
interface GigabitEthernet0/0/3       ###GigabitEthernet0/0/2 属于 VLAN11
  port link-type access
  port default vlan 11
  port mux-vlan enable
interface GigabitEthernet0/0/4       ###GigabitEthernet0/0/2 属于 VLAN12
  port link-type access
  port default vlan 12
  port mux-vlan enable
```

③ LSW2 配置：

```
vlan batch 10 to 12
vlan 10
  mux-vlan
  subordinate separate 12
  subordinate group 11
interface GigabitEthernet0/0/2       ###交换机之间的接口采用 Trunk
  port link-type trunk
  port trunk allow-pass vlan 10 to 12
interface GigabitEthernet0/0/3       ###GigabitEthernet0/0/2 属于 VLAN11
  port link-type access
  port default vlan 11
```

```
  port mux-vlan enable
interface GigabitEthernet0/0/4        ###GigabitEthernet0/0/2 属于 VLAN12
  port link-type access
  port default vlan 12
  port mux-vlan enable
```

④ MUX-VLAN 与其他网络进行通信

MUX-VLAN10 作为一个整体，通过 LSW2 的 G0/0/1 连接 LSW3。因此，LSW2 的 G0/0/1 为 Access 类型，属于主 VLAN10，且开启端口 MUX-VLAN 功能。注意：不能设为 Trunk 链路。

- LSW2 配置：

```
interface GigabitEthernet0/0/1
  port link-type access
  port default vlan 10
  port mux-vlan enable
```

- LSW3 配置

```
vlan batch 10 20 30
interface Vlanif10                    ###作为 MUX-VLAN 与其他网络通信的网关
  ip address 192.168.10.1 255.255.255.0
interface Vlanif20                    ###设置 VLAN20 接口 IP 地址
  ip address 192.168.20.1 255.255.255.0
interface Vlanif30                    ###设置 VLAN30 接口 IP 地址，用于 QinQ 测试
  ip address 192.168.30.1 255.255.255.0
interface GigabitEthernet0/0/1        ###用于与 MUX-VLAN 相连接（ACCESS 接口类型）
  port link-type access
  port default vlan 10
interface GigabitEthernet0/0/2        ###接口 G0/0/2 属于 VLAN20，用于网络测试
  port link-type access
  port default vlan 20
```

注意：虽然在 LSW1 和 LSW2 中定义了 VLAN10、VLAN11、VLAN12，但它们对外体现的是一个整理，外面看到的只是 VLAN10。所以，在 LSW3 中可以继续使用 VLAN 11、VLAN12 用于其他网络。MUX-VLAN 内部在隔离主机的同时节省了 VLANID。

（2）VLAN Aggregate 实验

在 LSW4 和 LSW5 中配置 VLAN Aggregate，LSW4 和 LSW5 互联接口采用 Trunk 模式。其中 VLAN30 为 Aggregate-VLAN，VLAN31 和 VLAN32 为 Sub-VLAN。VLAN30 中建立 VLANIF30，用作网关地址，VLAN30 中不能有任何接口。Sub-VLAN31 和 Sub-VLAN32 中加入相应接口。网络中 Trunk 链路采用的 VLAN31 和 VLAN32 的标签标记，不会出现带 VLAN30 的标签标记报文。VLAN Aggregate 可以节省 IP 地址。

注意：Aggregate-VLAN 不能包含任何端口，因此 Trunk 链路允许通过的 VLAN 不能包含 Aggregate-VLAN 号，Sub-VLAN 之间通信需要在主 VLAN 的 VLANIF 接口开启 ARP-PROXY。

① 初始配置：

```
PC6,PC7 属于 Sub-vlan31: 192.168.30.6，192.168.30.7
PC8,PC9 属于 Sub-vlan32: 192.168.30.8，192.168.30.9
PC10,PC11 属于 VLAN20:192.168.20.10,192.168.20.11
```

② LSW4 配置：

```
vlan batch 10 20 30 31 32             ###建立 VLAN
```

```
vlan 30
  Aggregate-vlan                          ###将VLAN30设置为Aggregate-VLAN
  Access-vlan 31 to 32                    ###将VLAN31和32设置为Sub-VLAN
Int g0/0/2                                ###LSW4与LSW5互联接口
  Port link-type trunk                    ###设置为Trunk链路
  Port trunk allow-pass vlan 10 20 31 to 32    ##Trunk链路不允许VLAN30通过
Int g0/0/3
  Port link-type access
  Port default vlan 20                    ###交换机接口g0/0/2划入Sub-VLAN20
Int g0/0/4
  Port link-type access
  Port default vlan 20
Int vlanif 30
  Ip address 192.168.30.254  24           ###设置Aggregate-VLAN接口IP地址
  Arp-proxy inter-sub-vlan-proxy enable    ###开启Sub-VLAN间Arp-proxy
Int vlan 20
  Ip address 192.168.20.254  24           ###设置VLANIF 20的接口IP地址
Int vlan 10
  Ip address 192.168.10.254  24           ###设置VLANIF 10的接口IP地址
```

③ LSW5配置：

```
vlan batch 10 20 30 31 32                 ###建立VLAN
vlan 30
  Aggregate-vlan                          ###将VLAN30设置为Aggregate-VLAN
  Access-vlan 31 to 32                    ###将VLAN31和32设置为Sub-VLAN
Int g0/0/1                                ###LSW4与LSW5互联接口
  Port link-type trunk                    ### 设置为Trunk链路
  Port trunk allow-pass vlan 10 20 31 to 32 ###Trunk链路不允许VLAN 30通过
Int g0/0/2
  Port link-type access
  Port default vlan 31                    ###交换机接口g0/0/2划入Sub-VLAN 31
Int g0/0/3
  Port link-type access
  Port default vlan 31                    ###交换机接口g0/0/3划入Sub-VLAN 31
Int g0/0/4
  Port link-type access
  Port default vlan 32                    ###交换机接口g0/0/4划入Sub-VLAN 32
Int g0/0/5
  Port link-type access
  Port default vlan 32                    ###交换机接口g0/0/5划入Sub-VLAN 32
```

注意：在LSW4和LSW5中配置VLAN Aggregate，使用的VLAN30、VLAN31、VLAN32编号。其中，对外体现为VLAN31、VLAN32，VLAN30在外部不能使用。也就是说，配置VLAN Aggregate，可以节省IP地址，但浪费了VLANID。

（3）QinQ实验

QinQ协议在用户私网VLAN标签之外封装公网VLAN标签，在公网中报文只根据公网VLAN标签传播。QinQ为用户提供一种较为简单的二层VPN隧道。

QinQ技术

这里，利用LSW6-LSW7模拟外网，实现QinQ配置，采用基于端口QinQ。注意，VLAN-TAG中TPID，默认值为0x8100，可以修改。如果包含非华为交换机，可能存在外层VLAN-TAG的TPID的值不一致的情况。为此，QinQ需要修改外层

VLAN-TAG 的 TPID 值为 0x9100，可以在接口中使用命令 qinq protocol 9100 进行修改。

配置基于端口的 QinQ，公网 VLAN 编号为 100，每个 VLAN 标签对应一个 dot1q-tunnal。私网 VLAN 编号包括 10 20 31 32。（VLAN30 用作 Aggregate-VLAN，不能包含任何端口）

① LSW6 和 LSW3 配置。

- LSW6 配置：

```
Vlan batch 100
Int g0/0/2                                        ###公网接口
  Port link-type trunk
  Port trunk allow-pass vlan 100
  Qinq protocol 9100                              ###修改外层 TPID 标识为 qinq 协议标识 9100
Int g0/0/1                                        ###私网接口
  Port link-type dot1q-tunnel
  Port default vlan 100
```

- LSW3 配置：

```
Int g0/0/3                                        ###私有网络与公网设备链接的接口
  Port link-type trunk
  Port trunk allow-pass vlan 10 20 31 to 32
```

② LSW7 和 LSW4 配置。

- LSW7 配置：

```
Vlan batch 100
Int g0/0/2                                        ###公网接口
  Port link-type trunk
  Port trunk allow-pass vlan 100
  Qinq protocol 9100                              ###修改外层 TPID 标识为 QinQ 协议标识 9100
Int g0/0/1                                        ###私网接口
  Port link-type dot1q-tunnel
  Port default vlan 100
```

- LSW4 配置：

```
Int g0/0/1                                        ###私有网络与公网设备链接的接口
  Port link-type trunk
  Port trunk allow-pass vlan 10 20 31 to 32
```

注意：通过配置 QinQ 技术，不但扩展了 VLANID，还能够为用户提供一种简单的二层 VPN。实现跨区域网络的简单互连。

6. 实验测试

（1）MUX-VLAN 配置测试

① PC2 属于 Group-VLAN，所以，PC2 与 PC1 和 PC3 可以通信，不能与 PC4 和 PC5 通信。

② PC4 属于 Separate-VLAN，所以，PC4 与 PC1 可以通信，不能与 PC2、PC3 和 PC5 通信。

③ PC12 属于 VLAN 20，应可以与 MUX-VLAN 中所有 PC 进行通信。

（2）VLAN Aggregate 配置测试

① PC6 与 PC7 属于同一 Sub-VLAN，可以直接通信。

② PC6 与 PC8、PC9 属于不同 Sub-VLAN 间通信，需要开启 Sub-VLAN 间 ARP 代理才能通信，可以在开启 Sub-VLAN 间 ARP 代理前后分别进行测试，验证结果。

③ PC6 与 PC10、PC11 之间，需要利用 LSW5 的三层交换功能进行通信。

（3）QinQ 配置测试

① PC12 与 PC10\11 能够通信。

② PC12 与 PC6\7\8\9 能够通信。

③ PC10 与 PC1\2\3\4\5 能够通信。

④ PC1 与 PC6\7\8\9 能够通信。

本综合实验分别演示了 VLAN Aggregate、MUX-VLAN 和 QinQ 技术的配置方法和应用环节。目前大量网络采用私有 IP 地址通过 NAT 技术上网，VLAN Aggregate 用于节省 IP 地址的意义不大，而且还浪费 VLANID，因此实际应用意义不大。MUX-VLAN 能够节省 VLANID，且简化用户相互隔离的实现，因此在运营商网络中有较大的应用空间。QinQ 技术能够利用 VLAN 技术实现二层 VPN 隧道，用于跨区域网络互连，因此，QinQ 技术在城域网中得到广泛应用。

2.2　MSTP 技术

生成树协议是一种二层管理协议，它通过有选择性地阻塞网络冗余链路来达到消除网络二层环路的目的，同时具备链路的备份功能。

2.2.1　STP 技术发展概述

这里所说的生成树协议是一个广义的概念，并不特指 IEEE802.1D 定义的生成树，而是包括 STP 以及各种在 STP 基础上经过改进的生成树协议。生成树协议和其他协议一样是随着网络的不断发展而不断更新换代的。总的来说可以分成以下三代生成树协议。

1. 第一代生成树协议 STP 和 RSTP

（1）STP（Spanning Tree Protocol）

以太网发展初期，采用透明网桥不但能阻断冲突域，还能把发向它的数据帧的源 MAC 地址和端口记录下来,形成 MAC 地址表，转发数据时可以根据 MAC 地址表快速地把数据转发出去，可以加快处理帧的速度。除非目的 MAC 没有记录或者目的 MAC 就是多播地址才会向所有端口发送。

透明网桥也有它的不足之处，即透明网桥并不知道数据帧可以经过多少次转发，一旦网络存在环路就会造成数据帧在环路内不断循环和增生甚至造成广播风暴，导致网络不可用。广播风暴是二层网络灾难性的故障。

在这种环境下产生的生成树协议很好地解决了这一问题，生成树协议的基本思想十分简单。生成树协议定义了以下一些概念。根网桥（Root Bridge）、根端口（Root Port）、指定端口（Designated Port）、路径成本（Path Cost）。定义这些概念的目的是通过构造一棵自然树的方法，达到裁剪冗余环路的目的，实现链路备份和路径最优化。用于构造这棵树的算法称为生成树算法（Spanning Tree Algorithm，SPA），用这种算法构造网络树的协议称为生成树协议。

要实现这些功能，网桥之间必须要交换一些信息，这些信息交流单元称为网桥协议数据单元（Bridge Protocol Data Unit，BPDU）。这是一种二层数据帧，它指向的目的地址是 MAC 多播地址 01-80-C2-00-00-00，所有支持 STP 协议的网桥都会接收到该数据帧，其中的数据区里携带了用于生成树计算的所有有用信息。通过这些信息，加上生成树协议的算法就可以达到生成一个逻辑上无环路拓扑的网络。

（2）RSTP（Rapid STP）

由于生成树的计算时间相对来说比较长，对一些实时性要求比较高的业务，可能导致严重的性能问题。为了克服这些问题，出现了快速生成树协议（RSTP），即 802.1w，它与 802.1d 是可以共用的，是 802.1d 的扩展版本。快速生成树协议中的端口只有 3 种状态：丢弃状态、学习状态和转发状态，相比生成树协议的 5 种状态提高了效率，并且可以实现更快的收敛速度。

（3）STP 和 RSTP 的缺点

快速生成树协议相对于生成树协议的确改进了很多，为了支持这些改进对网桥协议数据单元的格式做了一些修改，但仍然向下兼容生成树协议，可以在一个网络中同时包含快速生成树协议和生成树协议。虽然如此，快速生成树协议和生成树协议一样同属于单生成树（Single Spanning Tree，SST）。它有以下几个缺点：

① 整个交换网络只有一棵生成树，网络规模较大时会导致较长的收敛时间。

② 网络结构不对称时，单生成树影响网络的连通性。

③ 链路被阻塞后不承载任何流量，造成了带宽的极大浪费。

2. 第二代生成树协议 PVST 和 PVST+

（1）PVST 和 PVST+

STP 和 RSTP 的缺点是单生成树无法克服的，于是出现了支持 VLAN 的生成树协议。每个 VLAN 都生成一棵生成树是一种比较直接而且最简单的解决方法。它能够保证每一个 VLAN 都不存在环路，但是由于种种原因以这种方式工作生成树并没有形成标准协议，而是各个厂商都出了自己的一套协议，其中尤以 Cisco 的每个 VLAN 生成树（Per VLAN Spanning Tree，PVST）为代表。但是为了携带更多的信息，每个 VLAN 生成树的网桥协议数据单元已经和生成树协议和快速生成树协议的网桥协议数据单元不一样了，所以最初的每个 VLAN 生成树协议并不兼容生成树协议和快速生成树协议。所以，Cisco 很快推出了能兼容生成树协议和快速生成树协议的每个 VLAN 生成树+（Per VLAN Spanning Tree +，PVST+）。思科的交换机默认开启的就是 PVST+ 协议。

（2）PVST 和 PVST+的缺点

PVST 和 PVST+ 协议的优点是实现了 VLAN 认知能力和负载均衡能力。但是，新技术也带来了新问题，PVST/PVST+ 协议有以下缺点：

① 每个 VLAN 都需要生成一棵生成树，PVST 的网桥协议数据单元通信量将和干道（Trunk）中需要中继的 VLAN 个数成正比。另外，随着 VLAN 个数的增加，维护多棵生成树的计算量和资源占用量将急剧增长。

② PVST/PVST+是 Cisco 私有协议，不能像生成树协议和快速生成树协议一样得到广泛的支持。

3. 第三代生成树 MISTP 和 MSTP

PVST/PVST+的上述缺点并不会很致命，但是干道（Trunk）端口需要传递大量 VLAN 网桥协议数据单元，是存在一定问题的。所以，Cisco 又推出了新的生成树协议——多实例生成树协议（Multi-Instance Spanning Tree Protocol，MISTP）。

MISTP 定义了“实例”（Instance）的概念。简单地说，STP/RSTP 是基于端口的，PVST/PVST + 是基于 VLAN 的，而 MISTP 就是基于实例的。所谓实例就是多个 VLAN 的一个集合，通过多个 VLAN 捆绑到一个实例中的方法可以节省通信开销和资源占用率。

多实例生成树协议带来的好处是显而易见的，它既有 PVST 对 VLAN 的认知能力和负载均衡能力，又拥有可以和单生成树协议相媲美的低 CPU 占用率。

但是，MISTP 的 BPDU 中除了携带实例号以外，还要携带实例对应的 VLAN 关系等信息。MISTP 协议不处理 STP/RSTP/PVST 的 BPDU，所以不能兼容 STP/RSTP 协议，甚至不能向下兼容 PVST/PVST + 协议，极差的向下兼容性和协议的私有性阻碍了多实例生成树协议的大范围应用。

多生成树协议（Multiple Spanning Tree Protocol，MSTP）是美国电气电子工程师学会在 IEEE802.1s 中定义的一种新型多实例生成树协议。多生成树协议设计巧妙的地方在于把支持多生成树协议的交换机和不支持多生成树协议的交换机划分成不同的区域，分别称作多生成树（Multiple Spanning Tree，MST）域和单生成树（Single Spanning Tree，SST）域。在多生成树域内部运行多实例化的生成树，同时运行 RSTP 兼容的内部生成树（Internal Spanning Tree，IST）。IST 使整个 MST 区域从外部看上去就像一个虚拟的网桥（一个 RSTP 设备）。

MST 域内维护的生成树包括若干个多生成树实例（Multiple Spanning Tree Instance，MSTI）确定的 MSTP 生成树和一个内部生成树 IST。内部生成树 IST 用于与 RSTP 的兼容性处理。MST 域内的交换机间使用 MSTP BPDU 交换拓扑信息，SST 域内的交换机使用 STP/RSTP/PVST + BPDU 交换拓扑信息。

MSTP 相对于之前的种种生成树协议而言，优势非常明显。MSTP 具有 VLAN 认知能力，可以实现负载均衡，可以实现类似 RSTP 的端口状态快速切换，可以捆绑多个 VLAN 到一个实例中以降低资源占用率。最难能可贵的是 MSTP 可以很好地向下兼容 STP/RSTP 协议。而且，MSTP 是 IEEE 标准协议，推广的阻力相对小得多。因此，MSTP 协议成为生成树发展的一致方向。

2.2.2　MSTP 的基本概念

如图 2-9 所示，MSTP 网络中包含 1 个或多个 MST 域（MST Region），每个 MST Region 中包含一个或多个 MSTI，每一个 MSTI 包含一个生成树，称为 MIST。MSTI 是所有运行 MSTP 的交换设备经 MSTP 协议计算后形成的树状网络。下面介绍 MST、MSTI、MIST、IST、CST、CIST 等 MSTP 中基本概念。其中，MIST、IST、CST、CIST 是 MSTP 中的 4 种生成树。

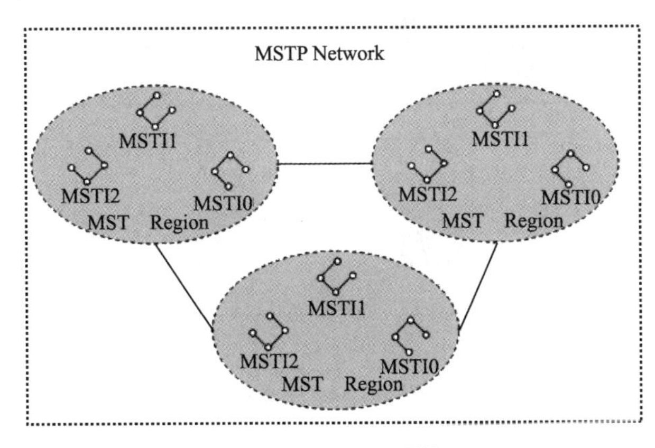

图 2-9　MSTP 网络

① MST 域：它是多生成树域（Multiple Spanning Tree Region），由交换网络中的多台交换设备以及它们之间的网段所构成。同一个 MST 域的设备具有以下特点：

- 都启动了 MSTP 协议。
- 具有相同的域名。

- 具有相同的 MSTP 修订级别配置。
- 具有相同的 VLAN 到生成树实例映射配置。

一个局域网可以存在多个 MST 域，各 MST 域之间在物理上直接或间接相连。用户可以通过 MSTP 配置命令把多台交换设备划分在同一个 MST 域内。

② MSTI：多生成树实例，每个 MST 域中包含一个或多个 MSTI（Multiple Spanning Tree Instance）。

③ MIST：实例生成树，每个 Instance（实例）中包含一个或多个 MIST（Multiple Instance Spaning tree）生成树。

④ IST：内部生成树，是 MST 区域内的一个生成树，IST（Internal Spanning Tree）实例使用编号 0，IST 是整个 MST 区域从外部看就像一个虚拟的网桥（一个 RSTP 设备）。

⑤ CST：通用生成树，是连接交换机网络内部多个 MST 区域的生成树。每个 MST 区域对于 CST（Common Spanning Tree）来说相当于一个虚拟的网桥（一个 RSTP 设备）。

⑥ CIST：通用内部生成树，IST 和 CST 共同构成的整个网络的生成树 CIST（Common and Internal Spanning Tree）。它相当于每个 MST 区域中的 IST、CST 和 RSTP 生成树的集合。STP、RSTP 和 MSTP 为 CIST 选举出 CIST 根（CIST Root），CIST 根为总根。

如图 2-10 所示，计算机网络包含 4 个 MST 区域，A0、B0、C0 和 D0，各区域内部包含多个 MIST 和一个 IST。把各区域看成一个虚拟网桥，区域之间构成一个 CST。CST 和 RSTP 设备构成一个 CIST 树。如果不包含 RSTP 设备，则 CST 就是 CIST。

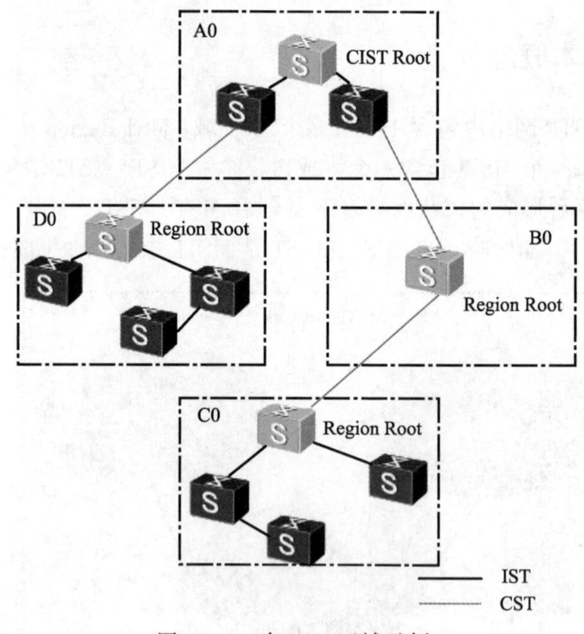

图 2-10　多 MST 区域示例

2.2.3 MSTP 配置

华为设备支持的 STP 模式有 3 种：STP、RSTP 和 MSTP，默认开启的是 MSTP 模式。前面基础部分学习了 STP 和 RSTP。这里主要讲述 MSTP 的配置方法。

1. 创建MSTP的工作模式

执行stp mode mstp命令，配置交换设备的MSTP工作模式。默认情况下，交换设备的工作模式为MSTP。因为STP和MSTP不能互相识别报文，而MSTP和RSTP可以互相识别报文，所以若工作在MSTP工作模式下，交换设备会设置所有和运行STP的交换设备直接相连的端口工作在STP模式下，其他端口工作在MSTP模式下，实现运行不同生成树协议的设备之间的互通。

2. 配置MST域并激活

当两台交换设备配置的MST域的域名、MST域的修订级别、多生成树实例和VLAN的映射关系都相同时，则两台交换设备属于同一个MST域。

① 执行stp region-configuration命令，进入MST域视图。

② 执行region-name name命令，配置MST域的域名。默认情况下，MST域的域名等于交换设备桥MAC的MAC地址。

③ 执行instance instance-id vlan {vlan-id1[to vlan-id2] }命令，配置多生成树实例和VLAN的映射关系。或者，执行vlan-mapping modulo modulo命令，配置多生成树实例和VLAN按照默认算法自动分配映射关系。默认情况下，MST域内所有的VLAN都映射到生成树实例0（IST）。

④（可选）执行revision-level level命令，配置MST域的MSTP修订级别。默认情况下，MSTP域的MSTP修订级别为0。MSTP是标准协议，各厂商设备的MSTP修订级别一般都默认为0。如果某厂商的设备不为0，为保持MST域内计算，在部署MSTP时，需要将各设备的MSTP修订级别修改为一致。

⑤ 执行active region-configuration命令，激活MST域的配置，使域名、VLAN映射表和MSTP修订级别生效。如果不执行本操作，以上配置的域名、VLAN映射表和MSTP修订级别无法生效。

3. 配置根桥和备份根桥（可选）

可以通过计算来自动确定生成树的根桥，用户也可以手动配置设备为指定生成树的根桥或备份根桥。设备在各生成树中的角色互相独立，在作为一棵生成树的根桥或备份根桥的同时，也可以作为其他生成树的根桥或备份根桥；但在同一棵生成树中，一台设备不能既作为根桥，又作为备份根桥。在一棵生成树中，生效的根桥只有一个；当两台或两台以上的设备被指定为同一棵生成树的根桥时，系统将选择MAC地址最小的设备作为根桥。可以在每棵生成树中指定多个备份根桥。当根桥出现故障或被关机时，备份根桥可以取代根桥成为指定生成树的根桥；如果配置了多个备份根桥，则MAC地址最小的备份根桥将成为指定生成树的根桥。

执行stp [instance instance-id] root primary命令，配置当前设备为根桥设备。默认情况下，交换设备不作为任何生成树的根桥。配置后该设备优先级BID值自动为0，将不能更改设备优先级。如果不指定instance，则配置设备在实例0上为根桥设备。

执行stp [instance instance-id] root secondary命令，配置当前交换设备为备份根桥设备。默认情况下，交换设备不作为任何生成树的备份根桥。配置后该设备优先级BID值自动为4 096，将不能更改设备优先级。如果不指定instance，则配置设备在实例0上为备份根桥设备。

4. 配置交换设备在指定生成树实例中的优先级

在一个生成树实例中，有且仅有一个根桥，它是该生成树实例的逻辑中心。在进行根桥的选择时，一般会希望选择性能高、网络层次高的交换设备作为根桥。但是，性能高、网络层次高的交换设备其优先级不一定高，因此需要配置优先级以保证该设备成为根桥。

执行stp [instance instance-id] priority priority命令，配置交换设备在指定生成树实例中的优先级。默认情况下，交换设备的优先级取值是32 768。如果不指定instance-id，则配置交换设备在实例 0 中的优先级。

局域网高级技术初始配置

2.2.4 MSTP 配置实验

MSTP 配置

1. 实验名称

MSTP 配置实验。

2. 实验目的

① 学习了解生产树的发展历程。

② 学习 MSTP 知识，掌握 MSTP 配置方法。

3. 实验拓扑

MSTP 配置实验拓扑如图 2-11 所示。

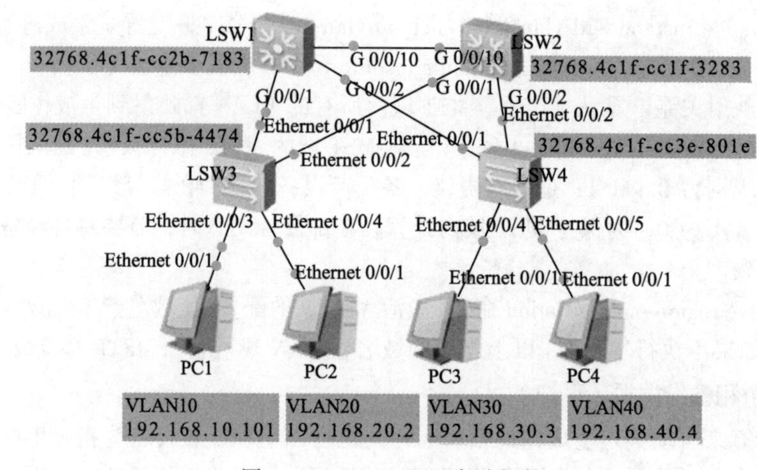

图 2-11 MSTP 配置实验拓扑

4. 实验内容

假定有一个局域网，采用两层结构，核心层采用双核心三层交换机，接入层采用二层交换机，接入层通过两条链路分别与核心交换机连接，有 4 个 VLAN 分别是 VLAN10、VLAN20、VLAN30、VLAN40。VLAN10 采用 192.168.10.0/24 开头的网络地址为用户分配 IP 地址，VLAN20 采用 192.168.20.0/24 开头的网络地址，VLAN30 采用 192.168.30.0/24 开头的网络地址，VLAN40 采用 192.168.40.0/24 开头的网络地址。

① PC1、PC2、PC3、PC4 分别属于 VLAN10、VLAN20、VLAN30、VLAN40。

② VLAN10 和 VLAN20 共享一个 SPANNING-TREE，使用 LSW1 作为主树根，使用 LSW2 作为备份树根。

③ VLAN30 和 VLAN40 共享一个 SPANNING-TREE，使用 LSW2 作为主树根，使用 LSW1 作为备份树根。

5. 实验步骤

（1）初始配置

在 LSW1\LSW2\LSW3\LSW4 中建立 VLAN10、VLAN20、VLAN30、VLAN40，将交换机与交换机之间的链路设置为 Trunk 链路，将 PC1、PC2、PC3、PC4 所在接口分别划入 VLAN10、VLAN20、VLAN30、VLAN40。

在 LSW1 中配置 VLANIF10、VLANIF20、VLANIF30、VLANIF40 的 IP 地址，VLANIF10 的 IP 地址 192.168.10.1/24，VLANIF20 的 IP 地址 192.168.20.1/24，VLANIF30 的 IP 地址 192.168.30.1/24，VLANIF40 的 IP 地址 192.168.40.1/24。

在 LSW2 中配置 VLANIF10、VLANIF20、VLANIF30、VLANIF40 的 IP 地址，VLANIF10 的 IP 地址 192.168.10.254/24，VLANIF20 的 IP 地址 192.168.20.254/24，VLANIF30 的 IP 地址 192.168.30.254/24，VLANIF40 的 IP 地址 192.168.40.254/24，如表 2-2 所示。

表 2-2　交换机 VLAN 就 IP 地址表

VLAN 接口	LSW1 交换机	LSW2 交换机
VLANIF10	192.168.10.1/24	192.168.10.254/24
VLANIF20	192.168.20.1/24	192.168.20.254/24
VLANIF30	192.168.30.1/24	192.168.30.254/24
VLANIF40	192.168.40.1/24	192.168.40.254/24

设置 PC1 的 IP 地址 192.168.10.101/24，网关地址 192.168.10.1；PC2 的 IP 地址 192.168.20.2/24，网关地址 192.168.20.1；PC3 的 IP 地 192.168.30.3/24，网关地址 192.168.30.254；PC4 的 IP 地址 192.168.40.4/24，网关地址 192.168.40.254，如表 2-3 所示。

表 2-3　PC 的 IP 地址及网关地址表

PC	IP 地址	网关地址
PC1	192.168.10.101/24	192.168.10.1
PC2	192.168.20.2/24	192.168.20.1
PC3	192.168.30.3/24	192.168.30.254
PC4	192.168.40.4/24	192.168.40.254

（2）MSTP 配置

要求：VLAN10 和 VLAN20 共享一个 SPANNING-TREE，使用 LSW1 作为主树根，使用 LSW2 作为备份树根；VLAN30 和 VLAN40 共享一个 SPANNING-TREE，使用 LSW2 作为主树根，使用 LSW1 作为备份树根。

① LSW1、LSW2、LSW3、LSW4 配置相同：

```
Stp mode mstp
Stp region-configuration
  Region-name engineer
  Revision-level1 1
  Instance 1 vlan 10 20
  Instance 2 vlan 30 40
  Active region-configuration
```

② LSW1 配置：

```
Stp instance 1 root primary
Stp instance 2 root secondary
```

③ LSW2 配置：

```
Stp instance 1 root secondary
Stp instance 2 root primary
```

6. **实验测试**

通过以上配置，将形成无环路的网络拓扑，可以利用以下名称检测配置结果。

① Disp STP：查看通用内部生成树 CIST 的信息。

② Disp stp instance 1：查看实例 1 中生成树信息。

③ Disp stp instance 2：查看示例 2 中生成树信息。

④ Disp stp brief：查看生成树接口状态。

通过以上配置，LSW1 成为实例 1 的根桥，LSW2 成为示例 2 的根桥。同时，LSW2 是通用内部生成树 CIST 的根桥（可以通过命令 stp root primary 修改此根桥）。

2.3 链路聚合 Eth-Trunk

以太网链路聚合 Eth–Trunk 简称链路聚合，它通过将多条以太网物理链路捆绑在一起成为一条逻辑链路，从而实现增加链路带宽的目的。同时，这些捆绑在一起的链路通过相互间的动态备份，可以有效地提高链路的可靠性。

随着网络规模不断扩大，用户对骨干链路的带宽和可靠性提出越来越高的要求。在传统技术中，常用更换高速率的接口板或更换支持高速率接口板设备的方式来增加带宽，但这种方案需要付出高额的费用，而且不够灵活。

采用链路聚合技术可以在不进行硬件升级的条件下，通过将多个物理接口捆绑为一个逻辑接口，达到增加链路带宽的目的。在实现增大带宽目的的同时，链路聚合采用备份链路的机制，可以有效地提高设备之间链路的可靠性。

链路聚合技术主要有以下 3 个特点：

① 增加带宽：链路聚合接口的最大带宽可以达到各成员接口带宽之和。

② 提高可靠性：当某条活动链路出现故障时，流量可以切换到其他可用的成员链路上，从而提高链路聚合接口的可靠性。

③ 负载分担：在一个链路聚合组内，可以实现在各成员活动链路上的负载分担。

2.3.1 基本概念

如图 2–12 所示，交换机 LSW1 与交换机 LSW2 之间通过三条以太网物理链路相连，将这三条链路捆绑在一起，就成为了一条逻辑链路。这条逻辑链路的最大带宽等于原先三条以太网物理链路的带宽总和，从而达到了增加链路带宽的目的；同时，这三条以太网物理链路相互备份，有效地提高了链路的可靠性。

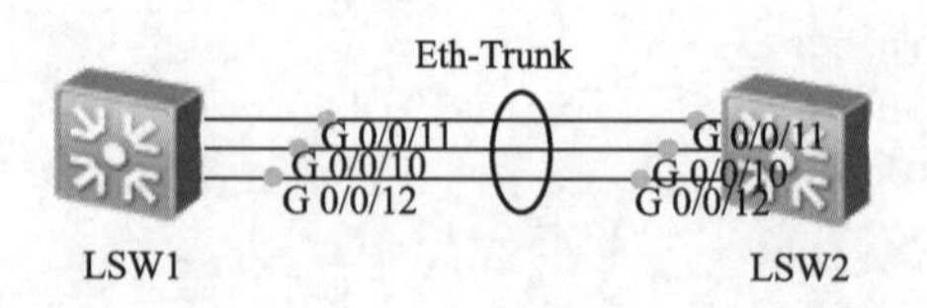

图 2–12 链路聚合

以下是链路聚合的一些基本概念：

① 链路聚合组：链路聚合组（Link Aggregation Group，LAG）是指将若干条以太链路捆绑在一起所形成的逻辑链路。

② 链路聚合接口：每个聚合组唯一对应着一个逻辑接口，这个逻辑接口称为链路聚合接口

或 Eth-Trunk 接口。链路聚合接口可以作为普通的以太网接口来使用，与普通以太网接口的差别在于：转发时链路聚合组需要从成员接口中选择一个或多个接口来进行数据转发。

③ 成员接口：组成 Eth-Trunk 接口的各个物理接口称为成员接口。

④ 成员链路：成员接口对应的链路称为成员链路。

⑤ 活动接口和非活动接口：链路聚合组的成员接口存在活动接口和非活动接口两种。转发数据的接口称为活动接口，不转发数据的接口称为非活动接口。

⑥ 活动链路和非活动链路：活动接口对应的链路称为活动链路，非活动接口对应的链路称为非活动链路。

⑦ 活动接口数上限阈值：设置活动接口数上限阈值的目的是在保证带宽的情况下提高网络的可靠性。当前活动链路数目达到上限阈值时，再向 Eth-Trunk 中添加成员接口，不会增加 Eth-Trunk 活动接口的数目，超过上限阈值的链路状态将被置为 Down，作为备份链路。

例如，有 8 条无故障链路在一个 Eth-Trunk 内，每条链路都能提供 1 Gbit/s 的带宽，现在最多需要 5 Gbit/s 的带宽，那么上限阈值就可以设为 5 或者更大的值。其他的链路就自动进入备份状态以提高网络的可靠性。

2.3.2　链路聚合模式

根据是否启用链路聚合控制协议 LACP，链路聚合分为手工模式和 LACP 模式。

1. 手工模式链路聚合

手工模式下，Eth-Trunk 的建立、成员接口的加入由手工配置，没有链路聚合控制协议 LACP 的参与。当需要在两个直连设备间提供一个较大的链路带宽而设备又不支持 LACP 协议时，可以使用手工模式。手工模式可以实现增加带宽、提高可靠性、负载分担的目的。

2. LACP 模式链路聚合

作为链路聚合技术，手工模式 Eth-Trunk 可以完成多个物理接口聚合成一个 Eth-Trunk 口来提高带宽，同时能够检测到同一聚合组内的成员链路有断路等有限故障，但是无法检测到链路层故障、链路错连等故障。

为了提高 Eth-Trunk 的容错性，并且能提供备份功能，保证成员链路的高可靠性，出现了链路聚合控制协议（Link Aggregation Control Protocol，LACP）。LACP 模式就是采用 LACP 的一种链路聚合模式。

LACP 为交换数据的设备提供一种标准的协商方式，以供设备根据自身配置自动形成聚合链路并启动聚合链路收发数据。聚合链路形成以后，LACP 负责维护链路状态，在聚合条件发生变化时，自动调整或解散链路聚合。

两种模式的区别如表 2-4 所示。

表 2-4　LACP 模式分类表

维　度	手 工 模 式	LACP 模式
定义	Eth-Trunk 的建立、成员接口的加入由手工配置，没有链路聚合控制协议的参与	Eth-Trunk 的建立是基于 LACP 协议的，LACP 为交换数据的设备提供一种标准的协商方式，以供系统根据自身配置自动形成聚合链路并启动聚合链路收发数据。聚合链路形成以后，负责维护链路状态。在聚合条件发生变化时，自动调整或解散链路聚合

续表

维　度	手 工 模 式	LACP 模式
设备是否需要支持 LACP 协议	不需要	需要
数据转发	一般情况下，所有链路都是活动链路。所有活动链路均参与数据转发。如果某条活动链路故障，链路聚合组自动在剩余的活动链路中分担流量	一般情况下，部分链路是活动链路，所有活动链路均参与数据转发。如果某条活动链路出现故障，链路聚合组自动在非活动链路中选择一条链路作为活动链路，参与数据转发的链路数目不变
是否支持跨设备的链路聚合	不支持	支持
检测故障	只能检测到同一聚合组内的成员链路有断路等有限故障，但是无法检测到链路故障、链路错连等故障	不仅能够检测到同一聚合组内的成员链路有断路等有限故障，还可以检测到链路故障、链路错连等故障

2.3.3 链路聚合负载分担方式

对于负载分担，可以分为逐包的负载分担和逐流的负载分担。

1. 逐包的负载分担

在使用 Eth-Trunk 转发数据时，由于聚合组两端设备之间有多条物理链路，就会产生同一数据流的第一个数据帧在一条物理链路上传输，而第二个数据帧在另外一条物理链路上传输的情况。这样一来同一数据流的第二个数据帧就有可能比第一个数据帧先到达对端设备，从而产生接收数据包乱序的情况。

2. 逐流的负载分担

这种机制把数据帧中的地址通过HASH 算法生成HASH-KEY 值，然后根据这个数值在Eth-Trunk 转发表中寻找对应的出接口。不同的 MAC 或 IP 地址 HASH 得出的 HASH-KEY 值不同，从而出接口也就不同，这样既保证了同一数据流的帧在同一条物理链路转发，又实现了流量在聚合组内各物理链路上的负载分担。逐流负载分担能保证包的顺序，但不能保证带宽利用率。

为了避免数据包乱序情况的发生，Eth-Trunk 采用逐流负载分担的机制，其中如何转发数据则由于选择不同的负载分担方式而有所差别。目前交换机仅支持逐流的负载分担。

数据流是指一组具有某个或某些相同属性的数据包。这些属性有源 MAC 地址、目的 MAC 地址、源 IP 地址、目的 IP 地址、TCP/UDP 的源端口号、TCP/UDP 的目的端口号等。

配置负载分担方式时，请注意：负载分担方式只在流量的出接口上生效，如果发现各入接口的流量不均衡，请修改上行出接口的负载分担方式。尽量将数据流通过负载分担在所有活动链路上传输，避免数据流仅在一条链路上传输，造成流量拥堵，影响业务正常运行。

2.3.4 链路聚合默认配置

链路聚合的默认配置如表 2-5 所示。

表 2-5 链路聚合默认配置

参 数	默 认 值	参 数	默 认 值
链路聚合模式	手工模式	LACP 抢占	去使能
活动接口数上限阈值	8	LACP 抢占等待时间	30 s
活动接口数下限阈值	1	接收 LACP 报文超时时间	90 s
系统 LACP 优先级	32 768	Eth-Trunk 接口流量本地优先转发	使能
接口 LACP 优先级	32 768		

2.3.5 链路聚合配置

华为交换机设备的链路聚合的活动接口最多为 8 条，最少为 1 条。根据是否启用链路聚合控制协议（LACP），链路聚合分为手工模式和 LACP 模式。

手工模式下，Eth-Trunk 的建立、成员接口的加入完全由手工来配置。所有活动链路都参与数据的转发，平均分担流量。手工模式通常应用在对端设备不支持 LACP 协议的情况下。

LACP 模式下，需手工创建 Eth-Trunk，手工加入 Eth-Trunk 成员接口，但活动接口的选择是由 LACP 协商确定的，配置相对灵活。

注意：当 Eth-Trunk 接口由 Manual Load-Balance 模式向 LACP 模式切换时，Eth-Trunk 中可以包含成员接口；当 Eth-Trunk 接口由 LACP 模式向 Manual Load-Balance 模式切换时则需要确保 Eth-Trunk 中没有任何成员接口。

链路聚合的配置方法如下：

1. 创建链路聚合组

执行 interface eth-trunk trunk-id 命令，创建 Eth-Trunk 接口，并进入 Eth-Trunk 接口视图。trunk-id 为 Eth-Trunk 编号，取值范围为 0 ~ 63。

2. 模式链路聚合模式

执行 mode {manual load-balance| lacp-static }命令，配置 Eth-Trunk 的工作模式。选择 Manual Load-Balance 为手工模式，选择 Lacp-Static 为 LACP 模式。

默认情况下，Eth-Trunk 的工作模式为手工模式。配置时需要保证本端和对端的聚合模式一致。即如果本端配置为 LACP 模式，那么对端设备也必须要配置为 LACP 模式。

3. 将接口成员加入链路聚合组

批量加入成员接口，执行 trunkport interface-type {interface-number1 [to interface-number2] } 命令。也可以在相应接口视图下执行 eth-trunk trunk-id 命令，将当前接口加入 Eth-Trunk 中。

4. 配置活动接口数阈值（可选）

执行 least active-linknumber link-number 命令，配置链路聚合活动接口数下限阈值。默认情况下，活动接口数下限阈值为 1。本端和对端设备的活动接口数下限阈值可以不同。如果下限阈值不同，以下限阈值数值较大的一端为准。

执行 max active-linknumber link-number 命令，配置链路聚合活动接口数上限阈值。默认情况下，活动接口数上限阈值为 8。本端和对端设备的活动接口数上限阈值可以不同。如果上限阈值不同，以上限阈值数值较小的一端为准。

活动接口数上限阈值必须大于或等于活动接口数下限阈值。

5. **配置负载分担方式**（可选）

执行 load-balance {dst-ip|dst-mac|src-ip|src-mac|src-dst-ip|src-dst-mac}命令，配置 Eth-Trunk 负载分担方式。默认情况下，S5700SI 和 S5700EI 上 Eth-Trunk 接口的负载分担模式为 src-dst-mac；其他形态交换机上 Eth-Trunk 接口的负载分担模式为 src-dst-ip。

6. **配置系统 LACP 优先级**（可选）

在 LCAP 模式，可以配置系统 LACP 优先级选择 LACP 主动端。执行 lacp priority priority 命令，配置当前设备的系统 LACP 优先级。系统 LACP 优先级值越小优先级越高，默认情况下，系统 LACP 优先级为 32 768。在两端设备中选择系统 LACP 优先级较小一端作为主动端，如果系统 LACP 优先级相同，则选择 MAC 地址较小的一端作为主动端。

7. **配置 LACP 抢占**（可选）

在 LACP 模式下，使能 LACP 抢占功能可以保持接口 LACP 优先级最高的接口为活动接口。例如，当一条高优先级的接口因故障切换为非活动状态而后又恢复时，如果使能抢占，则高优先级的接口将重新成为活动接口；如果未使能抢占，该接口不能重新成为活动接口。

执行 lacp preempt enable 命令，使能当前 Eth-Trunk 接口的 LACP 抢占功能。默认情况下，LACP 抢占处于去使能状态。为保证 Eth-Trunk 正常工作，要求 Eth-Trunk 两端统一配置 LACP 抢占使能或去使能。

执行 lacp preempt delay delay-time 命令，配置当前 Eth-Trunk 接口的 LACP 抢占延时。默认情况下，LACP 抢占等待时间为 30 s。

2.3.6 链路聚合配置实验

链路聚合配置

1. **实验名称**

链路聚合配置实验。

2. **实验目的**

学习链路聚合理论知识，掌握链路聚合的配置方法。

3. **实验拓扑**

实验拓扑如图 2-13 所示。

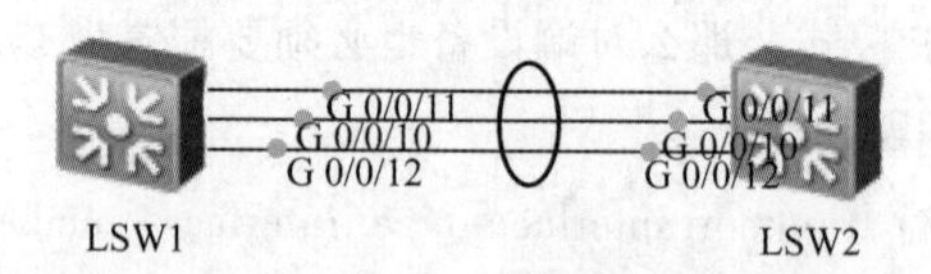

图 2-13 实验拓扑

4. **实验内容**

如图 2-13 所示，LSW1 和 LSW2 之间有较大的数据流量。用户希望 LSW1 和 LSW2 之间能够提供较大的链路带宽互相通信。因此，将在两台 Switch 设备采用多条链路连接，同时配置 LACP 模式链路聚合组，提高两设备之间的带宽与可靠性。具体要求如下：

① 两条活动链路具有负载分担的能力。

② 两设备间的链路具有 1 条冗余备份链路，当活动链路出现故障时，备份链路替代故障链路，保持数据传输的可靠性。

③ 故障链路修复后，恢复为活动链路。

5. 实验步骤

采用如下步骤配置 LACP 模式链路聚合：

① 创建 Eth-Trunk，配置 Eth-Trunk 为 LACP 模式，实现链路聚合功能。

② 将成员接口加入 Eth-Trunk。

③ 配置活动接口上限阈值，实现保证带宽的情况下提高网络的可靠性。

④ 使能抢占模式，以便故障链路修复后，恢复为活动链路。

⑤ 配置系统优先级，确定主动端，按照主动端设备的接口选择活动接口。

⑥ 配置接口优先级，确定活动链路接口，优先级高的接口将被选作活动接口。

⑦ 配置抢占模式，当故障链路修复后，通过抢占成为活动链路。

LSW1 配置如下，LSW2 配置类似。

```
[Lsw1]int eth-trunk 12                          ###创建 Eth-Trunk12
[Lsw1-eth-trunk12]Mode lacp-static              ###设置为 LACP 模式
[Lsw1-eth-trunk12]Trunkport g 0/0/10 to 0/0/12 ###添加成员接口
[Lsw1-eth-trunk12]max active-linknumber 2       ###配置活动接口上限阈值
[Lsw1-eth-trunk12]lacp preempt enable           ###使能抢占模式
[Lsw1-eth-trunk12]port link-type trunk          ###设置为 Trunk 链路
[Lsw1-eth-trunk12]port trunk allow-pass vlan all
[Lsw1-eth-trunk12]quit
[Lsw1] lacp priority 100                        ###配置系统 LACP 优先级
[Lsw1] int g0/0/12
[Lsw1-GigabitEthernet0/0/12]Lacp priorty 60000  ###配置接口 LACP 优先级
```

6. 实验测试

在 LSW1 中，执行 display eth-trunk 12 命令，结果如图 2-14 所示。

```
[lsw1]disp eth-trunk 12
Eth-Trunk12's state information is:
Local:
LAG ID: 12                   WorkingMode: STATIC
Preempt Delay Time: 30       Hash arithmetic: According to SIP-XOR-DIP
System Priority: 100         System ID: 4c1f-ccdd-5a1c
Least Active-linknumber: 1   Max Active-linknumber: 2
Operate status: up           Number Of Up Port In Trunk: 2
------------------------------------------------------------------------------
ActorPortName          Status   PortType PortPri PortNo PortKey PortState Weight
GigabitEthernet0/0/10  Selected 1GE      32768   11     3121    10111100  1
GigabitEthernet0/0/11  Selected 1GE      32768   12     3121    10111100  1
GigabitEthernet0/0/12  Unselect 1GE      60000   13     3121    10100000  1

Partner:
------------------------------------------------------------------------------
ActorPortName          SysPri   SystemID        PortPri PortNo PortKey PortState
GigabitEthernet0/0/10  32768    4c1f-cc4d-0c4e  32768   11     3121    10111100
GigabitEthernet0/0/11  32768    4c1f-cc4d-0c4e  32768   12     3121    10111100
GigabitEthernet0/0/12  32768    4c1f-cc4d-0c4e  32768   13     3121    10100000
```

图 2-14　链路集合配置信息显示

可以看到，链路集合 ID 为 12，最小活动链路为 1，最大活动链路为 2，抢占模式开启。

注意：接口 LACP 优先级默认 32 768，G0/0/12 的优先级设置为 60 000，由于最大活动接口数为 2，因此 G0/0/12 成为备份链路。

2.4 端口安全

端口安全（Port Security）功能将设备接口学习到的MAC地址变为安全MAC地址（包括安全动态MAC、安全静态MAC和Sticky MAC），可以阻止除安全MAC和静态MAC之外的主机通过本接口和设备通信，从而增强设备安全性。

2.4.1 端口学习安全MAC地址的方式

安全MAC地址分为：安全动态MAC、安全静态MAC与Sticky MAC。定义及区别如下：

① 安全动态MAC地址：使能端口安全而未使能Sticky MAC功能时学习到的MAC地址。默认情况下，安全动态MAC地址不会被老化，设备重启后安全动态MAC地址会丢失，需要重新学习。

② 安全静态MAC地址：使能端口安全而未使能Sticky MAC功能时，手工配置的静态MAC地址，安全静态MAC地址不会被老化。

③ Sticky MAC地址：使能端口安全又使能Sticky MAC功能后，学习到的MAC地址。Sticky MAC地址不会被老化，保存配置后重启设备，Sticky MAC地址也不会丢失，无须重新学习。

未使能端口安全功能时，设备的MAC地址表项可通过动态学习或静态配置。当某个接口使能端口安全功能后，该接口上之前学习到的动态MAC地址表项会被删除，之后学习到的MAC地址将变为安全动态MAC地址，此时该接口仅允许匹配安全MAC地址或静态MAC地址的报文通过。若接着使能Sticky MAC功能，安全动态MAC地址表项将转化为Sticky MAC表项，之后学习到的MAC地址也变为Sticky MAC地址。直到安全MAC地址数量达到限制，将不再学习MAC地址，并对接口或报文采取配置的保护动作。

2.4.2 配置端口安全

在对接入用户的安全性要求较高的网络中，可以配置端口安全功能，将接口学习到的MAC地址转换为安全动态MAC、安全静态MAC或Sticky MAC，接口学习的最大MAC数量达到上限后不再学习新的MAC地址，只允许这些MAC地址和设备通信。这样可以阻止其他非信任的MAC主机通过本接口和交换机通信，提高设备与网络的安全性。

默认情况下，安全动态MAC表项不会被老化，但可以通过在接口上配置安全动态MAC老化时间使其变为可以老化，设备重启后安全动态MAC地址会丢失，需要重新学习。安全静态MAC表项不老化且保存配置后重启不会丢失。Sticky MAC不会被老化，保存配置后重启设备，Sticky MAC也不会丢失，无须重新学习。

具体配置方法如下：

① 执行interface interface-type interface-number命令，进入接口视图。

② 执行port-security enable命令，使能端口安全功能。默认情况下，未使能端口安全功能。

③ 执行port-security mac-address mac-address vlan vlan-id命令，手工配置安全静态MAC地址表项。

④ 执行port-security mac-address sticky命令，使能接口Sticky MAC功能。默认情况下，接口未使能Sticky MAC功能。

⑤ 执行port-security max-mac-num max-number命令，配置端口安全动态MAC学习限制数

量。默认情况下，接口学习的安全 MAC 地址限制数量为 1。

⑥ 执行 port-security protect-action {protect | restrict | shutdown}命令，配置端口安全保护动作。默认情况下，端口安全保护动作为 restrict。

端口安全保护动作有以下 3 种：

- protect：当学习到的 MAC 地址数达到接口限制数时，接口丢弃源地址在 MAC 表以外的报文。
- restrict：当学习到的 MAC 地址数超过接口限制数时，接口丢弃源地址在 MAC 表以外的报文，并同时发出告警。
- shutdown：当学习到的 MAC 地址数超过接口限制数时，将接口 error down，同时发出告警。

默认情况下，接口关闭后不会自动恢复，只能由网络管理人员执行 undo shutdown 命令手动恢复，也可以在接口视图下执行 restart 命令重启接口。

如果用户希望被关闭的接口可以自动恢复，则可在接口 error-down 前通过在系统视图下执行 error-down auto-recovery cause port-security interval interval-value 命令使能接口状态自动恢复为 Up 的功能，并设置接口自动恢复为 Up 的延时时间，使被关闭的接口经过延时时间后能够自动恢复。

⑦ 执行 port-security aging-time time [type { absolute |inactivity}]命令，配置接口学习到的安全动态 MAC 地址的老化时间。默认情况下，接口学习的安全动态 MAC 地址不老化。

2.4.3 端口安全配置实验

在通过 MSTP 配置、链路聚合配置形成的拓扑图的基础上，在 LSW2 交换机上添加交换机 LSW5 以及 PC5、PC6、PC7 等计算机，形成本实验拓扑图，如图 2-15 所示。其中添加设备用于端口安全配置测试。

端口安全配置

1. 实验名称

端口安全配置实验。

2. 实验目的

① 学习掌握 MAC 地址表以及端口安全知识。

② 学习掌握端口安全配置方法。

3. 实验拓扑

端口安全配置实验拓扑如图 2-15 所示。

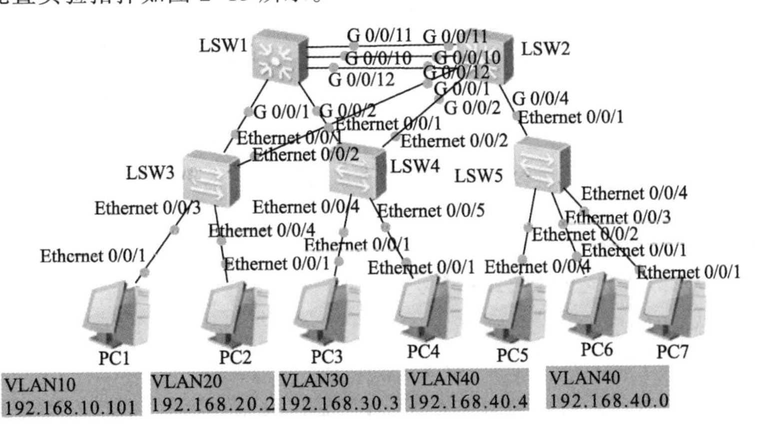

图 2-15　端口安全配置实验拓扑

4. **实验内容**

用于端口配置测试的设备连接在 LSW2 的 G0/0/4 接口，所以端口安全的配置主要是在交换机 LSW2 的 G0/0/4 端口中进行。

① 开启端口安全。

② 设置 Sticky MAC 功能。

③ 设置动态学习的最大 MAC 地址数量为 2。

④ 配置安全保护功能，当学习到 MAC 地址数量超过最大限制数量时，关闭接口。

⑤ 设置接口自动恢复功能，要求接口关闭后，2 min 后自动开启接口。

5. **实验步骤**

（1）初始配置

为便于测试实验，将 LSW2 交换机端口 G0/0/4 划入 VLAN40，给 PC5、PC6、PC7 分别配置 IP 地址：192.168.40.5/24，192.168.40.6/24；192.168.40.7/24。

（2）端口安全配置

端口安全的配置主要是在交换机 LSW2 的 G0/0/4 端口中进行。

```
[LSW2]int g0/0/4
[LSW2-GigabitEthernet0/0/4]port-security enable
[LSW2-GigabitEthernet0/0/4]port-security mac-address sticky
[LSW2-GigabitEthernet0/0/4]port-security max-mac-num 2
[LSW2-GigabitEthernet0/0/4]port-security protect-action shutdown
[LSW2-GigabitEthernet0/0/4]quit
[LSW2]error-down auto-recovery cause port-security interval 120
```

6. **实验测试**

用 PC5、PC6、PC7 分别去访问其他 VLAN 主机，前面任意两台可以访问网络，当第三台主机访问网络时，LSW2 的 G0/0/4 端口关闭。

由于设置为 2 分钟自动恢复，因此，等待 2 min 后，LSW2 的 G0/0/4 端口打开。

小　结

本章主要介绍了局域网的高级技术，包含高级 VLAN 技术、MSTP 技术、链路聚合技术、端口安全技术等。其中，高级 VLAN 技术介绍了 VLAN-Aggregate（VLAN 聚合）、MUX-VLAN（私有 VLAN）、QinQ 等技术。

在介绍相关技术基础知识的同时，还给出了局域网高级技术的配置方法和示例。

局域网高级技术

习　题

一、选择题

1. 下面关于 MUX VLAN 说法正确的是（　　）。

   A. MUX VLAN 中不必先配置主 Principal VLAN（主 VLAN），再配置 Subordinate VLAN（从 VLAN）

   B. MUX VLAN 必须在端口上配置 MUX VLAN 使能功能才可以实现正常的 MUX VLAN 功能

C. MUX VLAN 的 Principal VLAN（主 VLAN）和 Subordinate VLAN（从 VLAN）可以为同一个 VLAN

D. MUX VLAN 中只能配置一个 Group VLAN（互通型从 VLAN）

2. MUX VLAN 提供了一种通过 VLAN 进行网络资源控制的机制，以下概念中不属于 MUX VLAN 的是（　　）。

A. 主 VLAN　　B. 从 VLAN

C. Guest VLAN　　D. 互通型 VLAN

3. QinQ 有不同的具体实现方式，其中基于端口的 QinQ 说明不正确的是（　　）。

A. 配置了此功能的端口，设备会为进入的报文打上一层 VLAN ID 为端口 PVID 的外层 VLAN

B. 配置了此功能的端口，设备会为出去的报文打上一层 VLAN ID 为端口 PVID 的外层 VLAN

C. 基于端口的 QinQ 通过配置端口类型为 dot1q-tunnel 实现

D. 当接口类型为 dotlq-tunnel 时，该接口加入的 VLAN 不支持二层组播功能

4. QinQ 的有不同的具体实现方式，其中关于灵活 QinQ 说明不正确的是（　　）。

A. 要配置灵活 QinQ，接口类型必须配置为 Trunk 类型

B. Trunk 类型端口只能支持配置一条灵活 QinQ

C. 灵活 QinQ 可以根据入报文的外层 VLAN 及 802.1P 来选择加或不加 S-VLAN（Stack-VLAN，服务商 VLAN）

D. 通过在端口配置 VLAN-Stacking 实现

5. 关于 VLAN 聚合，下面说法不正确的是（　　）。

A. 配置 Sub-VLAN 的命令是在 SuperVLAN 视图下配置的

B. SuperVLAN 的可配置范围为 1~4 094

C. 配置 SuperVLAN 时，配置的 VLAN 必须没有加入任何端口

D. 配置 SuperVLAN 的命令是 Aggregate-VLAN

6. 某网络规模比较大，一部分交换机运行 MSTP，另一部分交换机运行 RSTP。如果运行 MSTP 协议的交换机检测到端口相邻的交换机运行在 RSTP 模式下，则此时该 MSTP 协议的交换机工作在（　　）下。

A. STP 模式　　B. RSTP 模式　　C. MSTP 模式　　D. 以上都正确

7. MSTP 又称多生成树协议，通过 MSTP 协议不能够解决单生成树网络中的（　　）问题。

A. 部分 VLAN 路径不通　　B. 无法使用流量分担

C. 次优二层路径　　D. 提高业务可靠性

8. 链路聚合技术主要特点不包括（　　）。

A. 增加带宽，链路聚合接口的最大带宽可以达到各成员接口带宽之和

B. 提高可靠性，当某条活动链路出现故障时，流量可以切换到其他可用的成员链路上，从而提高链路聚合接口的可靠性

C. 负载分担，在一个链路聚合组内，可以实现在各成员活动链路上的负载分担

D. 用于策略路由和路由过滤

9. 下面关于端口隔离的描述不正确的是（　　）。

A. 端口隔离可以用来配置二层隔离

B. 默认模式下，端口隔离为二层隔离三层互通

C. 需要配置端口隔离的端口上都必须配置端口隔离使能功能

D. 端口隔离命令 port-isolate enable 可以指定端口在全局模式下配置

10. 端口安全的作用是（　　）。

A. 防止恶意用户使用 MAC 地址攻击的方式使网络瘫痪

B. 防止恶意用户使用 IP 地址攻击的方式使网络瘫痪

C. 防止恶意用户使用病毒对网络进行攻击

D. 防止用户使用恶意攻击软件

二、实践题

利用华为 eNSP 虚拟仿真软件完成以下实践：

（1）高级 VLAN 技术实践。

（2）MSTP\链路聚合\端口安全实践。

第3章

城域网与广域网技术 ‹‹‹

城域网属于电信运营商网络，其典型应用是宽带城域网，即在城市范围内，以 IP 和 ATM 电信技术为基础，以光纤作为传输媒介，集数据、语音、视频服务于一体的高带宽、多功能、多业务接入的多媒体通信网络。城域网主要提供高带宽的业务承载和传输，完成和已有网络（如 ATM、FR、DDN、IP 网络）的互联互通，其特征为宽带传输和高速调度。目前主要采用万兆以太网技术、光以太网 RPR 技术、基于 EOS（Ethernet Over SDH）的 MSTP 技术、POS 技术（IP over SDH）等技术组成城域网。

广域网是连接不同地区局域网或城域网的远程网络。通常跨接很大的物理范围，所覆盖的范围从几十千米到几千千米，它能连接多个地区、城市和国家，或横跨几个洲并能提供远距离通信，形成国际性的远程网络。广域网技术有窄带广域网技术和宽带广域网技术，目前最常用的是宽带广域网技术、SDH 技术和 WDM 技术。

接入网是指骨干网络到用户终端之间的所有设备和连接链路。其长度一般为几百米到几千米，因而被形象地称为“最后一公里”。接入网的接入方式包括双绞线（包括普通电话线）接入、光纤接入、光纤同轴电缆（有线电视电缆）混合接入和无线接入等几种方式。

本章首先简要介绍城域网、广域网、接入网相关技术，然后介绍窄带网络和宽带网络及其配置方法。

3.1 城域网技术

城域网（Metropolitan Area Network，MAN）是在一个城市范围内所建立的计算机通信网。宽带城域网主要包括万兆以太网技术、光以太网 RPR 技术、基于 EOS（Ethernet Over SDH）的 MSTP 技术、POS 技术（IP over SDH）等。

3.1.1 万兆以太网技术

宽带城域网的主流是采用万兆以太网直接在裸光纤或波分复用（WDM）光缆网上架构。最简单的情况是，当一根光纤只传输一路数据时，在裸光纤上直接运行万兆以太网。如果需要传输多路数据可采用波分复用系统，根据需要逐步增加波长通道。

3.1.2 光以太网 RPR 技术

光以太网 RPR 技术（Optical Ethernet RPR）是以太网和 SDH 技术相结合的产物，它采用双环结构，外环顺时针、内环逆时针同时双向数据传输。RPR 环上的设备共享环上的所有或部分带宽。RPR 既可以应用在 SDH 环物理层上，也可以应用在以太网物理层上，也可以直接应用在裸光纤上作为路由器的线路接口板。RPR 既简化了数据包处理过程，又能确保电路交换业务和专线业务的服务质量，特别是能够实现 50 ms 时间内的故障保护切换。RPR 具有以太网的低成本、SDH 的可靠性和 ATM 的多业务及服务质量的优点；缺点是 RPR 是基于 MAC 层协议，其应用仅限于单个环，无法完成跨环业务。

3.1.3 POS 技术

电信城域网支持 IP 业务可以在 SDH（Synchronous Digital Hierarchy，同步数字体系）网上采用 POS（IP over SDH）技术或基于 EOS（Ethernet over SDH）的 MSTP 技术。在以 EOS 技术为特征的 MSTP 设备出来以前，通常采用 POS 技术。POS 技术通常在数据设备上实现，即路由器或交换机的 WAN 侧接口采用 STM-1(155 Mbit/s)或 STM-4（622 Mbit/s）的 POS 光口。也就是说，从 IP 数据包或以太网数据帧到 SDH 的虚容器（Virtual Container，VC）的处理过程在数据设备（路由器）中实现。

3.1.4 MSTP 技术

MSTP（Multi-Service Transfer Platform，多业务传送平台）能同时实现 TDM、ATM、以太网等业务的接入、处理和传送，提供统一网管的多业务节点。可以将传统的 SDH 复用器（ADM）、数字交叉链接器（DXC）、WDM 终端、网络二层交换机和 IP 边缘路由器等多个独立的设备集成为一个网络设备，实现基于 SDH 技术的多业务传送，进行统一控制和管理。

采用 MSTP 设备能够提供 EOS 接入模式，路由器或交换机直接采用以太网的接口，如 RJ-45 的接口。路由器通过 RJ-45 接口直接与 MSTP 设备相连，从 IP 数据包或以太网数据帧到 SDH 的 VC 的映射和封装由 MSTP 设备中的多业务板卡实现。而且该板卡具有全功能的二层能力，从接口考虑，由于 MSTP 也是采用普通的 RJ-45（10/100BaseT）接口实现互联，大大节省了 POS 的光口互联成本，而且可以通过 MSTP 的统一网管实现端到端的业务管理。

对于传统的电信行业用户，为提供对 TMD 业务、ATM 业务、IP 业务等多业务支持，组成城域网可以采用 POS 技术或 MSTP（EOS）技术。对于非电信行业用户或新兴的电信行业用户，组成城域网可以采用万兆以太网技术和光以太网 RPR 技术。

3.2 接入网技术

接入网的目的是实现用户与用户、用户与 Internet、企业与 Internet 之间的连接。目前接入技术非常多，可以是有线的，也可以是无线的；可以是构建在电信网上的，也可以不构建在电信网上。这里按照介质划分可以分为五类：电话线接入、混合光纤同轴电缆接入、光纤接入、双绞线接入、无线接入等。

下面分别介绍电话线接入、双绞线接入、混合光纤同轴电缆接入、光纤接入、无线接入等 5 种接入方式。

3.2.1 电话线接入

电话线接入是以原有电话铜线为通信介质，通过技术改造，采用新设备，挖掘线路潜力，实现新业务。电话线也是一种双绞线，包括：PSTN（Public Switched Telephone Network，公共交换电话网络）接入、ISDN（Integrated Service Digital Network，综合业务数字网）接入、DSL（Digital

Subscriber Loop，数字用户环路）接入。

PSTN 接入，是利用 Modem（Modulator-Demodulator，调制解调器）通过公用电话交换网（PSTN）拨号连接上网的一种方式。PSTN 主要承载模拟电话业务，它在主干传输线上实现了数字化传输，但在接入网络中，用户到局端的电话线仍然采用模拟信号传输。利用 Modem 拨号接入的数据传输速率最高为 56 kbit/s。

ISDN 接入，是将传统模拟电话线进行数字化改造，采用 2 个 B 信道（64 kbit/s）和 1 个 D 信道（14 kbit/s）的接口，利用电话线的传输速率达到 144 kbit/s，提供端到端的数字化传输。

DSL 接入，采用电话线但不占用电话通信的频段，不需要缴纳另外的电话费。DSL 有多种接入技术，如 ADSL、RADSL、VDSL、HDSL、SDSL、IDSL、UDSL、MVDSL、G.SHDSL 等。主要分为两种类型，一种对称用户数据线，另一种非对称用户数字线。

对称用户数据线，用于双向通信速率要求一致的应用情况，如 HDSL（高速数字用户线）、SDSL（单对数字用户线）、G.SHDSL（通用单线对高速数字用户线）等。HDSL 采用两对电话铜线，提供上下行相同的传输速率，传输距离 5.5 km 左右，最高传输速率达到 2.048 Mbit/s；SDSL 采用单对电话线，提供上下行相同的传输速率，传输距离 1.5 km 左右，最高传输速率达 2.048 Mbit/s；G.SHDSL 是由国际电信联盟（ITU）开发的，华为 AR G3 路由器支持此项技术，传输距离 6 km 左右，分为单对 2.312 Mbit/s、两对 4.624 Mbit/s、4 对 9.248 Mbit/s 三种形式。

非对称用户数字线，用于双向通信速率要求不一致的应用情况，如 ADSL（非对称数字用户线）、RADSL（自适应非对称数字用户线）、VDSL（甚高速数字用户线）等。ADSL 采用一对电话铜线，传输距离 5.5 km 左右，可以提供高达 8 Mbit/s 的高速下行速率，1Mbit/s 的上行速率。RADSL 是 ADSL 的一种变形，工作开始时调制解调器先测试线路，把工作速率调到线路所能处理的最高速率。RADSL（Rate Automatic Adapt Digital Subscriber Line，速率自适应数字用户线路）是一个以信号质量为基础调整速度的 ADSL 版本，许多 ADSL 技术实际上都是 RADSL。VDSL 可以看作是 ADSL 的快速版本，提供的速率可以达到 ADSL 的 5~10 倍。另外，根据市场或用户的实际需求，VDSL 上下行速率可以设置成是对称的，也可以设置成不对称的。

由于技术的发展，目前电话线接入主要采用 DSL 方式接入。对称数字用户线用于双向通信速率要求一致的应用情况，主要用于企业点对点应用业务，如文件传输、视频会议等。非对称用户数字线比较适合于网络浏览、视频点播等业务，这些业务用户下载信息往往比上载信息要多很多，如家庭上网用户就可以采用非对称用户数据线。对称用户数据线与非对称用户数据线相比，非对称用户数据线的应用广泛得多。国内应用最广泛的电话线接入技术是 ADSL，这里主要介绍 ADSL 技术。

1. ADSL 工作流程

ADSL 使用普通电话线作为传输介质，它的基本工作流程是：经 ADSL 调制解调器编码后通过电话线传送到电话局后再经过一个信号识别/分配器，如果是语音信号就传到电话交换机上，如果是数字信号就传送到 DSLAM（数字用户线复用器）接入 Internet。ADSL 的基本工作原理如图 3-1 所示。

2. ADSL 的信道划分

ADSL 通信包括 3 个通道：上行通道 16 kbit/s~1 Mbit/s 速率、下行信道 1.5~8 Mbit/s 速率、传统电话 4 kHz 以下的低频信号（POTS 信道），如图 3-2 所示。ADSL 把电话线的 1.1MHz 频带分成 256 个频宽为 4.3 kHz 的信道，信道 0 用作电话线，1~5 信道没有使用，用于将语音与数字信号分开。另外 250 信道中，一个用于上行控制、一个用于下行控制，其余 248 信道用于传输数据。下行一般占 80%~90%，上行一般占 10%~20%。

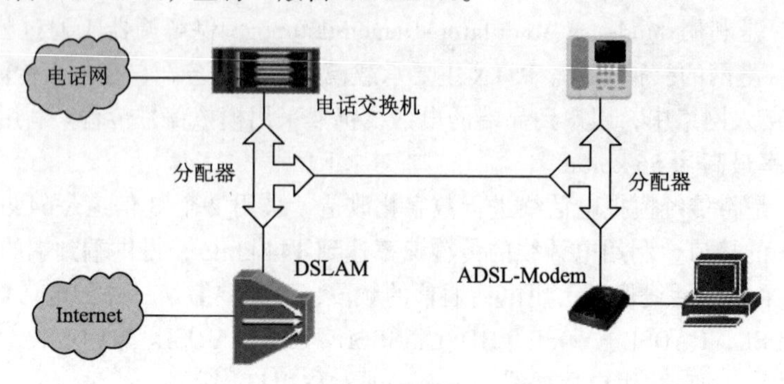

图 3-1 ADSL 的基本工作原理

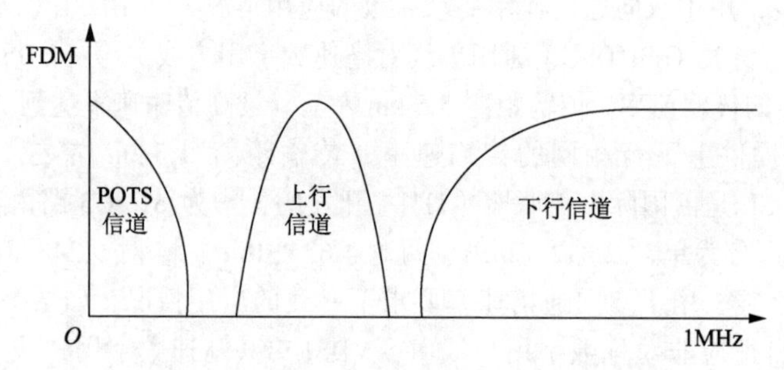

图 3-2 ADSL 信道划分

3. ADSL 传输标准

ADSL 有多个传输标准，主要由 ANSI 和 ITU 组织制定，包括 ANSI T1.413 ISSUEII、ITU G.992.1（G.DMT）、ITU G.992.2（G.Lite）、ITU G.992.3、ITU G.992.4、TU G.992.5 等。

现在比较成熟的 ADSL 标准有两种：ITU G.992.1（G.DMT）、ITU G.992.2（G.Lite）。G.DMT 采用特殊的调制技术 DMT（Discrete Multitone，离散多音复用），是全速率的 ADSL 标准，支持 8 Mbit/s/1.5 Mbit/s 的高速下行/上行速率，但是，G.DMT 要求用户端安装 POTS 分离器，比较复杂且价格昂贵；G.Lite 也称为消费者 ADSL（Consumer Asymmetrical DSL），G.Lite 标准速率较低，下行/上行速率为 1.5 Mbit/s/512 kbit/s，但省去了复杂的 POTS 分离器，成本较低且便于安装。就适用领域而言，G.DMT 比较适用于小型或家庭办公室（SOHO），而 G.Lite 则更适用于普通家庭用户。G.Lite 接入方式如图 3-3 所示。

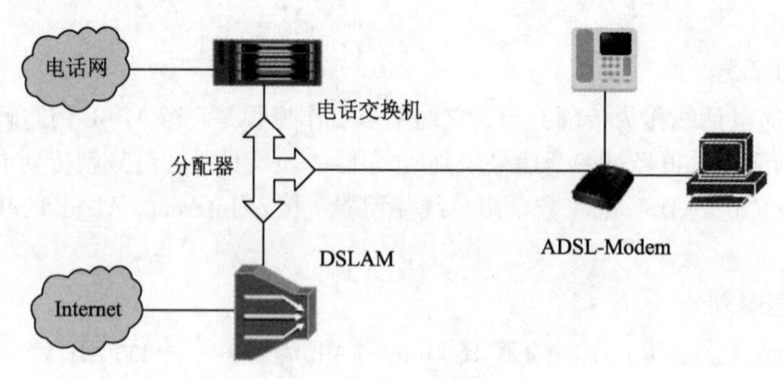

图 3.3 G.lite 接入方式

3.2.2　双绞线接入

这里所说的双绞线，主要用于组建以太网，采用 RJ-45 接口的 8 线 4 对的双绞线，包括 5 类、5e 类、6 类等，连接距离一般不超过 100 m，适合用作局域网中的桌面接入，以及建筑物结构化布线系统中的水平布线子系统。

以太网（Ethernet）指的是由 Xerox 公司创建并由 Xerox、Intel 和 DEC 公司联合开发的基带局域网规范，是当今现有局域网采用的最通用的通信协议标准。以太网络使用 CSMA/CD（载波监听多路访问及冲突检测）技术，并以 10/100/1 000 Mbit/s 每秒的速率运行在多种类型的电缆上。以太网可分为标准的以太网（10 Mbit/s）、快速以太网（100 Mbit/s）、1 000 Mbit/s 以太网和 10 Gbit/s 以太网等，可以采用同轴电缆、双绞线、光缆等传输介质。

当下全球企事业用户的 90%以上都采用以太网技术，并通过双绞线接入。采用以太网技术的双绞线接入已成为企事业用户的主导接入方式。采用双绞线的以太网包括 10BASE-T、100BASE-TX 和 1000BASE-T（千兆以太网），速率分别为 10 Mbit/s、100 Mbit/s 和 1 000 Mbit/s。这 3 种标准都使用相同的连接头，更高速的设计几乎都兼容较低速的标准，因此不同速率标准的设备可以自由混合使用。双绞线包含 4 对线缆，接头采用 8 个触点的水晶头。按照标准，双绞线都能在长达 100 m 以内的距离正常运作。但由于它的传输距离比较短，因此双绞线不适合作为连接线路用于连接互联网。

以太网不能作为公用电信网接入方式，主要问题是目前以太网还没有机制保证端到端性能，无法提供实时业务所需要的服务质量 QoS 和多用户共享节点及网络所必需的计费统计能力。其次，以太网尚不能提供电信级公用电信网所必需的硬件和软件可靠性，特别是由于以太网交换机的光口以点到点方式直接相连，省掉了传输设备，不具备内置的故障定位和性能监视能力，使以太网中发生的故障难以诊断和修复。再者，以太网也不能像 SDH 那样分离网管信息和用户信息，安全性也不如 SDH 网。

3.2.3　混合光纤同轴电缆接入

混合光纤同轴电缆（Hybrid Fiber-Coax，HFC）网是在有线电视网络（CATV）基础上发展起来的一种宽带网络，又称 Cable Modem 网，区别于有线电视网。HFC 网是以模拟频分复用技术为基础，综合应用模拟和数字传输技术、光缆、同轴电缆技术、射频技术的宽带接入网络，如图 3-4 所示。HFC 网络采用光纤到服务区光分配节点（ODU），而在进入用户的最后一公里采用同轴电缆。

1. HFC 系统结构

HFC 网络由局端系统、HFC 网络、用户端系统部分组成。其中，局端系统由 CMTS（Cable Modem Terminal Systems，电缆调制解调终端系统）、信号混合器组成；HFC 网络由光收发器、光缆、光分配节点、同轴电缆、同轴电缆放大器、分支器等组成；用户端系统由分配器、Cable Modem 等组成。

① CMTS：用于将网络数据转换成 RF 信号，提供有网络接口、上下行 RF 通道。图 3-5 所示为典型的 CMTS 设置。

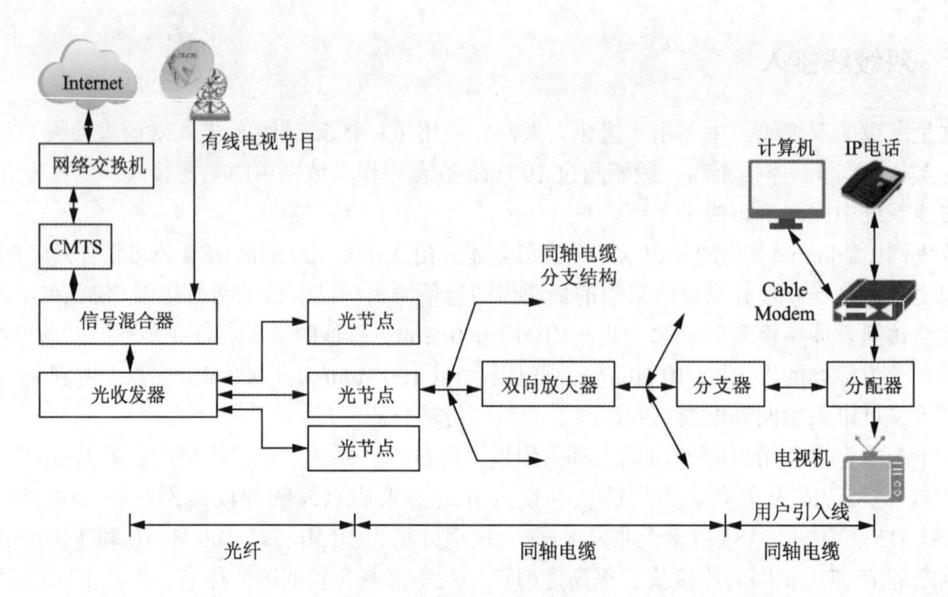

图 3-4　混合光纤同轴电缆接入

② 信号混合器：用于将不同频率的射频信号混合，形成宽带射频信号。

③ 光收发器：用于将宽带射频信号转换成光信号，将光信号发射至光纤。

④ 光节点：也称光分配节点，用户将光信号转换成电信号，并将电信号放大后传输至同轴电缆网络中。

⑤ 同轴电缆放大器：完成同轴电缆信号放大，并传输至用户家中。

⑥ 分支器：分支器的输出是不均衡的，主干信号强，支路信号弱，如果有多户人家使用同一路信号，则可以采用分支器、分配器的部署方法。

⑦ 分配器：将输入信号平均分成相等的几份，以相同的信号强度输出到各个端口，使端口相互隔离，互不干涉。

⑧ Cable Modem（见图 3-6）：串接在用户的有线电视电缆插座和上网设备之间，通过有线电视网络与之相连的另一端在有线电视台（称为头端）。它把用户要上传的上行数据，在 5~65 MHz 之间频率以 QPSK（Quadrature Phase Shift Keying，正交相移键控）或 16 QAM（Quadrature Amplitude Modulation，正交振幅调制）的调制方式调制之后向上传送，上行信道带宽一般在 200 kbit/s~2 Mbit/s。它把从头端发来的下行数据，在 108~862 MHz 之间（数据信号下行信道 550~862 MHz）频率以 64QAM 或 256QAM 的调制方式调制之后下发到用户。下行信道带宽一般在 3~10 Mbit/s 之间，最高可达 36 Mbit/s。

图 3-5　CMTS 设备

图 3-6　电缆调制解调器

2. HFC 网络波段划分

根据我国有线电视广播系统技术规范 GY/T106—1999 标准规定：HFC 网络波段共分为 3 个波段：上行信号波段（6 ~ 65 MHz）、下行广播业务波段（87 ~ 108 MHz）、下行信号波段（108 ~ 1 000 MHz）。下行信号波段提供模拟电视、数字电视和数据业务，其中下行信道（108 ~ 550 MHz）提供模式电视信号、下行信道（550~862 MHz）提供数字电视和下行数据通信业务。以上每个频道间隔为 8 MHz。频段划分如图 3-7 所示。

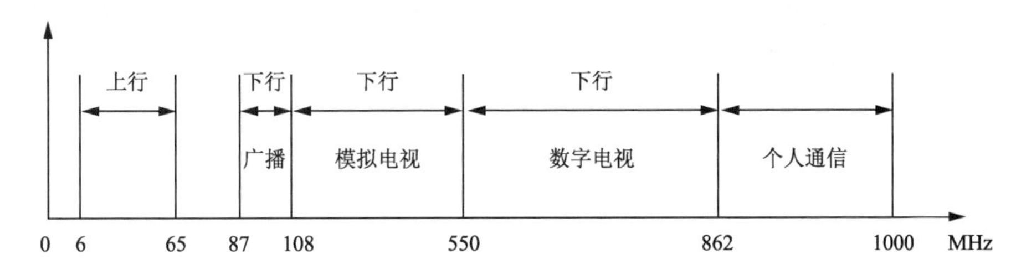

图 3-7　HFC 网络频段划分

3.2.4　光纤接入

光纤接入网（Optical Access Network，OAN）也称“光接入网”，是指用光纤作为主要的传输媒体利用基带数字传输技术使用户设备可以接入计算机网络实现信息传送的网络。引入光纤接入网络的目的是减少铜缆线维护费用，支持新业务，以及改进用户接入网络的性能。

1. 光纤接入网分类

根据接入网室外传输设备是否含有源设备，OAN 可以分为无源光网络（PON）和有源光网络（AON）。无源光网络采用光分路器分路，有源光网络采用电复用器分路，但 ITU 更注重 PON 的发展。

（1）有源光网络

有源光网络主要包括：基于 PDH 的 AON、基于 SDH 的 AON、基于 MSTP 的 AON、基于以太网的 AON 等。有源光网络主要用于采用 SDH 技术的骨干网；采用光纤通信的千兆以太网、万兆以太网等。对于大中型企业，企业互联网接入可以采用千兆以太网接入甚至万兆以太网接入，也可以采用 SDH 技术的光纤接入。

（2）无源光网络

无源光网络主要包括：APON（ATM PON，异步传输模式无源光网络）、GPON（Gigabit PON 吉比特无源光网络）、EPON（Ethernet PON，以太网无源光网络）、GEPON（Gigabit Ethernet PON，吉比特以太网无源光网络）等。其中，APON 和 GPON 是由 ITU FSAN（Full Service Access Network，全业务接入网协会）制定的无源光网络标准。EPON 和 GEPON 是由 IEEE 成立的 EFM（Ethernet for the First Mile）研究组制定的无源光网络标准，属于 IEEE 以太网协议标准范围，即 IEEE802.3ah 规范。

无源光网络的 GPON 和 GEPON 在目前都得到了广泛应用。GPON 定位于电信的面向多业务、具备 QoS 保证的全业务接入。GEOPN 兼容目前的以太网技术，是 IEEE802.3 协议在光纤接入网上的延续。充分继承以太网价格低、技术成熟额优势，具有广泛的市场和良好的兼容性。两者都有各自的技术特点和应用领域，都有典型的应用环境。下面简要介绍基于以太网协议的 GEPON 技术。

2. GEPON 技术

GEPON 技术同 GPON 一样，采用点到多点的用户网络拓扑结构，利用光纤实现数据、语音、视频的全业务接入。GEPON 在用户接入网络中传送以太网帧数据，非常适合 IP 业务的传送，且基于以太网技术的元器件结构比较简单，性能高，价格便宜，因此 GEPON 更加适合于大规模商业化，成为最重要的 FTTH（光纤到家）技术。

GEPON 主要由中心局的光线路终端（OLT）、光分配网（ODN）、光分路器（Splitter）、光网络终端（ONU）及网元管理系统（EMS）组成，其中 OLT 和 ONU 是光接入网络的核心部件。如图 3-8 所示，GEPON 网络采用点到多点拓扑结构，取代点到点结构，大大节省了光纤的用量、管理成本。

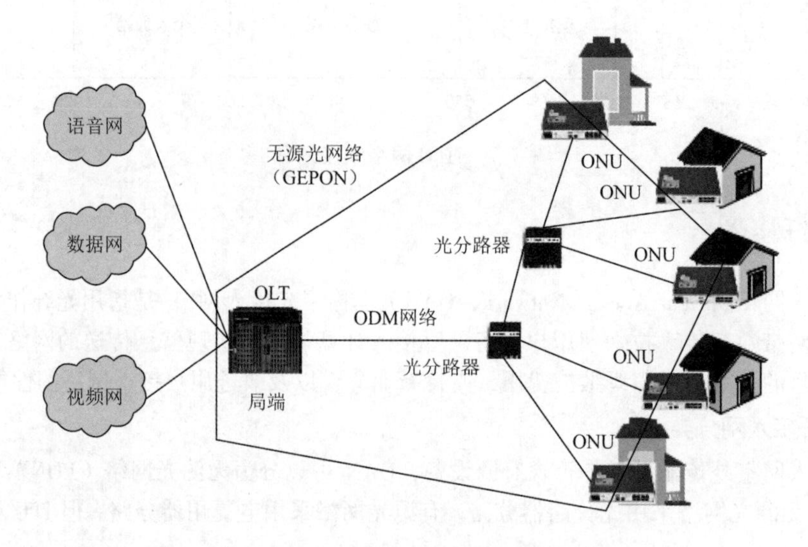

图 3-8 GEPON 无源光网络

① 光线路终端（OLT）：光接入网的核心部件（见图 3-9），相当于传统通信网中的交换机或路由器，同时也是一个多业务提供平台。它一般放置在局端，提供面向用户的无源光纤网络的光纤接口。

② 光网络单元（ONU）：光网络中的用户端设备（见图 3-10），放置在用户端，与 OLT 配合使用，实现以太网二层、三层功能，为用户提供语音、数据和多媒体业务。

图 3-9 光线路终端

图 3-10 光网络单元

3.3.5　无线接入

无线接入是对有线接入的补充。最常见的应用，如笔记本计算机无线上网、手机无线上网等。总体来说，无线接入包括计算机网络无线接入技术和电信移动无线接入技术。计算机数据通信的无线技术包括 WPAN、WLAN、WMAN、WWAN 技术。电信移动无线接入技术属于 WMAN 技术，主要包括 3G、4G、5G 等技术。

无线通信技术的应用主要体现在 WLAN 和 WMAN 中。WLAN 采用 IEEE802.11a/b/g/n 技术，也称 Wi-Fi。WMAN 主要采用电信移动通信技术中 3G、4G、5G 技术，目前主要是 4G 技术。

WLAN 采用 Wi-Fi 技术，用于 100 m 范围内的无线组网方案，最主要应用如家庭网络，另外可以用于主要使用笔记本计算机的小型办公室，以及企事业单位的会议室、图书馆等公共场所。WLAN 不适合作为互联网接入方式。

WMAN 目前主要采用 4G 技术，可以用于个人无线手机上网，也可以作为小型企业的互联网接入方式，还可以作为大中型企业网络互联网接入的有线补充，以避免因有线接入中断而无法上网。

3.3　广域网技术

广域网（Wide Area Network，WAN）通常跨接很大的物理范围，覆盖的范围比局域网和城域网都广，从几十千米到几千千米，它能连接多个城市或国家，形成国际性的远程网络。广域网的通信子网主要使用分组交换技术。广域网的通信子网可以利用公用分组交换网、卫星通信网和无线分组交换网，将分布在不同地区的局域网或计算机系统互联起来，达到资源共享的目的。例如，因特网（Internet）是世界范围内最大的广域网。

常用的广域网络有 PSTN 网络、ISDN 网络、X.25 网络、FR 网络、ATM 网络、DDN 网络、SDH 网络、WDM 网络等。其中 PSTN 网络、ISDN 网络属于电信语音业务网络。

目前，广域网互联主要采用光纤传输介质，底层采用 SDH 和 WDM 技术。支持 IP 业务时主要采用 IP over SDH 和 IP over WDM 技术。

3.3.1　广域网分类

根据网络主要支持的业务来分，网络可以分为三类：一是主要支持电信语音业务的电路交换网络，包括 PSTN 网络和 ISDN 网络；二是主要支持数据传输业务的分组交换网络，包括 X.25 网络、FR 网络、ATM 网络；三是支持多种业务的物理层网络，包括 DDN 网络、SDH 网络、WDM 网络。这类网络是物理层网络，用于提供数据传输通道，是传输网，可以用于支持多种业务，如用于电路交换业务和分组交换业务。

根据传输速率不同，广域网可以分为两类：一类是窄带网络，包括 PSTN 网络、ISDN 网络、X.25 网络、DDN 网络、FR 网络；另一类是宽带网络，包括 ATM 网络、SDH 网络和 WDM 网络。

因特网采用 TCP/IP 协议体系、分组交换技术，是计算机网络与计算机网络互联形成的网络。用于计算机网络互联的广域网包括 X.25 网络、FR 网络、ATM 网、DDN 网络、SDH 网络、WDM 网络等。

3.3.2 PDH 技术

广域网的通信子网一般都是由公共数据通信网承担。通常，公共数据通信网是由政府的电信部门建立和管理的，这也是区别于局域网的重要标志之一。我国的公共数据通信网主要由电信部门建设和管理，可用于支持多种业务。从 20 世纪 80 年代末开始，我国分别建立了中国公用分组交换数据网（ChinaPAC）、中国公用数字数据网（ChinaDDN）、中国公用帧中继网(ChinaFRN)。这些网络属于窄带网络，主要采用 PDH（Plesiochronous Digital Hierarchy，准同步数字体系）技术的传输介质。

PDH 技术的基础是 PCM（Pulse Code Modulation，脉冲编码调制）技术。PCM 就是把时间连续、取值连续的模拟信号转换成时间离散、取值离散的数字信号，是一个对模拟信号先进行抽样，再对样值幅度量化，然后进行编码的过程。PCM 对模拟信号进行采样，采样频率为 8 000 次/秒，每个样值为 8 个二进制位，所以一个话路的传输速率为 64 kbit/s(=8 bit × 8000 /s)，64 kbit/s 是数字化语音的标准速度，也称 DS0（Date Signal 0），代表一个标准的 PCM 数字语音话路。

PDH 称为准同步数字体系，是一种数字复接技术。PDH 没有形成世界统一的数字信号速率。1965 年，美国制定了称为 DS1 的标准，将 24 路 PCM 话音信号复接在一起，加上帧定位比特，组成 1.544 Mbit/s 码流帧结构，也称为 T1 技术标准。1968 年，欧洲提出了类似的技术标准，即将 30 路 PCM 话音信号复用在一起，加上帧定位码组和用于传送信令的通道，组成 2.048 Mbit/s 码流帧结构，通常称为 E1 技术标准，由此形成了世界上两种 PDH 体系，通常称为欧洲体系和北美体系。

欧洲体系比较规律，E1 技术标准有 32 个时隙，TS0 用来同步，TS16 用来传送信令，其中 30 路用来传话音信号，32 个话路的传输速率为 2.048 Mbit/s，即 PCM 基群，也称一次群。4 个 E1 组成一个 E2（二次群集），传输速率为 8.448 Mbit/s。4 个 E2 组成一个 E3（三次群集），传输速率为 34.368 Mbit/s。它们的传输速率是四倍关系。我国 PDH 系统采用的是欧洲体系。

在实际应用的各种广域网络中，没有建立专门采用 PDH 技术的传输网络，但各种广域网中采用 E1 连接的链路，如 DDN 的 E1 连接、FR 中的 E1 连接、ATM 中的 E1 连接等，都属于 PDH 准同步数字体系的传输技术，是一种时分复用（TDM）的信道技术。

国际电话电报咨询委员会（CCITT）在 PDH 体系的标准化工作上，处于“先有设备后出标准”的状况，几乎所有的建议都是在相应的设备已经形成或将要形成产品进入商用之后才由各家提出提案，然后在 CCITT 相应研究组协商折中形成的建议。因此，PDH 体系的缺点非常明显，没有世界统一的数字信号速率和帧结构标准，没有标准的光接口规范，数字复用接口缺乏灵活性，大多采用按位复接，不利于以字节为单位的信息交换。

3.3.3 SDH 技术

设计 SDH 的目的是解决光接口标准规范问题，定义同步传输的线路速率的等级体系，以使不同厂家的产品可以互连，从而能够建立大型的光纤网络。1988 年 CCITT 接受了 SONET 的概念，并重新命名为同步数字体系 SDH，使之不仅仅适用于光纤，也适用于微波和卫星传输，成为通用性技术体制，形成了第一批 SDH 建议。CCITT 对 SDH 的速率、复用帧结构、复用设备、线路系统、光接口、网络管理和信息模型等进行了定义，确立了作为国际标准的同步数字体系 SDH。

SDH 是一种将数字复接、线路传输及交换功能融为一体，并由统一网管系统操作的综合信息传送网络。它可实现网络有效管理、实时业务监控、动态网络维护、不同厂商设备间的互通等多项功能，能大大提高网络资源利用率、降低管理及维护费用。

SDH 技术自从 20 世纪 90 年代引入以来至今，以其明显的优越性已成为传输网发展的主流。SDH 技术可以与一些先进技术相结合，如光波分复用（WDM）、ATM 技术、IP 技术（IP over SDH）等，实现对多种业务的支持。

SDH 属于物理层技术，IP 数据属于网络层，因此，用 SDH 来传送 IP 数据，必须要采取一定的数据链路层技术，因此，IP over SDH 有多种实现方式，包括 IP/ATM/SDH、IP/PPP/HDLC/SDH、IP/FR/SDH、IP/LAPS/SDH、IP/SDL/SDH 等。其中，LAPS 是 SDH 上的链路接入规程（Link Access Procedure SDH），SDL 是简单数据链路协议（Simple Data Link），应用最广泛的是 IP/PPP/HDLC/SDH 方式。

IP over SDH 技术是以 SDH 网络作为 IP 数据的物理传输网络，它使用链路适配及成帧协议对 IP 数据包进行封装，然后按字节同步的方式把封装后的 IP 数据包映射到 SDH 的同步净负荷包中。目前广泛使用 PPP 协议对 IP 数据包进行分组封装，并采用 HDLC 帧格式（即 IP/PPP/HDLC/SDH、PPP 协议）提供多协议封装、差错控制和链路初始化控制等功能，而 HDLC 帧格式负责同步传输链路上 PPP 封装的 IP 数据帧的定界。IP over SDH 网络的体系结构如图 3-11 所示。它由物理层、数据链路层和网络层组成。物理层遵守 SDH 传输网标准，数据链路层包括 PPP 和 HDLC，网络层采用 IP 协议。

IP	网络层
PPP/HDLC	数据链路层
SDH	物理层
DWDM	
光纤	

图 3-11 IP over SDH 网络体系结构

3.3.4 WDM 技术

WDM（Wavelength Division Multiplexing，波分复用）是利用多个激光器在单条光纤上同时发送多束不同波长激光的技术，可用来在现有的光纤骨干网上通过 WDM 技术增加现有光纤基础设施带宽。波分复用 WDM 分为密集波分复用 DWDM 和粗波分复用 CWDM。DWDM 主要用于广域网，CWDM 在城域网中得到应用。

IP over WDM 技术是光纤扩容的最佳技术。IP over WDM 去掉 ATM 和 SDH 层，简化了层次，省去了 SDH 和 ATM 设备，在光纤上直接用 SDH 帧封装或千兆以太网帧格式传输 IP 数据包。IP over WDM 网络的体系结构如图 3-12 所示。光适配层负责 WDM 信道的建立和拆除，提供光层的保护/恢复等。IP over WDM 使得 SDH 时分复用网络被光学的波分复用网络取代，SDH 网络复杂昂贵的复用和交叉互联设备被线速路由交换机取代，网络层次结构简明、清晰。不仅可降低网络建设投资，大大提高传输效率，而且可降低网络运营成本。

网络层	IP 封装
光适配层	SDH 帧封装或 Ethernet 帧格式封装
物理层	物理层（光纤、WDM）

图 3-12　IP over WDM 网络体系结构

注意：不同的网络由不同设备互连而成，而不同的网络之间的互联主要采用路由器连接，形成互联网。例如，X.25 网络由 X.25 分组交换机连接而成，以太网由以太网交换机互连而成，帧中继网络由帧中继交换机互连而成，ATM 网络由 ATM 交换机而成，等等。路由器是网络与网络互联的设备，支持各种网络的互联，因此，路由器支持各种网络接口。

目前互联网的终端用户，特别是企事业单位的计算机网络用户，主要采用以太网接入的方式通过路由器接入互联网。

虽然，目前用于城域互联或广域互联的网络主要是宽带网络，有 ATM 网络、光以太网、SDH 网络等。但在网络的发展过程中，广域互联的网络有 X.25 网络、DDN 网络、帧中继（FR）网络、ATM 网络、SDH 网络、WDM 网络等。为便于学习了解，下面概要介绍这些网络。

3.4　X.25　网　络

X.25 网络是第一个面向连接的网络，也是第一个公共数据网络。X.25 网络是一个面向连接的三层结构网络，终端发送数据前要先建立虚电路，通信完毕要释放虚电路。网络中分组传送采用统计复用、存储转发模式，链路层有严格的差错控制功能，可确保数据通信对误码率的要求。X.25 网络的速率可达 64 kbit/s。

我国的公用分组交换网 1993 年开通，采用加拿大北方电信（Nortel）公司 DPN－100 分组交换机，可与公用电话网、DDN（公用数字数据网）连接，支持 ISDN 业务和帧中继等业务。X.25 网络分为 X.25 分组交换网络（骨干网络）和接入网络。

3.4.1　X.25 网络结构

X.25 网络是一个三层结构网络，各层协议分别是物理层 X.21 协议、数据链路层 LAPB 协议、分组层 X.25 协议，如图 3-13 所示。它对应于 OSI 层次模型的最低三层。

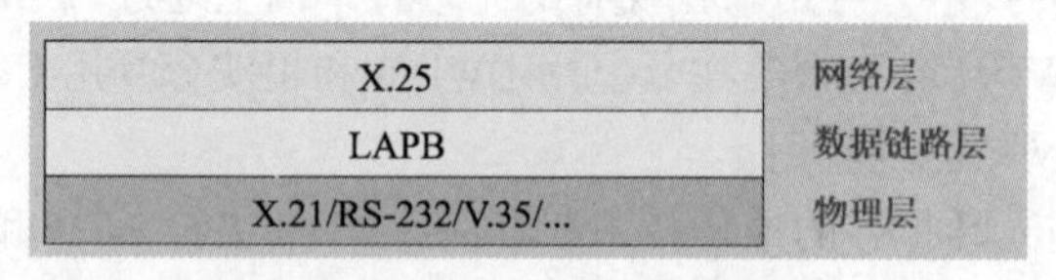

图 3-13　X.25 网络三层结构

3.4.2　X.25 网络设备与接口

X.25 的网络设备主要包括 PSE、DTE、DCE、PAD 四种。

① PSE（Packet Switch Equipment）：X.25 网络分组交换机，用于数据的存储转发。

② DTE（Data Terminal Equipment）：X.25 网络的末端设备（如路由器、主机、终端、PC 机等），一般位于用户端，故称为用户设备。

③ DCE（Data Circuit terminating Equipment）：专用的通信设备，DTE 通过 DCE 接入 X.25 网络，主要包括基带 Modem 和频带 Modem 等。

- 基带 Modem：由计算机或终端产生的数字信号，频谱都是从零开始的，这种未经调制的信号所占用的频率范围称为基本频带（这个频带从直流起可高到数百千赫，甚至若干兆赫），简称基带（Base Band）。基带传输是指在通信电缆上原封不动地传输由计算机或数据通信终端产生的 0 或 1 数字脉冲信号。基带 Modem 是在实线（如市话电缆、双绞线或同轴电缆）上直接传输数据信号的调制解调器，也称近距调制解调器。它对数据信号不进行频率搬移，只做一些适当处理，如码型变换、均衡等，是用于连接计算机、网桥、路由器和其他数字通信设备的装置。基带传输是一种重要的数据传输方式。
- 频带 Modem：频带 Modem 是利用给定线路中的频带（如一个或多个电话所占用的频带）进行数据传输，它的应用范围要比基带广泛得多，传输距离也较基带长。

④ PAD（Packet Assembly Disassembly）：用于将非分组设备接入 X.25 网，位于 DTE 与 DCE 之间，实现 3 个功能：缓冲、打包、拆包。

X.25 网络使用的接口有 X.21 接口和 X.21bis 接口，以及 V.24 和 V.35 接口。在 X.25 通信适配卡（X.25 网卡）中，普遍采用的是 X.21bis（等效于 RS-232-C、V.24 标准）接口。

3.4.3　X.25 骨干网络组成

X.25 网络分为骨干网络和接入网。X.25 骨干网络由许多称为 X.25 分组交换机的节点连接组成。为了保证通信可靠性，每个分组交换机至少与另两个分组交换机相连接，使得一个分组交换机出现故障时，能通过其他路由继续传输信息。分组交换机之间交换的是分组（包），所以又称 X.25 网为分组交换网或包交换网。分组交换机采用存储转发的方法交换分组。

X.25 网络采用的接口可以是 X.21 接口、RS-232 接口和 V.35 接口。采用的传输介质可以有多种，如电话线、同轴电缆等。可以通过电话专线、X.25 专线连接，也可以利用 PSTN 网络和 ISDN 网络进行互联。X.25 骨干网络组网方式如图 3-14 所示。

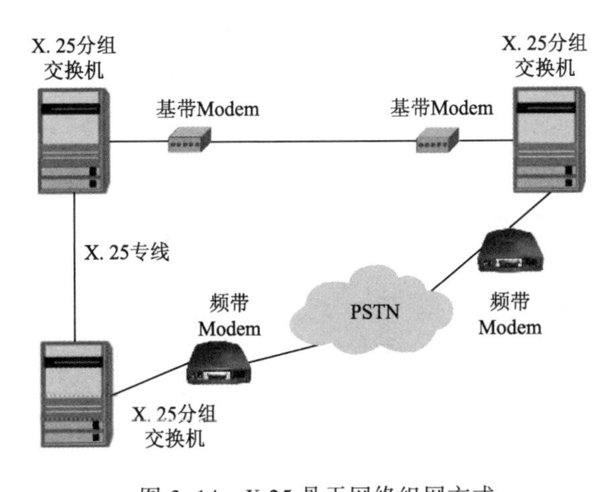

图 3-14　X.25 骨干网络组网方式

注意：两个 X.25 网络之间互联采用 X.75 协议。X.75 协议是与 X.25 协议兼容，能实现 X.25 协议全部功能的一个协议。X.75 分组格式是 X.25 分组格式的扩充。

3.4.4 X.25 网络接入

数据终端设备（DTE）设备包括 NTP（非分组终端）和 PT（分组式终端）设备，通过数据通信终端设备 DCE 连接入网。DCE 可以是频带 Modem 和基带 Modem。

1. **分组终端**

分组终端（PT）又称 X.25 终端，它是能处理 X.25 三层协议的设备。分组终端接入 X.25 分组交换网有两种方式。

① 直入式：通过 X.25 专线接入 X.25 分组交换网。

② 非直入式：通过公用电话网络 PSTN、ISDN 网络接入 X.25 分组交换网。

2. **非分组终端**

非分组终端（NPT）又称异步字符终端，它是包含异步通信口（RS-232-C 接口）的设备。设置设备必须附加设备，依靠附加设备实现 X.25 各个协议层功能，这种附加设备称为 PAD 设置，属于局端设备。PAD 为分组装拆设备，负责完成非分组终端的 X.25 协议格式转换、装/拆分组、分组复用等功能。

非分组终端接入 X.25 分组交换网是通过 PAD 设备实现。非分组终端接入 PAD 有两种方式：

① 直入式：通过专线接入 PAD。

② 非直入式：通过 PSTN、ISDN 网络接入 PAD。

如图 3-15 所示，分组终端（PT）可以是安装 X.25 网卡的计算机，也可以是支持 X.25 网络的路由器。非分组终端（NPT）可以是支持 RS-232-C 接口的计算机或其他设备。采用的连接线缆可以是电话专线和同轴电缆专线，速率为 64 kbit/s。利用电话网络，速率为 9 600 kbit/s。

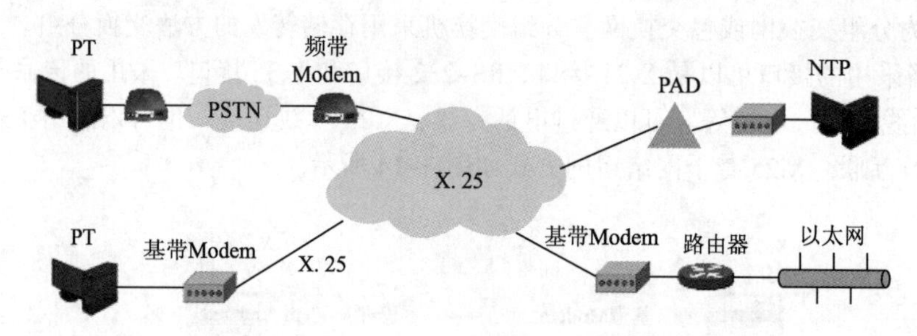

图 3-15 X.25 网络接入方式

3.5 DDN 网 络

DDN（Digital Data Network）是以数字交叉连接为核心技术，集数字通信技术、光纤通信技术等为一体，利用数字信道传输数据的一种数据接入业务网络。DDN 网为全透明网，支持数据、话音、图像多种业务，对客户通信协议没有要求，客户可自由选择网络设备及协议。

我国于 1994 年开通 ChinaDDN 一级干线网。ChinaDDN 主要向用户提供传输速率为 2 Mbit/s 以下的中低速数据传输通道。

3.5.1 DDN 网络结构

DDN 由数字电路和数字交叉连接设备 DCX 和终端组成。DDN 以数字交叉连接方式提供半永久性连接电路，不提供交换功能，因此它只适合为用户建立点对点和多点对点的通信连接。可根据需要在 9.6 kbit/s~$N\times 64$ kbit/s（N=1~32）之间选择传输速率，网络时延小。DDN 专线可作为网络接入手段，为帧中继、ATM、分组交换网、互联网用户提供接入分组交换网的数据传输通路等。

DDN 网络主要实现 OSI 七层协议中物理层协议的功能，是全透明网络，不受任何通信协议约束，可支持任何通信协议，从而满足数据、图像、语音的多种业务的需要。DDN 网络体系结构如图 3-16 所示。

RS-232/V.35/G.703...	物理层

图 3-16　DDN 网络体系结构

3.5.2　DDN 节点机

DDN 网络组网采用 DDN 节点机，是一种数字交叉连接设备（DXC），可以采用的 DDN 节点机很多。例如，美国的 N.E.T（Network Equipment Technologies）公司的 INDX（集成数据网络交换）系列节点，包括 INDX90/70/20 三种型号，以及 PROMINA 系列节点机，包括 P800/400/200 三种型号；亚鸿公司的 BM2000-C 型号的 DDN 节点机等；迈普（MAIPU）公司的 MP9400 和 9600 型号的 DDN 传输复用节点机。

如图 3-17 所示，MP9400 网管型多带宽 DDN 传输复用接入平台（以下简称 MP9400）是成都迈普电器有限公司研制生产的功能强大的网管型多带宽 DDN 传输复用接入平台。MP9400 采用标准 19 英寸（1 英寸=2.54 cm）7U 的迈普机箱，可混插多种设备卡，包括：1 张或 2 张电源卡、1 张 MP94R4E1 路由时隙交换卡、最多 15 张任意组合的通信设备卡。

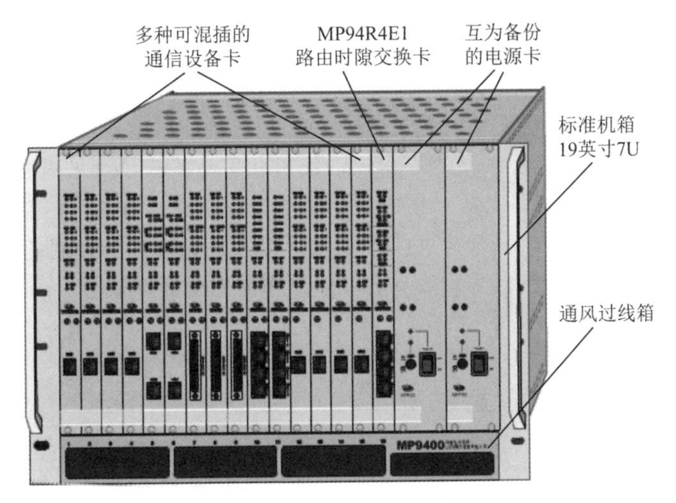

图 3-17　MP9400 节点机

通信设备卡包括：

① MP94M456/336：频带 56/33.6 kbit/s Modem 接入卡。

② MP94M4128：基带 128 kbit/s Modem 接入卡。

③ MP94S4：四串口接入卡。

④ MP94W8E1：时隙交换卡。

⑤ MP94GHDSL：NX64K Modem 卡。

⑥ MP94GHDSLV：NX64K Modem 卡（带 V.35 串口）。

⑦ MP94NB：远程网桥卡。

⑧ MP94NBE1：远程网桥卡（带 E1 口）。

⑨ MP94PCM：语音卡。

⑩ MP94MDM：中继接入卡。

⑪ MP94X21：接入卡。

3.5.3 DDN 接入设备

DDN 网络接入设备用于用户通过 DDN 网络接入互联网络，主要包括以下设备：

① 频带 56/33.6 kbit/s Modem，如迈普公司的 MP336B 系列。

② 基带 64/128 kbit/s Modem，如迈普公司的 MP128、亚鸿公司的 BM2000-RI 等。

③ 高速 HDSL（G.SHDSL）Modem，如迈普公司的 GPGHSDL、亚鸿公司的 BM2000-GI 等。

④ G/V 转换器（G.703 接口/V.35 接口转换器），V.35 接口与 E1 接口的转换设备。

⑤ PDH 光端机：容量一般为 4E1、8E1、16E1 等，用于通过光纤来传输 E1 信号。

3.5.4 DDN 接口

DDN 网络使用的网络接口有 X.21、V.24（RS-232）、V.35、G.703、G.SHDSL 等接口标准。

① 同异步串口（DB25 接口），支持 V.24/V.35 方式。

② E1 线路接口（RJ-48 或 BNC 接口，G.703 标准），包括两种接口：非平衡 120 Ω的 RJ-48 接口，平衡的 75 Ω的 BNC 接口。

③ HDSL 接口/G.SHDSL 接口，可以使用两对电话双绞线/单对电话线，最高传输速率 2 Mbit/s，传输距离 6 km 左右。采用 RJ-45 水晶头接口，当采用单对电话线时，通常采用 8 芯中 2、4 引脚。

注意：RJ-48 接口与 RJ-45 接口外形相似，使用相同的接头，都采用双绞线。不同点主要有两个：一是正规的 RJ-48 接口在第八线侧的外壁有一个小突起与 RJ-45 区分；二是布线方式的不同，RJ-45 是以太网接口，通信时 RJ-45 采用 8 芯线中的 4 芯，分别是 1、2、3、6 线，而 RJ-48 是 E1 的 120 Ω非平衡接口，通信时 RJ-48 采用 8 芯线中的 4 芯，分别是 1、2、4、5 线，也可以采用两对公用电话线。

3.5.5 节点机之间的互联方式

DDN 网络包括 DDN 骨干网络和 DDN 接入网。DDN 骨干网由 DDN 节点机点对点连接而成。根据 DDN 节点机距离的不同，可以采取两种方式连接：一是当连接距离 300 m，且带宽要求不高的情况，可以采用 2 Mbit/s 同轴电缆，通过 E1 接口（BNC 接口）直连；二是当连接距离远，以及带宽要求比较高的情况，采用 PDH（准同步数字系列）光端机通过光纤进行连接。两种方式连接拓扑图如 3-18 所示。E1 线路是采用时分复用以及脉码调制编码（PCM）技术，属于 PDH 的数字通信系统线路。

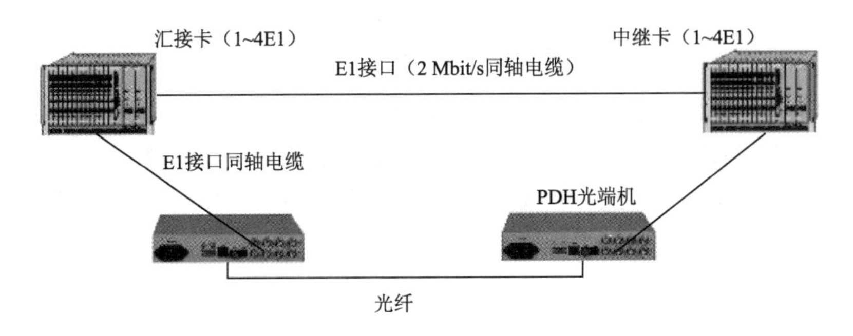

图 3-18　DDN 节点机连接方式

图 3-19 所示为典型 PDH 光端机的面板示意图，通过此图可以了解光纤接口和 E1（BNC）接口。

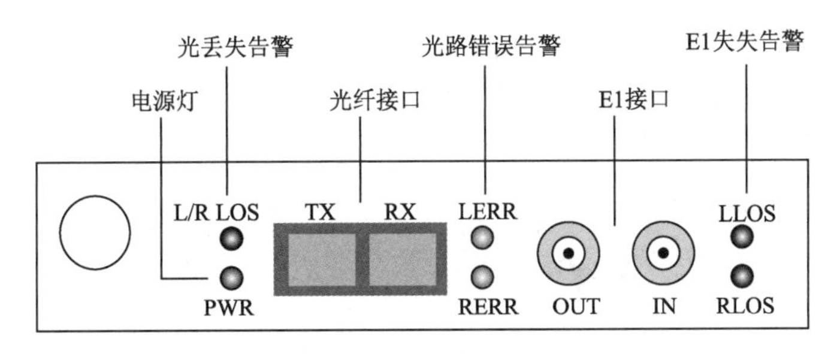

图 3-19　PDH 光端机

3.5.6　DDN 用户接入方式

用户端设备（主要为网关路由器）一般通过基带 Modem 或 DTU（数据终端装置）利用市话双绞线实现网络接入。

对于 2 Mbit/s 及以下速率接入的用户，均可以采用 Modem 方式接入，Modem 配对使用。对于低速的连接（64 kbit/s 以下），可以采用频带 56/33.6 kbit/s Modem 连接；对于较高的应用（64 kbit/s~2 Mbit/s），可以采用基带 Modem 连接，或者采用 G.SHDSL 方式连接。接入距离为 3 ~ 6 km。常用接口为 V.24、V.35、G.703（RJ-48 和 BNC 接口），主要采用电话线连接，连接方式如图 3-20 所示。

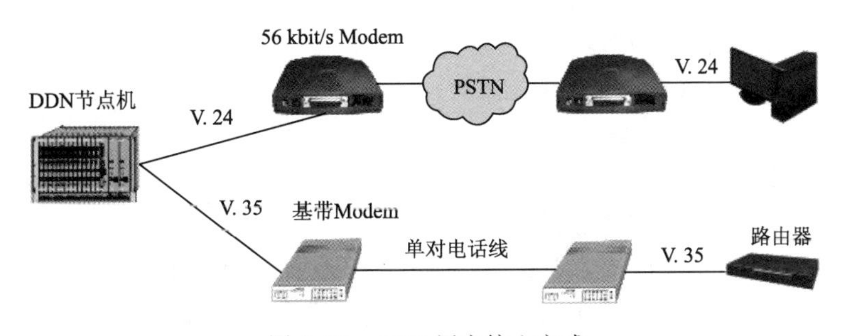

图 3-20　DDN 用户接入方式

注意：若 DDN 节点机中配置了频带 Modem 卡和基带 Modem 卡的节点机，可以省去节点机端外置的频带 Modem 和基带 Modem。

3.6 帧中继网络

帧中继（Frame Relay，FR）是于1992年兴起的一种新的公用数据网通信协议，1994年开始迅速发展。帧中继网络可以在一对一或者一对多的应用中快速地传输数字信息，可以用于语音、数据通信，为用户建设虚拟专用网（VPN），也可以实现与ATM（异步传输模式）的互联和互操作。因此，帧中继网络得到广泛应用。

3.6.1 帧中继网络结构

帧中继技术源自于ISDN，最早是作为ISDN的一种新的分组业务提出的，它简化了协议，只完成OSI的物理层和数据链路层的核心功能，交换节点不再进行纠错、重发等工作，而是交由用户终端来完成，这样就简化了交换节点的协议处理，提高了数据通信的速率。帧中继网络的信息以帧为单位进行传送，对帧中的地址段采用DLCI（Data Link Connection Identifier，数据链路连接标识）识别。帧结构为LAPF，是由ITU-T Q.922建议的，也称为Q.922 HDLC帧。帧中继网络的体系结构如图3-21所示。

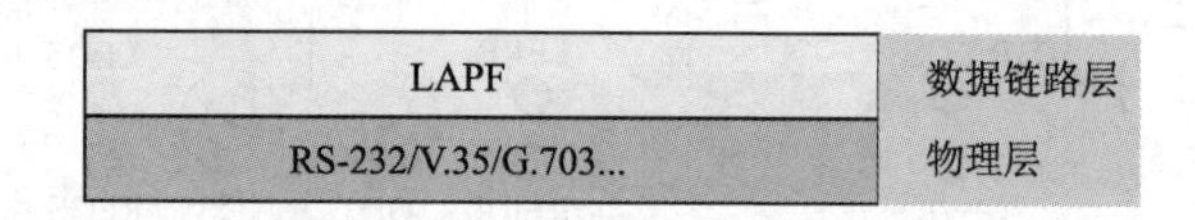

图3-21 帧中继网络结构

3.6.2 帧中继设备

这里简要介绍采用帧中继交换机组建帧中继网络的设备和接口。国际上主要的帧中继交换机和帧中继接入设备的制造厂商为CISCO、Newbridge、Nortel、Cascade、Alcatel等。例如，新桥公司（NewBridge）的Mainstreet3600系列帧中继交换机、北电（Nortel）的Passport帧中继交换机、美国凯讯（Cascade）公司B-STDX9000型交换机等。这里以新桥公司（NewBridge）的Mainstreet3600系列帧中继交换机为例，简要介绍帧中继交换机。

新桥Mainstreet3600提供DS-3、E3、E1、V.35、V.24、X.21等接口，同时支持E1信令及子速率的复用。Mainstreet3600包括单机框系统和双机框系统，图3-22所示的单机框系统不一定需要扩展卡，可以安装两张控制卡，作为控制冗余。支持的扩展卡主要有中继卡/汇接卡和数据接口卡。

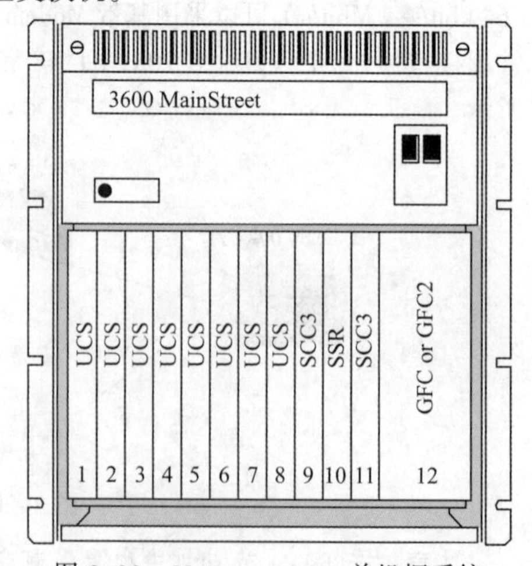

图3-22 Mainstreet3600单机框系统

1. 中继卡/汇接卡

中继卡/汇接卡主要用于帧中继交换机之间的互联。新桥Mainstreet3600单机框系统使用了E1/Dual E1两种中继卡，每个端口提供2.048 Mbit/s带宽，有75 Ω和120 Ω两种接口。Dual E1卡即有两个E1端口的E1卡，只有当系统中有扩展卡或者装有扩展模块的控制卡时才可以使用。

2. **数据接口卡**（DIC）

数据接口卡（DIC）包括 V.35、V.24（RS-232）接口卡。

V.35 接口卡的端口最大支持 1.920 Mbit/s（同步）/150 kbit/s（异步）带宽；V.24（RS-232）接口卡最大支持 64 kbit/s（同步）/38.4 kbit/s（异步）带宽。由于这两种接口属于标准的数据接口，如果用直连电缆连接的，只能适用于节点机和用户设备距离非常短的情况，所以在 DDN 网中，这两类接口卡大量使用 Modem 作为用户接入延伸，即局端 Modem 连接到节点机接口卡，用外线将局端 Modem 与用户端 Modem 相连，实现接入。也可以通过高速 Modem 方式使用 E1 卡（G.703）端口接入，此时，最多可以提供给用户 1.984 Mbit/s 带宽（除去 0 时隙的 64 kbit/s）。

3.6.3　帧中继组网

1996 年，我国启动公用帧中继网的建设。我国的公用帧中继网络是在公用数字数据网 DDN 上配置帧中继模块和帧中继交换机来实现的，在建设帧中继网络的同时，所有节点同时配备了 ATM 模块，同时支持 ATM 业务和帧中继业务。

根据组建帧中继网络的方式不同，采用的帧中继设备也不相同。有的采用改装的 X.25 分组交换机，通过改装支持帧中继业务；有的直接采用帧中继交换机组建帧中继网络；还有的采用支持帧中继业务的 ATM 交换机组建 ATM 网络，同时支持帧中继业务。

因此，帧中继网络的网络连接拓扑图与 DDN 网络类似，可将 DDN 节点机改为支持帧中继业务的帧中继交换机，来组建帧中继网络。

3.7　ATM 网　络

ATM（Asynchronous Transfer Mode，异步传输模式）是在分组交换技术上发展起来的快速分组交换技术，它采用统计时分复用技术，并且综合吸收了分组交换高效率和电路交换高速度的优点；针对分组交换速率比较低的缺陷，利用电路交换几乎与协议处理无关的特点，通过高性能的硬件设备来提高处理速度，实现高速化传输；可传输话音、数据、图像和视频业务；可以提供 256 kbit/s 到 622 Mbit/s 之间的高速数据传输通道。1988 年，CCITT（国际电报电话咨询委员会）在蓝皮书中正式将快速分组交换（FPS）（美国）或异步时分复用（ATD）（欧洲）定名为异步传输模式，作为 B-ISDN 的信息传递方式。

ATM 的传送单元是固定长度 53 B 的 CELL（信元），其中 5 B 为信元头，用来承载该信元的控制信息；48 B 为信元体，用来承载用户要分发的信息。信元头部分包含了选择路由用的 VPI（虚通路标识符）/VCI（虚信道标示符）信息，用来描述 ATM 信元单向传输的路由。一条物理链路可以复用多条虚通路，每条虚通路又可以复用多条虚信道，并用相同的标识符来标识，即 VPI 和 VCI。VPI 和 VCI 独立编号，VPI 和 VCI 一起才能唯一地标识一条虚通路。

中国电信从 1996 年开始建设中国公用宽带网（ChinaATM）。ATM 网络是一种宽带网，带宽达到 2.5 Gbit/s，同时支持语音、视频和数据等多种业务的通信，是一种为多业务设计面向连接的传输模式，也适用于局域网和广域网。ATM 网络用来传输 IP 数据业务的技术称为 IP over ATM 技术。

3.7.1　ATM 网络现状

在千兆以太网技术之前，业界似乎比较倾向于在网络的主干采用 ATM 骨干交换机，以提供高带宽的保证。ATM 曾经以高带宽、提供良好 QoS、传送语音、数据和视频多媒体信息等优点，在网络技术中独树一帜。

ATM 最初的构想是通过 ATM 技术可以解决所有的网络通信问题。由于从一开始定位实现的目标太理想化，从而导致 ATM 实现非常复杂。由于 ATM 技术过于完善，其协议体系的复杂性造成了 ATM 系统研制、配置、管理和故障定位的难度较大。ATM 网络设备也非常昂贵，价格一直居高不下，以至 2.5 Gbit/s 的端口造价太高，10 Gbit/s 的端口根本无法生产。ATM 诞生后始终没有机会建立一个纯 ATM 网来表现其卓越的性能。

到了 20 世纪 90 年代后期，Internet 及相应的 IP 技术以其简单性和灵活性在市场上压倒了 ATM，在应用领域取得了迅猛的发展，使 B-ISDN 计划受到严重冲击。

现在 ATM 更多应用于数据链路层，主要用来传输 IP 分组。不过，ATM 在提供有质量保证的综合业务传送能力方面的优势无可置疑，它仍被公认为 B-ISDN 的最佳传输技术。于是，IP 和 ATM 技术结合起来，形成了 IP over ATM 技术建设宽带网络。随着 ATM 国际标准化的主要组织 ITU 向 IP 标准的全面转向，目前 ATM 运营商基本停止了 ATM 网络的发展而维持现状。

3.7.2 ATM 网络支持业务类型

ATM 网络支持业务划分成 4 种类型：A 类、B 类、C 类和 D 类。

A 类（恒定比特率服务，CBR）：AAL1 支持恒定比特率的面向连接服务。这种服务的例子包括 64 kbit/s 速率语音、固定速率的非压缩视频和专用数据网络的专线。

B 类（可变比特率服务，VBR）：AAL2 支持可变比特率的面向连接服务，但其发送需要有限延时。这种服务的例子包括压缩包语音或视频。对于接收方要重组原始的非压缩语音或视频来说，发送的有限延时是很必要的。

C 类（面向连接的数据服务，ABR）：用于面向连接的文件传输和数据网络应用程序，该程序中在数据传输前已预先设置好连接。这种服务提供可变比特率，但不需要为传送过程提供有限延时。有两种 AAL 协议支持该类服务，且此两种协议已被合并为一种，即 AAL3/4。但由于其十分复杂，AAL5 协议常用来支持该类型的服务。

D 类（无连接数据服务，UBR）：该服务的例子包括数据报流量，通常也包括数据网络应用程序，该程序在数据传输前没有预先设置连接。AAL3/4 或者 AAL5 都可用来支持此类服务。

3.7.3 ATM 协议参考模型

ATM 网络协议参考模型如图 3-23 所示，包括四层：高层、ATM 适配层、ATM 层、物理层。高层根据不同业务对应不同高层功能，例如，用于 IP 业务，在高层是 IP 网络的 IP 层。另外三层对应于 OSI 协议体系模型中的数据链路层和物理层。

① 物理层：与 OSI 模型的物理层类似，主要管理与介质相关的传输。

② ATM 层：与 ATM 适配层结合在一起，与 OSI 模型的数据链路层类似。ATM 层主要负责在共享物理链路上的虚电路和在 ATM 网络中传输 ATM 信元。

③ ATM 适配层（ATM Adaptation Layer，AAL）：与 ATM 层结合在一起，与 OSI 模型的数据链路层类似。ATM 适配层主要负责把高层协议与 ATM 层的详细处理隔离开。它主要准备用户数据到信元的转换及将用户数据分割成 48 字节大小的信元有效载荷。

④ 高层：接收用户数据，将其组成数据包，然后交给 ATM 适配层处理。

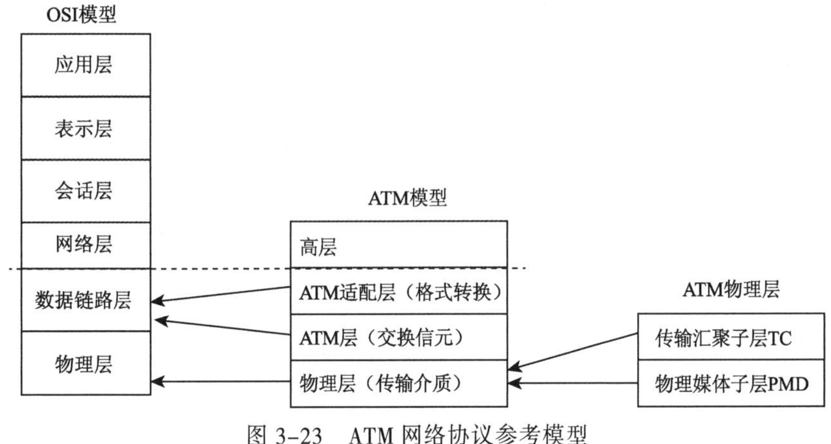

图 3-23　ATM 网络协议参考模型

3.7.4　ATM 物理层

ATM 物理层是连接用户与网络或网络与网络的传输系统。在传统的网络中，物理层仅在物理媒体上传输比特流，而 ATM 的物理层比一般网络的物理层要复杂得多，功能也要多一些。ATM 物理层位于 ATM 协议参考模型的最底层。其物理条件因应用场合和接口的不同有所区别，即在 UNI（用户侧网络接口）和 NNI（网络节点互联接口）中有一些差异。这里主要讨论 UNI 的物理层功能。

物理层主要用来传输信息，其目的是实现信元在物理传输媒体上无差错的传输，因此对传输信息的物理媒体的种类、比特定时、传输帧结构、信元在传输帧内的位置做出了规定。物理层在发送端将 ATM 层送来的信元转换成可以在物理媒体上传输的比特流，在接收端将物理媒体传送来的比特流转换为信元再传送给 ATM 层。物理层分为物理媒体相关子层（Physical Media Dependent，PMD）和传输汇聚子层（Transmission Convergence，TC）。PMD 子层负责不同媒体中的比特流传输，TC 子层负责信元流和比特流的相互转换。

1. **传输汇聚子层**

传输汇聚子层与物理媒介无关，传输汇聚子层为了传输比特流，需要进行传输帧适配。所谓传输帧适配指信元流与比特流转换时的格式适配。信元在物理层上以两种不同的格式收发：一种是成帧格式（PDH/SDH 帧格式）；另一种是无帧格式（ATM 信元格式）。对于这两种格式的传输帧适配是完全不同的。

① 成帧格式传输：成帧格式传输属于同步传输。基于 SDH 和基于 PDH 的 ATM 网络，在发送端需要将信元流封装成适合传输系统要求的帧格式（PDH/SDH 都是具有 125 μs 周期的帧格式）送到 PMD 子层，在接收端将 PMD 子层送来的连续比特流进行帧定位以便恢复成信元流。

② 无帧格式传输：ATM 信元格式即为无帧格式，无帧格式传输属于异步传输。它可以在基于信元形式的 ATM 网络的物理层上进行直接传输，采用纯通道传输，信元在物理媒体中异步传输，每个信元以信头开始，传出 53 字节结束，没有结尾标志，不需要进行有关信元格式与物理介质所利用的传输帧格式间的适配。信元可以逐比特地直接通过相应的电信号或光信号进行传输。

2. **物理媒体相关子层**

物理媒体相关子层负责在不同的物理媒体上正确地发送和接收数字比特，并将数字比特流送到 TC 子层。为了完成不同媒体中的比特流传输，PMD 子层应能提供线路的编码、解码、比特定时及各种不同类型媒体的接口等功能。

PMD 子层是与实际物理电缆相连接的接口。ATM 的物理介质标准有同步光网络/同步数字序列 SONET/SDH（Synchronous Optical Network / Synchronous Digital Hierarchy）、E1、E3、多模光纤 MMF（Multi-Mode Fiber）和屏蔽双绞线（Shielded Twisted Pair，STP）等。ITU-T 标准（协议 I.432）定义了两个主要的 ATM 物理层接口：

① 基于成帧的接口：基于 SDH 和 PDH 的成帧格式。

② 基于信元的接口：无帧格式的连续信元流。

不同的物理接口可能使用不同的格式进行数据传输。采用 PHD 的 E1 接口和采用 SDH 的 STM-1 和 STM-4 接口使用成帧格式进行数据传输，即 ATM over SDH 技术；采用信元格式的多模光纤的 STM1 和 STM4 接口使用无帧格式进行数据传输。

3.7.5 ATM 交换机产品

在 ATM 网络中，组网采用 ATM 交换机。ATM 交换机相当于公用网中的节点交换机，具有专用网 UNI 和 NNI 接口。ATM 网络支持的接口有基于 SDH 和基于信元的 155 Mbit/s、622 Mbit/s 的接口 STM-1 和 STM-4 接口，以及基于 PDH 的 E1 接口，是由 ITU-T 定义的。其他接口是 ATM 论坛等机构的规范。

ATM 交换机主要包含 ATM 接入交换机和 ATM 骨干交换机。常用的 ATM 交换机产品有很多，这里简要列举部分 ATM 交换机产品。

北电网络（Nortel）的 Passport 系列 ATM 交换机，包括 Passport 15000 系列、Passport 7400 系列、Passport 6400 系列。其中，Passport 15000 是一种多业务给予 ATM 的数据交换机，既可以作为网络服务供应商的 ATM 骨干交换机，还支持帧中继和 IP 数据交换业务，支持多种路由服务。Passport 7400 和 Passport 6400 可以作为广域网的边缘多业务交换机，也可作为企业客户的 ATM 接入交换机，支持专线上的 Passport 中继、ATM 电路，基于 ISDN、帧中继或 IP 线路上的数据交换。

阿尔卡特（Alcatel）公司的 Alcatel 7670、7470 等路由交换平台，是集成 ATM、MPLS 和 IP 路由技术的交换机，其中 Alcatel 7670 单机框最大支持 224 个 OC-3c/STM-1，或 56 个 OC-12c/STM-4，或 14 个 OC-48c/ STM -16 端口，交换容量为 56 Gbit/s。

意大利马可尼公司（Marconi）的系列 ATM 交换机，包括 ASX4000、TNX1100、TNX210、CellPath300 等 ATM 交换机。其中，ASX4000 是 ATM 核心交换机，TNX1100 可以作为核心网络接入交换机，TNX210 和 CP300 是经济有效的小型接入节点 ATM 交换机。

3.7.6 华为 ATM 交换机

华为公司早期推出 ATM 交换机设备包括：Radium A25（2.5 Gbit/s）、Radium A50（5 Gbit/s）、Radium B200（20 Gbit/s）、Radium B800（80 Gbit/s）等，其中 Radium A25、Radium A50 属于接入交互机，Radium B200、Radium B800 属于骨干交换机。

后期推出的 ATM 骨干交换机有 Radium 8750、Radium 5100 等 ATM 交换机，ATM 接入交换

机 Radium 1202、Radium 8210 等。在宽带多业务网中， Radium 8750 作为骨干路由交换平台，在单一设备上支持 POS、GE、FE、ATM、MPLS 等多种不同 QOS 要求的业务，并实现各种业务之间的高效互通。Radium 5100 用作骨干网络的边缘，作为多业务的接入平台，支持的接口包括 STM-1/OC-3c 单/多模光接口（155 Mbit/s）、E1 同轴电接口、V.35 接口、数字用户线接口（ADSL 接口）、10/100 Mbit/s UTP RJ-45 接口等。Radium1202、Radium 8210 是 ATM 接入交换机，支持局域网仿真，支持的接口有 STM-1/OC-3C ATM UNI 单模/多模光纤接口；10/100 Mbit/s UTP RJ-45 接口等。

这里以 Radium A25 为例简要介绍 ATM 交换机。Radium A25 接入交换机提供多种业务接入板，内置 LAN 仿真服务器，提供丰富的接口类型，包括 155 Mbit/s 的 ATM UNI/NNI 接口（STM-1/OC-3C 的单模和多模光纤接口）、基群和三次群及 25 Mbit/s 速率的 ATM UNI 接口、以太网 10/100BASE-T 的 LAN 仿真接口（RJ-45 接口），2 Mbit/s 的帧中继接口和 2 Mbit/s 的电路仿真接口（E1 接口）。

① ATM UNI/NNI 接口：STM-1/OC-3C 是 SDH 标准的以光纤作为媒介的传输接口，传输速率为 155 Mbit/s。E3 和 E1 是 PDH 标准的同轴电缆为媒介的传输接口，传输速率为 34 Mbit/s 和 2 Mbit/s，均可以用于与公用网的接入。

② 帧中继接口（RJ-48 和 BNC 接口）：帧中继业务板提供 8 个 E1 速率的帧中继接口，与 TDM 配合使用，最多可以提供 8 × 31=248 个 64 kbit/s 的帧中继端口。这些端口通过软件配置为 UNI/NNI 接口，物理层采用 G.703 标准，是符合 G.703 建议的 2 Mbit/s 的接口。每个接口的帧中继业务流可以按照标准打包成 ATM 信元在 ATM 网络上传输。

③ 电路仿真接口：E1 电路仿真板为 ATM 用户接入设备中的一个模块，完成 E1 线路信息的 AAL1 适配。典型应用是 64 kbit/s 的 PCM 话音业务。电路仿真接口可以实现多种恒定比特率（CBR）业务通过 E1 接口接入 ATM 交换机。

④ 局域网仿真（LANE）接口：提供 12 个 10base-T 和 2 个 100base-T 以太口，这些以太口在板上直接交换，相当于以太网交换机。利用该板块可以实现以太网到 ATM 的接入。局域网仿真 LANE 是基于 MAC 层的技术，因此，LAN 的 MAC 帧适配到 AAL5 的 PDU 中，再通过 ATM 进行传输。

3.7.7 ATM 交换机组网

ATM 是第一个宽带传输网络，可以用于电路交换业务（B-ISDN 网络）和分组交换业务（IP 网络）。同时，能够支持帧中继网络，作为帧中继网络的核心网络；优化 DDN 网络，作为 DDN 网络的互联网络提高 DDN 网络互联带宽，可以说，ATM 做到了 DDN/FR/ATM 三网合一。这里以华为 ATM 设备为例说明 ATM 的组网方式。

ATM 网络由于带宽较高，往往作为核心传输网络。ATM 网络可以作为核心传输网络，用于分组业务，连接局域网、DDN 网络、帧中继（FR）网络；用于电路业务，连接 ISDN 电话网、移动电话网等。这里以华为 Radium 8750 和 Radium 5100 为例说明 ATM 的组网方式，Radium 8750 作为核心 ATM 交换机，Radium 5100 作为核心网 ATM 接入交换机。Radium 5100 是一个多业务接入平台，支持局域网、DDN、FR 等的接入。图 3-24 所示为 ATM 交换机网络。

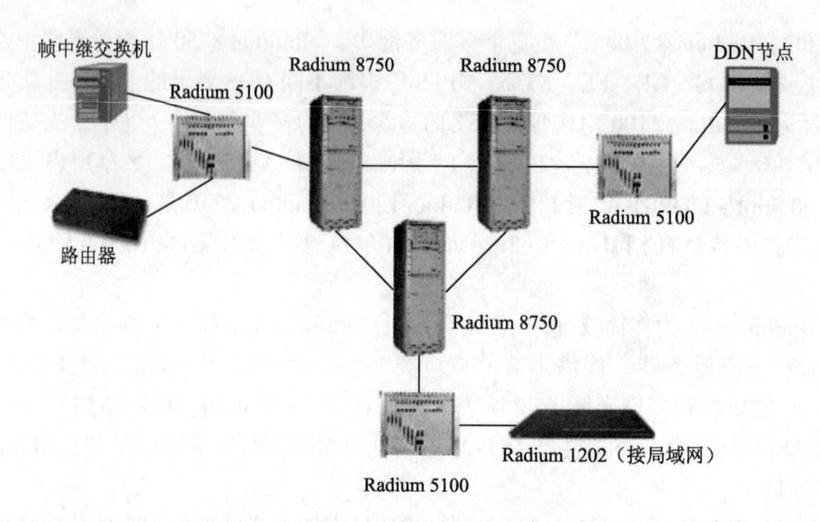

图 3-24 ATM 交换机网络

3.8 SDH 网 络

SDH 传输网是由 SDH 终接设备［或称 SDH 终端复用器（TM）］、分插复用设备（ADM）、数字交叉连接设备（DXC）等网络单元以及连接它们的物理链路（光纤）构成。

① SDH 终端设备：主要功能是复接/分接和提供业务适配，例如将多路 E1 信号复接成 STM1 信号及完成其逆过程，或者实现与非 SDH 网络业务的适配。

② ADM 设备：是一种特殊的复用器，它利用分接功能将输入信号所承载的信息分成两部分，一部分直接转发，另一部分卸下给本地用户。然后，信息又通过复接功能将转发部分和本地上送的部分合成输出。

③ DXC 设备：类似于交换机，它一般有多个输入和多个输出，通过适当配置可提供不同的端到端连接。

3.8.1 SDH 网络工作原理

SDH 是一个全球统一的光纤数字通信体系标准，SDH 采用字节为基础的矩形块状帧结构。基本帧结构为 STM-N，其中 N=1，4，16，64 等。一个 STM-1 帧由 9 行 × 270 列=2 430 B 组成。ITU-T 规定，对任何级别的 STM-N 帧，帧频都是 8 000 帧/秒，也就是帧周期恒为 125 μs。因此，STM-1 的信道基本速率为：8 000 × 2430 × 8=155.52 Mbit/s。

SDH 网络主要实现的是 OSI 七层协议中物理层协议的功能，可以与一些先进技术相结合，如光波分复用（WDM）、ATM 技术（ATM over SDH）、IP 技术（IP over SDH）等，实现对多种业务的支持。

① 为了让 PDH、E1、Ethernet 等信号在 SDH 网络中传输，SDH 定义了一种叫作容器的数据结构，用于完成速率调整功能。中国定义 C12、C3、C4 容器。由标准容器出来的数据流加上通道开销后，构成虚容器（VC），用于支持通达到层的连接。

② 将低速率的信号复用为 SDH 标准速率信号，要经过映射、定位和复用 3 个步骤。映射是将支路信号适配进容器的过程；定位是将帧偏移信息收进支路单元或管理单元的过程；复用是将多个单独信道的独立信号复合起来，在一个公共信道的同一方向上进行传输。SDH 中的复

用是将多个低阶信号适配进高阶通道的过程。

③ 将 SDH 中低级别的 STM 向高级别的 STM 复用的一种方法是字节间插复用方式。例如，STM4 是 STM-1 的 4 倍，字节间插就是有规律地分别从 4 个 STM-1 中，依次抽出 1 字节插入到 STM-4 中，在这个过程中，STM 保持帧频不变。

④ SDH 是数字同步网。我国的 SDH 网络采用的是主从同步，主从同步是指在网络内设置一个时钟主局，配有高精度时钟，网络各局跟踪主局时钟，以主局时钟为定时基准。

3.8.2 SDH 传输网络接口

SDH 对网络接口（NNI）进行了统一规范，内容包括数字信号等级、帧结构、复用方法、线路接口和监控管理等。这使得同一条光纤线路上，可以安装不同厂商的 SDH 设备，使 SDH 具有较好的兼容性。

SDH 光端机与光纤的连接点称为光接口，SDH 光端机与数字设备连接的接口称为电接口。SDH 光接口标准为 G.957。有 STM-1 光接口（155 Mbit/s）、STM-4 光接口（622 Mbit/s）、STM-16 光接口（2.5 Gbit/s）等。SDH 电接口，有 E1 电接口、E3（34 Mbit/s）接口、STM-1 电接口、100/1 000 Mbit/s 以太口 RJ-45 等。

另外，还可能提供 X.25 接口，作为网络管理接口；RS-232 接口，作为网元管理接口；RJ-45 接口，作为网络管理接口；RJ-11 接口作为公务电话接口等。

3.8.3 华为 SDH 设备

华为生产的 SDH 设备为 Optix 系列，既是 SDH 设备，也是 MSTP 设备。Optix 系列包括 Optix Metro 和 Optix OSN 两个系列。其中，Metro 产品在 2005 年及之前一直为 SDH 产品的主流发货产品，OSN 产品在 2006 年以后逐渐成为 SDH 产品的主流发货产品。

Optix Metro 产品大部分都是白色，包括 Metro 100、Metro 500、Metro 100 等盒式结构产品，以及 Metro 3000（2.5 Gbit/s+）、Metro 5000（10 Gbit/s）、Metro 2050（155/622 Mbit/s）等柜式产品。

目前的主流 SDH 设备为 Optix OSN 产品，包括 OSN500/1500/3500/7500/9560 等产品，如图 3-25 所示。这些设备支持 SDH 终接设备、分插复用设备（ADM）、数字交叉连接设备（DXC）的功能。

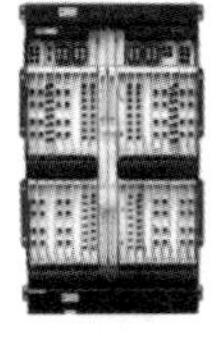

OSN 9560

OSN 9560智能光交换系统定位于长途干线枢纽节点以及光网络骨干业务调度节点，是具备智能特性的大空量多粒度光交换平台

OSN 7500

OSN 7500智能光交换系统根据城域网现状和未来发展趋势所开发，定位于城域网的骨干层，可完成多种业务调度和传输

OSN 7500II

OSN 7500II智能光交换系统，是华为根据城域网现状和未来发展趋势开发的新一代核心智能光交换设备，主要应用于城域网骨干层的业务调度节点

OSN 3500

OSN 3500智能光传输设备采用统一交换架构，可作为分组设备和TDM设备使用；配合华为其他设备，更可实现在同一平台上高效地传送语音和数据业务

图 3-25　Optix OSN 产品

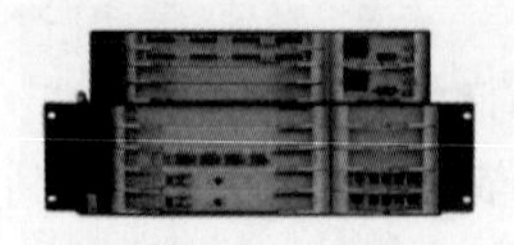
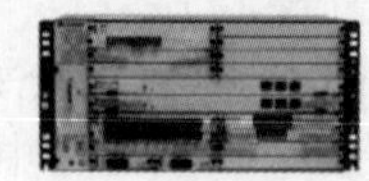

OSN 1500	OSN 580	OSN 550	OSN 500
OSN 1500智能光传输设备采用统一交换架构可作为分组设备和TDM设备使用；配合华为其他设备可支持不同组网应用，达到在同一平台上高效运行各种业务	OSN 580采用统一交换架构可作为分组设备和TDM设备使用；配合华为其他设备亦支持不同组网应用，实现在同一平台上高效传送语音和数据业务	OSN 550是华为自主研发，采用统一交换架构可作为分组设备和TDM设备使用，主要应用于城域网、本地传输网接入层，进行大客户专线接入、移动基站接入	OSN 500华自主研发的新一代光传输设备，可作用分组设备或TDM设备使用，主要应用于城域网、本地传输网接入层，进行大客户专线接入、移动基站接入

图 3-25　Optix OSN 产品（续）

3.8.4　SDH 设备组网

SDH 传输网由节点设备和传输线路互联而成，SDH 支持的网络结构有点到点形、环状、星状和网状。星状结构一般用于接入网；网状结构一般用于核心网络且核心节点较少的情况；环状结构具有自愈合功能，有很强的可靠性。点对点网络结构简单，适合长距离连接。SDH 网络常用的连接方式是点到点和环状结构。SDH 设备组网如图 3-26 所示。

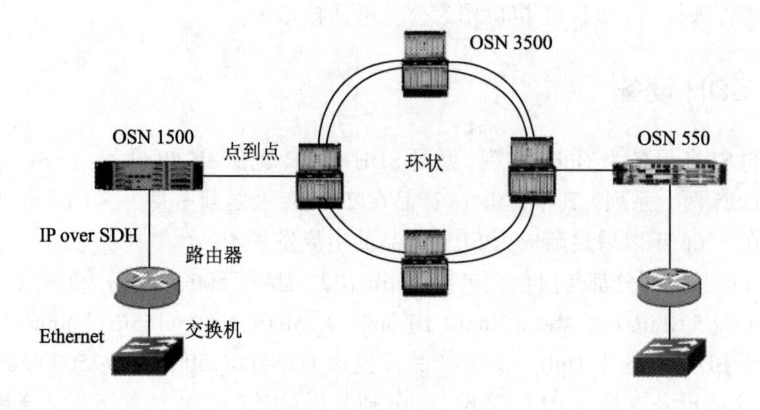

图 3-26　SDH 组网示意

注意：华为生产的 SDH 设备 Optix 系列包括 Optix Metro 和 Optix OSN 两个系列，既是 SDH 设备，也是 MSTP（多业务传输平台）设备。接口包含 STM-1 /STM-4 /STM-16 /STM-48 的 POS 接口，支持 EOS（Ethernet Over SDH）的以太网接口 RJ-45 等。

3.9　WDM　网　络

3.9.1　WDM 网络概述

WDM 波分复用技术，用于将不同波长的光信号复用到一根光纤中进行传送的方式（每个波长承载一个业务信号），主要功能是传送和复用。在波分技术出现之前，所有的光纤传输技术都是一根光纤只能传递一波，而波分复用技术可以让一根光纤传输多个波长，常见的波分系统有 8 波（粗波分）/40 波/80 波/120 波等。

最初的 WDM 系统采用点对点传输，如图 3-27 所示，主要用于在一根光纤中复用多路信息信号，提高光纤传输链路带宽和传输距离。

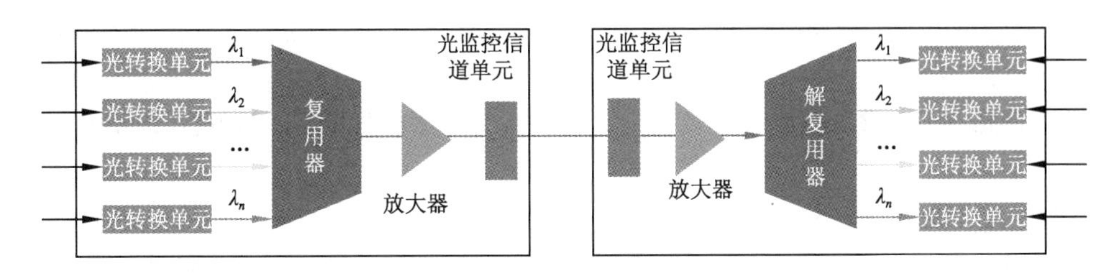

图 3-27　点对点 WDM 原理图

传统的点到点 WDM 系统在结构上比较简单，可以提供大量的原始带宽。但网络节点依然采用原有设备，需要进行光电转换，以电信号方式进行交换，这种以电子技术为基础的交换技术难以满足高速宽带信号交换的要求。

为了解决这个问题，多种用于 WDM 网络的设备产生，主要的 WDM 设备包括 OTM（光终端复用设备）、OADM（光分插复用设备）、OXC（光交叉连接设备），分别类似于 SDH 网络的 TM、ADM、DXC 设备。WDM 设备强调光的传输的采用光交换技术，光信号的转发不需要进行光电转换。

通过 OTM、OADM、OXC 等设备，利用光纤，采用点对点链路、环形链路、网状链路互联形成 WDM 网络。这种网络用来传送 IP 数据，采用的是 IP over WDM 技术，数据链路层采用 SDH 帧或者 GE/10GE 帧结构，将 IP 业务映射进 WDM 网络，通过 WDM 网络的光波信道复用技术，实现 IP 业务的超大带宽传输。另外，WDM 网络自身具备超长距离传输能力，能够有效减少长距离数据设备的成本建设要求。现在成功商用的超长传输 WDM 网络，已实现超过 1 000 km 以上无中继的传输。

国家电信联盟（ITU-T）把 WDM 网络称为光传输网络（Optical Transport Network，OTN 光传输）。OTN 以 WDM 技术为基础，能够提供基于光通道的客户信号的传送、复用、路由、管理、监控以及保护，具有强大的 OAM（操作维护管理）功能。OTN 可以在光信道上支持多种上层业务或协议，如 SDH、ATM、Ethernet、IP、PDH、MPLS、ODU 复用等。

3.9.2　WDM 网络接口

WDM 网络用于传送 IP 数据，它的接口主要是指 IP 路由器需要与 WDM 网络设备连接的线路接口，接口主要包括两种形式，一是 SDH 帧格式的接口，即 POS 接口；二是以太帧接口及以太网接口。

1. **POS 接口**

路由器普遍采用 POS 接口，按照传输速率可分为 155 Mbit/s、622 Mbit/s、2.5 Gbit/s、10 Gbit/s 的 POS 接口。实际网络中，来自路由器的 IP 分组先封装在 SDH 帧内，信号包含 SDH 开销信息，便于网络管理和故障定位。

2. **以太网接口**

路由器的以太网络接口包括快速以太网接口、千兆以太网接口和万兆以太网接口，采用以太网帧结构，接口成本较低。

注意：WDM 设备也要具有 POS 接口和以太网接口。

3.9.3 华为 WDM 设备

WDM 网络是由光终端复用设备 OTM、光分插复用设备 OADM、光交叉连接设备 OXC 等网络单元及光纤连接而成。

华为生产的 WDM 设备为波分 OSN 系列产品，分为骨干波分设备、城域波分设备、接入波分设备。

1. 骨干波分设备

骨干波分设备是面向超 100 Gbit/s 时代的新一代大容量 OTN 产品，主要应用在骨干网，城域网的核心节点，光层集成 OXC 实现全光交换，超高集成度，是业界最佳 100 Gbit/s/400 Gbit/s/1 Tbit/s OTN 平台，可为运营商构建超宽、灵活、弹性、智能的 OTN/WDM 传送解决方案，包括 OSN 9800U 系列、OSN 9600U 系列、OSN 9600P 系列、OSN 9600P 系列，如图 3-28 所示。

（a）OSN 9800 U 系列

（b）OSN 9600 U 系列

（c）OSN 9800 P 系列

（d）OSN 9600 P 系列

图 3-28 骨干波分设备

2. 城域波分设备

城域波分设备具备超大容量、光电融合、体积小巧等特点；既能支撑运营商全业务的快速发展，还能满足站点基础资源配套要求；适应于宽带视频、移动回传、政企专线等综合承载的应用场景，提供从骨干、汇聚到接入的端到端最佳传送解决方案。城域波分设备包括 OSN 9800M 系列、OSN 9600M 系列，如图 3-29 所示。

（a）OSN 9800 M 系列

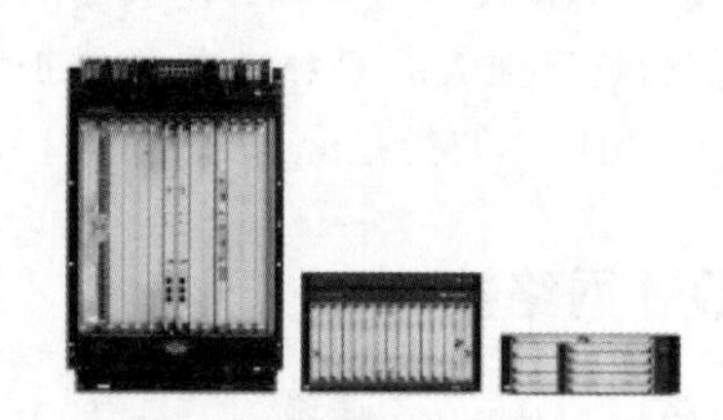
（b）OSN 9600 M 系列

图 3-29 城域波分设备

3. 接入波分设备

接入波分帮助运营商将城域边缘的宽带、专线、移动等多种类型的业务实现统一承载，通过高集成度 2 Mbit/ ~ 100 Gbit/s 全业务接入、OTN/SDH/分组统一交换、光层自动调测功能等先进技术，实现网络扁平化、有效降低建网成本和运营成本，为城域传送场景提供最佳解决方案。接入波分设备包括 OSN1800 系列、OptiXstarC800、OSN810，如图 3-30 所示。

利用 WDM 网络设备组建 WDM 网络，由于网络带宽大，传输距离远，一般用于传输网，由电信部分建设，称为光传输网 OTN。

OSN1800 系列　　OptiXstarC800　　OSN810

图 3-30　接入波分设备

3.10　网络互联接口

路由器用于各种网络的互联，对于用于连接以上各种网络的设备——路由器，一般包含多种网络接口。这里主要介绍常见的网络接口：

① 串行接口（RS-232DTE/DCE 接口、V.35DTE/DCE 接口、异步串口、同步串口等）。

② E1 接口（G.703 标准，BNC 接口和 RJ-48 接口）。

③ HDSL 接口/G.SHDSL 接口（采用 RJ-45 接口）。

④ ATM 接口（STM-1 接口、STM-4 接口）。

⑤ POS 接口（STM-1 接口、STM-4 接口、STM-16 接口、STM-64 接口）。

⑥ 以太网接口（快速以太网接口、千兆以太网接口等）。

1. 串行接口

串行接口标准主要包括美国电子工业协议（EIA）和国际电信联盟（ITU）的标准。

美国电子工业协议 EIA 的串行接口标准包括 EIA RS-232、EIA RS-449、EIA RS-530、EIA RS-485 等系列接口标准。其中，EIA RS-530 是 RS-449 的替代品，EIA RS-485 工作在半双工方式。国际电信联盟的串行接口标准主要包括 X.21bis（相当于 RS-232）、V.24 和 V.35 标准。另外，还有各厂商路由器支持的串行接口，包括异步串口（ASYNC）、同异步串口（DB-60、DB-28）等接口形式。

（1）EIA RS-232 接口/V.24 接口

EIA RS-232（相当于 CCITT 建议书中的 V.24），是美国电子工业协会的著名物理层标准，是使用广泛的串行物理接口标准。数据传输速率最高为 20 kbit/s，连接电缆的最大长度不超过 15 m。

由于 RS-232 并未定义连接器的物理特性，因此，出现了 DB-25、DB-15 和 DB-9 各种类型的连接器，其引脚的定义也各不相同，常用的是 DB-25 和 DB-9 两种连接器，如图 3-31 所示。RS-232/V.24 接口用于标准电话线路(一个话路)的物理层接口。

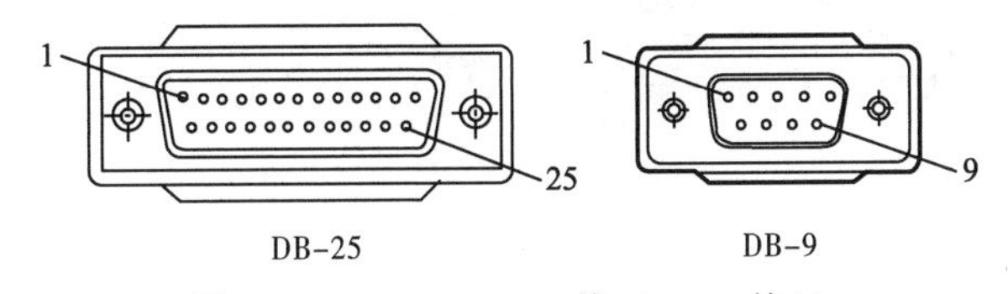

图 3-31　EIA RS-232 接口/V.24 接口

（2）V.35 接口

V.35 接口是用于支持 DTE 和新兴的数字传输设施不同类型数据服务单元（DSU）连接的接口。V.35 是过时的标准，但在实际应用中仍被广泛使用。V.35 一般用于租用电路、点到点同步传输、连接器接口，如图 3-32 所示。

图 3-32 V.35 连接器接口

（3）异步串口

路由器中异步串口（ASYNC）主要是应用于 Modem 或 Modem 池的连接，如图 3-33 所示。它主要用于实现远程计算机通过公用电话网拨入网络。它不要求网络的两端保持实时同步，只要求能连接即可，主要是因为这种接口所连接的通信方式速率较低。

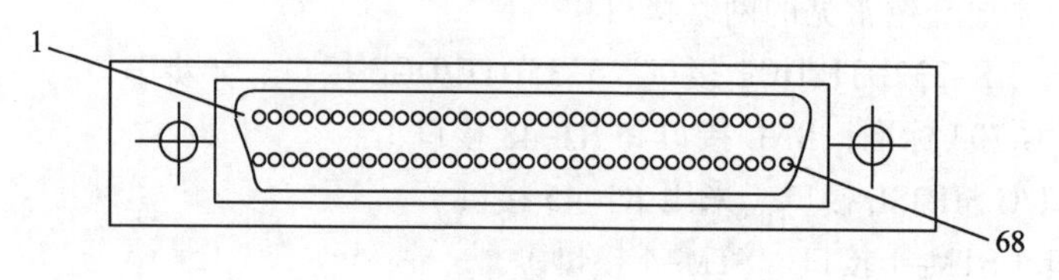

图 3-33 异步串口

（4）同步串口

路由器中的同步串口主要包括 DB-60 接口和 DB-28 接口等。

DB-60 接口是路由器最常见的广域网接口，俗称“串口”，连接的电缆是 DB60-V35 电缆、DB60-DB25 电缆等。每一种类型的电缆有两类：一类是 DTE；一类是 DCE。公头的是 DTE，母头的是 DCE。

DB-28 接口的连接电缆有 DB28-V35 电缆、DB28-DB25 电缆等。这种电缆同样有两类：一类是 DTE；一类是 DCE；公头是 DTE。母头是 DCE。

路由器这类接口，可以采用 DTE 和 DCE 电缆的背靠背连接，用作路由器短距离连接。教学实验中使用路由器串口连接通常采用的这种背靠背连接方式进行连接。

路由器的这类接口如果要与电信的链路连接，则需要协议转换器。电信链路大多数都是 E1，需要的转换器（G/V 转换器）是 V.35 转 E1，也就是说 V.35 电缆连接到协议转换器上，然后协议转换器连接 E1（多数是 75 Ω 2 Mbit/s 同轴电缆，接口是 BNC）到 DDF（数字配线架）。DDF 连接到光端机，通过光端机远距离连接。

同步串口的接口形状、连接线缆、G/V 转换器如图 3-34～图 3-36 所示。

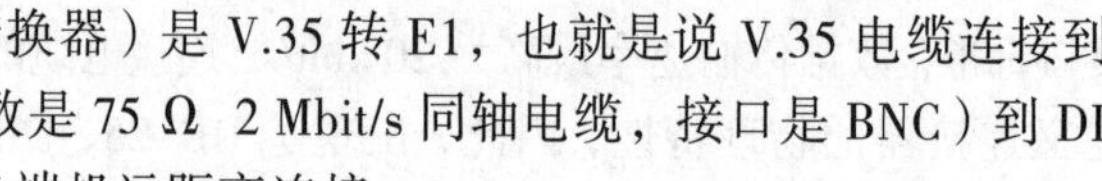

（a）DB-60　　（b）DB-28

图 3-34 同步串口的接口形状

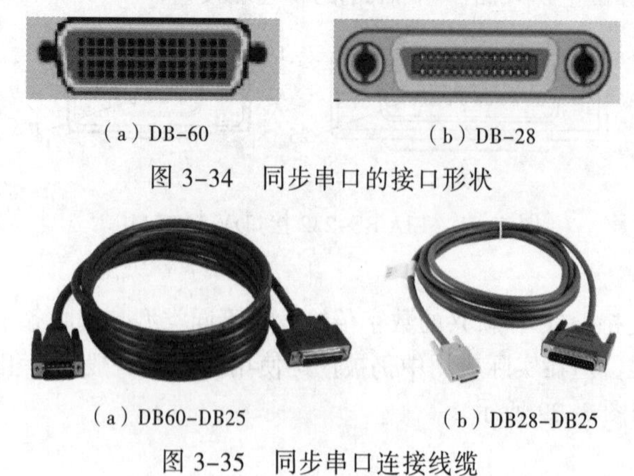

（a）DB60-DB25　　（b）DB28-DB25

图 3-35 同步串口连接线缆

（c）DB60–V35

（d）DB28–V35

图 3–35　同步串口连接线缆（续）

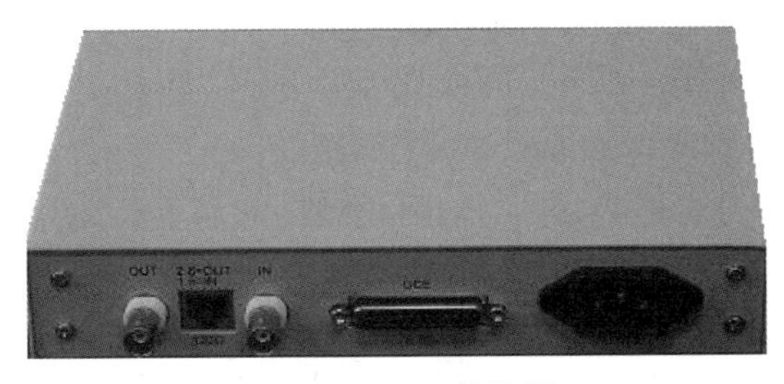

图 3–36　G/V 转换器

2. E1 接口（G.703 标准，BNC 接口和 RJ–48 接口）

E1 接口是广泛应用的低速 WAN 物理接口，E1 接口为地区性标准，E1 为 CCITT（ITU–T）定义，用于欧洲、中国；E1 接口的本质是时分复用（TDM）。E1 接口具有两种应用模式：非通道化（仅 E1 支持）模式和通道化模式。通过不同的应用模式为用户提供灵活的低速接入方式。

（1）非通道化方式（仅 E1 支持）

E1 的全部带宽都用于一条数据链路，这时其逻辑特性相当于一个 2 Mbit/s 同步串口。

（2）通道化方式

E1 的带宽可以通过时隙拆分提供给多条数据链路使用。多条数据链路通过 TDM 方式使用同一条物理线路，数据链路带宽为：$N \times 64$ kbit/s 或 $N \times 56$ kbit/s（N 为可传数据的时隙数，E1 最大 31），其中 64 kbit/s 为单个时隙 8 bit × 8K 采样 = 64 kbit/s；56 kbit/s 为单个时隙的 8 bit 中有一个 bit 不用，因此，单个时隙 7 bit × 8K 采样 = 56 kbit/s。

E1 线路接口，采用 G.703 标准，两种接口：RJ–48 接口和 BNC 接口。RJ–48 接口采用非平衡 120 Ω 的双绞线。BRN 接口采用平衡的 75 Ω 的 2Mbit/s 同轴电缆线。图 3–37 是基带 Modem，同时可以作为 G/V 转换器。其中，包含 E1 的 RJ–48 接口和 BNC 接口。

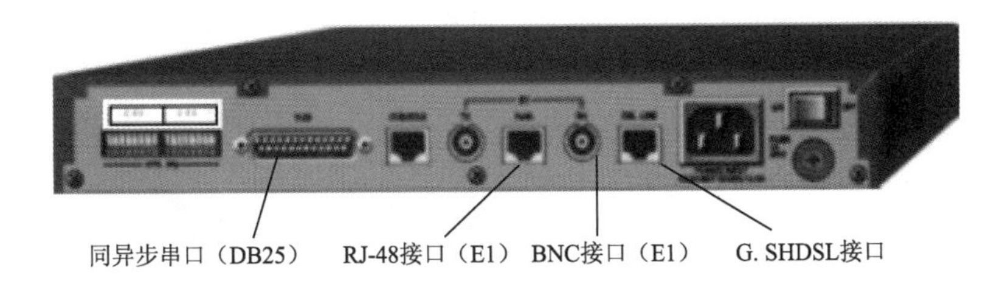

图 3–37　基带 Modem

3. HDSL 接口/G.SHDSL 接口

HDSL 接口/G.SHDSL 接口，接口外形为 RJ–45 接口类型。其中，G.SHDSL 是由国际电信联盟开发的，华为 AR G3 路由器支持此项技术，传输距离为 6 km 左右，单对电话线路传输速率大于 2.3 Mbit/s。G.SHDSL 接口采用 RJ–45 水晶头接口，当采用单对电话线时，通常采用 8 芯中 2、4 引脚。G.SHDSL 数据链路层采用 ATM 格式封装。

4. ATM 接口（STM-1/STM-4）

ATM 接口主要有两种：STM-1 和 STM-4。STM-1 和 STM-4 是光纤接口，可以采用多种接口形式，通常采用两种接口形式，一种是采用 SC 光纤接口、SC 连接器；另一种是采用 LC 光纤接口、LC 连接器。

5. POS 接口（STM-1/STM-4/STM-16/STM-64）

SDH 网络互联使用接口为 POS 接口，包括 STM-1/STM-4/STM-16/STM-64 等不同速率接口。与 ATM 接口类似，主要采用 SC 和 LC 两种接口类型。

6. 以太网接口

以太网接口主要包括 RJ-45 接口和光纤以太网接口。

① 双绞线 RJ-45 接口：这是应用最广的接口类型，它属于双绞线以太网接口类型。它不仅在最基本的 10Base-T 以太网络中使用，还在 100Base-TX 快速以太网和 1000Base-TX 千兆以太网中使用。使用五类、超五类、六类双绞线进行连接。

② 光纤以太网接口：以太网光纤接口有两种光纤模块，早期使用的 GBIC（Gigabit Interface Converter）模块，是将千兆位电信号转换为光信号的接口器件，其设计上可以为热插拔使用，采用 SC 光纤接口。另一种是 SFP（Small Form-Factor Plug-gable，小型可插拔）模块，可以简单地理解为 GBIC 的升级版本，体积较 GBIC 小一倍，可以在相同的面板上配置多出一倍以上的端口数量，采用 LC 光纤接口。SFP 模块的其他功能基本和 GBIC 一致。由于 SFP 模块体积小，GBIC 模块逐渐被 SFP 模块取代。光纤模块和连接器如图 3-38 所示。

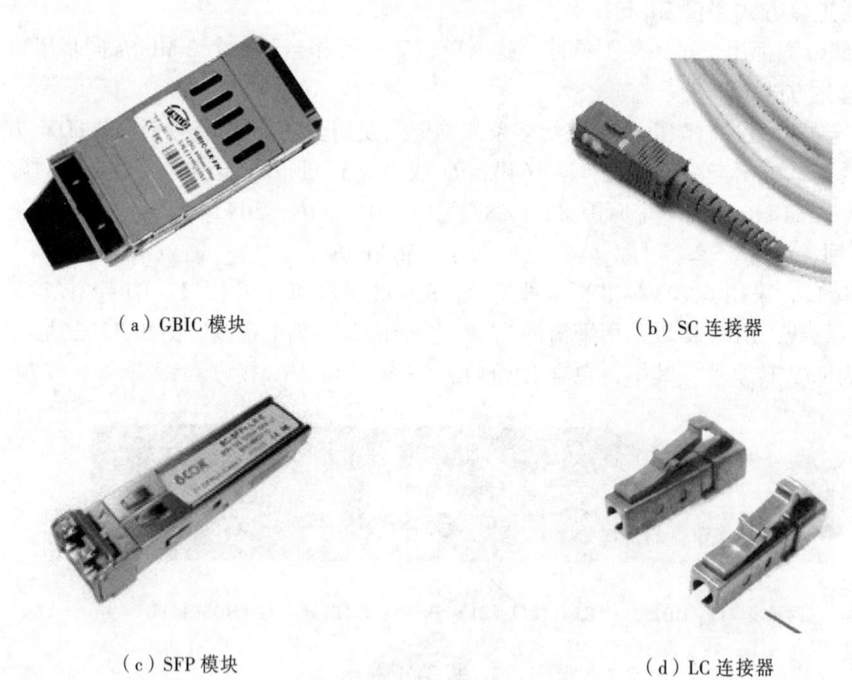

（a）GBIC 模块　　（b）SC 连接器

（c）SFP 模块　　（d）LC 连接器

图 3-38　光纤模块和连接器

注意：常用光纤接头按光纤接头截面工艺（研磨方式）分为 3 种：一是 PC（Physical Contact，物理接触）微球面研磨抛光；二是 UPC（Ultra Physical Contact，超抛光物理接触）；三是 APC，8°角斜面形状物理接触。在性能上 APC>UPC>PC。例如，光纤连接器的标识有 SC/PC、LC/UPC、LC/APC 等。

3.11　各类网络在 TCP/IP 协议体系中的对应关系

前面分别介绍了 X.25 网络、DDN 网络、帧中继（FR）网络、ATM 网络、SDH 网络、WDM 网络，以及相关的网络互联网接口。下面对以上网络在 TCP/IP 协议体系中的对应关系，以及实际网络互联的配置方式进行说明。

不同的网络连接不仅需要硬件设备的支持，同时也需要软件的支持。其中，支持不同网络互联的硬件设备就是路由器，而支持不同网络互联的软件是 TCP/TP 协议。没有 TCP/IP 协议的支持，不同的网络难以通信。

相对于 TCP/IP 协议体系，各种网络所处的网络层次其对应关系如图 3-39 所示。需要注意以下几点：

① X.25 网络和 ATM 网络本身包括三层协议，但在 TCP/IP 协议体系中，用于网络互联，只是相当于实际网络分层结构中的物理层和数据链路层。X.25 网络的数据链路层采用 LAPB 协议，ATM 的数据链路层采用 ATM 协议（ATM 分层不能完全与 OSI 参考模型对应）。

② 帧中继网络和 Ethernet 网络本身包括二层协议，相当于实际网络的物理层和数据链路层。帧中继网络数据链路层协议采用 FR（LAPF）协议，Ethernet 网络数据链路层采用以太网协议（ARPA）。

③ DDN 网络和 SDH 网络属于传输网络，在 TCP/IP 协议体系中相当于物理层网络。DDN 网络传送 IP 业务的技术称为 IP over DDN，数据链路层采用的是 PPP 协议。DDN 网络属于低速准同步网络，还可以承载帧中继业务。SDH 网络传送 IP 业务的技术称为 IP over SDH，数据链路层采用的也是 PPP 协议。SDH 网络属于高速同步网络，还可以承载 ATM 业务，SDH 用于承载 ATM 业务，即 ATM over SDH 组网技术。

④ WDM 网络。WDM 技术是一种光纤扩容技术，是比 SDH 技术更底层的技术，可以用来在现有光纤骨干网上增加现有光纤的带宽。如果 WDM 技术用于在原来的 ATM 网络和 SDH 网络中增加带宽，则呈现给用户传送 IP 数据的方式为 IP over ATM over WDM、IP over SDH over WDM 等，增加了网络复杂度和带宽开销。随着技术的发展，出现了 IP over WDM 技术，光纤传输网络中可省去 SDH 和 ATM 设备，直接使用 WDM 设备来传输 IP 数据，这种网络就是 WDM 网络，它的数据链路层一般可以采用 SDH 帧格式或 Ethernet 帧格式封装。

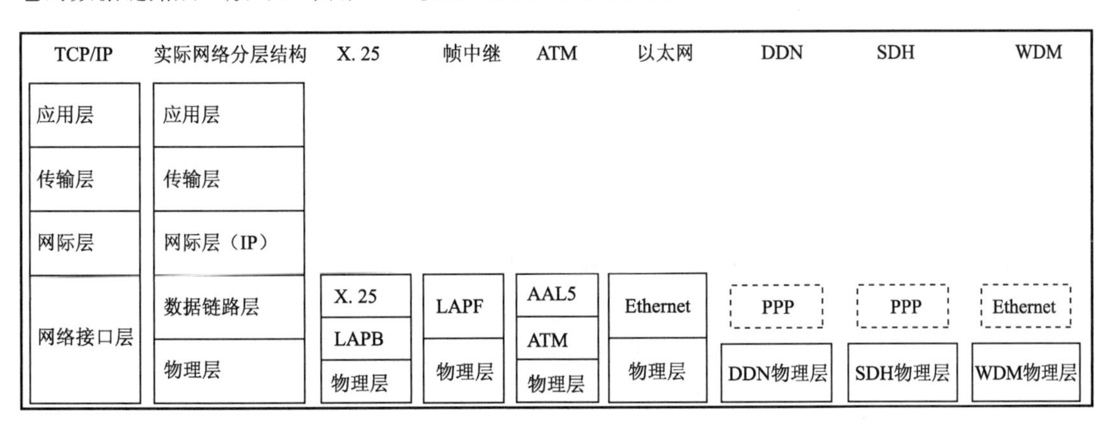

图 3-39　各类网络在 TCP/IP 协议体系中的对应关系

3.12 各类网络互联配置实验

华为网络模拟器 eNSP 支持 AR1200/AR2200/AR3200 等系列路由器，支持的网络互联接口包括百兆/千兆以太口（Gigabitethernet 接口）、Serial 接口（DB28 接口）、E1 接口、POS 接口、G.SHDSL 接口等。为便于学习各种网络及链路互联网配置方法，利用 eNSP 模拟器设计如网 3-40 所示的网络拓扑，通过此拓扑图学习各类网络接口互联配置方法。

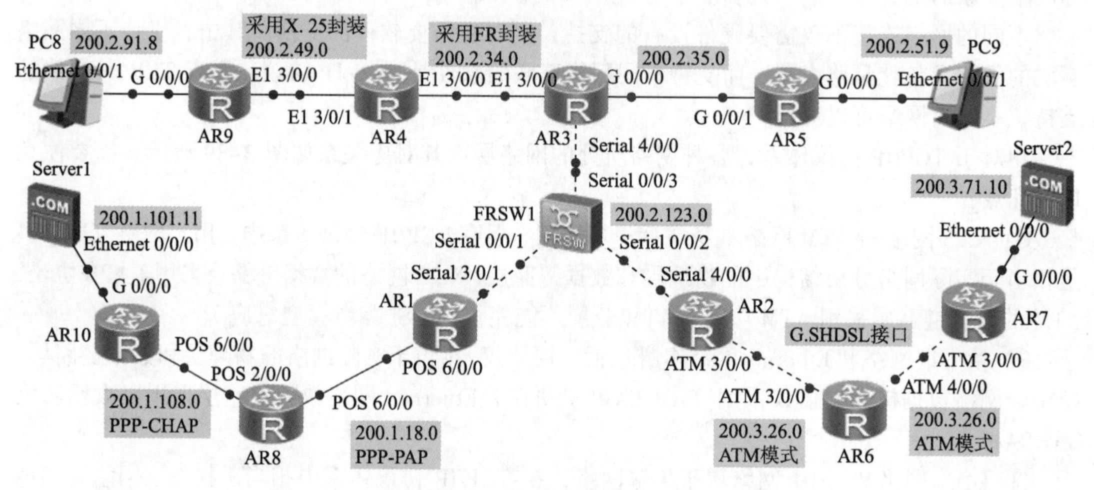

图 3-40 各类网络互联拓扑图

网络拓扑图构建

初始配置以及太口配置

1. **实验名称**

各类网络互联配置实验。

2. **实验目的**

① 了解 X.25 网络，掌握 X.25 网络的基本配置方法。

② 了解帧中继网络，掌握帧中继网络的基本配置方法。

③ 了解 G.SHDSL 电话线连接方式，掌握 ATM 网络的基本配置方法。

④ 了解 POS 接口光纤连接方式，掌握 POS 接口互联配置方法。

⑤ 掌握以太网连接方式以及以太网接口互联的基本配置方法。

3. **实验拓扑**

本实验主要用于学习了解各类网络互联的基本配置方法，因此，这里设计一个包含 X.25 网络、帧中继网络、ATM 网络、POS 接口光纤互联网络、以太网的大型互联网络。网络拓扑如图 3-36 所示。

4. **实验内容**

① AR4/AR9 之间采用 E1 链路连接，要求通过 X.25 网络配置互联。

② AR3/AR4 之间采用 E1 链路连接，要求通过串行链路帧中继配置互联；AR1/AR2/AR3 之间通过帧中继器互联，要求通过帧中继链路配置互联。

③ AR2/AR6/AR7 之间采用 G.SHDSL 接口及电话线连接，要求通过 ATM 配置互联。

④ AR1/AR8、AR8/AR10 之间通过 POS 接口光纤连接，要求通过 POS 配置互联。

⑤ AR3/AR5 之间通过千兆以太接口连接，要求通过以太口配置互联。

5. **实验步骤**

本实验包含 5 个方面的内容，分别是 X.25 网络配置、帧中继网络配置、ATM 网络配置、POS

接口链路配置、以太网配置。

6. **实验测试**

在 X.25 网络、帧中继网络、ATM 网络、POS 接口链路、以太网配置完成后，可以利用 ping 命令测试链路是否畅通。如果链路畅通，则配置成功。

3.12.1　X.25 配置

串口互联 X.25 配置

X.25 协议是公用数据交换网上 DTE 和 DCE 之间的接口规程，它定义了从物理层、数据链路层和分组层一共三层的内容。其中，X.25 协议体系中数据链路层采用 LAPB 协议。虽然 LAPB 是作为 X.25 的第二层被定义的，但是作为独立的链路层协议，它可以直接承载非 X.25 的上层协议进行数据传输。用户可以在同步串口上配置链路层协议为 LAPB，进行简单的本地数据传输。

1. X.25 **虚电路与逻辑信道**

利用 X.25 网络传送 IP 数据需要在 DTE 和 DCE 之间建立虚电路（Virtual Circuit，VC）。VC 指的是在本端 DTE 和对端 DTE 之间建立的逻辑通道。物理上，一条虚电路可以通过任意数量的中间节点，如 DCE。一条虚电路由若干段逻辑信道拼接而成，每一段逻辑信道具有独立的编号，称为逻辑信道编号（Logical Channel Number，LCN）。

虚电路分为两种类型：交换虚电路（Switched Virtual Circuit，SVC）和永久虚电路（Permanent Virtual Circuit，PVC）。

① 交换虚电路：SVC 用于零星数据传输的临时连接。当有数据传输时，DTE 设备间会建立 SVC；当数据传输结束时，DTE 设备间会中断 SVC。因此，SVC 适用于间断的、突发性的数据传输。当用户选择 SVC 后，X.25 分组层操作规程分为呼叫建立、数据传输、呼叫清除 3 个阶段。

② 永久虚电路：PVC 与 SVC 不同，PVC 在建立后就处于数据传输阶段，并没有呼叫建立和呼叫清除的过程，PVC 一旦建立，除非手动清除，否则就会始终有效。因此，PVC 适用于频繁的、流量稳定的数据传输。

X.25 协议可以建立的逻辑信道最多可达 4 095 条，编号为 1 ~ 4 095。不同的虚电路类型对应不同的编号范围，所有的逻辑信道编号被划分成 4 个区域（按编号的升序排列），这 4 个区域分别是 A：永久虚电路信道区间；B：单向呼入信道区间；C：双向信道区间；D：单向呼出信道区间。其中，永久虚电路信道区间定义了永久虚电路的编号范围，永久虚电路编号只能在区间 A 中；而单向呼入信道区间、双向信道区间和单向呼出信道区间定义了通过 X.25 呼叫建立的交换虚电路的编号范围，因此，交换虚电路编号一定在 B、C 或 D 中。

X.25 协议使用 6 个参数来界定这 4 个区域，每一个区间（永久虚电路区间信道除外）被两个参数定义，可以称其为该区间的上限和下限。信道区间划分参数的含义如表 3-1 所示。

表 3-1　信道区间划分参数的含义

参　　数	参 数 说 明
LIC	Lowest Incoming-only Channel，最低单向呼入信道号
HIC	Highest Incoming-only Channel，最高单向呼入信道号
LTC	Lowest Two-way Channel，最低双向信道号
HTC	Highest Two-way Channel，最高双向信道号
LOC	Lowest Outgoing-only Channel，最低单向呼出信道号
HOC	Highest Outgoing-only Channel，最高单向呼出信道号

默认情况下，X.25 虚电路范围中单向呼入信道区间的下限和上限均为 0。X.25 虚电路双向信道区间的下限是 1，上限是 1 024。X.25 虚电路范围中单向呼出信道区间的下限和上限均是 0（上下限均为 0 表示禁用）。

默认情况下，单向呼入信道区间和单向呼出信道区间被禁止使用，双向信道范围为：LTC=1，HTC=1 024，这种情况下，无法配置永久虚电路。所以，在创建一条 PVC 之前，必须指定虚电路范围，使 LTC 的值大于 1，以便预留 PVC 虚电路信道编号。

注意：任何一段逻辑信道都可以被禁止使用。例如，将 LIC 设置为 1，PVC 逻辑信道就被禁止使用了；将 LIC 和 HIC 都设置为 0，单向呼入信道就被禁止使用了。没有被禁止使用的区间必须满足如下严格升序关系：1≤LIC≤HIC < LTC≤HTC < LOC≤HOC≤4 095。

2. X.25 网络互联形式

利用 X.25 网络来连接两个网络，典型的连接方式有两种：

一是两台路由器通过 X.25 分组交换网进行连接，路由器作为 DTE 设备，X.25 分组交换机作为 DCE 设备。可以采用华为 AR 路由器模拟 X.25 分组交换机，通过在 AR 路由器中开启 X.25 交换功能（X25 switching 命令）。配置 SVC 或 PVC 路由实现。

二是两台路由器通过串行链路直连，采用 X.25 协议，一台路由器作为 DTE 设备，另一台路由器作为 DCE 设备。

3. X.25 虚电路配置示例

拓扑图中，AR9/AR4 之间采用 E1 链路直连，属于 Serial 接口类型，可以用于学习 X.25 协议的配置方法。假定 AR4 为 DCE 设备，AR9 为 DTE 设备。

（1）AR4/AR9 之间配置交换虚电路 SVC

① AR4 中 S3/0/1 配置：

```
[AR4] X25 switching                      ###使能 X.25 交换功能
[AR4]interface Serial3/0/1
   link-protocol x25 DCE                 ###接口链路协议为 X.25 时默认为 DTE
   x25 x121-address 4094                 ###x.121 地址由 1~15 为数字字符串组成
   x25 map ip 200.2.49.9 x121-address 4099
   ip address 200.2.49.4 255.255.255.0
```

② AR9 中 S3/0/0 配置：

```
[AR9]interface Serial3/0/0
   link-protocol x25 DTE
   x25 x121-address 4099
   x25 map ip 200.2.49.4 x121-address 4094
   ip address 200.2.49.9 255.255.255.0
```

（2）AR9/AR4 之间配置永久虚电路 PVC

① AR4 中 S3/0/1 配置：

```
[AR4] X25 switching          ###使能 X.25 交换功能
[AR4]interface Serial3/0/1
   link-protocol x25 DCE
   x25 x121-address 4094
   x25 vc-range bi-channel 32 1024
   x25 pvc 3 ip 200.2.49.9 x121-address 4099
   ip address 200.2.49.4 255.255.255.0
```

② AR9 中 S3/0/0 配置：

```
[AR9]interface Serial3/0/0
   interface Serial4/0/0
   link-protocol x25 DTE
   x25 x121-address 4099
   x25 vc-range bi-channel 32 1024
   x25 pvc 3 ip 200.2.49.4 x121-address 4094
   ip address 200.2.49.9 255.255.255.0
```

注意：通过 X.25 网络进行 IP 数据通信时，数据报文使用的地址是 IP 地址，可是在 X.25 网络内部通信使用的却是 X.121 地址。因此，还需要定义 X.25 网络层地址，即 X.121 地址。X.121 地址是字符串格式，由 1 ~ 15 位整数组成。

3.12.2　帧中继配置

串口互联帧中继配置

帧中继网络用虚电路来连接网络两端的帧中继设备。每条虚电路用数据链路连接标识符定义了一条帧中继连接通道。帧中继协议是一种统计复用协议，它能够在单一物理传输线路上提供多条虚电路。

1. **数据链路连接标识**

虚电路通过数据链路连接标识（Data Link Connection Identifier，DLCI）区分，DLCI 只在本地接口和与之直接相连的对端接口有效，不具有全局有效性。在帧中继网络中，不同的物理接口上数值相同的 DLCI 并不表示是同一条虚连接。

帧中继网络用户接口上可以支持多条虚电路，其中，用户可用的 DLCI 范围是 16 ~ 1 022（根据标准 1 008 ~ 1 022 保留使用，使用时请慎重）。由于帧中继虚电路是面向连接的，本地不同的 DLCI 连接到不同的对端设备，所以，可以认为本地 DLCI 是对端设备的“帧中继地址”。

2. **帧中继地址映射和 Inverse ARP 协议**

帧中继地址映射是把对端设备的协议地址与对端设备的帧中继地址（本地的 DLCI）关联，以便高层协议能根据对端设备的协议地址寻找到对端设备。

帧中继主要用来承载 IP 协议，在发送 IP 报文时，首先从路由表中找到报文的下一跳地址，然后查找帧中继地址映射表，确定下一跳的 DLCI。地址映射表存放对端 IP 地址和下一跳的 DLCI 的映射关系。

地址映射表可以手工配置，也可以由逆向地址解析协议 Inverse ARP 协议动态维护。逆向地址解析协议 Inverse ARP 协议的主要功能是根据本地 DLCI 求解每条虚电路连接的对端设备的 IP 地址。如果知道了某条虚电路连接的对端设备的协议地址，通过 Inverse ARP 协议在本地就可以生成对端 IP 地址与 DLCI 的映射（MAP），从而避免手工配置地址映射。

3. **虚电路和本地管理接口**

虚电路（Virtual Circuit，VC）是建立在两台网络设备之间共享网络的逻辑电路。根据建立方式，可以将虚电路分为两种类型：永久虚电路（Permanent Virtual Circuit，PVC），即手工设置产生的虚电路；交换虚电路（Switching Virtual Circuit，SVC），即通过协议协商自动创建和删除的虚电路。目前在帧中继中使用最多的方式是 PVC 方式（华为 AR 路由器设备只支持 PVC 虚电路）。对于 DTE 侧设备，PVC 的状态完全由 DCE 侧的设备决定；对于 DCE 侧设备，PVC 的状态由网络来决定。

另外，帧中继使用本地管理接口（Local Management Interface，LMI）协议通过状态请求报文和状态报文维护和监控帧中继的链路状态和 PVC 状态。LMI 有 3 种协议类型，分别是 Q933a、ANSI、nonstandard。

注意：在使用 eNSP 模拟器配置实验时，由于帧中继交换机 FRSW 中没有此项目参数配置，为保持与帧中继交换机的一致性，不要配置此项参数。

4. 帧中继网络互联形式

帧中继网络提供了用户设备之间进行数据通信的能力，其设备包括 DTE 设备和 DCE 设备。DTE 与 DCE 只是在用户网络接口 UNI（FR Access）处才进行区分的，而且 DTE 与 DCE 的 DLCI 必须相同。

利用帧中继网络来连接两个网络，与 X.25 网络类似，典型的连接方式有两种：

一是两台路由器通过帧中继网络进行连接，路由器作为 DTE 设备，帧中继交换机作为 DCE 设备。eNSP 模拟器软件中包含帧中继交换机，通过这种方式，可以在两个路由器之间建立 PVC 来实现通信。

注意：和 X.25 网络类似，也可以采用华为 AR 路由器来模拟帧中继交换机，通过在 AR 路由器中开启帧中继交换功能（FR swtiching 命令），并配置端口映射表，形成 PVC 路由实现。

二是两台路由器通过串行链路直连，采用帧中继协议，一台路由器作为 DTE 设备，另一台路由器作为 DCE 设备。在两台路由器设备直接连接的情况下，DCE 侧设备的虚电路状态是由设备管理员来设置的。

5. 帧中继配置示例

① AR3/AR4 之间采用 E1 链路连接，用于学习串行链路帧中继配置方法。

- 拓扑图中，AR3/AR4 之间采用 E1 串行链路直连，E1 链路形成的接口，其接口名称为 Serial，逻辑特性与同步串口相同。下面提供串行链路帧中继配置方法。
- AR3 中 E1 链路 S3/0/0 配置：

```
[AR3] interface Serial3/0/0
   link-protocol fr
   fr interface-type dce
   undo fr inarp                     ###关闭 inverse-arp
   fr dlci 34                        ###直连链路两端 DLCI 标识相同
   fr map ip 200.2.34.4 34
   ip address 200.2.34.3 255.255.255.0
```

- AR4 中 E1 链路 S3/0/0 配置：

```
[AR4] interface Serial3/0/0
   link-protocol fr
   fr interface-type dte
   undo fr inarp
   fr dlci 34
   fr map ip 200.2.34.3 34
   ip address 200.2.34.4 255.255.255.0
```

② AR1/AR2/AR3 之间通过帧中继设备互联，用于学习帧中继链路配置方法。

拓扑图中，AR1/AR2/AR3 之间采用通过帧中继交换机 FRSW1 连接。下面给出 3 个路由器通过帧中继设备连接的帧中继配置方法。

- 帧中继交换 FRSW1 的配置：

AR1/AR2/AR3 和 FRSW1 组网的帧中继网络，通过对帧中继交换机配置，可以配置全互联

NBMA 网络（非广播多路访问网络），也可以配置为 Hub-Spoke 网络（中心-接入点网络）。

全互联 NBMA 网络，任意两点之间可以直接通信。Hub-Spoke 网络，接入点之间通信必须通过中心节点。

注意：这里的节点不包括帧中继交换机 FRSW1。

这里采用全互联 NBMA 网络的形式，帧中继交换机 FRSW1 配置如图 3-41 所示。

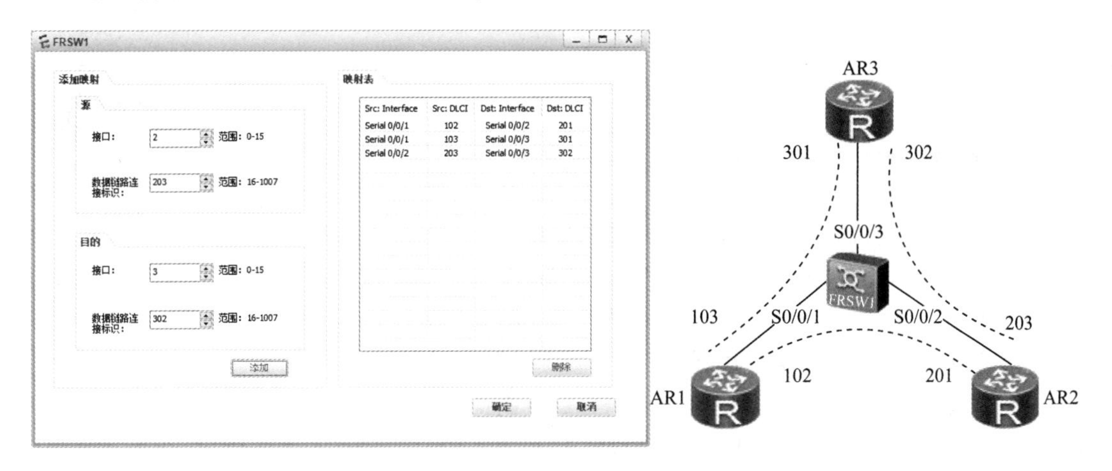

图 3-41　帧中继交换机配置示例

通过在 FRSW1 中添加端口映射，组成帧中继地址映射表。形成图 3-37 中虚线所示的三条点到点虚电路，组成全互联网非广播（NBMA）网络。

由于 AR 路由器默认开启逆向地址解析协议 Inverse-ARP 协议，通过 Inverse ARP 协议在本地就生成对端 IP 地址与 DLCI 的映射（MAP）。所以通过以上配置后，在路由器 AR1/AR2/AR3 的相关接口只需要配置接口 IP 地址，即可以互相通信。这里给出路由器手工配置帧中继地址映射表的配置方法。

- AR1 中帧中继配置：

```
interface Serial3/0/1
 link-protocol fr
 fr interface-type dte
 undo fr inarp
 fr dlci 102
 fr dlci 103
 fr map ip 200.2.123.2 102
 fr map ip 200.2.123.3 103
 ip address 200.2.123.1 255.255.255.0
```

- AR2 中帧中继配置：

```
interface Serial4/0/0
 link-protocol fr
 fr interface-type dte
 undo fr inarp
 fr dlci 201
 fr dlci 203
 fr map ip 200.2.123.1 201
 fr map ip 200.2.123.3 203
 ip address 200.2.123.2 255.255.255.0
```

- AR3 中帧中继配置：

```
interface Serial4/0/0
 link-protocol fr
 fr interface-type dte
 undo fr inarp
 fr dlci 301
 fr dlci 302
 fr map ip 200.2.123.1 301
 fr map ip 200.2.123.2 302
 ip address 200.2.123.3 255.255.255.0
```

G.SHDSL 接口 ATM 配置

3.12.3 G.SHDSL 接口 ATM 配置

ATM 是面向连接的交换，每条虚电路使用虚路径标识符（Virtual Path Identifier，VPI）和虚通道标识符（Virtual Channel Identifier，VCI）来标识。一个 VPI/VCI 值对只在 ATM 节点之间的一段链路上有局部意义，当一个连接被释放时，与此相关的 VPI/VCI 值对也被释放。

1. ATM 虚电路与 VPI/VCI 标识

ATM 的呼叫接续不是按信元逐个地进行选路控制，而是采用分组交换中虚呼叫的概念，即传送信元前预先建立与某呼叫相关的信元接续路由。同一个呼叫的所有信元都经过相同的路由，直至呼叫结束。其连接过程是：当发送端和接收端通信时，首先通过用户-网络接口发送一个请求建立连接的控制信号；接收端通过网络收到该控制信号并同意建立连接后，网络中的各个交换节点经过一系列的信令交换后就会在发送端和接收端之间建立起一个虚拟信道（虚连接）作为信令链路。ATM 网络中，在一条虚信道上传输的数据单元均在相同的物理线路上传输，且保持其先后顺序，因此克服了分组交换中无序接收的缺点，保证了数据的连续性，更适合于多媒体数据的传输。

在 ATM 网络中，使用 VP/VCI 来标识一条虚电路。VPI/VCI 的值只是在本地接口才有意义。ATM 选择路由使用 VPI/VCI 信息，用来描述 ATM 信元单向传输的路由。一条物理链路可以复用多条虚通路，每条虚通路又可以复用多条虚信道，并用相同的标识符来标识，即 VPI 和 VCI。VPI 和 VCI 一起才能唯一地标识一条虚拟信道。VP 和 VC 的关系图的如图 3-42 所示。

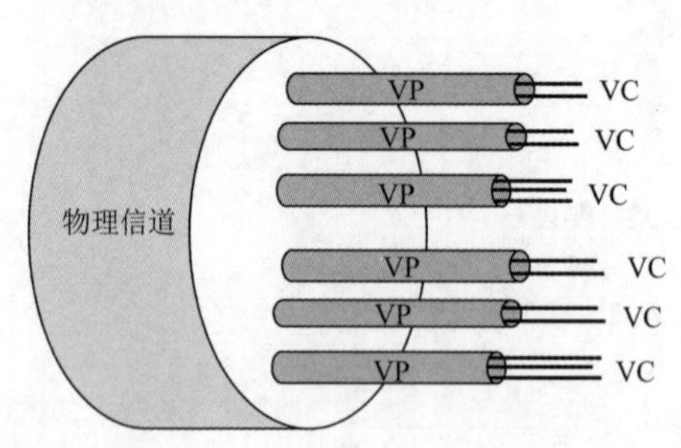

图 3-42　VP 和 VC 的关系图

注意：VPI 和 VCI 独立编号，VPI 和 VCI 的取值范围都是 0~255。VCI 取值 3 和 4 是保留值，用户不能配置。VPI 和 VCI 取值不能同时为 0。

在 ATM 通信中，ATM 交换机根据输入信元的 VPI/VCI 标识和在连接建立时产生的路由表，把到达的信元交换到相应的输出接口。同时，将信元中的 VPI/VCI 改变为出接口的 VPI/VCI，完成 VP 交换或 VC 交换以及数据的转发。

ATM 虚电路有 3 种：永久虚电路（PVC）、交换虚电路（Switched Virtual Circuit，SVC）和 Soft VC（Soft Virtual Circuit）。

① PVC 是通过管理员静态配置的，一旦连接就不会自动释放，适合一直使用具有高级需求的连接。

② SVC 是通过信令方式建立的，可以通过命令的方式建立连接和释放。每个节点收到其他节点发来的建立请求时，如果满足配置要求，需要向此节点发送连接响应信息，等连接建立后再向下一个目标节点发送建立连接请求。

③ Soft VC 是指 ATM 网络是基于 SVC 的，而外围设备通过 PVC 方式接入 ATM 网络中。Soft VC 建立步骤同 SVC 类似。唯一不同的是，外围设备和 ATM 交换机入口出口间必须手工配置 PVC。这种方式的优点是，PVC 连接到用户便于对用户的管理，而 SVC 又能保障骨干链路的合理利用。

2. G.SHDSL 系统与传输模式

G.SHDSL 是一种高速对称的传输技术，利用了普通电话线中未使用的高频段，在双绞铜线上实现高速数据传输。G.SHDSL 系统主要由局端设备（Central Office，CO）和用户端设备（Customer Premises Equipment，CPE）组成。CO 是放置在局端的终结 G.SHDSL 协议的汇聚设备。CPE 是位于客户端的给用户提供各种接口的用户侧终端，实现对用户的数据进行调制和解调。

华为 AR 路由器设备的 G.SHDSL 接口支持两种工作模式：CO 模式和 CPE 模式。默认情况下，G.SHDSL 接口的工作模式为 CPE 模式。当两台设备在背对背连接时，必须把一端配置为 CO 模式，另一端配置成 CPE 模式。

G.SHDSL 接口支持两种传输模式：一种是 ATM 模式；另一种是 PTM 模式。ATM 模式下，G.SHDSL 线路承载的是 ATM 信元；PTM 模式下，G.SHDSL 线路承载的是以太报文。设备作为 CPE 部署，选择何种传输模式是由局端决定的。G.SHDSL 接口可以工作在 PTM 模式和 ATM 模式下，默认工作在 ATM 模式下。可以利用 set workmode slot slot-id shdsl { atm | ptm }命令，选择 G.SHDSL 接口的传输模式（设置后重启设备单板并等待一段时间才会生效）。

华为 AR 路由器设备的 G.SHDSL 模块接口支持 ATM 模式。华为 AR 路由器设备提供 ATM 特性支持 4 种业务类型：CBR（Constant Bit Rate，恒定比特流速率）、VBR-RT（Variable Bit Rate-Real Time，可变比特流速率-实时）、VBR-NRT（Variable Bit Rate - Non Real Time，可变比特流速率-非实时）、UBR（Unspecified Bit Rate，未定义比特率），分别对应 ATM 的 A 类、B 类、C 类和 D 类业务。华为 AR 路由器默认采用的 UBR 业务类型（ATM 的 D 类业务），主要用于支持 IP 业务，采用 AAL5 适配层。AAL5 适配层的封装协议类型有两种：aal5snap 和 aal5mux。默认的 AAL5 封装类型为 aal5snap。

3. G.SHDSL 接口 ATM 配置示例

拓扑图中，AR2/AR6/AR7 之间采用 G.SHDSL 接口及电话线连接，用于学习 G.SHDSL 接口配置方法和 ATM 配置方法。

G.SHDSL 接口有许多链路参数，包括功率频谱密度模式、发射功率、单板能力、调制模式、速率、兼容性等，为简化配置，G.SHDSL 的链路参数都采用默认配置。拓扑图中，AR6 中 G.SHDSL 接口工作在 CO 模式，AR2 和 AR7 中 G.SHDSL 接口工作在 CPE 模式。

ATM 接口链路上可以承载多种协议报文和应用方式，包括 IPoA、IPoEoA、PPPoA 和 PPPoEoA 等报文和应用方式。拓扑图中，AR2/AR6 以及 AR6/AR7 之间的 ATM 链路实现 IPOA 映射和应用，也就是 IP over ATM 应用。其他报文映射配置可以参考华为文档。

① IPoA（IP over AAL5）是指在 AAL5 上承载 IP 协议报文，即将 IP 报文封装在 ATM 信元内在 ATM 网络上传输，这是最基本的应用。

② IPoEoA（IP Protocol over Ethernet over AAL5）有三层结构。最上层封装 IP 协议，中间为以太网承载 IP 协议，最下一层为 AAL5 承载 IPoE，通过将 IPoE 的报文封装在 ATM 上传输。

③ PPPoA（PPP over AAL5）是指在 AAL5 上承载 PPP 报文。ATM 信元封装 PPP 报文，PPP 报文封装 IP 或其它协议的报文。在这种模式下，可以将 AAL5 简单地看成是 PPP 报文的承载层。

④ PPPoEoA（PPPoE over AAL5）是指在 AAL5 上承载 PPPoE（PPP over Ethernet）协议报文，其实质是用 ATM 信元封装以太网报文。在这种模式下，可以用一个 PVC 来模拟以太网的全部功能。

注意：华为路由器设备启动后，G.SHDSL 接口自动进入激活状态。当 G.SHDSL 接口上需要配置上行线路参数，实现 CPE 和局端设备的对接时，需先将 G.SHDSL 模块的所有接口（每个模块生成 4 个接口）去激活（shutdown），然后配置 G.SHDSL 参数，最后重新激活（undo shutdown），才能使配置生效。

（1）AR2/AR6 之间采用 IPoA 的配置。

① AR6 中 S3/0/0 接口配置：

```
interface Atm3/0/0
   ip address 200.3.26.6 255.255.255.0
   shutdown
   shdsl mode co                    ###配置为局端设备 CO
pvc 0/26
   service ubr                      ###UBR（D 类业务），支持 IP 业务，采用 AAL5 适配层
   Encapsulation aal5mux            ###aal5mux 不支持 inarp
   map ip 200.3.26.2                ###map 指定的 IP 地址是对端接口 IP 地址
   quit
undo shutdown
```

② AR2 中 ATM3/0/0 接口配置：

```
interface Atm3/0/0
ip address 200.3.26.2 255.255.255.0
   shutdown
   shdsl mode cpe               ###配置为用户端设备 CPE
pvc 0/26
   service ubr
   Encapsulation aal5mux
   map ip 200.3.26.6
   quit
undo shutdown
```

（2）R6\AR7 中采用 IPoA 配置

① AR6 中 S4/0/0 接口配置：

```
interface Atm4/0/0
   ip address 200.3.67.6 255.255.255.0
   shutdown
   shdsl mode co
pvc 0/67
   service ubr
   Encapsulation aal5snap
```

```
    map ip 200.3.67.7
    quit
undo shutdown
```

② AR7 中 S3/0/0 接口配置：

```
interface Atm3/0/0
    ip address 200.3.67.7 255.255.255.0
    shutdown
    shdsl mode cpe
pvc 0/67
    service ubr
    Encapsulation aal5snap
    map ip 200.3.67.6
    quit
undo shutdown
```

注意：使用 display dsl interface { atm | ethernet } interface-number 命令查看 G.SHDSL 接口的状态信息。使用 display atm pvc-info [interface atm interface-number [pvc { pvc-name [vpi/vci] | vpi/vci }]]命令查看 ATM 的 PVC 的相关信息。

3.12.4　POS 接口 PPP 认证配置

POS 接口 PPP 配置

1. POS 接口

POS 接口使用 SONET/SDH 物理层传输标准，提供一种高速、可靠、点到点的 IP 数据连接。图 3-43 所示为 POS 接口应用典型组网图。

POS 是一种应用在城域网及广域网中的技术，利用 SONET/SDH 提供的高速传输通道直接传送 IP 数据业务。POS 可以使用链路层协议对 IP 数据包进行封装，然后再由 SONET/SDH 通道层的业务适配器把封装后的 IP 数据包映射到 SONET/SDH 同步净荷中，然后经过 SONET/SDH 传输层和段层，加上相应的通道开销和段开销，把净荷装入一个 SONET/SDH 帧中，最后到达光网络，在光纤中传输。

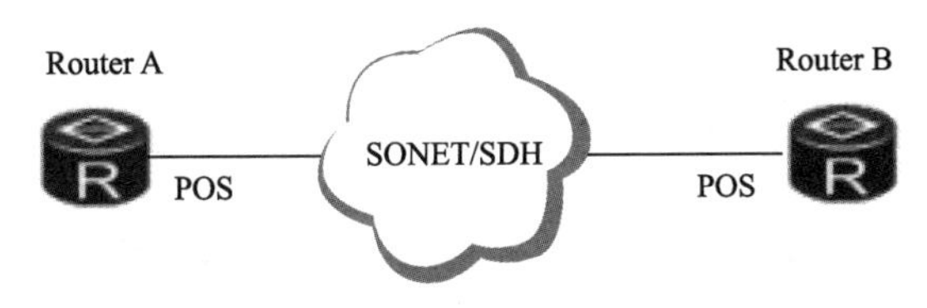

图 3-43　POS 接口应用典型组网图

目前，华为 AR 路由器设备提供两种速率的 POS 接口，使用的信号等级是 OC-3/STM-1（155 Mbit/s）和 OC-12/STM-4（622 Mbit/s）。支持的数据链路层协议包括帧中继 FR 协议、PPP 协议、HDLC 协议。

2. PPP 协议

PPP（Point-to-Point Protocol）协议是一种点到点链路层协议，主要用于在全双工的同异步链路上进行点到点的数据传输。

对物理层而言，PPP 既支持同步链路又支持异步链路，而 X.25、FR（Frame Relay）等数据链路层协议仅支持同步链路。PPP 协议具有良好的扩展性，提供认证协议 CHAP（Challenge-Handshake Authentication Protocol）、PAP（Password Authentication Protocol），更好地

保证了网络的安全性。另外，PPP协议和其他技术结合，可以提供多种业务，支持的业务有PPPoE、PPPoA、PPPoEoA、PPPoFR和PPPoISDN等。

3. PPP运行的过程

PPP协议在整个运行过程包括5个阶段：Dead阶段、Establish阶段、Authenticate阶段、Network阶段、Terminate阶段。PPP协议的运行过程如下：

① 通信双方开始建立PPP链路时，先进入到Establish阶段。

② 在Establish阶段，PPP链路进行LCP协商。LCP协商成功后进入Opened状态，表示底层链路已经建立。

③ 如果配置了验证，将进入Authenticate阶段，开始CHAP或PAP验证。如果没有配置验证，则直接进入Network阶段。

④ 在Authenticate阶段，如果验证失败，进入Terminate阶段，拆除链路，LCP状态转为Down。如果验证成功，进入Network阶段，此时LCP状态仍为Opened。

⑤ 在Network阶段，PPP链路进行NCP协商。通过NCP协商来选择和配置一个网络层协议并进行网络层参数协商。只有相应的网络层协议协商成功后，该网络层协议才可以通过这条PPP链路发送报文。NCP协商包括IPCP（IP Control Protocol）、MPLSCP（MPLS Control Protocol）等协商。IPCP协商内容主要包括双方的IP地址。

⑥ NCP协商成功后，PPP链路将一直保持通信。PPP运行过程中，可以随时中断连接，物理链路断开、认证失败、超时定时器时间到、管理员通过配置关闭连接等动作都可能导致链路进入Terminate阶段。

⑦ 在Terminate阶段，如果所有的资源都被释放，通信双方将回到Dead阶段，直到通信双方重新建立PPP连接，开始新的PPP链路建立。

4. 支持PPP的物理接口

支持PPP的物理接口很多，包括各种形式的Serial接口以及POS接口等。具体支持PPP协议的物理接口如下：

① 同/异步串口工作在同步方式形成的同步串口，其接口名称为Serial。

② 工作在协议模式的Async接口。

③ CE1/PRI接口和CT1/PRI接口形成的接口（包括ISDN PRI接口），其接口名称为Serial，逻辑特性与同步串口相同。

④ E1-F接口形成的接口，其接口名称为Serial，逻辑特性与同步串口相同。

⑤ CPOS接口下的E1通道形成的接口，其接口名称为Serial，逻辑特性与同步串口相同。

⑥ Cellular接口。

⑦ ISDN BRI接口。

⑧ POS接口。

5. POS接口PPP认证协议配置示例

拓扑图中，AR1/AR8/AR10之间采用POS光纤链路，数据链路层采用PPP协议。对于PPP协议的基本配置非常简单，只需要将接口链路协议设置为PPP，配置好接口IP地址即可通信。为了便于更好地理解PPP协议的配置，这里要求采用PPP-PAP认证方法配置AR1/AR8之间的链路，采用PPP-CHAP认证方式配置AR8/AR10之间的链路。

① AR1为服务端，AR8为客户端，采用PAP认证方式的配置。

• AR1中配置：

```
[AR1]aaa
   authentication-scheme sy
   domain sy
   quit
   local-user ppppap@sy password cipher huawei
   local-user ppppap@sy service-type ppp
[AR1]interface POS6/0/0
   link-protocol ppp
   ppp authentication-mode pap
   ip address 200.1.18.1 255.255.255.0
```

- AR8 中配置：

```
[AR8 ]interface POS6/0/0
   link-protocol ppp
   ppp pap local-user ppppap@sy password cipher huawei
   ip address 200.1.18.8 255.255.255.0
```

② AR8 为服务端，AR10 为客户端，采用 CHAP 认证方式的配置。

- AR8 中配置：

```
[AR8]aaa
   authentication-scheme sy
   domain sy
   quit
   local-user pppchap@sy password cipher huawei
   local-user pppchap@sy service-type ppp
[AR8]interface POS2/0/0
   link-protocol ppp
   ppp authentication-mode chap
   ip address 200.1.108.8 255.255.255.0
```

- AR10 中配置：

```
[AR10]interface POS6/0/0
   link-protocol ppp
   ppp chap user pppchap@sy
   ppp chap password cipher huawei
   ip address 200.1.108.10 255.255.255.0
```

注意：配置好后，先去激活相关接口（shutdown），然后再激活接口（undo shutdown），就会在配置窗口看到 PAP 和 CHAP 的协商信息。可以在系统模式使用 Info-center enable 和 undo info-center enable 命令开启和关闭信息中心。

3.12.5 以太网接口配置

以太网接口是一种用于局域网组网的接口，包括：以太网电接口、以太网光接口。

为了适应网络需求，华为 AR 路由器设备上定义了以下几种以太网接口类型：

① 二层以太网接口：是一种物理接口，工作在数据链路层，不能配置 IP 地址。它可以对接收到的报文进行二层交换转发，也可以加入 VLAN，通过 VLANIF 接口对接收到的报文进行三层路由转发。

② 三层以太网接口：是一种物理接口，工作在网络层，可以配置 IP 地址，它可以对接收到的报文进行三层路由转发。

二层以太网接口支持电接口和光接口：电接口包括 FE 电接口和 GE 电接口；光接口包括 GE 光接口。其中，AR1200 系列、AR2200 系列和 AR3200 系列支持 FE 电接口、GE 电接口和 GE 光接口，AR150&AR200 系列仅支持 FE 电接口，AR160 系列仅支持 GE 电接口。

对于 AR150&AR200 &AR160 系列，默认情况下，以太网接口为二层以太网接口。设备支持通过 undo portswitch 命令将接口从二层模式切换到三层模式。

对于 AR2201-48FE 和 AR2202-48FE，默认情况下，接口 Eth0/0/0 和 Eth0/0/47 为二层以太网接口。设备支持通过 undo portswitch 命令将接口 Eth0/0/0 和 Eth0/0/47 从二层模式切换到三层模式。

拓扑图中，AR3/AR5 之间通过千兆以太接口连接，用于学习以太网接口互联配置。假定 AR3/AR5 之间的网段地址为 200.2.35.0/24。采用以太网接口互联网网络，以太网接口默认分组以太网链路层协议（ARPA），不需要配置链路层协议。接口配置如下：

① AR3 中 G/0/0 接口配置：

```
interface G0/0/0
ip address 200.2.35.3 255.255.255.0
```

② AR5 中 G/0/1 接口配置：

```
interface G0/0/1
ip address 200.2.35.5 255.255.255.0
```

网络互联配置测试与配置保存

说明：本节介绍了多种网络互联通信的配置。文中列出的配置示例是结合实验拓扑图完成的，所有配置测试通过。本实验拓扑图同时也作为后续路由技术配置测试用。

小　结

本章主要介绍了广域网技术、城域网技术、接入网络技术。其中城域网主要提供高带宽的业务承载和传输，完成和已有网络（如 ATM、FR、DDN、IP 网络）的互联互通，其特征为宽带传输和高速调度。目前主要采用万兆以太网技术、光以太网 RPR 技术、基于 EOS(Ethernet Over SDH）的 MSTP 技术、POS 技术（IP over SDH）等技术组成城域网。广域网技术有窄带广域网技术和宽带广域网技术，目前最常用的是宽带广域网技术，SDH 技术和 WDM 技术。接入网的接入方式包括双绞线（包括普通电话线）接入、光纤接入、光纤同轴电缆（有线电视电缆）混合接入和无线接入等几种方式。

各类网络互联配置

在介绍广域网技术、城域网技术、接入网络技术的同时，详细介绍 X.25 网络、DDN 网络、帧中继网络、ATM 网络、SDH 网络，以及网络互联的相关接口和相关网络互联的配置方法和示例。

习　题

一、选择题

1. 不同的网络由不同的设备之间互联而成，而不同的网络之间的互联主要由（　　）连接。

   A. 交换机　　B. 集线器　　C. 路由器　　D. 双绞线

2. 目前用于城域网互联和广域网互联的网络主要是宽带网络，没有（　　）。

   A. 局域网　　B. ATM 网络　　C. 光以太网　　D. SDH 网络

3. X.25 网络和 ATM 网络本身包括（　　）层协议。

A. 一　　B. 二　　C. 三　　D. 四

4. DDN和SDH网络属于传输网络，在TCP/IP协议体系中相当于（　　）网络。

A. 物理层　　B. 数据链路层　　C. 网络层　　D. 应用层

5. DDN网络属于（　　）网络。

A. 高速准同步　　B. 中速准同步　　C. 低速准同步　　D. 慢速准同步

6. 一条虚电路由若干段逻辑信道拼接而成，每一段逻辑信道具有独立的编号，称为（　　）。

A. 逻辑信道编号　　B. 逻辑编号　　C. 信道编号　　D. 交换编号

7. 目前电话线接入主要采用（　　）接入。

A. VDSL技术　　B. DSL技术　　C. RADSL技术　　D. SDSL技术

8. ATM采用（　　）的方式。

A. 同步时分复用　　B. 同步频分复用　　C. 异步时分复用　　D. 异步频分复用

9. MSTP即多业务传输平台，它能够同时实现多业务的接入处理和传送，其中不包括的业务是（　　）。

A. TDM　　B. ATM　　C. 以太网　　D. PDH

10. 在SDH网络中，既有标准的电接口，又有标准的（　　），便于不同厂家设备的互通。

A. NUI　　B. 光接口　　C. UNI　　D. A+B

二、实践题

利用华为eNSP虚拟仿真软件完成各类网络互联实践。

（1）X.25互联实践。

（2）帧中继网络互联实践。

（3）G.SHDSL电话接口ATM实践。

（4）POS接口SDH网络互联实践。

（5）以太网互联实践。

第 4 章 内部路由协议

互联网中的主要节点设备是路由器，路由器通过路由表来转发接收到的数据。路由表和转发策略可以由人工制定。在较小规模的网络中，人工制定路由表和转发策略没有问题。但是，在较大规模的网络中，如果通过人工制定路由表和转发策略，将会给网络管理员带来巨大的工作量，并且在管理维护路由表上也变得十分困难。为了解决这个问题，动态路由协议应运而生。动态路由协议可以让路由器自动学习到其他路由器的网络信息，并且在网络拓扑发生改变时自动更新路由表。

路由协议用于创建路由表信息，描述了网络拓扑结构；路由协议与路由器协同工作，执行路由选择和数据包转发功能。路由协议主要运行在路由器上，主要包括 RIP（Routing Information Protocol）、OSPF（Open Shortest Path First）、ISIS（Intermedia System-Intermedia System）和 BGP（Border Gateway Protocol）等协议。

本章具体介绍静态路由以及内部路由协议高级技术。本章及后续章节部分内容主要参考华为《Huawei AR150&AR160&AR200&AR1200&AR2200&AR3200 产品文档》。

4.1 路由相关知识

路由就是报文从源端到目的端的路径。当报文从路由器到目的网段有多条路由可达时，路由器可以根据路由表中最佳路由进行转发。最佳路由的选取与发现，与路由的协议优先级、路由度量有关。当多条路由的协议优先级与路由度量都相同时，可以实现负载均衡；当多条路由的协议优先级与路由度量不同时，可以构成路由备份，提高网络的可靠性。

4.1.1 静态路由与动态路由

路由器不仅支持静态路由，同时也支持 RIP、OSPF、ISIS 和 BGP 等动态路由协议。路由协议是路由器之间维护路由表的规则，用于发现路由，生成路由表，并指导报文转发。依据路由来源不同，路由可以分为三类：

① 通过链路层协议发现的路由称为直连路由。

② 通过网络管理员手动配置的路由称为静态路由。

③ 通过动态路由协议发现的路由称为动态路由。

静态路由对系统要求低，适用于拓扑结构简单并且稳定的小型网络。缺点是不能自动适应网络拓扑的变化，需要人工干预。

动态路由协议有自己的路由算法，能够自动适应网络拓扑的变化，适用于具有一定数量三层设备的网络。缺点是配置对用户要求比较高，对系统的要求高于静态路由，并将占用一定的网络资源和系统资源。

4.1.2　动态路由的分类

对动态路由协议的分类可以采用不同标准进行分类，可以根据路由作用范围分，也可以根据使用算法不同来区分。

根据作用范围不同，路由协议可分为内部网关协议和外部网关协议。

① 内部网关协议（Interior Gateway Protocol，IGP）：在一个自治系统内部运行。常见的 IGP 协议包括 RIP、OSPF 和 ISIS。

② 外部网关协议（Exterior Gateway Protocol，EGP）：运行于不同自治系统之间。BGP 是目前最常用的 EGP 协议。

根据使用算法不同，路由协议可分为距离矢量协议和链路状态协议。

① 距离矢量协议（Distance-Vector Protocol）：包括 RIP 和 BGP。其中，BGP 也被称为路径矢量协议（Path-Vector Protocol）。

② 链路状态协议（Link-State Protocol）：包括 OSPF 和 ISIS。

以上两种算法的主要区别在于发现路由和计算路由的方法不同。

4.1.3　路由表和转发表

路由器转发数据包的关键是路由表和转发表（Forwarding Information Base，FIB），每个路由器都至少保存着一张路由表和一张转发表。路由器通过路由表选择路由，通过转发表指导报文进行转发。

1. 路由表

每台路由器中都保存着一张本地核心路由表（即路由设备的 IP 路由表），同时各个路由协议也维护着自己的路由表。

（1）本地核心路由表

路由器使用本地核心路由表用来保存决策优选路由，并负责把优选路由下发到转发表，通过转发表指导报文进行转发。本地核心路由表依据各种路由协议的优先级和度量值来选取路由。华为设备显示本地核心路由表，使用命令：

```
display ip routing-table        ###显示本地核心路由表(IP路由表)
```

下面通过 display ip routing-table 命令显示某路由器上的路由表信息。

```
[AR]display ip routing-table
Route Flags: R - relay, D - download to fib
-------------------------------------------------------------------------
Routing Tables: Public
   Destinations:5      Routes:5
Destination/Mask Proto  Pre Cost Flags NextHop       Interface
 0.0.0.0/0       Static 60  0     D     192.168.0.2  GigabitEthernet1/0/0
 10.8.0.0/16     Static 60  3     D     192.168.0.2  GigabitEthernet1/0/0
 10.9.0.0/16     Static 60  50    D     172.16.0.2   GigabitEthernet3/0/0
 10.9.1.0/24     Static 60  4     D     192.168.0.2  GigabitEthernet2/0/0
 10.20.0.0/16    Direct 0   0     D    172.16.0.1    GigabitEthernet4/0/0
```

路由表中个参数含义如下：

① Destination/Mask：代表目标网络。

② Proto：代表路由来源，包括 Static、Direct、OSPF、RIP 等。

③ Pre：代表路由的协议优先级，不同的路由协议优先级不同。

④ Cost：代表路由开销值（度量值）。

⑤ Flags：代表路由表标志。Route Flags 中，R 是 relay 的首字母，说明是迭代路由；D 是 download 的首字母,表示该路由下发到 FIB 表。

⑥ NextHop：代表路由的下一跳 IP 地址。

⑦ Interface：代表路由下一跳对应的本地转发接口。

（2）协议路由表

路由器，每个开启的动态协议都会生产一个路由表，这个路由表就是协议路由表。协议路由表中存放着该协议发现的路由信息。

路由协议可以引入并发布其他协议生成的路由。例如，在路由器上运行 OSPF 协议，需要使用 OSPF 协议通告直连路由、静态路由或者 ISIS 路由时，可将这些路由引入到 OSPF 协议的路由表中。

华为设置显示协议路由表的命令如下：

```
Display ospf [process ID] routing            ###显示 OSPF 协议路由表
Display ospf lsdb                            ###显示 OSPF 链路状态数据库
Display isis [process ID] route              ###显示 ISIS 协议路与表
Display isis lsdb                            ###显示 ISIS 链路状态数据库
Display rip process ID route                 ###显示 RIP 协议学习到路由
Display rip process ID database              ###显示 RIP 路由信息数据库
disp bgp routing-table                       ###显示 BGP 协议路由表
```

2. 转发表

路由器中的转发表，是根据路由表产生的。在路由表选择出路由后，路由表会将激活的路由下发到转发表 FIB 表中。当报文到达路由器时，会通过查找 FIB 表进行转发。

FIB 表中每条转发项都指明到达某网段或某主机的报文应通过路由器的哪个物理接口或逻辑接口发送，然后就可到达该路径的下一个路由器，或者不再经过别的路由器而传送到直接相连的网络中的目的主机。华为路由器设备使用如下命令查看 FIB 表。

```
Display FIB                         ###显示路由设备转发表
```

FIB 表的匹配遵循最长匹配原则。查找转发表 FIB 表时，报文的目的地址和 FIB 中各表项的掩码进行按位“逻辑与”，得到的地址符合 FIB 表项中的网络地址则匹配。最终选择一个最长匹配的 FIB 表项转发报文。

下面是通过 display FIB 命令显示某路由器上的转发表 FIB 信息。

```
[AR]display fib
Route Flags: G - Gateway Route, H - Host Route,U - Up Route
    S - Static Route,D - Dynamic Route, B - Black Hole Route（黑洞路由）
    L - Vlink Route
------------------------------------------------------------------------------
FIB Table:
Total number of Routes : 5
Destination/Mask  Nexthop        Flag  TimeStamp Interface             TunnelID
0.0.0.0/0         192.168.0.2     SU    t[37]     GigabitEthernet1/0/0    0x0
10.8.0.0/16       192.168.0.2     DU    t[37]     GigabitEthernet1/0/0    0x0
10.9.0.0/16       172.16.0.2      DU    t[32]     GigabitEthernet3/0/0    0x0
10.9.1.0/24       192.168.0.2     DU    t[32]     GigabitEthernet2/0/0    0x0
10.20.0.0/16      172.16.0.1       U    t[32]     GigabitEthernet4/0/0    0x0
```

4.1.4 路由迭代

路由必须有直连的下一跳和出接口才能够指导转发，但是路由生成时下一跳可能不是直连的，或者没有指定出接口，因此需要计算出一个直连的下一跳和对应的出接口，这个过程称为路由迭代。

BGP 路由、静态路由和 UNR 路由（用户网络路由，比如地址池中地址形成的路由）的下一跳都有可能不是直连的，都需要进行路由迭代。对于 OSPF 和 ISIS 等链路状态路由协议而言，其下一跳是直接在路由计算时得到的，不需要进行路由迭代。

路由表信息中，flags 中标识为 R（Relay）时，说明是迭代路由，路由器会根据路由下一跳的 IP 地址获取出接口。当配置静态路由时，如果只指定下一跳 IP 地址，而不指定出接口，就是迭代路由，需要根据下一跳 IP 地址的路由获取出接口。

BGP 路由的下一跳一般是非直连的对端 loopback 地址，不能指导转发，需要进行迭代。即根据以 BGP 学习到的下一跳为目的地址在 IP 路由表中查找，当找到一条具有直连的下一跳、出接口信息的路由后（一般为一条 IGP 路由），将其下一跳、出接口信息填入这条 BGP 路由的 IP 路由表中并生成对应的 FIB 表项。

4.1.5 路由协议的优先级

对于相同的目的地，不同的路由协议（包括静态路由）可能会发现不同的路由，但这些路由并不都是最优的。为了判断最优路由，各路由协议（包括静态路由）都被赋予了一个优先级，当存在多个路由信息源时，具有较高优先级（取值较小）的路由协议发现的路由将成为最优路由，并将最优路由放入本地核心路由表中。

路由器分别定义了外部优先级和内部优先级。外部优先级是指用户可以手工为各路由协议配置的优先级，默认情况下如表 4-1 和表 4-2 所示。

表 4-1 路由协议默认时的外部优先级（用户可修改）

路由协议的类型	路由协议的外部优先级	路由协议的类型	路由协议的外部优先级
Direct	0	OSPF ASE	150
OSPF	10	OSPF NSSA	150
ISIS	15	IBGP	255
Static	60	EBGP	255
RIP	100		

其中，0 表示直接连接的路由，255 表示来自不可信源端的路由；数值越小表明优先级越高。除直连路由（DIRECT）外，各种路由协议的外部优先级都可由用户手工进行配置。另外，每条静态路由的优先级都可以不相同。

路由协议的内部优先级则不能被用户手工修改。选择路由时先比较路由的外部优先级，当不同的路由协议配置了相同的优先级后，系统才会通过内部优先级决定哪个路由协议发现的路由将成为最优路由。例如，到达同一目的地 10.1.1.0/24 有两条路由可供选择，一条静态路由，另一条是 OSPF 路由，且这两条路由的外部优先级都被配置成 5。这时路由器系统将根据内部优先级进行判断。因为 OSPF 协议的内部优先级是 10，高于静态路由的内部优先级 60。所以，系统选择 OSPF 协议发现的路由作为最优路由。

表 4-2 路由协议内部优先级（用户不能修改）

路由协议的类型	路由协议的内部优先级	路由协议的类型	路由协议的内部优先级
Direct	0	RIP	100
OSPF	10	OSPF ASE	150
ISIS Level-1	15	OSPF NSSA	150
ISIS Level-2	18	IBGP	200
Static	60	EBGP	20

4.1.6 路由度量值

路由度量是指不同的路由协议用来确定最优路径要考虑的因素（依据），不同的路由协议确定最优路径的因素（依据）是不同，这些因素包括路径长度（经过的路由设备数量，也称跳数）、网络带宽（链路传输数据能力）、负载情况（每秒转发数据包数量情况），通信开销（运营成本）等。最常用的度量，比如，RIP 协议使用路径长度因素，OSPF 协议使用网络带宽因素。

路由度量值标示出了这条路由到达指定的目的地址的开销（Cost）。注意，路由表中的 Cost 值，对于同种路由协议之间的比较才有意义。Cost 值越小，路由越优。

① RIP 协议使用跳数作为开销值（Cost），取值范围为 0~15，默认值为 0。

② OSPF 协议根据该接口的带宽自动计算其开销值。计算公式为：

接口开销 Cost=带宽参考值/接口带宽

取计算结果的整数部分作为接口开销值（当结果小于 1 时取 1）。通过改变带宽参考值可以间接改变接口的开销值。默认情况下，OSPF 的带宽参考值为 100 Mbit/s。根据接口开销计算公式接口开销=带宽参考值/接口带宽，则百兆 Ethernet 接口开销的默认值是 1。可以使用 bandwidth-reference 命令修改带宽参考值。

③ ISIS 协议的开销类型有 narrow、narrow-compatible 和 wide、wide-compatible 等类型。ISIS 的开销与链路带宽相关。当开销类型为 narrow、narrow-compatible 时，Cost 长度为 6 bit，取值范围是 1 ~ 63。当开销类型为 wide 或 wide-compatible 时，Cost 长度为 24 bit，取值范围是 1 ~ 16 777 214，默认值为 10。

wide 类型下的 ISIS 和 narrow 类型下的 ISIS 不可实现互通。如果需要互通，就必须设置成一致的开销类型，让网络上所有路由器都可以接收其他路由器发的所有报文。

4.1.7 负载分担与路由备份

当多条路由的路由优先级和路由度量值都相同时，这几条路由就称为等价路由，多条等价路由可以实现负载分担。当这几条路由为非等价路由时，就可以实现路由备份。

1. 负载分担

路由器支持多路由模式，即允许配置多条目的地相同且优先级也相同的路由。当到达同一目的地存在同一路由协议发现的多条路由，且这几条路由的开销值也相同时，就满足负载分担的条件。

当实现负载分担时，路由器根据五元组（源地址、目的地址、源端口、目的端口、协议）进行转发，当五元组相同时，路由器总是选择与上一次相同的下一跳地址发送报文。当五元组不同时，路由器会选择相对空闲的路径进行转发。

如图 4–1 所示，RouterA 已经通过接口 G1/0/0 转发到目的地址 10.1.1.0/24 的第 1 个报文 P1，随后又需要分别转发报文到目的地址 10.1.1.0/24 和 10.2.1.0/24。其转发过程如下：

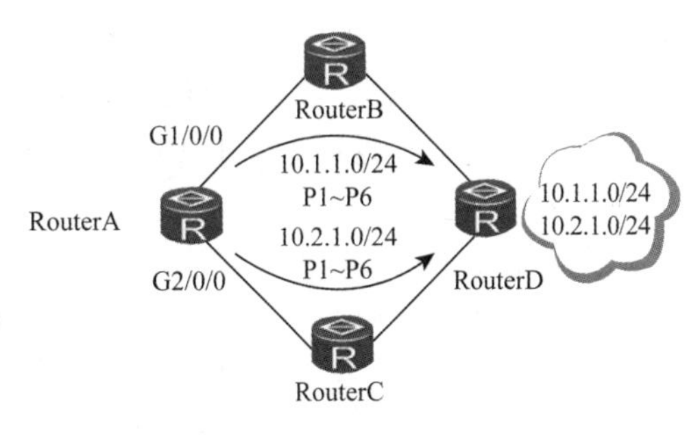

图 4–1　负载分担组网图

当转发到达 10.1.1.0/24 的第 2 个报文 P2 时，发现此报文与到达 10.1.1.0/24 的第 1 个报文 P1 的五元组一致，所以之后到达该目的地的报文都从 G1/0/0 转发。

当转发到达 10.2.1.0/24 的第 1 个报文 P1 时，发现此报文与到达 10.1.1.0/24 的第 1 个报文 P1 的五元组不一致。所以选取从 G2/0/0 转发，并且之后到达该目的地的报文都从 G2/0/0 转发。

2. **路由备份**

路由备份功能，可以提高网络的可靠性。用户可以根据实际情况，配置到同一目的地的多条路由，其中一条路由的优先级最高，作为主路由，其余的路由优先级较低，作为备份路由。

正常情况下，路由器采用主路由转发数据。当主链路出现故障时，主路由变为非激活状态，路由器选择备份路由中优先级最高的路由转发数据。这样，也就实现了主路由到备份路由的切换。当主链路恢复正常时，由于主路由的优先级最高，路由器重新选择主路由来发送数据。这样，就实现了从备份路由回切到主路由。

4.2　静 态 路 由

路由器根据路由转发数据包，路由可通过手动配置和使用动态路由算法计算产生，其中手动配置产生的路由就是静态路由。静态路由比动态路由使用更少的带宽，并且不占用 CPU 资源来计算和分析路由更新。但是，当网络发生故障或者拓扑发生变化后，静态路由不会自动更新，必须手动重新配置。

4.2.1　静态路由配置

静态路由有 5 个主要的参数：目的地址、掩码、出接口、下一跳、优先级。对于不同的静态路由，可以为它们配置不同的优先级，优先级数字越小优先级越高。配置到达相同目的地的多条静态路由，如果指定相同优先级，则可实现负载分担；如果指定不同优先级，则可实现路由备份。静态路由的默认优先级为 60。

静态路由的配置命令格式：

```
ip route-static ip-address { mask| mask-length } { nexthop-address|
interface-type interface-number [ nexthop-address ] } [ preference
preference|tag tag ] [ description text ]
```

4.2.2　默认路由配置

默认路由是另外一种特殊的静态路由。默认路由是没有在路由表中找到匹配的路由表项时才使用的路由。如果报文的目的地址不能与路由表的任何目的地址相匹配，那么该报文将选取默认路由进行转发。如果没有默认路由且报文的目的地址不在路由表中，那么该报文将被丢弃，并向源端返回一个 ICMP（Internet Control Message Protocol）报文，报告该目的地址或网络不可达。

默认路由的配置命令格式：

```
ip route-static 0.0.0.0 0.0.0.0 { nexthop-address| interface-type
interface-number [ nexthop-address ] } [ preference preference|tag tag ]
[ description text ]
```

4.2.2 静态路由与故障检测类协议联动配置

在实际组网中，由于静态路由缺乏链路状态检测机制，无法感知链路状态，而影响网络的使用，因此，可能需要将静态路由与故障检测类协议联动在一起工作，以提高网络的性能。静态路由可以与 BFD 和 NQA 联动，提高网络可靠性。配置方法主要采用在静态路由配置命令中使用 track bfd-session 和 track nqa 参数。

1. 静态路由与 BFD 联动

配置静态路由与 BFD（Bidirectional Forwarding Detection，双向转发检测）联动，可以快速感知从本地到路由目的地址的链路变化，提高网络可靠性。

与动态路由协议不同，静态路由自身没有检测机制，当网络发生故障时，需要管理员介入。静态路由与 BFD 联动特性可为静态路由绑定 BFD 会话，利用 BFD 会话来检测静态路由所在链路的状态，实现毫秒级快速感知故障。

执行如下命令配置静态路由与 BFD 联动：

```
ip route-static ip-address { mask | mask-length } { nexthop-address |
interface-type interface-number [ nexthop-address ] } [ preference
preference tag tag] track bfd-session cfg-name [ description text ]
```

为公网静态路由绑定静态 BFD 会话。为静态路由绑定 BFD 会话时，请确保 BFD 会话和静态路由在同一链路上。

2. 静态路由与 NQA 联动

如果互通设备不支持 BFD 功能，可以配置静态路由与 NQA（Network Quality Analysis，网络质量分析）联动，利用 NQA 测试对链路状态进行检测，从而提高网络的可靠性。

在实际网络中，出于网络稳定性的考虑，通常要对链路状态进行实时检测，根据链路状态的变化进行链路的主备切换。而静态路由与 NQA 联动则只要求互通设备的其中一端支持 NQA 即可，并不要求两端都支持，且不受二层设备的限制。在发生链路故障后，NQA 测试可以快速地检测到链路的变化，并且在 IP 路由表中把与该 NQA 测试例联动的静态路由删除，从而影响流量的转发。

执行如下命令配置静态路由与 NQA 测试联动：

```
ip route-static ip-address { mask | mask-length } { nexthop-address |
interface-type interface-number [ nexthop-address ] } [ preference
preference | tag tag ] track nqa admin-name test-name [ description text ]
```

配置静态路由与 NQA 测试联动时，NQA 测试的目的地址不能和检测的静态路由的目的地址相同。配置同一条静态路由与其他 NQA 测试联动时，会解除与前一个 NQA 测试的联动关系。

4.3 RIP 协 议

路由信息协议（Routing Information Protocol，RIP）是一种内部网关协议（IGP），也是一种动态路由选择协议，用于路由域内的路由信息的传递。RIP 协议基于距离矢量算法，使用“跳数”来衡量到达目标地址的路由距离。RIP 路由协议只与自己相邻的路由器交换信息，且其范围限制在 15 跳之内。再远，即达到 16 跳，就认为网络不可达。

RIP 路由协议中只有一种报文结构，两种报文类型，分别是 request 报文和 response 报文。Request 表示请求路由条目报文，路由器启动或者 RIP 进程重启时就发送路由请求，请求所有的路由条目。Request 表示响应请求报文，路由器在接收到 Request 请求报文后做出响应。

4.3.1 RIP 协议版本问题

RIP 的版本包括 RIP-1 和 RIP-2 两种，它们的功能有所不同。不论是 Cisco 还是华为设备，默认都使用 RIP-1，RIP-2 需要执行 version 2 命令。一般情况下，只需要配置全局 RIP 版本号即可。如果需要，可以在指定接口下配置接口的 RIP 版本号。

默认情况下，接口只发送 RIP-1 报文，但可以接收 RIP-1 和 RIP-2 的报文。如果没有配置接口的 RIP 版本号则以全局版本为准，接口下配置的版本号优先级高于全局版本号。

RIP-1 和 RIP-2 协议有许多相同的地方。例如，它们都是一种报文格式、两种报文类型，即 Request 报文和 Response 报文。发送报文都采用 UDP 协议，端口采用 520 端口号等。但 RIP-1 和 RIP-2 有许多不同点，具体如下：

① RIP-1 协议是有类路由协议；RIP-2 是无类路由协议。

② RIP-1 是采用广播更新，采用的广播地址为 255.255.255.255；RIP-2 是组播更新，采用的组播地址为 224.0.0.9。

③ RIP-1 没有手工汇总的功能，只能自动汇总；RIP-2 可以在关闭自动汇总的前提下，进行手工汇总。

④ RIP-1 对路由没有标记的功能；RIP-2 可以对路由做标记（TAG），在路由策略中可根据路由标记对路由进行灵活的控制。

⑤ RIP-1 报文中不能携带子网掩码，不能支持 VLSM；而 RIP-2 协议报文中可以携带子网掩码，支持 VLSM。

⑥ RIP-1 没有认证的功能；RIPv2 可以支持认证，并且有明文和 MD5 两种认证方式。

⑦ RIP-1 发送的报文中没有下一跳（Next-Hop）属性；RIPv2 有下一跳属性，可以用于广播网络中选择最优下一跳地址。

⑧ RIP-1 发送的报文中最多可以携带 25 条路由条目；RIP-2 在有认证的情况下最多只能携带 24 条路由。

⑨ RIP-1 是定时更新，每隔 30 s 更新一次；RIP-2 在定时更新的同时，还采用了触发更新等机制来加速路由计算。

4.3.2 RIP 协议自动汇总规则

作为距离矢量路由协议的 RIP 有一个最大的特点是自动汇总（也叫边界汇总）。自动汇总是由 RIP 协议的发送行为和接收行为导致的。

1. RIP 接收行为汇总规则

① 收到一条路由之后，如果发现前缀（Response 报文中 ip-address）是主类网络号，直接加入路由表中，掩码是 8/16/24。例如 response 报文中 ip-address 是 10.0.0.0，那么路由条目就是 10.0.0.0/8。

② 如果发现前缀不是主网络号，检查是否和接收接口 IP 地址在同一主网，如果不在同一主网就生成有类的主网路由，放入路由表，掩码是 8/16/24。例如，response 报文中 ip-address 是 10.1.1.0，那么路由条目就是 10.0.0.0/8.

③ 如果发现前缀不是主网络号，但是和接收接口 IP 地址在同一主网，就会用接口的掩码检查是网段地址还是主机地址。如果是网段地址，生成路由，掩码等于接收接口的掩码，放入路由表；如果是主机地址，生成 32 位的主机路由。

2. RIP 发送行为汇总规则

① 发送的路由是没有掩码的，将要发送的路由前缀和出接口网段进行匹配。如果不在同一主网，则为主网边界，将自动汇总成有类网络号，发送前缀到出接口。

② 如果在同一主网，检查要发送的路由的前缀是否是 32 位掩码。如果是 32 位的掩码，就发送 32 位前缀路由到出接口。如果不是 32 位的掩码，检查前缀和出接口掩码是否相同。如果不同，抑制发送或者汇总为主网络号。如果相同，则发送正确路由到出接口。

4.3.3 RIP 工作过程及计时器

1. RIP 路由表形成

当路由器运行 RIP 后，会首先建立 RIP 路由表，RIP 启动时的初始路由表仅包含本设备的一些直连接口路由。RIP 运行后，路由器就会发送路由更新请求（Request）信息，收到请求的路由器会发送自己的 RIP 路由信息进行响应。最初的响应信息是 RIP 中的路由信息。

RIP 路由协议用“请求（Request）”和“响应（Response）”两种分组来传输路由相关信息。每个开启 RIP 协议功能的路由器，每隔 30 s 用 UDP 520 端口给予直接相连的路由器设备广播或组播相应的响应信息，维护和更新路由表。

2. RIP 自动汇总

当路由器发送响应信息时，路由器将 RIP 路由表中各记录按照发送行为路由自动汇总规则处理，并在出接口的响应报文信息中，将路由表项中度量值加上附加度量值后向外广播自己的路由表。当路由器接收到 RIP 响应报文后，首先按照接收路由自动汇总规则进行处理，然后接收方路由器和自己的 RIP 路由表中的每一项进行比较，维护和更新 RIP 路由表。

3. RIP 路由表更新

网络稳定后，路由器会周期性（30 s）发送路由更新报文。当 RIP 路由器收到其他路由器的更新报文时，将开始处理附加的路由更新信息。可以遇到 3 种情况：

① 如果路由更新中的路由条目是新的，路由器则将新的路由连同通告路由器的地址（作为下一跳地址）一起加入到自己的路由表中。

② 如果目的网络的 RIP 路由已经在路由表中，那么只有在新的路由拥有更小的跳数时才能替换原来的路由条目。

③ 如果目的网络的 RIP 路由已经在路由表中，但是路由更新通告中的跳数大于或等于路由表中的跳数，这时 RIP 路由器将判断这条更新是否来自已经记录条目的下一跳路由器。如果是

来自同一个下一跳路由器，则更新路由表项目，否则忽略这条路由信息。

RIP 协议附加度量值：RIP 协议在更新路由表时，要考虑接收和发送附加度量值。RIP 协议的响应报文中，路由表项携带有度量值，其值为路由表的度量值加上附加度量值。附加度量值是附加在 RIP 路由上的输入/输出度量值,包括发送附加度量值和接收附加度量值。发送附加度量值不会改变路由表中的路由度量值，仅当接口发送 RIP 路由信息时才会添加到发送路由上，默认值为 1；接收附加度量值会影响接收到的路由度量值，接口接收到一条 RIP 路由时，在将其加入路由表前会把接收附加度量值附加到该路由上，其默认值为 0。

根据附加度量值规则，RIP 协议在发送 RIP 路由信息时，将度量值增加 1 后，传送下一跳路由器。

4. RIP 协议定时器

RIP 协议在更新和维护路由信息时主要使用 4 个定时器：

① 更新定时器（Update Timer）：用来激发 RIP 路由器路由表的更新，每个 RIP 节点只有一个更新定时器，设为 30 s。每隔 30 s 路由器会向其邻居广播自己的路由表信息。每个 RIP 路由器的定时器都独立于网络中其他路由器，因此它们同时广播的可能性很小。

② 老化定时器（Age Timer）：用来判定某条路由是否可用。每条路由有一个老化定时器，设为 180 s。当一条路由激活或更新时，该定时器初始化，如果在 180 s 之内没有收到关于那条路由的更新，则认为该路由不可达，该路由将从核心路由表中删除，但还保留在 RIP 路由表中，并设置为路由不可达（16 跳）。

③ 垃圾收集定时器（Garbage-Collect Timer）：如果在垃圾收集时间内不可达路由没有收到来自同一邻居的更新，则该路由将被从 RIP 路由表中彻底删除。

④ 抑制定时器（Suppress Timer）：当 RIP 设备收到对端的路由更新，其开销（Cost）为 16 时，对应路由进入抑制状态，并启动抑制定时器。为了防止路由振荡，在抑制定时器超时之前，即使再收到对端路由开销小于 16 的更新，也不接受。当抑制定时器超时后，就重新允许接受对端发送的路由更新报文。

路由器每 30 s 发送一次路由响应或者更新，如果收到了对应的路由，计时器就会复位 180 s。如果路由器 180 s 没有收到路由更新或者是收到路由跳数是 16 的路由更新时就会将路由的 metric 值置为 16，这条路由从路由表中清除，但是不会从 RIP 的数据库中清除，因为路由器还要告诉其他相邻的路由器这条路由是不可达的，否则就会发生环路。

老化定时器记录的路由超时，在 RIP 数据库表中是路由跳数为 16 跳的路由，这种路由发给其他路由器只要是为了防止出现环路，由于 RIP 是不可靠的 UDP 传输的协议，所以路由器并不是发送一次就把 16 跳的路由删除，而是会保持 120 s（相当于发送 4 次），120 s 过后就会从 RIP 的数据库中删除这条 16 跳的路由。

4.3.4 RIP 协议存在的问题和解决办法

1. RIP 协议存在的问题

① 距离向量路由协议都有一个问题，路由器不知道网络的全局情况，路由器必须依靠相邻路由器来获取网络的可达信息。由于路由选择更新信息在网络上传播慢，距离向量路由选择算法有一个“慢收敛”问题，慢收敛有可能导致产生路由环路。

② 当网络发生故障时，采用 RIP 路由协议的网络可能产生路由环路，出现路由环路就会产

生“计数到无穷大”问题。

2. 计数到无穷大

RIP 协议允许最大跳数为 15。大于 15 跳的目的网络被认为是不可达。这个数字在限制了网络大小的同时也防止了“计数到无穷大”的问题。下面采用图示说明计数到无穷大问题。图 4-2 所示为 AR1、AR2、AR3 路由器形成的网络及路由表信息。

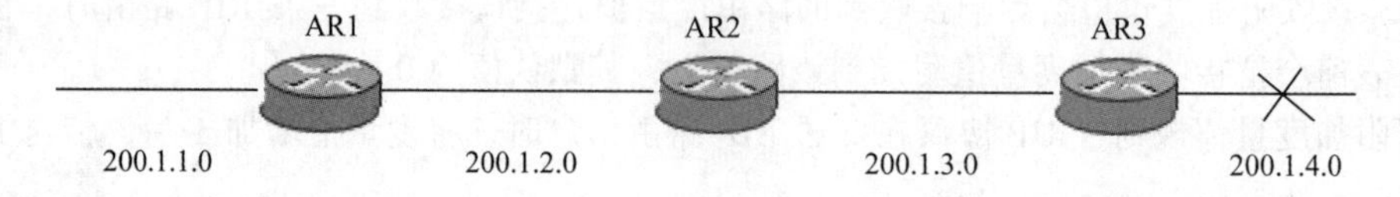

AR1路由表			
	NET	NEMT HOP	
C	200.1.1.0		0
C	200.1.2.0		0
R	200.1.3.0	200.1.2.2	1
R	200.1.4.0	200.1.2.2	0

AR2路由表			
	NET	NEMT HOP	
R	200.1.1.0	200.1.2.1	1
C	200.1.2.0		0
C	200.1.3.0		0
R	200.1.4.0	200.1.2.2	1

AR3路由表			
	NET	NEMT HOP	
R	200.1.1.0	200.1.3.1	2
R	200.1.2.0	200.1.3.1	1
C	200.1.3.0		0
C	200.1.4.0		0

图 4-2　RIP 协议计算到无穷大初始状态

① 假定路由器 AR3 发现直连网络 200.1.4.0/24 出现故障，于是将其从核心路由表中移除，然后向外通告响应的毒化路由。但如果在 AR3 将毒化路由通告给 AR2 之前，路由器 AR2 恰好更新计时器超时，将自己的路由表通告给了路由器 AR1 和 AR3，这时路由器 AR3 将认为可以通过 AR2 到达 200.1.4.0/24 网络，跳数为 2，于是错误地将路由表添加到自己的路由表中，如图 4-3 所示。

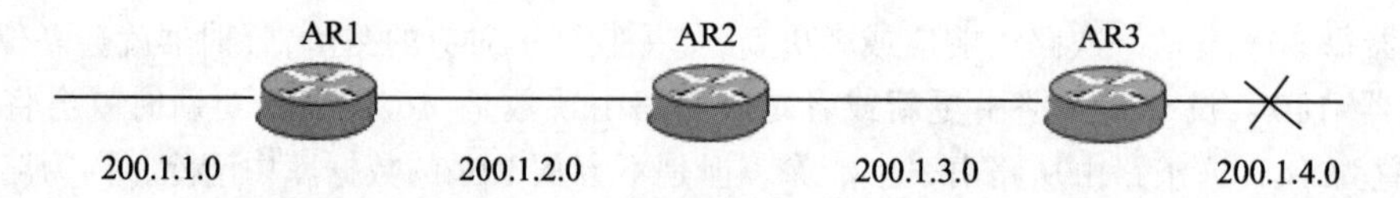

AR1路由表			
	NET	NEXT HOP	
C	200.1.1.0		0
C	200.1.2.0		0
R	200.1.3.0	200.1.2.2	1
R	200.1.4.0	200.1.2.2	0

AR2路由表			
	NET	NEXT HOP	
R	200.1.1.0	200.1.2.1	1
C	200.1.2.0		0
C	200.1.3.0		0
R	200.1.4.0	200.1.2.2	1

AR3路由表			
	NET	NEXT HOP	
R	200.1.1.0	200.1.3.1	2
R	200.1.2.0	200.1.3.1	1
C	200.1.3.0		0
R	200.1.4.0	200.1.3.1	2

图 4-3　RIP 协议计算到无穷大状态二

② 等到路由器 AR3 的更新计时器超时后，它也会广播自己的路由表，因此路由器 AR2 收到了路由器 AR3 的到达网络 200.1.4.0/24 跳数为 3 的路由信息。根据 RIP 路由表更新原则，这条路由的度量值虽然增大了，但是和路由表原来的条目来自同一个源。因此，路由器 AR2 更新

了自己的路由表，到达网络 200.1.4.0/24 的跳数变成 3，如图 4-4 所示。

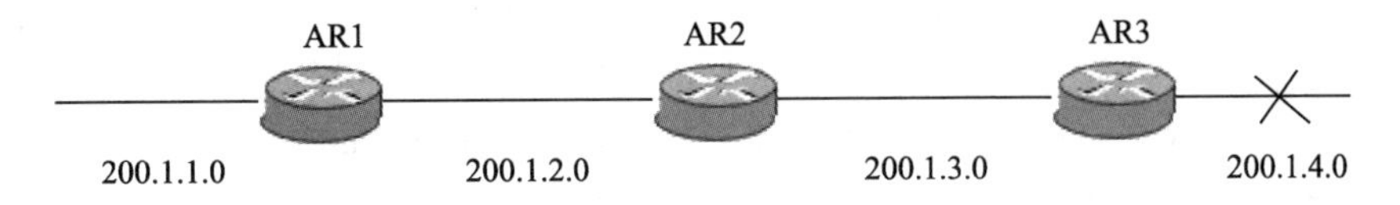

AR1路由表			
	NET	NEXT HOP	
C	200.1.1.0		0
C	200.1.2.0		0
R	200.1.3.0	200.1.2.2	1
R	200.1.4.0	200.1.2.2	0

AR2路由表			
	NET	NEXT HOP	
R	200.1.1.0	200.1.2.1	1
C	200.1.2.0		0
C	200.1.3.0		0
R	200.1.4.0	200.1.3.2	3

AR3路由表			
	NET	NEXT HOP	
R	200.1.1.0	200.1.3.1	2
R	200.1.2.0	200.1.3.1	1
C	200.1.3.0		0
R	200.1.4.0	200.1.3.1	2

图 4-4　RIP 协议计算到无穷大状态三

③ 等到路由器 AR2 的更新计时器超时后，它也向外广播了错误的路由更新信息，导致路由器 AR1 和 AR3 将自己的路由表中到达网络 200.1.4.0/24 的跳数更新为 4。

这个过程不断循环，直到所有路由器的路由表中到达 200.1.4.0/24 网络的度量值都变成 16 时，才会停止，也就是计数到无穷大。那时，路由信息将超时，会从路由表中把它们删除。从这个例子可以看到，在路由器 AR2 和 AR3 之间形成了逻辑上的路由环路。

当路由器计数到无穷大时，数据包在网络上循环转发，消耗带宽并可能导致网络瘫痪。因此，要避免出现路由环路的情况。

3. 防止 RIP 路由环路

为了避免路由环路，RIP 协议采用多种方法。RIP 常用的避免环路方法有水平分割、毒性逆转、抑制定时、触发更新等。

（1）水平分割

水平分割规则如下：路由器不会把从某个接口学习到的路由再从该接口以广播或组播方式发送出去。当在路由器接口开启水平分割后，路由器会记录路由是从哪个接口来的，并且不向此接口回传此路由。

华为默认是开启水平分割的，路由器从某个接口学习到的路由，不会从该接口再发送给邻居，可以进入接口后，通过命令 rip split-horizon 配置水平分割。

（2）毒性逆转

毒性逆转规则如下：路由器从某些接口学习到的路由有可能从该接口发送回去，只是这些路由已经具有毒性，且跳数设为 16 跳（网络不可达）。

水平分割是路由器用来防止把从一个接口获得的路由又从此接口传回去。毒性逆转是在更新信息中包括这些回传路由，但这种处理方法会把这些回传路由的跳数设为 16（网络不可达）。通过把跳数设为 16（网络不可达），并把这条路径告诉源路由器，有可能立刻解决路由环路问题。否则，不正确的路径将在路由表中驻留到超时为止。

需要注意的是，如果同时配置了毒性逆转和水平分割，则只使用毒性逆转功能。华为设备可以通过进入接口，通过命令 rip poison-reverse 配置毒性逆转。

（3）抑制定时

抑制定时规则如下：当路由器表中某个条目所指向的网络消失时，路由器并不会立即删除该路由条目，而是启动抑制定时器，并严格按照定时器将路由条目设置为无效并挂起，等到抑制定时时间到后，才删除该条目。这样做是为了尽可能利用这个时间等待网络恢复。当路由器收到一条毒化路由时，也会为这条路由启动抑制定时器。在抑制时间内，这条失效的路由不接受任何更新信息，除非这条信息是从原始通告这条路由的路由器来的。

（4）触发更新

触发更新规则如下：因网络拓扑发生变化导致路由表发生改变时，路由器立刻产生更新通告给直连邻居，不再需要等待 30 s 的更新周期。这样做的目的是为了将网络拓扑的改变立刻通告给其他邻居路由器。

采取以上这些方法，环路问题也不能完全解决，只是得到最大限度的减少，一旦路由环路出现，路由项的度量值就会出现计数到无穷大的情况。

4.3.4 RIP 协议配置方法

1. RIP 协议的基本功能配置

RIP 协议的基本配置包括必选配置和可选配置，必选配置包括 RIP 进程的启动、使能（宣告）网段 RIP，可选配置包括配置 NBMA 网络的 RIP 邻居和配置 RIP 协议的版本号。

（1）启动 RIP 进程

执行 rip [process-id]命令，进入 RIP 视图，同时启动 RIP 进程。

（2）使能（宣告）网段 RIP

执行 network network-address 命令，在指定网段使能 RIP。

注意：执行命令 undo verify-source，可以禁止对 RIP 报文的源地址进行检查。当 P2P 网络中链路两端的 IP 地址属于不同网络时，只有取消报文的源地址进行检查，链路两端才能建立起正常的邻居关系。

（3）配置 NBMA 网络的 RIP 邻居

执行 peer ip-address 命令，配置 RIP 邻居。通常情况下，RIP 使用广播或组播地址发送报文。如果在不支持广播或组播报文的链路上运行 RIP，则必须在链路两端手工相互指定 RIP 的邻居，这样报文就会以单播形式发送到对端。NBMA（非广播多点接入）网络如帧中继网络（Frame-Relay）、ATM 网络等。

（4）配置 RIP 版本号

执行 version { 1 | 2}命令，指定全局 RIP 版本。默认情况下，接口只发送 RIP-1 报文，但可以接收 RIP-1 和 RIP-2 的报文。由于 RIP-1 是有类别路由协议，而 RIP-2 是无类别路由协议，支持 VLSM，所以一般采用 version 2。

2. RIP 协议防止环路配置

防止 RIP 协议路由环路，可以通过水平分割和毒性反转，以及抑制计时和触发更新等方法来实现。华为设备支持在相应接口配置水平分割和毒性反转特性。华为设备没有配置抑制计时器，触发更新与具体设备相关。

（1）配置水平分割

首先执行 interface interface-type interface-number 命令，进入接口视图，然后执行 rip split-horizon 命令，启动水平分割。华为设备默认开启水平分割。

（2）配置毒性逆转

首先执行 interface interface-type interface-number 命令，进入接口视图，然后执行 rip poison-reverse 命令，启动毒性反转。

注意： 如果同时配置了毒性逆转和水平分割，则只使用毒性逆转功能。

3. RIP 协议路由信息发送接口控制

对 RIP 路由信息的发布和接收进行精确的控制，可以满足复杂网络环境中的需要。

（1）禁止接口发送更新报文

通过配置禁止接口发送更新报文，可以防止路由环路。

禁止接口发送更新报文有两种实现方式：一是在 RIP 进程下配置接口为抑制状态；二是在接口视图下禁止接口发送 RIP 报文。其中，在 RIP 进程下配置接口为抑制状态的优先级要高于在接口视图下禁止接口发送 RIP 报文。

方法一：在 RIP 视图下，执行 silent-interface all 命令，设置所有接口为抑制状态；或执行 silent-interface interface-type interface-number 命令，禁止一个接口发送更新报文。可以设置接口为抑制状态，使其只接收报文，用来更新自己的路由表，但不能发送 RIP 报文。默认情况下，接口未使能抑制功能。接口为抑制状态，也称为被动接口。

方法二：在接口视图下配置。执行 interface interface-type interface-number 命令，进入接口视图。执行 undo rip output 命令，禁止接口发送 RIP 更新报文。

（2）禁止接口接收更新报文

通过配置禁止接口接收更新报文，可以防止路由环路。

执行 interface interface-type interface-number 命令，进入接口视图。执行 undo rip input 命令，禁止接口接收 RIP 更新报文。默认情况下，允许接收 RIP 更新报文。

（3）禁止接口接收主机路由

在某些特殊情况下，路由器会收到大量来自同一网段的 RIP 的 32 位主机路由，这些路由对于路由寻址没有多少作用，却占用了大量网络资源。配置了禁止主机路由功能后，路由器能够拒绝它所收到的主机路由。

在 RIP 视图下，执行 undo host-route 命令，禁止主机路由加到路由表中。默认情况下，允许主机路由加到路由表中。

注意： undo host-route 命令对 RIP-2 不起作用。

4.3.5 RIP 协议配置实验

1. 实验名称

RIP 协议配置实验。

RIP 协议配置

2. 实验目的

① 掌握 RIP 协议的基本配置方法。

② 学习 RIP 协议被动接口的作用，掌握被动接口的配置方法。

③ 学习掌握 RIP 协议环路避免的配置方法。

3. 实验拓扑

本章路由实验采用如图 4-5 所示的拓扑图，其中用于学习配置 RIP 协议的网络设备为

AR2/AR6/AR7。AR2/AR6/AR7 通过 ATM 互联的网络包括 3 个网段 200.3.26.0/24、200.3.26.0/24、200.3.71.0/24。

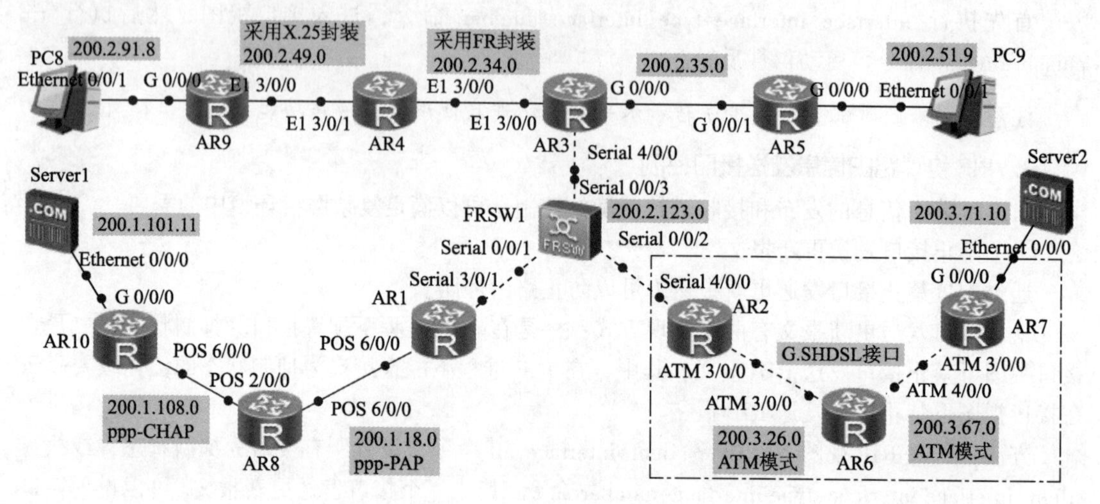

图 4-5 RIP 协议配置实验

4. **实验内容**

① 采用 RIP 协议实现网络互联，所有路由器 RIP 协议采用 RIP-2 版本。

② AR2 路由的 ATM3/0/0 接口采用被动接口模式，禁止发送 RIP 信息，但可以通过单播接收 RIP 信息。

③ AR7 要求开启毒性逆转，防止 RIP 逻辑环路。

5. **实验步骤**

在第 3 章，网络拓扑图中各条链路通过配置，已经保持连接并能够互通。本章的配置在第 3 章配置的基础上完成。

（1）网络互通 RIP 基本配置

① AR2 配置：

```
rip 1                              ###开启 RIP 1 进程
  version 2                        ###RIP 协议采用 version 2
  peer 200.3.26.6                  ###由于网络是 NBMA 网络，需要配置 RIP 邻居
  network 200.3.26.0               ###使能（通过）网段 RIP
```

② AR6 配置：

```
rip 1
  version 2
  peer 200.3.26.2
  peer 200.3.67.7
  network 200.3.26.0
  network 200.3.67.0
```

③ AR7 配置：

```
rip 1
  version 2
  peer 200.3.67.6
  network 200.3.67.0
  network 200.3.71.0
```

注意：由于网络是 NBMA 网络类型，所以配置中必须通过 Peer 指定 RIP 邻居，以便 RIP 通过单播传送 RIP 信息。

（2）AR2 被动接口配置

AR2 路由器 ATM3/0/0 不需要发送 RIP 更新报文，为了减少网络 RIP 报文的传递，可以采用被动接口配置。

AR2 配置：

```
Rip 1
  Silent-interface atm3/0/0
  Peer 200.3.26.6
```

通过 Silent-interface atm3/0/0 配置，路由器 AR2 中 ATM3/0/0 接口只接收 RIP 路由信息，但不发送 RIP 路由信息。

（3）AR7 毒性逆转配置与测试

为了更好地学习通过开启毒性逆转，防止环路的功能，这里分两个步骤查看开启毒性逆转前后的效果。这里通过在 AR7 中开启毒性逆转前后，查看 AR2 中 RIP 路由表情况，来学习 RIP 的防止环路功能。

① AR7 未开启毒性逆转前，查看 AR2 中 RIP 表，如图 4-6 所示。

```
[ar2-rip-1]disp rip 1 route
 Route Flags : R - RIP
               A - Aging, G - Garbage-collect
 ----------------------------------------------------------------------
 Peer 200.3.26.6 on Atm3/0/0
      Destination/Mask        Nexthop       Cost   Tag      Flags    Sec
        200.3.67.0/24       200.3.26.6        1     0        RA       11
        200.3.71.0/24       200.3.26.6        2     0        RA       11
```

图 4-6　未开启毒性逆转时 AR2 路由信息

② 将 AR7 中 G0/0/0 接口关闭（shutdown），假定网络 200.3.71.0/24 出现故障。查看 AR2 中 RIP 路由表变化，图 4-7 列出不同时间多次显示路由表的情况（三次）。

```
[ar2-rip-1]disp rip 1 route
 Route Flags : R - RIP
               A - Aging, G - Garbage-collect
 ----------------------------------------------------------------------
 Peer 200.3.26.6 on Atm3/0/0
      Destination/Mask        Nexthop       Cost   Tag      Flags    Sec
        200.3.67.0/24       200.3.26.6        1     0        RA       21
        200.3.71.0/24       200.3.26.6       14     0        RA        8
[ar2-rip-1]disp rip 1 route
 Route Flags : R - RIP
               A - Aging, G - Garbage-collect
 ----------------------------------------------------------------------
 Peer 200.3.26.6 on Atm3/0/0
      Destination/Mask        Nexthop       Cost   Tag      Flags    Sec
        200.3.67.0/24       200.3.26.6        1     0        RA       31
        200.3.71.0/24       200.3.26.6       16     0        RG        5
[ar2-rip-1]disp rip 1 route
 Route Flags : R - RIP
               A - Aging, G - Garbage-collect
 ----------------------------------------------------------------------
 Peer 200.3.26.6 on Atm3/0/0
      Destination/Mask        Nexthop       Cost   Tag      Flags    Sec
        200.3.67.0/24       200.3.26.6        1     0        RA       25
```

图 4-7　AR2 中 RIP 协议计算到无穷大现象

此时，路由器 AR2 中 RIP 路由表出现了“计数到无穷大”的情况（图中第一次显示信息）。当出现“计数到无穷大”后（16 跳），路由器开启垃圾收集定时器（图中第二次显示信息），此时，AR2 路由中核心路由表（IP 路由表）中 200.3.71.0/24 的路由信息删除。当启垃圾收集定时器（G）达到 120 s 后，RIP 路由表中 200.3.71.0/24 网段路由信息删除（图中第三次显示信息）。

③ 将 AR7 中 G0/0/0 接口开启（undo shutdown），假定网络 200.3.71/24 恢复。查看 AR2 中 RIP 路由表，将恢复 200.3.71.0/24 的路由信息。

④ AR7 开启毒性逆转，配置如下：

```
Interface ATM3/0/0
Rip poison-reverse
```

⑤ 再次将 AR7 中 G0/0/0 接口关闭（shutdown），假定网络 200.3.71/24 出现故障。查看 AR2 中 RIP 路由表变化，如图 4-8 所示。

```
[ar2]disp rip 1 route
 Route Flags : R - RIP
               A - Aging, G - Garbage-collect
 ----------------------------------------------------------------------
 Peer 200.3.26.6 on Atm3/0/0
      Destination/Mask        Nexthop      Cost   Tag     Flags   Sec
        200.3.67.0/24       200.3.26.6       1     0       RA      24
        200.3.71.0/24       200.3.26.6       2     0       RA      24
[ar2]disp rip 1 route
 Route Flags : R - RIP
               A - Aging, G - Garbage-collect
 ----------------------------------------------------------------------
 Peer 200.3.26.6 on Atm3/0/0
      Destination/Mask        Nexthop      Cost   Tag     Flags   Sec
        200.3.67.0/24       200.3.26.6       1     0       RA      27
        200.3.71.0/24       200.3.26.6      16     0       RG       0
```

图 4-8　开启毒性逆转后 AR2 路由表变化情况

可以看到，当开启毒性逆转后，200.3.71.0/24 不可达的信息迅速传递给 AR2，AR2 中没有出现“计数到无穷大”的情况，避免了路由环路。

6. **实验测试**

① 利用 disp rip process-id route 命令查看 AR2、AR7 路由器的 RIP 路由表项，路由器应包含所有 RIP 通告网络的路由表项。

② 利用 ping 命令，测试 AR2 路由器与 AR7 是否连通。

4.4 OSPF 路由协议

由于 RIP 路由协议存在无法避免的缺陷，所以在规划网络时，其多用于构建小型网络，但随着网络规模的日益增大，一些小型企业网的规模几乎等同于十几年前的中型企业网络，对于网络的安全性和可靠性提出了更高的要求，RIP 路由协化显然已经不能完全满足这样的要求。

在这种背景下，OSPF 路由协议其众多的优势脱颖而出。它解决了很多 R1P 路由协议无法解决的问题。而且 OSPF 支持无类型域间选路（CIDR）；支持对等价路由进行负载分担；支持报文加密；由于 OSPF 具有以上优势，使得 OSPF 作为优秀的内部网关协议被快速接受并广泛使用。

4.4.1 内部路由协议的基本概念

链路状态路由协议是层次式的，采用链路状态路由协议的路由器并不向邻居传递“路由项”，而是通告给邻居一些链路状态。与距离矢量路由协议相比，链路状态协议对路由的计算方法有本质的差别。距离矢量协议是平面式的，所有的路由学习完全依靠邻居，交换的是路由项。链路状态协议是把路由器分成区域，收集区域的所有的路由器的链路状态信息，根据状态信息生成网络拓扑结构，每一个路由器再根据拓扑结构计算出路由。这里首先介绍内部路由协议的基本概念。

1. **路由域与自治系统**

内部路由协议所指的路由域（Routing Domain）也称为自治系统（Autonomous System，AS），是由运行同一种路由协议并且被同一组织机构管理的一组路由器组成。同一个路由域中的所有路由器必须运行相同的路由协议，且彼此相连（中间不能被其他协议、路由域所间断）。

在 OSPF 网络中，只有在同一个路由域中的路由器才会相互交换链路状态信息，所有的 OSPF 路由器都维护一个相同的路由域结果描述（路由域中各区域间的连接关系）的数据库（LSDB）。该数据库中存放的是路由域中相应的链路状态信息，OSPF 通过该数据库来计算路由表。

在互联网中的自治系统是指在一个（有时是多个）实体管辖下的所有 IP 网络和路由器的网络，它们对互联网执行共同的路由策略。每一个自治系统可以支持多个内部网关路由协议。一个 AS 内的所有网络都被分配同一个 AS 号，属于一个行政单位管辖。AS 号分为 2 字节 AS 号和 4 字节 AS 号。

2 字节 AS 号的范围为 1~65 535。随着时间推进，可分配的 2 字节 AS 号已经濒临枯竭，需要将 AS 号的范围从之前的 2 字节扩展为 4 字节，其中 4 字节 AS 号的取值范围为 1~4 294 967 295。4 字节 AS 号还可以用 X.Y 的形式表示，其中 X 的取值范围为 1~65 535，Y 的取值范围为 0~65 535。

2. **区域**

内部路由协议的区域（Area）是在一个路由域内部划分的多个不同位置或者不同角色的一组路由器单元，每个路由器只能在区域内部学习到完整的链路状态信息。在大中型网络中，路由设备可能非常多，如果不进行区域划分，则整个网络中的所有设备都要彼此学习路由信息，最终生成的路由信息库可能非常庞大，这样会大大消耗设备的存储空间，更不利于进行高效的路由选择。

OSPF 路由协议中，每个区域用区域号（Area-id）来标识。OSPF 的区域边界是设备接口，即一个网段只能属于同一个区域，即路由器之间直接相连的链路两端接口必须属于同一区域。OSPF 在划分区域后，可以在区域边界路由器上进行路由聚合，不同区域之间仅向外通告其聚合路由，这样可大大减少 LSA（链路状态通告）信息数量以及减小网络拓扑变化带来的影响。

3. **路由器 ID（Router-ID）**

一些动态路由协议（OSPF 和 BGP）要求使用 Router-ID 来保证能够唯一标识设备，如果在启动这些路由协议时没有显示指定 Router-ID，则默认使用路由管理的 Router-ID。

Router-ID 选择规则如下：如果通过 router id 命令配置了 Router-ID，则按照配置结果设置。如果没有通过 router-id 命令配置 Router-ID，则按照下面的规则进行选择：如果存在配置了 IP 地址的 Looback 接口，则选择 Loopback 接口地址中最大的作为 Router-ID。如果没有配置了 IP 地址的 Loopback 接口，则从其他接口的 IP 地址中选择最大的作为 Router-ID（不考虑接口的 UP/DOWN 状态）。

当且仅当被选为 Router-ID 的接口 IP 地址被删除/修改，才触发重新选择 Router-ID 过程。其他情况（例如接口处于 DOWN 状态；已经选取了一个非 Loopback 接口地址后又配置了一个 Loopback 接口地址；配置了一个更大的接口地址等）不触发重新选择 Router-ID 的过程。Router-ID 改变之后，需要通过手工执行 reset 命令才会使新的 Router-ID 生效。为了增加网络的稳定性，建议将 Router-ID 手工配置为 Loopback 接口的地址。

一台运行 OSPF 协议的路由中每个 OSPF 进程必须指定一个用于标识本地路由器的

Router-ID，它是一个 32 比特无符号的整数。OSPF 可以在启动 OSPF 协议的通知指定 Router-ID，使用 ospf [process-id] router-id [router-id]命令显示指定 Router-ID。如果在启动 OSPF 路由协议时没有显示指定 Router-ID，则默认使用路由管理的 Router-ID。

4.4.2 OSPF 路由协议基础

OSPF 路由协议属于链路状态路由协议，使用 Dijkstra 的最短路径优先算法（SPF）计算和选择路由。这类路由协议关心网络中链路或接口的状态（UP、DOWN、IP 地址、掩码、带宽、利用率和时延等），每个路由器将其已知的链路状态向该区域的其他路由器通告，通过这种方式，网络上的每台路由器对网络结构都会有相同的认识。路由器以链路状态为依据，使用 SPF 算法计算和选择路由。

OSPF 协议包直接封装在 IP 包中，协议编号 89。由于 IP 协议本身是无连接的，所以 OSPF 传输的可靠性需要协议本身来保证。因此,OSPF 协议定义了一些机制保证协议包安全可靠地传输。OSPF 协议在有组播发送能力的链路层上以组播地址发送协议包，既达到了节约资源的目的，又最大限度地减少了对其他网络设备的干扰。

总体来说，OSPF 协议比 RIP 具有更大的扩展性、快速收敛性和安全可靠性，同时它采用路由增量更新的机制，在保证全区域路由同步的同时，尽可能地减少了对网络资源的浪费。但是，OSPF 的算法耗费更多的路由器内存和处理能力，在大型网络里，路由器本身承受的压力会很大。因此，OSPF 协议适合企业中小型网络构建。

OSPF（Open Shortest Path First）是 IETF 组织开发的一个基于链路状态的内部网关协议。目前针对 IPv4 协议使用的是 OSPF Version 2（RFC2328）；针对 IPv6 协议使用的是 OSPF Version 3（RFC2740）。本文中所指的 OSPF 如无特殊说明均为 OSPF Version 2。

要掌握学习好 OSPF 协议，需要首先了解学习一下概念，OSPF 的区域类型、OSPF 虚连接、OSPF 的路由器类型、OSPF 的网络类型、OSPF 路由类型、OSPF 报文类型、LSA 类型等，下面分别进行介绍。

1. OSPF 的区域类型

链路状态路由协议通过将网络划分区域（AREA），以减少区域内链路状态数据库（LSDB）的大小，同时减少 SPF 算法的计算量。

在 OSPF 区域中，包括普通区域和多种特殊区域。普通区域包括标准区域和骨干区域；特殊区域包括 stub（末梢）区域、totally stub（完全末梢）区域、NSSA（非纯末梢）区域、totally NSSA（完全非纯）区域。特殊区域如表 4-3 所示。

表 4-3 OSPF 的区域类型表

区 域 类 型	区域类型作用
Stub Area	和 Totally Stub 区域的不同在于该区域允许区域间路由
Totally Stub Area	允许 ABR 发布的 Type3 默认路由，不允许自治系统外部路由和区域间的路由
NSSA Area	和 Stub 区域的不同在于该区域允许自治系统外部路由的引入，由 ASBR 发布 Type 7 LSA 通告给本区域
Totally NSSA Area	和 NSSA 区域的不同在于该区域不允许区域间路由

（1）普通区域

默认情况下，OSPF 区域被定义为普通区域。普通区域包括标准区域和骨干区域。

标准区域是最通用的区域，它传输区域内路由、区域间路由和外部路由。

骨干区域是连接所有其他 OSPF 区域的中央区域。骨干区域通常用 Area 0 表示，负责区域之间的路由；非骨干区域之间的路由信息必须通过骨干区域来转发。对此，OSPF 有此规定：所有非骨干区域必须与骨干区域保持连通；骨干区域自身也必须保持连通。

（2）Stub 区域和 Totally Stub 区域

Stub 区域和 Totally Stub 区域是一种可选的配置属性，并不是每个区域都符合配置的条件。通常来说，Stub 区域和 Totally Stub 区域位于自治系统的边界，是那些只有一个 ABR 的非骨干区域。

Stub 区域,不允许发布自治系统外部路由,只允许发布区域内路由和区域间的路由。在 STUB 区域中，路由器的路由表规模以及路由信息传递的数量都会大大减少。为了保证到自治系统外的路由可达，由该区域的 ABR 发布 Type3 默认路由传播到区域内，所有到自治系统外部的路由都必须通过 ABR 才能发布。

Totally Stub 区域，不允许发布自治系统外部路由和区域间的路由，只允许发布区域内路由。在 Totally Stub 区域中，路由器的路由表规模和路由信息传递的数量都会大大减少。为了保证到自治系统外和其他区域的路由可达，由该区域的 ABR 发布 Type3 默认路由传播到区域内，所有到自治系统外部和其他区域的路由都必须通过 ABR 才能发布。

配置 Stub 区域时需要注意下列几点：①骨干区域不能配置成 Stub 区域。②如果要将一个区域配置成 Stub 区域，则该区域中的所有路由器必须都要配置 stub 命令。③Stub 区域内不能存在 ASBR，即自治系统外部的路由不能在本区域内传播。④虚连接不能穿过 Stub 区域。

（3）NSSA 区域与 Totally NSSA 区域

NSSA（Not-So-Stubby Area）区域和 Totally NSSA 区域是 OSPF 特殊的区域类型。NSSA 区域与 Stub 区域有许多相似的地方，两者都不传播来自 OSPF 网络其他区域的外部路由。差别在于 Stub 区域是不能引入外部路由，NSSA 区域能够将自治域外部路由引入并传播到整个 OSPF 自治域中。

NSSA 区域允许引入自治系统外部路由，由 ASBR 发布 Type7 LSA 通告给本区域，这些 Type7 LSA 在 ABR 上转换成 Type5 LSA，并且泛洪到整个 OSPF 域中。NSSA 区域同时保留自治系统内的 Stub 区域的特征。该区域的 ABR 发布 Type7 默认路由传播到区域内，所有域间路由都必须通过 ABR 才能发布。

Totally NSSA 区域允许引入自治系统外部路由，由 ASBR 发布 Type7 LSA 通告给本区域，这些 Type7 LSA 在 ABR 上转换成 Type5 LSA，并且泛洪到整个 OSPF 域中。Totally NSSA 区域同时保留自治系统内的 Totally Stub Area 区域的特征。该区域的 ABR 发布 Type3 和 Type7 默认路由传播到区域内，所有域间路由都必须通过 ABR 才能发布。

配置 NSSA 区域时需要注意下列几点：①骨干区域不能配置成 NSSA 区域。②如果要将一个区域配置成 NSSA 区域，则该区域中的所有路由器都要配置 NSSA 区域属性。③虚连接不能穿过 NSSA 区域。

2. OSPF **虚连接**（Virtual-link）

默认情况下，OSPF 区域被定义为普通区域，普通区域包括标准区域和骨干区域。骨干区域是连接所有其他 OSPF 区域的中央区域。骨干区域负责区域之间的路由，非骨干区域之间的路由信息必须通过骨干区域来转发。对此，OSPF 协议按照 RFC 1583 和 RFC 2328 的建议，要求所有非骨干区域必须与骨干区域保持连通，且骨干区域自身也必须保持连通。

在实际应用中，可能会因为各方面条件的限制，无法满足所有非骨干区域与骨干区域保持连通的要求，此时可以通过配置 OSPF 虚连接来解决这个问题。

虚连接是指在两台 ABR 之间通过一个非骨干区域建立的一条逻辑上的连接通道。虚连接必须在两端同时配置方可生效。为虚连接两端提供一条非骨干区域内部路由的区域称为传输区域（Transit Area）。虚连接相当于在两个 ABR 之间形成了一个点到点的连接，因此，虚连接的两端和物理接口一样可以配置接口的各参数，如发送 Hello 报文间隔等。

如图 4-9 所示，Area2 没有连接到骨干区 Area0，RouterB 不是 ABR，因此不会向 Area2 生成 Area0 中网络的路由信息，所以 RouterD 上没有到达 Area0 中网络的路由。

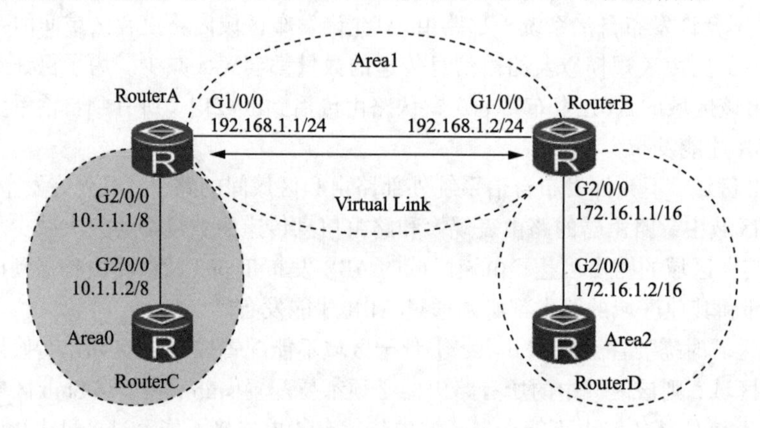

图 4-9　OSPF 虚连接

使用命令 vlink-peer 配置虚连接，可以使两台 ABR（RouterA 和 RouterB）之间直接传递 OSPF 报文信息，使 RouterB 虚连接都骨干区域 Area0，并成为 ABR。满足非骨干区域必须与骨干区域保持连通的要求。

两台 ABR（RouterA 和 RouterB）之间的 OSPF 设备起到一个转发报文的作用。由于 OSPF 协议报文的目的地址不是这些设备，所以这些报文对于两者而言是透明的，只是当作普通的 IP 报文来转发。

3. OSPF 路由器类型

采用 OSPF 协议的自治系统，根据路由器在自制系统 AS 中的不同位置，可以分为以下 4 种类型。

① 区域内路由器（Internal Routers），该类路由器的所有接口都属于同一个 OSPF 区域。

② 区域边界路由器（Area Border Routers，ABR）：该类路由器可以同时属于两个以上的区域，但其中一个必须是骨干区域。ABR 用来连接骨干区域和非骨干区域，它与骨干区域之间既可以是物理连接，也可以是逻辑上的连接。

③ 骨干路由器（Backbone Routers），该类路由器至少有一个接口属于骨干区域。因此，所有的 ABR 和位于 Area0 的内部路由器都是骨干路由器。

④ 自治系统边界路由器（AS Boundary Routers，ASBR），与其他 AS 交换由路信息的路由器称为 ASBR。ASBR 并不一定位于 AS 的边界，它可能是区域内路由器，也可能是 ABR。只要一台 OSPF 路由器引入了外部路由的信息，它就成为 ASBR。

OSPF 协议中常用到的路由器类型如图 4-10 所示。

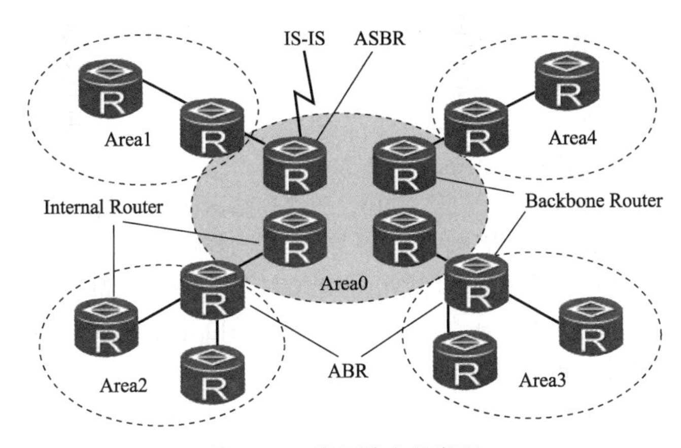

图 4-10　常用路由器类型

4. OSPF 的网络类型

OSPF 根据链路层协议类型将网络分为下列 4 种类型：

① 广播（Broadcast）类型：当链路层协议是 Ethernet、FDDI 时，OSPF 默认的网络类型是 Broadcast。

② NBMA（Non-Broadcast Multi-Access）类型：当链路层协议是帧中继、ATM 或 X.25 时，OSPF 默认的网络类型是 NBMA。

③ 点到多点 P2MP（Pont-to-Multipoint）类型：没有一种链路层协议会被默认为 P2MP 类型。点到多点必须是由其他的网络类型强制更改的。常用做法是将非全连通的 NBMA 改为点到多点的网络。

④ 点到点 P2P（Point-to-Point）类型：当链路层协议是 PPP、HDLC 和 LAPB 时，OSPF 默认的网络类型是 P2P。

表 4-4 所示为 OSPF 的网络类型及含义。

表 4-4　OSPF 的网络类型及含义

网络类型	含　　义
广播类型（Broadcast）	当链路层协议是 Ethernet、FDDI 时，默认情况下，OSPF 认为网络类型是 Broadcast
NBMA 类型（Non-Broadcast-MultiAccess）	当链路层协议是帧中继、X.25 时，默认情况下，OSPF 认为网络类型是 NBMA
点到多点 P2MP 类型（Point-to-Multipoint）	没有链路层协议会被默认的认为是 Point-to-Multipoint 类型。点到多点必须是由其他的网络类型强制更改的。常用做法是将非全连通的 NBMA 改为点到多点的网络
点到点 P2P 类型（Point-to-Point）	当链路层协议是 PPP、HDLC 和 LAPB 时，默认情况下，OSPF 认为网络类型是 P2P

5. OSPF 路由类型

采用 OSPF 协议的自治系统，OSPF 路由按所属区域划分包括自治系统内部路由和 AS 外部引入路由，自制系统内部路由包括区域内路由和区域间路由，是用来描述自制系统内部的网络结构。自制系统外部引入路由包括 Type 1 和 Type 2 两类路由，外部引入路由默认为 Type2 类型，是用来描述如何选择到 AS 以外目的地址的路由。OSPF 将路由分为 4 级，下面按优先级从高到低顺序列出 OSPF 路由类型。

① 区域内路由（Intra Area）。

② 区域间路由（Inter Area）。

③ 第一类外部路由（Type 1 External）。

④ 第二类外部路由（Type 2 External）。

默认情况下，前两种路由协议优先级为 10，后两种路由协议优先级为 150。

第一类外部路由（Type 1）是指接收的 IGP 路由（例如静态路由和 RIP 路由）。由于这类路由的可信程度高一些，所以计算出的外部路由的开销与自治系统内部的路由开销是相同的，并且和 OSPF 自身路由的开销具有可比性，即第一类外部路由开销=本路由器到相应 ASBR 开销+ASBR 到该路由目的地址开销。

第二类外部路由（Type 2）是指接收的是 EGP 路由。由于这类路由的可信度比较低，所以 OSPF 协议认为从 ASBR 到自治系统之外的开销远远大于在自治系统内部到达 ASBR 的开销。所以，计算路由开销时将主要考虑外部开销，即第二类外部路由的开销=ASBR 到该路由目的地址的开销。如果两条路由计算出的开销值相等，再考虑本路由器到相应的 ASBR 的开销。

6. 邻居状态机

在 OSPF 网络中，为了交换路由信息，邻居设备之间首先要建立邻接关系。邻居关系和邻接关系是两个不同的概念。

① 邻居关系：OSPF 设备启动后，会通过 OSPF 接口向外发送 Hello 报文，收到 Hello 报文的 OSPF 设备会检查报文中所定义的参数，如果双方一致就会形成邻居关系，两端设备互为邻居，进入 2-way 状态，并停留此状态。

② 邻接关系：形成邻居关系后，如果需要建立邻接关系，则开始协商主从关系,确定 DD 序列号。如果两端设备成功交换 DD 报文和 LSA，则建立邻接关系，进入 Full 状态。

OSPF 共有 8 种状态机，分别是 Down、Attempt、Init、2-way、Exstart、Exchange、Loading、Full。

- Down：邻居会话的初始阶段，表明没有在邻居失效时间间隔内收到来自邻居路由器的 Hello 数据包。
- Attempt：该状态仅发生在 NBMA 网络中，表明对端在邻居失效时间间隔超时后仍然没有回复 Hello 报文。此时路由器依然每发送轮询 Hello 报文的时间间隔向对端发送 Hello 报文。
- Init：收到 Hello 报文后状态为 Init。
- 2-way：如果收到的 Hello 报文中包含自己的 Router ID，则状态为 2-way；如果不需要形成邻接关系则邻居状态机就停留在此状态，否则进入 Exstart 状态。
- Exstart：开始协商主从关系，并确定 DD 的序列号，此时状态为 Exstart。
- Exchange：主从关系协商完毕后开始交换 DD 报文，此时状态为 Exchange。
- Loading：DD 报文交换完成即 Exchange done，此时状态为 Loading。
- Full：LSR 重传列表为空，此时状态为 Full。

邻居和邻接状态是通过 OSPF 邻居状态机表现的，其中 Down（邻居会话初始阶段）、2-way、Full 是稳定状态，Attempt、Init、Exstart、Exchange、Loading 是不稳定状态。不稳定状态是在转换过程中瞬间存在的状态，一般不会超过几分钟。

7. OSPF 报文类型

OSPF 用 IP 报文直接封装协议报文，协议号为 89。OSPF 报文分为表 4-5 所示的 5 种报文类型：Hello 报文、DD 报文、LSR 报文、LSU 报文和 LSAck 报文。OSPF 这 5 种报文具有相同的报文头格式，长度为 24 字节，注意 Authentication 为 8 字节，如图 4-11 所示。

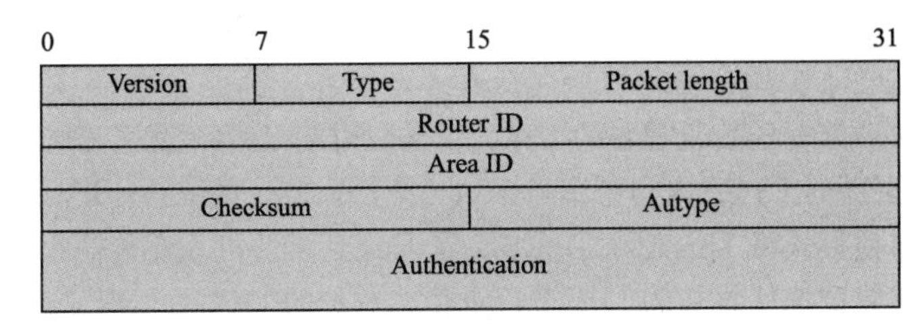

图 4-11　OSPF 报文头格式

其中的 Type 字段描述了 OSPF 报文的类型（见表 4-5），type 值为 1 表示 Hello 报文，type 值为 2 表示 DD 报文，type 值为 3 表示 LSR 报文，type 值为 4 表示 LSU 报文，type 值为 5 表示 LSAck 报文。

表 4-5　OSPF 报文类型表

报 文 类 型	报 文 作 用
Hello 报文	周期性发送，用来发现和维持 OSPF 邻居关系
DD 报文（Database Description Packet）	描述本地 LSDB（Link State Database）的摘要信息，用于两台设备进行数据库同步
LSR 报文（Link State Request Packet）	用于向对方请求所需的 LSA（链路状态通告）。设备只有在 OSPF 邻居双方成功交换 DD 报文后才会向对方发出 LSR 报文
LSU 报文（Link State Update Packet）	用于向对方发送其所需要的 LSA
LSAck 报文（Link State Acknowledgment Packet）	用来对收到的 LSA 进行确认

（1）Hello 报文

Hello 报文周期性发送，用来发现和维持 OSPF 邻居关系。Hello 报文是最常用的一种报文，其作用为建立和维护邻接关系，周期性地在使能的 OSPF 接口上发送。报文内容包括一些定时器的数值、DR、BDR 以及已知的邻居。

注意：广播网络和点对点网络，发送 Hello 报文的时间间隔为 10 s，死亡间隔时间（Dead-Interval）为 40 s；非广播多点接入网络（NBMA）和点到多点网络（P2MP），发送 Hello 报文的时间是 30 s，Dead 间隔时间为 120 s。

（2）DD 报文

DD 报文描述本地 LSDB（Link State Database）的摘要信息，用于两台设备进行数据库同步。两台路由器在邻接关系初始化时，用 DD 报文来描述自己的 LSDB，进行数据库的同步。报文内容包括 LSDB 中每一条 LSA 的 Header（LSA 的 Header 可以唯一标识一条 LSA）。LSA Header 只占一条 LSA 的整个数据量的小部分，这样可以减少路由器之间的协议报文流量，对端路由器根据 LSA Header 就可以判断出是否已有这条 LSA。在两台路由器交换 DD 报文的过程中，一台为 Master，另一台为 Slave。由 Master 规定起始序列号，每发送一个 DD 报文序列号加 1，Slave 方使用 Master 的序列号作为确认。

（3）LSR 报文

LSR 报文用于向对方请求所需的 LSA。设备只有在 OSPF 邻居双方成功交换 DD 报文后才会向对方发出 LSR 报文。两台路由器互相交换过 DD 报文之后，知道对端的路由器有哪些 LSA 是本地的 LSDB 所缺少的和哪些 LSA 是已经失效的，这时需要发送 LSR 报文（Link State Request

Packet）向对方请求所需的 LSA。内容包括所需要的 LSA 的摘要。

（4）LSU 报文

LSU 报文用于向对方发送其所需要的 LSA，用来向对端 Router 发送其所需要的 LSA 或者泛洪（Flooding）自己更新的 LSA，内容是多条 LSA（全部内容）的集合。LSU 报文在支持组播和广播的链路上是以组播形式将 LSA 泛洪出去。为了实现泛洪的可靠性传输，需要 LSAck 报文对其进行确认。对没有收到确认报文的 LSA 进行重传，重传的 LSA 是直接发送到邻居的。

（5）LSAck 报文

LSAck 用来对收到的 LSA 进行确认，用来对接收到的 LSU 报文进行确认，内容是需要确认的 LSA 的 Header（一个 LSAck 报文可对多个 LSA 进行确认）。LSAck 报文根据不同的链路以单播或组播的形式发送。

8. LSA 类型

OSPF 协议中的 LSU 报文用来向对端 Router 发送其所需要的 LSA 或者泛洪自己更新的 LSA（Link State Advertisement），其中的 LSA 包括表 4-6 所示的多种类型。

表 4-6 OSPF 中 LSA 类型

LSA 类型	LSA 作用
Router-LSA（Type 1）	每个设备都会产生，描述了设备的链路状态和开销，在所属的区域内传播
Network-LSA（Type 2）	由 DR（Designated Router）产生，描述本网段的链路状态，在所属的区域内传播
Network-summary-LSA（Type 3）	由 ABR 产生，描述区域内某个网段的路由，并通告给发布或接收此 LSA 的非 Totally STUB 或 NSSA 区域
ASBR-summary-LSA（Type 4）	由 ABR 产生，描述到 ASBR 的路由，通告给除 ASBR 所在区域的其他相关区域
AS-external-LSA（Type 5）	由 ASBR 产生，描述到 AS 外部的路由，通告到所有的区域（除了 STUB 区域和 NSSA 区域）
NSSA-LSA（Type 7）	由 NSSA 区域的 ASBR 产生，描述到 AS 外部的路由，仅在 NSSA 区域内传播
Opaque LSA（Type 9/Type 10/Type 11）	Opaque LSA 提供用于 OSPF 的扩展的通用机制。其中： • Type9 LSA 仅在接口所在网段范围内传播。用于支持 GR 的 Grace LSA 就是 Type9 LSA 的一种。 • Type10 LSA 在区域内传播。用于支持 TE 的 LSA 就是 Type10 LSA 的一种。 • Type11 LSA 在自治域内传播，目前还没有实际应用的例子

常用的 LSA 共有 6 种，分别为 Router-LSA、Network-LSA、Network-summary-LSA、ASBR-summary-LSA、AS-External-LSA 和 NSSA-LSA。所有的 LSA 都有相同的报文头，如图 4-12 所示。

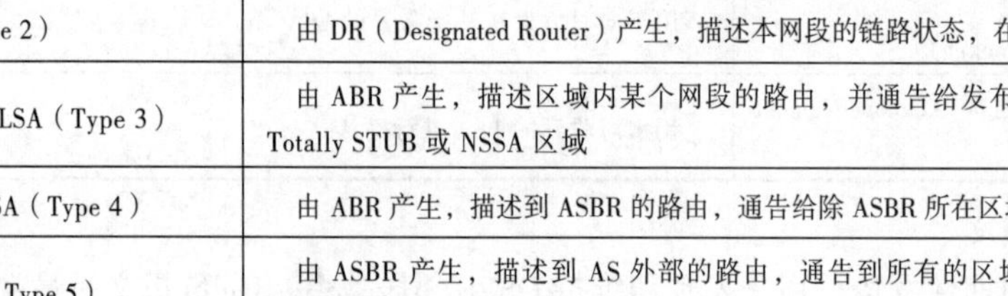

0	15	23 31
LS age	Options	LS type
Link State ID		
Advertising Router		
LS sequence number		
LS checksum	Length	

图 4-12 LSA 报文头格式

其中的 LS type 描述了 LSA 的类型，其中 Type1 为 router-LSA，Type2 为 network-LSA，Type3 为 Network-Summary-LSA，Type4 为 ASBR-summary-LSA，Type5 为 AS-external-LSA，Type7 为 NSSA-LSA。

注意：Type1 和 Type2 属于区域内路由（Intra Area），Type3 和 Type4 为区域间路由（Inter Area），Type5 和 Type7 为外部路由（External）。

4.4.3　OSPF 路由基本原理

首先，一起了解一下 OSPF 协议具备的特点，OSPF 协议具备以下六方面的特点：

① OSPF 把路由域划分成逻辑意义上的一个或多个区域。

② OSPF 通过 LSA 的形式发布路由。

③ OSPF 依靠在 OSPF 区域内各路由器间交互 OSPF 报文来达到路由信息的统一。

④ OSPF 报文封装在 IP 报文内，可以采用单播或组播的形式发送。

⑤ 支持 OSPF 接口使能特性，方便用户通过网管软件管理 OSPF。

⑥ 支持 Router-ID 冲突检测并修复功能，实现当 OSPF 检测到 Router-ID 冲突后选择新的 Router-ID，从而避免路由振荡。

1. OSPF 协议工作过程

OSPF 协议有 4 个主要的工作过程，分别是寻找邻居、建立邻接关系、链路状态信息传递、计算路由。

（1）寻找邻居

OSPF 协议不同于 RIP 协议。OSPF 协议运行后，并不立即向网络传播路由信息，而是先寻找网络中可与自己交互链路状态信息的周边路由器。可以交互链路状态信息的路由器互为邻居。

OSPF 路由器周期性地从启动 OSPF 协议的每一个接口以组播地址 224.0.0.5 发送 Hello 包，以便寻找邻居。Hello 数据包携带始发路由器的 Router-ID、Area-ID、接口地址掩码、DR（指定路由器）、优先级等信息。当两台路由器共享一条数据链路，并且相互成功协商它们格式的 Hello 数据包中某些参数时，它们就成为了邻居。两台路由器之间的状态变化为 Init 状态→2-way 状态。2-way 状态是一种稳定的状态，表明两台路由器之间已建立邻居关系，但还不能传送路由信息。

注意：广播网络、点对点网络、点到多点网络自动发现邻居，而非广播多点接入网络（NBMA）的邻居不是自动发现的，需要使用命令 peer ip-address 手工指定邻居。

（2）建立邻接关系

在 OSPF 网络中，为了交换路由信息，邻居设备之间首先要建立邻接关系。邻接关系可以想象为一条点到点的虚链路，它是在一些邻居路由器之间构成的，只有建立了可靠邻接关系的路由器才相互传递链路状态信息。

对于广播网络，如果所有的邻居关系都建立邻接关系，那么，如果有 n 台路由器，则有 $n(n-1)/2$ 个邻接关系。邻接关系需要消耗较多的资源来维持，而且邻接路由器之间要两两交换链路状态信息，就会造成网络资源和路由器处理能力的巨大浪费。

为了解决这个问题，OSPF 要求在广播型网络中选举一台指定路由器（Designated Router，DR）。DR 负责用 LSA 描述该网络类型及该网络内的其他路由器，同时也负责管理它们之间的链路状态信息交换过程。DR 选定后，该广播型网络内的所有路由器只与 DR 建立邻接关系。与 DR 互相交换链路状态信息以实现 OSPF 区域路由器链路状态信息的同步。

注意：DR 是一个 OSPF 路由器接口的特征，而不是整个路由器的特征。如果 DR 失效，所有的邻接关系都会消失，需要重新选取一台新的 DR。为了加快这一过程，OSPF 在选择 DR 的同时还会选举一个备份指定路由器（Backup Designated Router，BDR）。

网络上所有路由器同时与 DR 和 BDR 形成邻接关系，如果 DR 失效，BDR 立即成为新的 DR。路由器在选举 DR 时的优先级取值范围为 0~255，其值越大，优先级越高。默认情况下，路由器选举 DR 时的优先级为 1。

DR 和 BDR 的选举：路由器传递 Hello 的数据包中携带有路由器优先级、DR 和 BDR 等字段。在具备选举资格的路由中（优先级不为 0），优先选择优先级最高的作为 DR，次高的作为 BDR。DR 优先级为 0 的设备只能成为 DR Other；如果优先级相同，则优先选择 Router-ID 较大的设备成为 DR，次大的成为 BDR，其余设备成为 DR Other。

一旦 DR 和 BDR 选举成功，其他路由器只与 DR 和 BDR 建立邻接关系。建立邻接关系后，两端设备交互传递链路状态通告信息，进行 LSDB 同步，最后进入 Full 状态。Full 状态表明两端设备已经建立邻接关系，是一种稳定状态。

注意：点对点网络、点到多点网络建立邻接关系不需要选定 DR 和 BDR；而广播网络和非广播多点接入网络（NBMA）需要选定 DR 和 BDR。通过对网络链路所在路由器接口使用命令 ospf dr-priority priority 配置 DR 优先级来时设置 DR/DBR。

（3）链路状态信息传递

邻接关系建立后，OSPF 路由器将建立描述网络状况的链路状态通告（Link State Advertisement, LSA），建立邻接关系的 OSPF 路由器之间将通过发送 DD 报文、LSR 报文、LSU 报文以及 LSAck 报文来交互 LSA，最终形成包含网络完整链路状态信息的链路状态数据库（Link State Database, LSDB）。

为避免网络资源浪费，OSPF 路由器采用路由增量更新机制发布 LSA，即只发布邻居缺失的链路状态给邻居。如果网络变更时，路由器立即发送 LSA 摘要信息（DD 报文）。如果网络状态没有发送变化，OSPF 路由器每隔 30 min 向邻居发送一次 LSA 的摘要信息，这个过程称为 LSA 泛洪，也称为 LSA 刷新。

（4）计算路由

获得完整的链路状态数据库 LSDB 后，OSPF 区域内的每一个路由器将会对该区域的网络结构有相同的认识，随后各路由器将依据 LSDB 的信息用 SPF 算法独立计算出路由。

OSPF 开销 Cost：OSPF 协议是根据路由器的每个接口指定的度量值来决定最短路径的，这里的度量值是指开销 Cost。OSPF 的接口开销 Cost=带宽参考值/接口带宽。一条路由的开销是指沿着到达目的网络的路径上所有路由器出接口的开销的总和。

OSPF 采用 SPF（Shortest Path First）算法计算路由，可以达到路由快速收敛的目的。OSPF 协议使用链路状态通告 LSA 描述网络拓扑，即有向图。Router-LSA 描述路由器之间的链接和链路的属性。路由器将 LSDB 转换成一张带权的有向图，这张图便是对整个网络拓扑结构的真实反映。各个路由器得到的有向图是完全相同的，如图 4-13 所示。

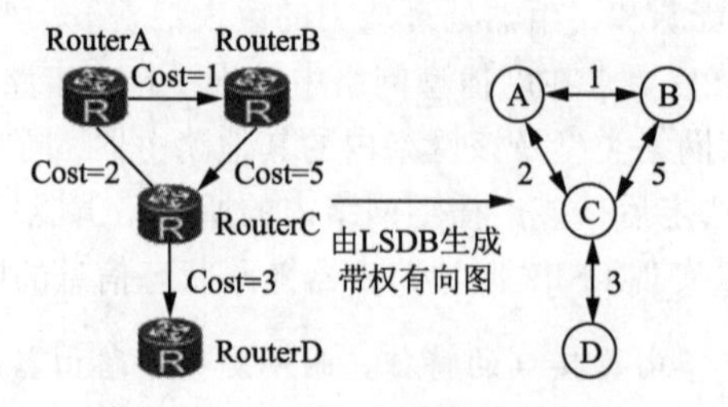

图 4-13　LSDB 生成带权有向图

每台路由器根据有向图，使用 SPF 算法计算出一棵以自己为根的最短路径树，这棵树给出了到自治系统中各节点的路由，如图 4-14 所示。

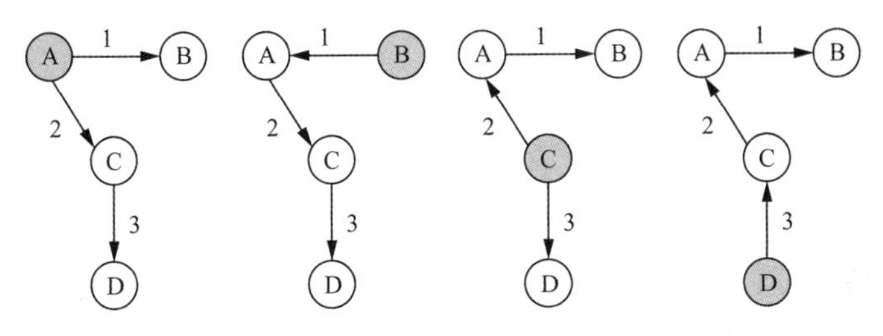

图 4-14　最小生成树

当 OSPF 的链路状态数据库 LSDB 发生改变时，需要重新计算最短路径，如果每次改变都立即计算最短路径，将占用大量资源，影响路由器的效率，通过调节 SPF 计算间隔时间，可以抑制由于网络频繁变化而占用过多资源。默认情况下，SPF 时间间隔为 5 s。

OSPF 具体的路由计算过程如下：

① 计算区域内路由。Router-LSA 和 Network-LSA 可以精确地描述出整个区域内部的网络拓扑，根据 SPF 算法，可以计算出到各个路由器的最短路径。根据 Router-LSA 描述的与路由器的网段情况，得到了到达各个网段的具体路径。

② 计算区域外路由。从区域内部看，相邻区域的路由对应的网段好像直接连接在 ABR 上，而到 ABR 的最短路径已经在上一过程中计算完毕，所以直接检查 Network-Summary-LSA，就可以很容易得到这些网段的最短路径。另外，ASBR 也可以看成是连接在 ABR 上，所以 ASBR 的最短路径也可以在这个阶段计算出来。说明：如果进行 SPF 计算的路由器是 ABR，那么只需要检查骨干区域的 Network-Summary-LSA。

③ 计算自治系统外路由。由于自治系统外部的路由可以看成是直接连接在 ASBR 上，而到 ASBR 的最短路径在上一过程中已经计算完毕，所以逐条检查 AS-External-LSA 就可以得到到达各个外部网络的最短路径。

2. OSPF **选路规则**

OSPF 由 IETF 在 20 世纪 80 年代末期开发，最初的 OSPF 规范文档是在 RFC1131 中描述的，称为 OSPF 版本 1。后来又新开发了的标准，新标准在 RFC 1247 文档中进行描述，RFC 1247 在稳定性和功能性方面都有了实质性的改进，称为 OSPF 版本 2。在后续发展中，又针对 OSPF 版本 2 有许多更新文档出现，每一个更新都是对是 OSPF 的精心改进，这些更新文档包括 RFC 1583、2178 和 2328。目前，OSPF 选路主要有两个标准：RFC1583 与 RFC2328，这两个 RFC 标准中选路规则存在不同。

① RFC1583 规定：区域外部选路路由时只需要对比 Cost 值，Cost 值小的优先，如果 Cost 值相同则负载分担。

② RFC2328 规定：区域外部选路路由时只需要对比区域号大小，而不需要对比 Cost 值，区域号大的将优先使用。

默认情况下，华为的设备启用 OSPF 后都工作在 RFC 1583 兼容模式，此模式兼顾了 RFC 1583 和 RFC 2328 的规定，其特点为：当一台路由器收到能从不同的路径去往目标的外部路由时，会先比较路径的 Cost 值，只有在 Cost 值相同的情况下才会进一步比较区域号。如果 Cost 值与区域号都相同，才会形成负载分担。

可以在 OSPF 进程视图下，执行 undo RFC1583 compatible 命令，将 RFC1583 兼容模式配置

成 RFC2328 选路标准。

RFC1583 兼容模式 OSPF 选路规则如下：

① 域内路由优于域间路由，即由 type 1 LSA 或者 type 2 LSA 生成的路由优先于 Type3 LSA 生成的路由。

② 域间路由优于外部路由，即由 Type 3 LSA 产生的路由优于 Type 5 或者 Type 7 LSA 产生的路由。

③ 如果同为外部路由，则先比较外部路由 Type，Type 1 External 路由优于 Type 2 External 路由。

④ 如果同为 Type 1 External 路由，则比较路由的外部 Cost 与内部 Cost 之和，选择选 Cost 值小的；Type 1 External 路由 Cost 相同，则 E1（ASBR 路由器引入的外部路由）优于 N1（NSSA 区域 ASBR 引入的外部路由）；Type1 External 路由 Cost 相同，都为 E1 或 N1，则进行负载分担。

⑤ 如果同为 Type 2 External 路由，则先比较路由的外部 Cost 值，相同再比较路由的内部 Cost 值，不一样就选择 Cost 值小的；Type 2 External 的 Cost 相同，则 ADVrouter/FA 的 Cost 小的路由优先；Type 2 External 的 Cost 相同，ADVrouter/FA 的 Cost 相同，则 E2 优于 N2；Type 2 External 的 Cost 相同，ADVrouter/FA 的 Cost 相同，同为 E2 或 N2，则进行负载分担。

4.4.4 OSPF 协议配置方法

在配置 OSPF 的基本功能之前，需要配置各设备接口的网络层地址，使各相邻节点网络层可达。

1. 配置 OSPF 基本功能

OSPF 基本功能配置包括创建 OSPF 进程，创建 OSPF 区域，使能 OSPF 网络。可选配置包括虚连接配置、OSPF 更新泛洪的控制等配置。配置完 OSPF 的基本功能，就可以组建起最基本的 OSPF 网络。

（1）创建 OSPF 进程

执行 ospf [process-id |router-id router-id]命令，启动 OSPF 进程，进入 OSPF 视图。

① process-id 为进程号，默认值为 1。进程号是本地概念，不影响与其他路由器之间的报文交换。因此，不同的路由器之间，即使进程号不同也可以进行报文交换。

② router-id 为路由器的 ID 号。默认情况下，路由器系统会从当前接口的 IP 地址中自动选取一个最大值作为 Router-ID。手动配置 Router-ID 时，必须保证自治系统中任意两台 Router-ID 都不相同。通常的做法是将 Router-ID 配置为与该设备某 loopback 接口的 IP 地址一致。也可以使用单独 Router-ID 命令进行配置。

（2）创建 OSPF 区域

区域是从逻辑上将设备划分为不同的组，每个组用区域号（Area-ID）来标识。区域的边界是设备，而不是链路。一个网段（链路）只能属于一个区域，或者说每个运行 OSPF 的接口必须指明属于哪一个区域。

执行 ospf [process-id | router-id router-id]命令启动 OSPF 进程，进入 OSPF 视图。

执行 area area-id 命令，创建并进入 OSPF 区域视图。

Area-ID 是 0 的称为骨干区域。骨干区域负责区域之间的路由，非骨干区域之间的路由信息必须通过骨干区域来转发。

（3）使能 OSPF 网络

创建 OSPF 进程后，还需要配置区域所包含的网段。一个网段只能属于一个区域，或者说每个运行 OSPF 协议的接口必须指明属于某一个特定的区域。该处的网段是指运行 OSPF 协议接口的 IP 地址所在的网段。

执行 ospf [process-id]命令，进入 OSPF 进程视图，执行 area area-id 命令，进入 OSPF 区域视图。可以在 OSPF 区域和指定接口中使能 OSPF。

执行 network ip-address wildcard-mask 命令，配置区域所包含的网段。

默认情况下，OSPF 以 32 位主机路由的方式对外发布 Loopback 接口的 IP 地址，与 Loopback 接口上配置的掩码长度无关。如果要发布 Loopback 接口的网段路由，需要在接口下配置网络类型为 NBMA 或广播型。

（4）配置 OSPF 邻居（可选）

当网络类型为 NBMA 网络（例如，X.25、ATM 网络或帧中继网络）时，可以通过配置映射使整个网络达到全连通状态(即网络中任意两台设备之间都存在一条虚电路且直接可达)。这样，OSPF 就可以看作是广播网络进行 DR、BDR 选举等。但由于无法通过广播 Hello 报文的形式动态发现相邻设备，必须手工通过 peer 命令指定相邻设备的 IP 地址，以及用于 DR 选举的优先级。

执行 ospf [rocess-id]命令，进入 OSPF 进程视图。

执行 peer ip-address [dr-priority priority]命令，用来在 NBMA 网络上指定相邻路由器的 IP 地址，并配置相邻路由器 DR 选举权。

（5）配置 DB/DBR（可选）

当网络类型为广播网络和 NBMA 网络时，路由器接口的优先级决定了该接口在选举 DR 时所具有的资格，优先级高的接口在 DR 选举时被首先考虑。如果一台设备的接口优先级为 0，则它不会被选举为 DR 或 BDR。在广播或 NBMA 网络中，可以通过配置接口的 DR 优先级来影响网络中 DR 或 BDR 的选择。

执行 interface interface-type interface-number 命令，进入运行 OSPF 的接口视图。

执行 ospf dr-priority priority 命令，配置接口的 DR 优先级。优先级取值范围为 0~255，数字越大，优先级越高，默认接口 DR 优先级为 1。

（6）虚连接配置（可选）

在划分 OSPF 区域之后，非骨干区域之间的 OSPF 路由更新是通过骨干区域来交换完成的。因此，OSPF 要求所有非骨干区域必须与骨干区域保持连通，并且骨干区域之间也要保持连通。但在实际应用中，因为各方面条件的限制，可能无法满足这个要求，这时可以通过配置 OSPF 虚连接解决。

执行 ospf [process-id]命令，进入 OSPF 进程视图，然后执行 area area-id 命令，进入 OSPF 区域视图。建立虚连接使用下面的命令：

执行命令 vlink-peer router-id [smart-discover | hello hello-interval | retransmit retransmit-interval | trans-delay trans-delay-interval | dead dead-interval| [simple [plain plain-text | [cipher] cipher-text]]，创建并配置虚连接。在另一端也需要配置此命令。

注意：vlink-peer 使用的是 Router-id，通过指定 smart-discover，可以不需要等待 hello timer 到时，而主动发送 hello 报文。

2. 不同网络类型配置（可选）

默认情况下，接口的网络类型根据物理接口选择，以太网接口的网络类型为广播（Broadcast）。串口（封装 PPP 协议或 HDLC 协议时）的网络类型为 P2P。ATM 和 Frame-relay 接口的网络类型为 NBMA。P2MP 网络类型必须由其他的网络类型强制更改，一般情况下，链路两端的 OSPF 接口的网络类型必须一致，否则双方不可以建立起邻居关系。

执行 interface interface-type interface-number 命令，进入运行 OSPF 的接口视图。

执行 ospf network-type { broadcast | nbma | p2mp | p2p [peer-ip-ignore] }命令，配置 OSPF 接口的网络类型。

当用户为接口配置了新的网络类型后，原接口的网络类型将被替换。应根据实际情况配置接口的网络类型。

① 如果接口的网络类型是广播，但在广播网络上有不支持组播地址的路由器，可以将接口的网络类型改为 NBMA 网络。

② 如果接口的网络类型是 NBMA，且网络是全连通的，即任意两台路由器都直接可达。此时，可以将接口类型改为广播网络，并且不必配置邻居路由器。

③ 如果接口的网络类型是 NBMA，但网络不是全连通的，必须将接口的网络类型改为 P2MP。这样，两台不能直接可达的路由器就可以通过一台与两者都直接可达的路由器来交换路由信息。接口的网络类型改为 P2MP 网络后，不必配置邻居路由器。

④ 如果同一网段内只有两台路由器运行 OSPF 协议，建议将接口的网络类型改为 P2P 网络。

3. 配置 stub 区域

OSPF 划分区域可以减少网络中 LSA 的数量。对于位于自治系统边界的非骨干区域，为了更多地缩减其路由表规模和降低 LSA 的数量，可以将它们配置为 STUB 区域。

执行 ospf [process-id]命令，进入 OSPF 进程视图。然后，执行 area area-id 命令，进入 OSPF 区域视图。

执行 stub [no-summary]命令，配置当前区域为 STUB 区域。no-summary 用来禁止 ABR 向 Stub 区域内发送 Type-3 LSA（Summary LSA）。

STUB 区域是一种可选的配置属性。配置 STUB 区域时需要注意以下几点：

① 骨干区域（Area0）不能配置成 STUB 区域。

② 如果要将一个区域配置成 STUB 区域，则该区域中的所有路由器都要配置 STUB 区域属性。

③ STUB 区域内不能存在 ASBR，即自治系统外部的路由不能在 STUB 区域内传播。

④ STUB 区域内不能存在虚连接。

4. 配置 NSSA 区域

NSSA 区域适用于既需要引入外部路由，又要避免外部路由带来的资源消耗的场景。

OSPF NSSA（Not-So-Stubby Area）区域是 OSPF 特殊的区域类型。NSSA 区域与 STUB 区域有许多相似的地方，两者都不传播来自 OSPF 网络其他区域的外部路由。差别在于 STUB 区域不能引入外部路由，NSSA 区域能够将自治域外部路由引入并传播到整个 OSPF 自治域中。

在 NSSA 区域中使用 Type 7 LSA 描述引入的外部路由信息。Type 7 LSA 由 NSSA 区域的自治域边界路由器（ASBR）产生，其扩散范围仅限于边界路由器所在的 NSSA 区域。NSSA 区域的区域边界路由器（ABR）收到 Type 7 LSA 时，会有选择地将其转化为 Type 5 LSA，以便将外部路由信息通告到 OSPF 网络的其他区域。

执行 ospf [process-id]命令，进入 OSPF 进程视图。然后，执行 area area-id 命令，进入 OSPF 区域视图。

执行 nssa [{ default-route-advertise | suppress-default-route } | flush-waiting-timer interval-value | no-import-route | no-summary | set-n-bit | suppress-forwarding-address | translator-always | translator-interval interval-value | zero-address-forwarding | translator-strict]命令，配置当前区域为

NSSA 区域。

default-route-advertise 用来在 ASBR 上配置产生默认的 Type 7 LSA 到 NSSA 区域。在 ABR 上无论路由表中是否存在默认路由 0.0.0.0/0，都会产生 Type 7 LSA 默认路由。而在 ASBR 上只有当路由表中存在默认路由 0.0.0.0/0 时，才会产生 Type 7 LSA 默认路由。

所有连接到 NSSA 区域的设备必须使用 nssa 命令将该区域配置成 NSSA 属性。配置或取消 NSSA 属性，可能会触发区域更新，邻居中断。只有在上一次区域更新完成后，才能再次进行配置或取消配置操作。

5. **调整 OSPF 选路属性**

在复杂网络环境，通过调整 OSPF 的功能参数来达到灵活组网、优化网络负载分担。

（1）配置 OSPF 接口开销

OSPF 既可以根据接口的带宽自动计算其链路开销值，也可以通过命令进行配置。如果没有通过 ospf cost cost 命令配置 OSPF 接口的开销值，OSPF 会根据该接口的带宽自动计算其开销值。计算公式为：接口开销=带宽参考值/接口带宽，取计算结果的整数部分作为接口开销值（当结果小于 1 时取 1）。通过改变带宽参考值可以间接改变接口的开销值。

执行 interface interface-type interface-number 命令，进入运行 OSPF 的接口视图。执行 ospf cost cost 命令，设置 OSPF 接口的开销值。

执行 ospf [process-id]命令，进入 OSPF 进程视图。执行 bandwidth-reference value 命令，配置带宽参考值。value 为计算链路开销时所依据的参考值，单位是 Mbit/s。

（2）配置等价路由

当网络中到达同一目的地存在同一路由协议发现的多条路由，且这几条路由的开销值也相同，那么这些路由就是等价路由，可以实现负载分担。

执行 ospf [process-id]命令，进入 OSPF 进程视图。

执行 maximum load-balancing number 命令，配置最大等价路由数量。

4.4.5 OPSF 协议配置实验

OPSF 协议配置

1. **实验名称**

OSPF 协议配置实验。

2. **实验目的**

① 学习掌握 OSPF 多区域配置方法。

② 学习掌握 OSPF 虚连接（Vlink）配置方法。

③ 学习掌握 OSPF 网络类型配置、DR/BDR 配置方法。

④ 学习掌握 OSPF 特殊区域配置方法。

3. **实验拓扑**

OSPF 协议配置示例继续采用与 RIP 协议配置章节相同的拓扑图，如图 4-15 所示，其中用于学习配置 OSPF 协议的网络设备为 AR1/AR2/AR3/AR4/AR5/AR9 组成的网络。其中，AR1/AR2/AR3 之间路由通过帧中继链路互联，采用帧中继格式封装。AR3/AR4/AR9 之间采用 E1 链路连接，AR3/AR4 之间采用帧中继封装,AR4/AR9 之间采用 X.25 格式封装。AR3/AR5 采用双绞线链路，以太网格式封装。

拓扑图中有网络 IP 地址。采用 200.2.0.0/24 开头的网段地址，其中第三个数字采用相连路由器编号连接而成，各路由器对应接口地址的最后一个数字采用路由器编号。例如，AR3/AR5之间的网段采用 200.2.35.0/24 网段地址，其中 AR3 的 GE0/0/0 接口 IP 地址为 200.2.35.3/24，AR5 的 GE0/0/1 接口的地址为 200.2.35.5/24，依此类推。

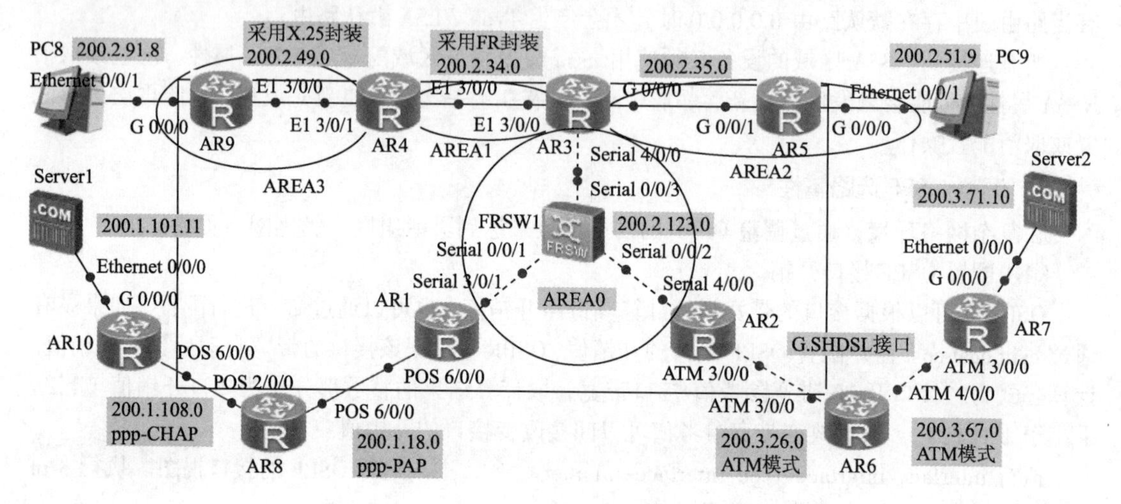

图 4-15　OSPF 协议配置示例

4. **实验内容**

① 采用多区域配置 OSPF 网络，AR1/AR2/AR3 互联链路组成骨干区域 AREA0，AR3/AR4 互联链路组成 AREA1 区域，AR3/AR5/PC9 互联链路组成 AREA2 区域，AR4/AR9/PC8 互联链路组成 AREA3 区域。

② 虚连接配置，AREA3 区域采用虚连接实现网络互通。

③ 链路网络类型配置，各路由器连接链路采用对应网络类型，对于广播网络和 NBMA 网络，需要配置指定路由器 DR。

④ 将 AREA2 配置为 Stub 区域，AREA3 配置为 Totally-Stub 区域。分别查看配置前/配置后路由器 AR5/AR9 中 ospf 路由表的变化。

5. **实验步骤**

（1）路由器 Router-ID 配置

OSPF 中需要定义 Router-ID，为了便于统一管理，使用手动定义 Router-ID。每个路由定义一个 loopback0 接口，并配置 IP 地址，例如路由器 AR1 的 loopback0 接口 IP 地址为 1.1.1.1/24，AR2 的 loopback0 的 IP 则为 2.2.2.2/24，依此类推，并使用 loopback0 接口地址作为路由器 Router-ID。这里给出 AR1 路由器 Router-ID 的配置方法。其他路由器的 Router-ID 采用同样方法配置。

```
[AR1]int loopback 0
[AR1-loopback0]ip address 1.1.1.1 24      ###采用 loopback0 接口地址
[AR1-loopback0]quit                       ###作为路由器 router-id
[AR1]router id 1.1.1.1                    ###配置 AR1 的 router-id
```

（2）路由器 OSPF 基本功能配置

路由器基本功能配置包括创建 OSPF 进程、创建 OSPF 区域、使能 OSPF 网络。

① 执行 ospf [process id]命令，启动 OSPF 进程。

② 执行 area area-id 命令，创建区域。

③ 执行 network ip-address wildcard-mask 命令，使能区域对应的网络。

下面以 AR3 为例配置路由器 OSPF 的基本功能。其他路由器采取类似方法进行配置。

```
[AR3]ospf 1
   area 0.0.0.0                            ###AR3 中 S4/0/0 属于 AREA0
     network 200.2.123.0 0.0.0.255         ###使能 S3/0/1 接口所在网络
   area 0.0.0.1                            ###AR3 中 E1-S3/0/0 属于 AREA1
     network 200.2.34.0 0.0.0.255          ###使能 S3/0/0 接口所在网络
   area 0.0.0.2                            ###AR3 中上 G0/0/0 属于 AREA2
     network 200.2.35.0 0.0.0.255          ###使能 G0/0/0 接口所在网络
```

（3）OSPF 邻居配置

广播网络、P2P 网络、P2MP 网络自动指定邻居，而 NBMA 网络则需要手工指定邻居。网络中 AR1/AR2/AR3 帧中继连接，AR3/AR4 之间 E1 链路帧中继封装，AR4/AR9 之间 E1 链路 X.25 封装，是 NBMA 网络，都需要使用命令 Peer ip-address 命令指定邻居。

下面给出 AR3 的邻居配置，AR2/AR3/AR4/AR9 采用类似方法配置。

```
[AR3] ospf 1
   peer 200.2.34.4                         ###AR3 与 AR4 采用 E1 链路帧中继封装
   peer 200.2.123.1                        ###AR3 与 AR1 采用帧中继封装
   peer 200.2.123.2                        ###AR3 与 AR2 采用帧中继分装
```

（4）DR/BDR 配置

对于 P2P 网络、P2MP 网络建立邻居关系时不需要选定 DR/BDR，但广播网络和非广播多点接入网络（NBMA）需要选定 DR 和 BDR。可以采取用设备自行选择 DR/DBR，也可以采用手工配置 DR/BDR。需要选定 DR/DBR 的网络有 AR3/AR5 之间的以太网连接（广播网络），AR1/AR2/AR3 帧中继连接、AR3/AR4 之间的串行链路帧中继封装，假定以上各网络中 AR3 都为指定路由器。配置如下：

```
[AR3]interface Serial3/0/0                 ###AR3/AR4 网络
   ospf dr-priority 10                     ###接口默认 DR 优先级为 1
[AR3]interface Serial4/0/0                 ###AR1/AR2/AR3 网络
   ospf dr-priority 10
[AR3]interface G0/0/0                      ###AR3/AR5 网络
   ospf dr-priority 10
```

（5）OSPF 虚连接配置

对于拓扑图中的区域 AREA3，并没有与骨干区域 AREA0 直连，因此需要将 AREA1 中 AR3/AR4 之间的链路配置为 OSPF 虚连接，使 AR4 成为 ABR 路由器。配置方法如下：

```
[AR3]ospf 1
   area 0.0.0.1                            ###AR3 中上 S3/0/0 属于 AREA1
   vlink-peer 4.4.4.4                      ###AR3 与 AR4 之间建立虚链路
[AR4]ospf 1
   area 0.0.0.1                            ###AR4 中 S3/0/0 属于 AREA1
   vlink-peer 3.3.3.3                      ###AR4 与 AR3 之间配置虚链路
```

注意：vlink-peer 命令采用 router-id 配置虚连接。

（6）各路由器 OSPF 相关配置列表

① AR1 配置：

```
[AR1]int loopback 0
[AR1-loopback0]ip address 1.1.1.1 24      ###采用 loopback0 接口地址
[AR1-loopback0]quit                        ###作为路由器 router-id
[AR1]router id 1.1.1.1                     ###配置 AR1 的 router-id
[AR1]ospf 1
```

```
    peer 200.2.123.2                        ###AR1 与 AR2 采用帧中继封装
    peer 200.2.123.3                        ###AR1 与 AR3 采用帧中继封装
    area 0.0.0.0                            ###AR1 中 S3/0/1 属于 AREA0
    network 200.2.123.0 0.0.0.255           ###使能 S3/0/1 接口所在网络
```

② AR2 配置：

```
[AR2]ospf 1
    peer 200.2.123.1                        ###AR2 与 AR1 采用帧中继封装
    peer 200.2.123.3                        ###AR2 与 AR3 采用帧中继封装
    area 0.0.0.0                            ###AR2 中 S4/0/0 属于 AREA0
    network 200.2.123.0 0.0.0.255           ###使能 S4/0/0 接口网络
```

③ AR3 配置：

```
[AR3]ospf 1
    Peer 200.2.34.4                         ###AR3 与 AR4 采用帧中继封装
    peer 200.2.123.1                        ###AR3 与 AR1 采用帧中继封装
    peer 200.2.123.2                        ###AR3 与 AR2 采用帧中继封装
    area 0.0.0.0                            ###AR3 中 S4/0/0 属于 AREA0
       network 200.2.123.0 0.0.0.255        ###使能 S4/0/0 接口网络
    area 0.0.0.1                            ###AR1 中 E1-S3/0/0 属于 AREA1
       network 200.2.34.0 0.0.0.255         ###使能 S3/0/0 接口所在网络
    vlink-peer 4.4.4.4                      ###AR3 与 AR4 之间建立虚链路
    area 0.0.0.2                            ###AR3 中 G0/0/0 属于 AREA2
       network 200.2.35.0 0.0.0.255         ###使能 G0/0/0 接口网络
```

④ AR4 配置：

```
[AR4]ospf 1
    peer 200.2.49.9                         ###AR4 与 AR9 采用 X.25 封装
    peer200.2.34.3                          ###AR4 与 AR3 采用帧中继封装
    area 0.0.0.1                            ###AR4 中 S3/0/0 属于 AREA1
      network 200.2.34.0 0.0.0.255          ###使能 S3/0/0 接口网络(E1)
      vlink-peer 3.3.3.3                    ###AR4 与 AR3 之间配置虚链路
    area 0.0.0.3                            ###AR4 中 S3/0/1 属于 AREA3
      network 200.2.49.0 0.0.0.255          ###使能 S3/0/1 接口网络 (E1)
```

⑤ AR5 配置：

```
[AR5]ospf 1
    area 0.0.0.2                            ###AR5 中 G0/0/1 和 G/0/0 属于 area2
      network 200.2.35.0 0.0.0.255          ###使能 G0/0/1 接口网络
      network 200.2.51.0 0.0.0.255          ###3 使能 G0/0/0 接口网络
```

⑥ AR9 配置：

```
[AR9]ospf 1
    peer 200.2.49.4                         ###AR9 与 AR4 采用 X.25 封装
    area 0.0.0.3                            ###AR9 中 S3/0/0 和 G0/0/0 属于 AREA3
      network 200.2.49.0 0.0.0.255          ###使能 S3/0/0 接口网络
      network 200.2.91.0 0.0.0.255          ###使能 G0/0/0 接口网络
```

说明：以上 OSPF 采用普通区域方式配置，AREA0 为骨干区域，其他区域采用标准区域。这种方式，所有 OSPF 路由器 OSPF 路由条目相同。下面列出 AR5/AR9 中 OSPF 路由信息，如图 4-16、图 4-17 所示。

```
[ar5]disp ospf routing

      OSPF Process 1 with Router ID 5.5.5.5
             Routing Tables

 Routing for Network
 Destination        Cost  Type        NextHop         AdvRouter       Area
 200.2.35.0/24      1     Transit     200.2.35.5      5.5.5.5         0.0.0.2
 200.2.51.0/24      1     Stub        200.2.51.1      5.5.5.5         0.0.0.2
 200.2.34.0/24      51    Inter-area  200.2.35.3      3.3.3.3         0.0.0.2
 200.2.49.0/24      101   Inter-area  200.2.35.3      3.3.3.3         0.0.0.2
 200.2.91.0/24      102   Inter-area  200.2.35.3      3.3.3.3         0.0.0.2
 200.2.123.0/24     49    Inter-area  200.2.35.3      3.3.3.3         0.0.0.2

 Total Nets: 6
 Intra Area: 2  Inter Area: 4  ASE: 0  NSSA: 0
```

图 4-16　标准区域配置下 AR5 路由表

```
[ar9]disp ospf routing

      OSPF Process 1 with Router ID 9.9.9.9
             Routing Tables

 Routing for Network
 Destination        Cost  Type        NextHop         AdvRouter       Area
 200.2.49.0/24      50    Transit     200.2.49.9      9.9.9.9         0.0.0.3
 200.2.91.0/24      1     Stub        200.2.91.1      9.9.9.9         0.0.0.3
 200.2.34.0/24      100   Inter-area  200.2.49.4      4.4.4.4         0.0.0.3
 200.2.35.0/24      101   Inter-area  200.2.49.4      4.4.4.4         0.0.0.3
 200.2.51.0/24      102   Inter-area  200.2.49.4      4.4.4.4         0.0.0.3
 200.2.123.0/24     148   Inter-area  200.2.49.4      4.4.4.4         0.0.0.3

 Total Nets: 6
 Intra Area: 2  Inter Area: 4  ASE: 0  NSSA: 0
```

图 4-17　标准区域配置下 AR9 路由表

（7）Stub 与 Totally-Stub 配置

对于大型网络，应尽量减少路由器路由条目。OSPF 路由域中，对于 stub 和 NSSA 网络可以通过配置 stub 网络和 NSSA 网络，减少相关区域路由器路由条目。

本网络 AREA2 和 AREA3 可以配置为 STUB 区域，这里将 AREA2 配置为 Stub 区域，AREA3 配置 Totally-Stub 区域。

AREA2 Stub 区域配置：在区域各路由器的 AREA2 执行命令 Stub，配置 Stub 区域。

AREA3 Totally-Stub 区域配置：在区域各路由器的 AREA3 执行命令 Stub no-summary，配置 Totally-Stub 区域。

分别在 AR5 中和 AR9 中利用 display ospf routing 命令，在配置 Stub 和 Totally-Stub 区域前后显示 OSPF 路由表项。

AREA2 中 AR5 的 OSPF 路由表如图 4-18 所示，AREA3 中 AR9 的 OSPF 路由表如图 4-19 所示。可以看到，定义配置 Stub 和 Totally-Stub 区域后都会生成一条 Type3 的默认路由传播到区域内。

```
[ar5-ospf-1]disp ospf routing

      OSPF Process 1 with Router ID 5.5.5.5
             Routing Tables

 Routing for Network
 Destination        Cost  Type        NextHop         AdvRouter       Area
 200.2.35.0/24      1     Transit     200.2.35.5      5.5.5.5         0.0.0.2
 200.2.51.0/24      1     Stub        200.2.51.1      5.5.5.5         0.0.0.2
 0.0.0.0/0          2     Inter-area  200.2.35.3      3.3.3.3         0.0.0.2
 200.2.34.0/24      51    Inter-area  200.2.35.3      3.3.3.3         0.0.0.2
 200.2.49.0/24      101   Inter-area  200.2.35.3      3.3.3.3         0.0.0.2
 200.2.91.0/24      102   Inter-area  200.2.35.3      3.3.3.3         0.0.0.2
 200.2.123.0/24     49    Inter-area  200.2.35.3      3.3.3.3         0.0.0.2

 Total Nets: 7
 Intra Area: 2  Inter Area: 5  ASE: 0  NSSA: 0
```

图 4-18　定义为 Stub 区域的 AR5 路由表

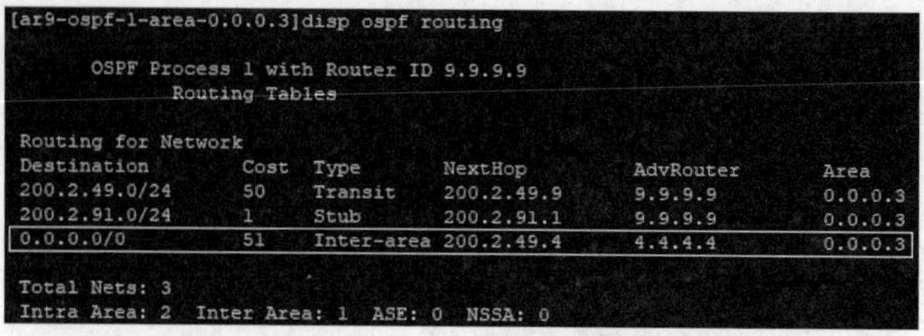

```
[ar9-ospf-1-area-0.0.0.3]disp ospf routing

       OSPF Process 1 with Router ID 9.9.9.9
              Routing Tables

 Routing for Network
 Destination         Cost  Type        NextHop          AdvRouter       Area
 200.2.49.0/24       50    Transit     200.2.49.9       9.9.9.9         0.0.0.3
 200.2.91.0/24       1     Stub        200.2.91.1       9.9.9.9         0.0.0.3
 0.0.0.0/0           51    Inter-area  200.2.49.4       4.4.4.4         0.0.0.3

 Total Nets: 3
 Intra Area: 2  Inter Area: 1  ASE: 0  NSSA: 0
```

图 4-19　定义为 Totally-Stub 的 AR9 路由表

注意：

① Stub 区域传递区域内路由和区域间路由，不传递区域外路由。

② Totally-Stub 区域传递区域内路由，不能传递区域间路由和区域外路由。

6. **实验测试**

① 利用 display ospf routing 命令查看路由器的 OSPF 路由表项，例如，查看 AR5 和 AR9 路由器的路由表项，路由器应包含所有 OSPF 通告网络的路由表项。

② 利用 ping 命令，在使用 OSPF 协议的非直连网络设备中进行测试。例如，测试 AR9 与 AR5 的连通性，AR9 与 AR1 的连通性；AR5 与 AR1 的连通性。

4.5　ISIS 路由技术

中间系统到中间系统（Intermediate System to Intermediate System，ISIS）属于内部网关协议（Interior Gateway Protocol，IGP），用于自治系统内部。ISIS 也是一种链路状态协议，使用最短路径优先（Shortest Path First，SPF）算法进行路由计算。

ISIS 是国际标准化组织（the International Organization for Standardization，ISO）为它的无连接网络协议（ConnectionLess Network Protocol，CLNP）设计的一种动态路由协议。随着 TCP/IP 协议的流行，为了提供对 IP 路由的支持，IETF（Internet Engineering Task Force）在 RFC 1195 中对 ISIS 进行了扩充和修改，使它能够同时应用在 TCP/IP 和 OSI（Open System Interconnection）环境中，称为集成 ISIS（Integrated ISIS）。

4.5.1　ISIS 路由基础

ISIS 属于 IGP 协议，也是一种链路状态协议，使用 SPF 算法进行路由计算。ISIS 与 OSPF 非常相似，这里对照 OSPF 协议学习 ISIS 协议。ISIS 路由协议和 OSPF 路由协议一样适用于大型网络，目前主要用于城域网和承载网中。例如，中国公用计算机互联网（ChinaNet）的骨干网络内部路由协议采用的就是 ISIS 路由协议。

1. **ISIS 协议区域分层结构**

为了支持大规模的路由网络，ISIS 在自治系统内采用骨干区域与非骨干区域两级的分层结构。一般来说，将 Level-1 路由器部署在非骨干区域，Level-2 路由器和 Level-1-2 路由器部署在骨干区域。每一个非骨干区域都通过 Level-1-2 路由器与骨干区域相连。

图 4-20 所示为一个运行 ISIS 协议的网络，它与 OSPF 的多区域网络拓扑结构非常相似。整个骨干区域不仅包括 Area1 中的所有路由器，还包括其他区域的 Level-1-2 路由器。

图 4-21 所示为 ISIS 的另外一种拓扑结构图。在这个拓扑中，Level-2 级别的路由器没有在同一个区域，而是分别属于不同的区域。此时所有物理连续的 Level-1-2 和 Level-2 路由器就构

成了 ISIS 的骨干区域。

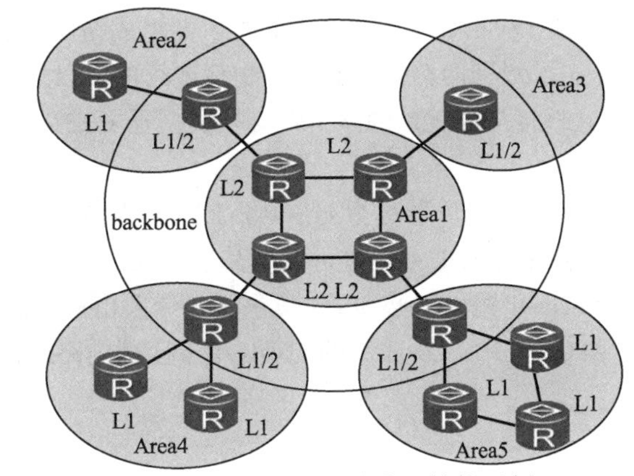

图 4-20　ISIS 协议区域分层结构示例一

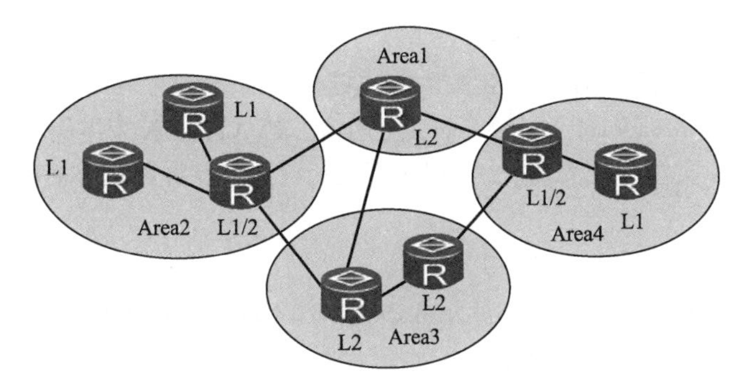

图 4-21　ISIS 协议区域分层结构示例二

通过以上两种拓扑结构图可以体现 ISIS 与 OSPF 的不同点：

① 在 ISIS 中，每个路由器都只属于一个区域；而在 OSPF 中，一个路由器的不同接口可以属于不同的区域。

② 在 ISIS 中，单个区域没有骨干与非骨干区域的概念；而在 OSPF 中，Area0 被定义为骨干区域。

③ 在 ISIS 中，Level-1 和 Level-2 级别的路由都采用 SPF 算法，分别生成最短路径树（Shortest Path Tree，SPT）；而在 OSPF 中，只有在同一个区域内才使用 SPF 算法，区域之间的路由需要通过骨干区域来转发。

2. ISIS 路由器的分类

ISIS 路由协议定义了 3 种路由器角色：Level-1、Level-2、Level-1-2。区域内的路由通过 Level-1 路由器管理，区域间的路由通过 Level-2 路由器管理。

（1）Level-1 路由器

Level-1 路由器负责区域内的路由，它只与属于同一区域的 Level-1 和 Level-1-2 路由器形成邻居关系，属于不同区域的 Level-1 路由器不能形成邻居关系。Level-1 路由器只负责维护 Level-1 的链路状态数据库（Link State Database，LSDB），该 LSDB 包含本区域的路由信息，到本区域外的报文转发给最近的 Level-1-2 路由器。

（2）Level-2 路由器

Level-2 路由器负责区域间的路由，它可以与同一或者不同区域的 Level-2 路由器或者其他区域的 Level-1-2 路由器形成邻居关系。Level-2 路由器维护一个 Level-2 的 LSDB，该 LSDB 包含区域间的路由信息。

所有 Level-2 级别（即形成 Level-2 邻居关系）的路由器组成路由域的骨干网，负责在不同区域间通信。路由域中 Level-2 级别的路由器必须是物理连续的，以保证骨干网的连续性。只有 Level-2 级别的路由器才能直接与区域外的路由器交换数据报文或路由信息。

（3）Level-1-2 路由器

同时属于 Level-1 和 Level-2 的路由器称为 Level-1-2 路由器，它可以与同一区域的 Level-1 和 Level-1-2 路由器形成 Level-1 邻居关系，也可以与其他区域的 Level-2 和 Level-1-2 路由器形成 Level-2 的邻居关系。Level-1 路由器必须通过 Level-1-2 路由器才能连接至其他区域。

Level-1-2 路由器维护两个 LSDB；Level-1 的 LSDB 用于区域内路由；Level-2 的 LSDB 用于区域间路由。

3. ISIS 的网络类型

ISIS 只支持两种类型的网络，根据物理链路不同可分为：

① 广播链路：如 Ethernet、Token-Ring 等。

② 点到点链路：如 PPP、HDLC 等。

对于 NBMA（Non-Broadcast Multi-Access）网络，如 ATM、帧中继等网络，需要对其配置子接口，并注意子接口类型应配置为 P2P。ISIS 不能在点到多点链路（Point to MultiPoint，P2MP）上运行。

4. 指定中间系统和伪节点

在广播网络中，ISIS 需要在所有的路由器中选举一个路由器作为指定中间系统（Designated Intermediate System，DIS）。DIS 用来创建和更新伪节点，并负责生成伪节点的链路状态协议（Link state Protocol，LSP）数据单元，用来描述这个网络上有哪些网络设备。

伪节点是用来模拟广播网络的一个虚拟节点，并非真实的路由器。在 ISIS 中，伪节点用 DIS 的 System ID 和一个字节的 Circuit ID（非 0 值）标识。

如图 4-22 所示，使用伪节点可以简化网络拓扑，使路由器产生的 LSP 长度较小。另外，当网络发生变化时，需要产生的 LSP 数量也会较少，减少 SPF 的资源消耗。

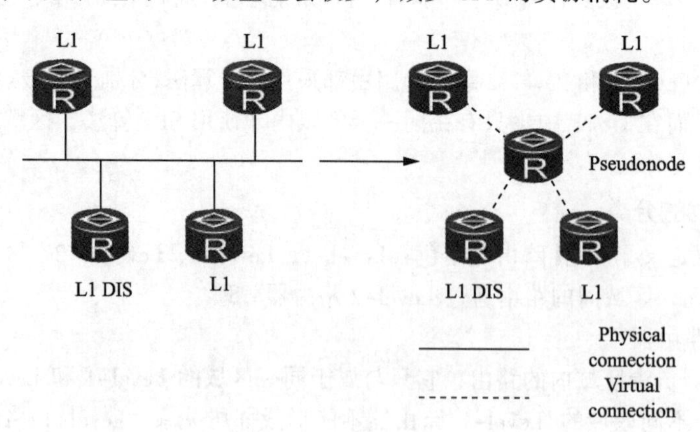

图 4-22 广播网络伪节点

Level-1 和 Level-2 的 DIS 是分别选举的，用户可以为不同级别的 DIS 选举设置不同的优先级，DIS 优先级为整数形式，取值范围是 0～127。默认值为 64。DIS 优先级数值最大的被选为 DIS。如果优先级数值最大的路由器有多台，则其中 MAC 地址最大的路由器会被选中。不同级别的 DIS 可以是同一台路由器，也可以是不同的路由器。

ISIS 中 DIS 类似 OSPF 路由器中的指定路由器（DR）。ISIS 协议中 DIS 与 OSPF 协议中 DR（Designated Router）的区别如下：

① 在 ISIS 广播网中，优先级为 0 的路由器也参与 DIS 的选举，而在 OSPF 中优先级为 0 的路由器则不参与 DR 的选举。

② 在 ISIS 广播网中，当有新的路由器加入，并符合成为 DIS 的条件时，这个路由器会被选中成为新的 DIS，原有的伪节点被删除。此更改会引起一组新的 LSP 泛洪。而在 OSPF 中，当一台新路由器加入后，即使它的 DR 优先级值最大，也不会立即成为该网段中的 DR。

③ 在 ISIS 广播网中，同一网段上的同一级别的路由器之间都会形成邻接关系，包括所有的非 DIS 路由器之间也会形成邻接关系。而在 OSPF 中，路由器只与 DR 和 BDR 建立邻接关系。ISIS 广播网上所有的路由器之间都形成邻接关系，但 LSDB 的同步仍然依靠 DIS 来保证。

5. ISIS 的报文类型

在 ISIS 路由协议中使用的三大类报文是：Hello 报文、链路状态数据包（LSP）和序列号数据包（SNP）。Hello 报文用来建立和维持 ISIS 路由器之间的邻接关系；LSP 用来承载和泛洪路由器的链路状态信息，并且 LSP（确切地说应该是链路状态数据库）是路由器进行 SPF 计算的依据；SNP（包括 CSNP 和 PSNP 两种）用来进行链路状态数据库的同步，并对 LSP 进行请求和确认。CSNP 与 PSNP 都包含了路由器本地链路状态数据库中 LSP 的摘要信息，其中 CSNP 包含的是所有 LSP 的摘要信息，PSNP 包含的是部分 LSP 的摘要信息。

（1）Hello PDU

Hello 报文用于建立和维持邻居关系，也称为 IIH（IS-to-IS Hello PDUs）。其中，广播网中的 Level-1 ISIS 使用 Level-1 LAN IIH；广播网中的 Level-2 ISIS 使用 Level-2 LAN IIH；非广播网络中则使用 P2P IIH。它们的报文格式有所不同。默认情况下，Hello PDU 报文的发送时间间隔为 10 s。

（2）链路状态报文

链路状态报文（Link State PDUs，LSP）用于承载和泛洪链路状态信息。LSP 分为两种，Level-1 LSP 和 Level-2 LSP。Level-1 LSP 由 Level-1 ISIS 传送；Level-2 LSP 由 Level-2 ISIS 传送；Level-1-2 ISIS 则可传送以上两种 LSP。

LSP 报文中包含一个重要字段，ATT 比特位（Attach-Bit）。ATT 比特位用来标识 Level-1 区域是否与其他区域相关联。Level-1-2 设备在其生成的 Level-1 LSP 中设置该字段以通知同一区域中的 Level-1 设备自己与其他区域相连，也就是说与 Level-2 骨干区域相连。当 Level-1 区域中的设备收到 Level-1-2 设备发送的 ATT 比特位被置位的 Level-1 LSP 后，它将生成一条目的地为 Level-1-2 设备的默认路由，以便数据可以被路由到其他区域。

这是 ISIS 协议规定的 ATT 默认置位原则，在实际应用中，可以通过配置 attached-bit advertise 命令改变 ATT 的置位情况。当希望发布的 LSP 中 ATT 比特位一直置位时可以使用 attached-bit advertise always 命令。如果不希望 Level-1-2 所连接的 Level-1 设备都因为 ATT 比特位生成默认路由，可以在 Level-1-2 设备上配置 attached-bit advertise never 命令，使得其不会发布 ATT 比特位置位的 LSP。

（3）序列号报文

序列号报文（Sequence Number PDUs，SNP）通过描述全部或部分数据库中的 LSP 来同步各 LSDB（Link-State DataBase），从而维护 LSDB 的完整与同步。

SNP 包括全序列号报文（Complete SNP，CSNP）和部分序列号报文（Partial SNP，PSNP）。CSNP 报文的发送时间间隔为 10 s。

CSNP 包括 LSDB 中所有 LSP 的摘要信息（类似 OSPF 的 DD 报文），从而可以在相邻路由器间保持 LSDB 的同步。在广播网络上，CSNP 由 DIS 定期发送；在点到点链路上，CSNP 只在第一次建立邻接关系时发送。PSNP 只列举最近收到的一个或多个 LSP 的序号，它能够一次对多个 LSP 进行确认，当发现 LSDB 不同步时，也用 PSNP 来请求邻居发送新的 LSP。

4.5.2 ISIS 地址结构

OSI 网络和 IP 网络的网络层地址的编址方式不同。IP 网络的地址是的 IPv4 地址或 IPv6 地址，而 ISIS 协议将 OSI 网络层地址称为 NSAP（Network Service Access Point，网络服务接入点），用来描述 OSI 模型的网络地址结构。NASP 地址代表的是一个节点，而不是一个接口。

网络服务访问点 NSAP 是 OSI 协议中用于定位资源的地址。NSAP 的地址结构如图 4-23 所示，它由 IDP（Initial Domain Part）和 DSP（Domain Specific Part）组成。IDP 和 DSP 的长度都是可变的，NSAP 总长最多 20 字节，最少 8 字节。

IDP 相当于 IP 地址中的主网络号。它是由 ISO 规定，并由 AFI（Authority and Format Identifier）与 IDI（Initial Domain Identifier）两部分组成。AFI 表示地址分配机构和地址格式，IDI 用来标识域。

DSP 相当于 IP 地址中的子网号和主机地址。它由 High Order DSP、System ID 和 NSEL 三个部分组成。High Order DSP 用来分割区域，System ID 用来区分主机，NSEL（NSAP Selector）用来指示服务类型。

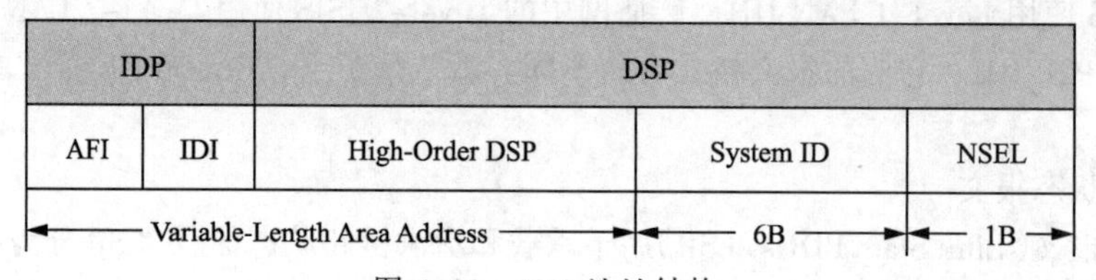

图 4-23 ISIS 地址结构

1. Area Address

Area-Address，1 ~ 13 个字节。IDP 和 DSP 中的 High-Order DSP 一起，既能够标识路由域，也能够标识路由域中的区域，因此，它们一起称为区域地址（Area Address），相当于 OSPF 中的区域编号。同一 Level-1 区域内的所有路由器必须具有相同的区域地址，Level-2 区域内的路由器可以具有不同的区域地址。

一般情况下，一个路由器只需要配置一个区域地址，且同一区域中所有节点的区域地址都要相同。为了支持区域的平滑合并、分割及转换，在设备的实现中，一个 ISIS 进程下最多可配置 3 个区域地址。

2. System ID

System ID 用来在区域内唯一标识主机或路由器。在设备的实现中，它的长度固定为 48 bit（6 B）。在实际应用中，一般使用 Router ID 与 System ID 进行对应。假设一台路由器使用接口 Loopback0 的 IP 地址 168.10.1.1 作为 Router ID，则它在 ISIS 中使用的 System ID 可通过如下方法转换得到。

将 IP 地址 168.10.1.1 的每个十进制数都扩展为 3 位，不足 3 位的在前面补 0，得到

168.010.001.001。将扩展后的地址分为 3 部分，每部分由 4 位数字组成，得到 1680.1000.1001。重新组合的 1680.1000.1001 就是 System ID。实际 System ID 的指定可以有不同的方法，但要保证能够唯一标识主机或路由器。

3. NSEL

NSEL 的作用类似 IP 中的“协议标识符”，不同的传输协议对应不同的 NSEL。在 IP 上 NSEL 均为 00。

4. 网络实体名称

网络实体名称 NET（Network Entity Title）指的是设备本身的网络层信息，可以看作是一类特殊的 NSAP（网络服务接入点）（NSEL = 00）。NET 的长度与 NSAP 的相同，最多为 20 字节，最少为 8 字节。在路由器上配置 ISIS 时，只需要考虑 NET 即可，NSAP 可不必去关注。

例如有 NET 为：ab.cdef.1234.5678.9abc.00，则其中 Area Address 为 ab.cdef，System ID 为 1234.5678.9abc，NSEL 为 00。

ISIS 路由协议定义的网络包含了终端系统（End System，ES）、中间系统（Intermediate System，IS）、区域（Area）和路由域（Routing Domain）。一个路由器是 IS，一个主机就是 ES。主机和路由器之间运行的协议称为 ES-IS，路由器与路由器之间运行的协议称为 ISIS。区域是路由域的细分单元，ISIS 允许将整个路由域分为多个区域，ISIS 就是用来提供路由域内或一个区域内的路由。

4.5.3　ISIS 工作原理

1. ISIS 邻居关系建立

两台运行 ISIS 的路由器在交互协议报文实现路由功能之前必须首先建立邻居关系。在不同类型的网络上，ISIS 的邻居建立方式并不相同。

（1）广播链路邻居关系的建立

图 4-24 中以 Level-2 路由器为例，描述了广播链路中建立邻居关系的过程。Level-1 路由器之间建立邻居与此相同。

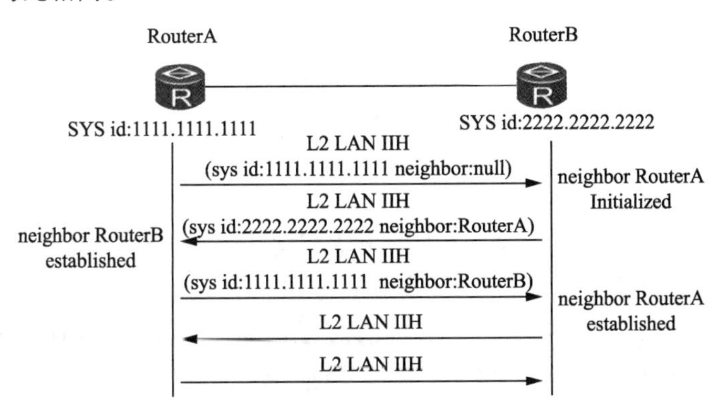

图 4-24　广播链路中邻居关系建立过程

① RouterA 广播发送 Level-2 LAN IIH，此报文中无邻居标识。

② RouterB 收到此报文后，将自己和 RouterA 的邻居状态标识为 Initial。然后，RouterB 再向 RouterA 回复 Level-2 LAN IIH，此报文中标识 RouterA 为 RouterB 的邻居。

③ RouterA 收到此报文后，将自己与 RouterB 的邻居状态标识为 Up。然后 RouterA 再向

RouterB 发送一个标识 RouterB 为 RouterA 邻居的 Level-2 LAN IIH。

④ RouterB 收到此报文后，将自己与 RouterA 的邻居状态标识为 Up。这样，两个路由器成功建立了邻居关系。

因为是广播网络，需要选举 DIS，所以在邻居关系建立后，路由器会等待两个 Hello 报文间隔，再进行 DIS(Designated Intermediate System，指定中间系统)的选举。Hello 报文中包含 Priority 字段，Priority 值最大的将被选举为该广播网的 DIS。若优先级相同，接口 MAC 地址较大的被选举为 DIS。

（2）P2P 链路邻居关系的建立

在 P2P 链路上，邻居关系的建立不同于广播链路。分为两次握手机制和三次握手机制。

① 两次握手机制：只要路由器收到对端发来的 Hello 报文，就单方面宣布邻居为 Up 状态，建立邻居关系。

② 三次握手机制：此方式通过三次发送 P2P 的 ISIS Hello PDU 最终建立起邻居关系，类似广播邻居关系的建立。

两次握手机制存在明显的缺陷。当路由器间存在两条及以上的链路时，如果某条链路上到达对端的单向状态为 Down，而另一条链路同方向的状态为 Up，路由器之间还是能建立起邻接关系。SPF 在计算时会使用状态为 UP 的链路上的参数，这就导致没有检测到故障的路由器在转发报文时仍然试图通过状态为 Down 的链路。三次握手机制解决了上述不可靠点到点链路中存在的问题。这种方式下，路由器只有在知道邻居路由器也接收到它的报文时，才宣布邻居路由器处于 Up 状态，从而建立邻居关系。

（3）ISIS 建立邻居关系原则

ISIS 建立邻居关系的原则如下：

① 只有同一层次的相邻路由器才有可能成为邻居。

② 对于 Level-1 路由器来说，区域号必须一致。

③ 链路两端 ISIS 接口的网络类型必须一致。通过将以太网接口模拟成 P2P 接口，可以建立 P2P 链路邻居关系。

④ 链路两端 ISIS 接口的 IP 地址必须处于同一网段。

由于 ISIS 是直接运行在数据链路层上的协议，并且最早设计是给 CLNP 使用的，ISIS 邻居关系的形成与 IP 地址无关。但在实际的实现中，由于在 IP 上运行 ISIS，所以要检查对方的 IP 地址。只要双方有某个 IP（主 IP 或者从 IP）在同一网段，就能建立邻居，不一定要主 IP 相同。

2. ISIS 的 LSP 交互过程

ISIS 路由域内的所有路由器都会产生链路状态报文 LSP，当路由器发生一些相关事件时会触发一个新的 LSP，这些事件包括邻居 Up 或 Down、ISIS 相关接口 Up 或 Down、引入的 IP 路由发生变化、区域间的 IP 路由发生变化、接口被赋了新的 metric 值、周期性更新等。ISIS 的 LSP 周期性更新设置刷新间隔为 15 min，老化时间为 20 min。

（1）路由器收发 LSP 的处理过程

路由器收到新的链路状态报文 LSP 后的处理过程如下：

① 将接收的新的 LSP 合并列自己的 LSDB 数据库中，并标记为 flooding。

② 发送新的 LSP 到除了收到该 LSP 的接口之外的接口。

③ 邻居再扩散到其他邻居。

路由器发送 LSP 报文采取的方式为泛洪。LSP 报文的“泛洪”是指当一个路由器向相邻路由器通告自己的 LSP 后，相邻路由器再将同样的 LSP 报文传送到除发送该 LSP 的路由器外的其他邻居，并这样逐级将 LSP 传送到整个层次内所有路由器的一种方式。通过这种“泛洪”，整个层次内的每一个路由器都可以拥有相同的 LSP 信息，并保持 LSDB 的同步。

每一个 LSP 都拥有一个标识自己的 4 字节的序列号。在路由器启动时所发送的第一个 LSP 报文中的序列号为 1，以后当需要生成新的 LSP 时，新 LSP 的序列号在前一个 LSP 序列号的基础上加 1。更高的序列号意味着更新的 LSP。

（2）广播链路上 LSDB 数据库同步过程

如图 4-25 所示，假定广播网络中有 RouterA 和 RouterB，网络采用 ISIS 路由协议，而且 RouterB 为 DIS。现在广播网络中加入开启了 ISIS 路由协议的 RouterC。

① 新加入的路由器 RouterC 首先发送 Hello 报文，与该广播域中的路由器建立邻居关系。

② 建立邻居关系之后，RouterC 等待 LSP 刷新定时器超时，然后将自己的 LSP 发往组播地址（Level-1：01-80-C2-00-00-14；Level-2：01-80-C2-00-00-15）。这样网络上所有的邻居都将收到该 LSP。

③ 该网段中的 DIS 会把收到 RouterC 的 LSP 加入到 LSDB 中，并等待 CSNP 报文定时器超时并发送 CSNP 报文，进行该网络内的 LSDB 同步。

④ RouterC 收到 DIS 发来的 CSNP 报文，对比自己的 LSDB 数据库，然后向 DIS 发送 PSNP 报文请求自己没有的 LSP。

⑤ DIS 收到该 PSNP 报文请求后向 RouterC 发送对应的 LSP 进行 LSDB 的同步。

（3）P2P 链路上 LSDB 数据库的同步过程

如图 4-26 所示，RouterA 和 RouterB 通过 P2P 链路连接，并采用 ISIS 路由协议。

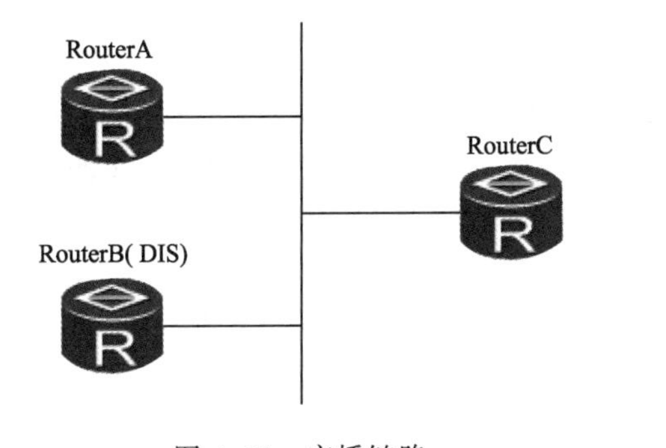

图 4-25　广播链路

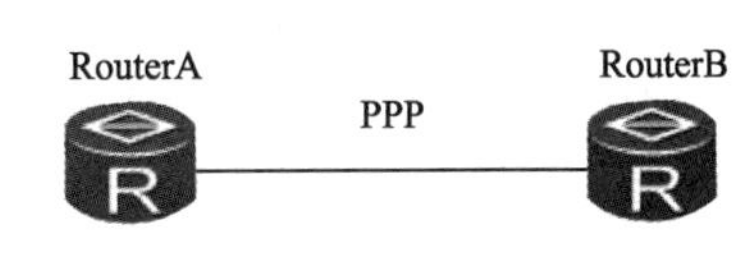

图 4-26　P2P 连接链路

① 假定 RouterA 先与 RouterB 建立邻居关系。

② 建立邻居关系之后，RouterA 与 RouterB 会先发送 CSNP 给对端设备。如果对端的 LSDB 与 CSNP 没有同步，则发送 PSNP 请求索取相应的 LSP。

③ 假定 RouterB 向 RouterA 索取相应的 LSP。RouterA 发送 RouterB 请求的 LSP 的同时启动 LSP 重传定时器，并等待 RouterB 发送的 PSNP 作为收到 LSP 的确认。

④ 如果在接口 LSP 重传定时器超时后，RouterA 还没有收到 RouterB 发送的 PSNP 报文作为应答，则重新发送该 LSP 直至收到 PSNP 报文。

在 P2P 链路上 PSNP 有两种作用：作为 Ack 应答以确认收到的 LSP；用来请求所需的 LSP。

3. ISIS 路由计算

ISIS 路由协议和 OSPF 路由协议一样，是数据链路状态路由协议。ISIS 路由协议也是在链路状态数据库（LSDB）的基础上，运行 SPF 算法，计算出正确的路由，形成路由信息表，并指导网络数据包的转发。

4.5.4 ISIS 配置

在配置 ISIS 的基本功能之前，需要配置各设备接口的网络层地址，使各相邻节点网络层可达。下面介绍 ISIS 的配置方法。

1. ISIS 基本功能配置

ISIS 基本功能配置包括创建 ISIS 进程，配置网络实体名，配置全局 Level 级别，建立 IS-IS 邻居等。而创建 ISIS 进程是配置网络实体名、配置全局 Level 级别以及建立 ISIS 邻居的前置任务。

（1）创建 ISIS 进程

执行 isis [process-id]命令，创建 ISIS 进程并进入 ISIS 视图。参数 process-id 用来指定一个 ISIS 进程。如果不指定参数 process-id，则系统默认的进程为 1。

执行 description description 命令，可以为 ISIS 进程设置描述信息。

（2）配置网络实体名

网络实体名 NET 是 NSAP（Network Service Access Point）的特殊形式，在进入 ISIS 视图之后，必须完成 ISIS 进程的 NET 配置，ISIS 协议才能真正启动。

在 ISIS 视图下执行 network-entity net 命令，设置网络实体名称。

通常情况下，一个 ISIS 进程下配置一个 NET 即可。当区域需要重新划分时，例如将多个区域合并，或者将一个区域划分为多个区域，这种情况下配置多个 NET 可以在重新配置时仍然能够保证路由的正确性。由于一个 ISIS 进程中区域地址最多可配置 3 个，所以 NET 最多也只能配 3 个。在配置多个 NET 时，必须保证它们的 System ID 都相同。

（3）配置全局 Level 级别

建议根据网络规划的需要，配置设备的 Level 级别。当 Level 级别为 Level-1 时，设备只与属于同一区域的 Level-1 和 Level-1-2 设备形成邻居关系，并且只负责维护 Level-1 的链路状态数据库 LSDB。当 Level 级别为 Level-2 时，设备可以与同一或者不同区域的 Level-2 设备或者其他区域的 Level-1-2 设备形成邻居关系，并且只维护一个 Level-2 的 LSDB。当 Level 级别为 level-1-2 时，设备会为 Level-1 和 Level-2 分别建立邻居，分别维护 Level-1 和 Level-2 两份 LSDB。默认情况下，设备的 Level 级别为 level-1-2。

在 ISIS 视图下执行 is-level { level-1 | level-1-2 | level-2 }命令，设置设备的 Level 级别。

（4）建立 ISIS 邻居

由于 ISIS 在广播网中和 P2P 网络中建立邻居的方式不同，因此，针对不同类型的接口，可以配置不同的 ISIS 属性。通常情况下，ISIS 会对收到的 Hello 报文进行 IP 地址检查，只有当收到的 Hello 报文的源地址和接口地址在同一网段时，才会建立邻居。

① 广播链路上建立 ISIS 邻居：

- 执行 interface interface-type interface-number 命令，进入接口视图。
- 执行 isis enable [process-id]命令，使能 ISIS 接口。配置该命令后，ISIS 将通过该接口建立邻居、扩散 LSP 报文。
- 执行 isis circuit-level [level-1 | level-1-2 | level-2]命令，设置接口的 Level 级别。默认情况下，接口的 Level 级别为 level-1-2。只有当 ISIS 设备的 Level 级别为 Level-1-2 时，改变接口的 Level 级别才有意义，否则将由 ISIS 设备的 Level 级别决定所能建立的邻接关系层次。

- 执行 isis dis-priority priority [level-1 | level-2]命令，设置用来选举 DIS 的优先级，数值越大优先级越高。默认情况下，广播网接口在 Level-1 和 Level-2 级别的 DIS 优先级为 64。
- 执行 isis silent [advertise-zero-cost]命令，配置 ISIS 接口为抑制状态。默认情况下，不配置 ISIS 接口为抑制状态。ISIS 接口为抑制状态时，接口不再接收或发送 ISIS 报文，但接口所在网段的路由仍可以被发布到域内的其他 ISIS 设备。

② P2P 链路上建立 ISIS 邻居

- 执行 interface interface-type interface-number 命令，进入接口视图。
- 执行 isis enable [process-id]命令，使能 ISIS 接口。
- 执行 isis circuit-level [level-1 | level-1-2 | level-2]命令，设置接口的 Level 级别。默认情况下，接口的 Level 级别为 level-1-2。
- 执行 isis circuit-type p2p 命令，设置接口的网络类型为 P2P。默认情况下，接口网络类型根据物理接口决定。
- 执行 isis ppp-negotiation { 2-way | 3-way [only] }命令，指定接口使用的协商模型。默认情况下，使用 3-way 协商模式。

2. **ISIS 选路配置**

在 ISIS 的基本功能配置的基础上，通过调整配置 ISIS 协议优先级，配置 ISIS 接口开销，配置 ISIS 路由渗透，配置 ISIS 等级路由，以及控制 Level-1S 设备是否生成默认路由等，可以实现对路由选择的精确控制。

（1）ISIS 协议优先级配置

一台设备同时运行多个路由协议时，可以发现到达同一目的地的多条路由，其中协议优先级高的路由将被优选。通过配置 ISIS 协议的优先级，可以将 ISIS 路由的优先级提高，使 ISIS 的路由被优选。

在 ISIS 视图下，执行 preference { preference | route-policy route-policy-name }命令，配置 ISIS 路由的优先级。默认情况下，ISIS 协议的优先级为 15。配置 preference 的值越小，优先级越高。

（2）ISIS 接口开销配置

ISIS 有 3 种方式来确定接口的开销，按照优先级由高到低：一是接口开销，为单个接口设置开销；二是全局开销，为所有接口设置开销；三是自动计算开销，根据接口带宽自动计算开销。如果没有为 ISIS 接口配置任何开销值，ISIS 接口的默认开销为 10，开销类型是 narrow。

① 配置接口开销类型。在 ISIS 视图下，执行 cost-style { narrow | wide | wide-compatible | { narrow-compatible | compatible } [relax-spf-limit] }命令，设置 ISIS 开销的类型。

对于不同的开销类型，其接口开销的取值范围有所不同，接收到的路由开销取值范围也有所不同。

- narrow 类型：接口开销取值范围为 1 ~ 63，接收到的路由开销值最大为 1 023。
- narrow-compatiblc 和 compatible 类型：接口开销取值范围为 1 ~ 63。
- wide 和 wide-compatible 类型：接口开销取值范围是 1 ~ 16 777 215。

② 配置 ISIS 接口的开销：

- 配置指定 ISIS 接口的开销。在接口视图下，执行 isis cost{ cost | maximum} [level-1 |level-2] 命令，设置 ISIS 接口的开销。默认情况下，ISIS 接口的链路开销为 10。
- 配置 ISIS 的全局开销。在 ISIS 视图下，执行 circuit-cost { cost| maximum } [level-1 |level-2] 命令，设置 ISIS 全局开销。默认情况下，ISIS 未配置全局开销。

- 使能 ISIS 自动计算接口的开销。在 ISIS 视图下，执行 bandwidth-reference value 命令，配置计算带宽的参考值。默认情况下，带宽参考值为 100，单位是 Mbit/s。执行 auto-cost enable 命令，使能自动计算接口的开销值。

只有当开销类型为 wide 或 wide-compatible 时，使用 bandwidth-reference 命令配置的带宽参考值才是有效的，此时各接口的开销值=(bandwidth-reference/接口带宽值)×10。

当开销类型为 narrow、narrow-compatible 时，各个接口的开销值根据表 4-7 来确定。

表 4-7 ISIS 开销值与接口带宽对应关系表（narrow 类型）

开 销 值	接口带宽范围
60	接口带宽≤10 Mbit/s
50	10 Mbit/s<接口带宽≤100 Mbit/s
40	100 Mbit/s<接口带宽≤155 Mbit/s
30	155 Mbit/s<接口带宽≤622 Mbit/s
20	622 Mbit/s<接口带宽≤2.5 Gbit/s
10	2.5 Gbit/s<接口带宽

（3）ISIS 路由渗透配置

如果在一个 Level-1 区域中有多台 Level-1-2 设备与 Level-2 区域相连，每台 Level-1-2 设备都会在 Level-1 LSP 中设置 ATT 标志位，则该区域中就有到达 Level-2 区域和其他 Level-1 区域的多条出口路由。

默认情况下，Level-1 区域的路由会渗透到 Level-2 区域中，因此 Level-1-2 设备和 Level-2 设备了解整个网络的拓扑信息。由于 Level-1 区域的设备只维护本地 Level-1 区域的 LSDB 数据库，不知道整个网络的拓扑信息，所以只能选择将流量转发到最近的 Level-1-2 设备，再由 Level-1-2 设备将流量转发到 Level-2 区域。然而，该路由可能不是到达目的地的最优路由。

为了帮助 Level-1 区域内的设备选择到达其他区域的最优路由，可以配置 ISIS 路由渗透，将 Level-2 区域的某些路由渗透到本地 Level-1 区域。

另外，考虑到网络中部署的某些业务可能只在本地 Level-1 区域内运行，则无须将这些路由渗透到 Level-2 区域中，可以通过配置策略仅将部分 Level-1 区域的路由渗透到 Level-2 区域。

① 配置 Level-2 区域的路由渗透到 Level-1 区域。在 ISIS 视图下，执行 import-route isis level-2 into level-1 [tag tag | filter-policy { acl-number | acl-name acl-name| ip-prefix ip-prefix-name | route-policy route-policy-name }]命令，将 Level-2 区域的路由渗透到本地 Level-1 区域。默认情况下，Level-2 区域的路由信息不渗透到 Level-1 区。

② 配置 Level-1 区域的路由渗透到 Level-2 区域。在 ISIS 视图下，执行 import-route isis level-1 into level-2[tag tag |filter-policy { acl-number | acl-name acl-name| ip-prefix ip-prefix-name | route-policy route-policy-name }]命令，将 Level-1 区域的路由渗透到本地 Level-2 区域。默认情况下，Level-1 区域的路由信息全部渗透到 Level-2 区域。配置该命令后，只有通过过滤策略的路由才能渗透到 Level-2 区域中。

（4）ISIS 等价路由配置

当 ISIS 网络中有多条冗余链路时，可能会出现多条等价路由，此时可以采取两种方式：一种是配置负载分担，流量会被均匀地分配到每条链路上；二是配置等价路由优先级，针对等价路由中的每一条路由，明确指定其优先级，优先级高的路由将被优选，优先级低的路由可以作为备用链路。

① 配置 ISIS 路由负载分担。在 ISIS 视图下，执行 maximum load-balancing number 命令，配置在负载分担方式下的等价路由的最大数量。

② 配置 ISIS 等价路由的优先级。在 ISIS 视图下，执行 nexthop ip-address weight value 命令，配置等价路由的优先级。默认情况下，不设置 ISIS 等价路由的优先级。value 值越小，表示优先级越高。

（5）控制 Level-1 设备是否生成默认路由

ISIS 协议规定，如果 ISIS Level-1-2 设备根据链路状态数据库判断通过 Level-2 区域比 Level-1 区域能够到达更多的区域，该设备会在所发布的 Level-1 LSP 内将 ATT 比特位置位。对于收到 ATT 位置位的 LSP 报文的 Level-1 设备，会生成一条目的地为发送该 LSP 的 Level-1-2 设备的默认路由。

以上是协议的默认原则，在实际应用中，可以根据需要对 ATT 位进行手动配置以更好地为网络服务。在 ISIS 视图下，根据实际需要执行以下配置。

① 执行 attached-bit advertise{ always | never}命令，设置 Level-1-2 设备发布的 LSP 报文中 ATT 位的置位情况。always 参数用来设置 ATT 位永远置位，收到该 LSP 的 Level-1 设备会生成默认路由。never 参数用来设置 ATT 位永远不置位，可以避免 Level-1 设备生成默认路由，减小路由表的规模。

② 执行 attached-bit avoid-learning 命令，设置即使收到 Level-1 LSP 报文的 ATT 比特位置位，Level-1 设备也不生成默认路由。

4.5.5 ISIS 配置实验

ISIS 配置

1. 实验名称

ISIS 多区域配置实验。

2. 实验目的

① 学习掌握 ISIS 多区域配置方法。

② 学习掌握 ISIS 选路配置方法。

3. 实验拓扑

ISIS 协议配置示例采用与 OSPF 协议配置和 RIP 协议配置章节相同的拓扑图，如图 4-27 所示。其中，用于学习 ISIS 协议配置的网络设备为 AR1/AR8/AR10。AR1/AR8/AR10 之间互联采用 POS 接口光纤链路，链路层采用 PPP 封装。AR1/AR8 之间采用 200.1.18.0/24 网段地址，AR8/AR10 之间采用 200.1.108.0/24 网段地址。

4. 实验内容

① AR1/AR8/AR10 之间采用 ISIS 基本配置方式实现网络互联。

② ISIS 路由域采用多区域配置，AR1 采用 49.0001 作为 AREA ID，路由器类型为 Level-2，AR8/AR10 采用 49.0002 作为 AREA ID，AR8 路由器类型为 Level-1-2，AR10 路由类型为 Level-1。AR1/AR8 组成 ISIS 骨干区域，AR10 组成一个普通区域。

③ 链路网络类型采用实际的网络类型，AR1/AR8/AR10 之间都为 P2P 链路，不需要配置 DIS（指定中间系统）。

④ 所有路由器开销类型采用 wide 模式，并自动计算路由器接口开销。

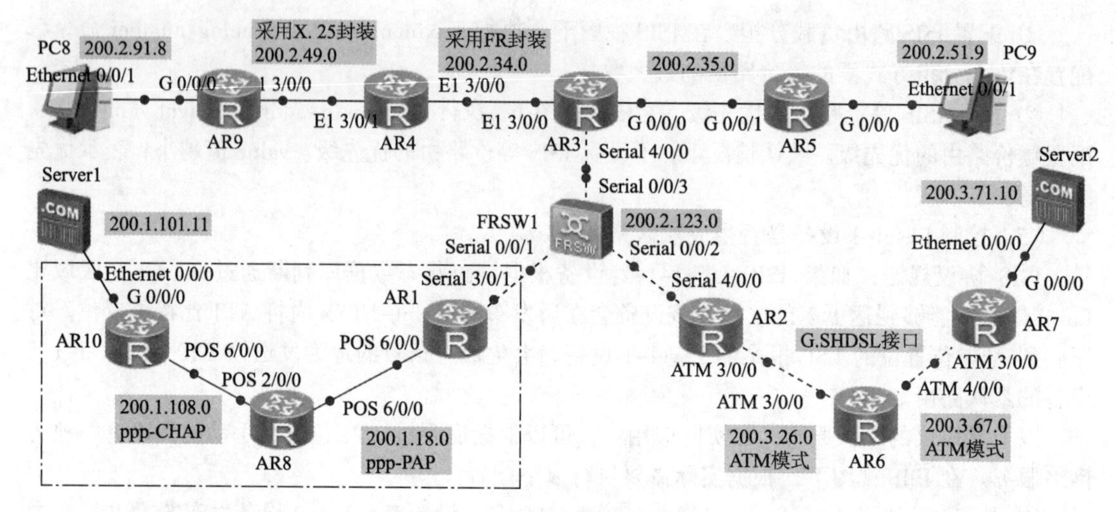

图 4-27　ISIS 配置实验图

5. 实验步骤

（1）路由器 ISIS 基本配置

ISIS 基本功能配置包括创建 ISIS 进程、配置网络实体名、配置全局 Level 级别、建立 ISI-IS 邻居等，下面给出具体配置。

① AR1 配置：

```
[AR1] isis 1
    is-level level-2                        ###设置路由器Level级别
    cost-style wide                         ###设置开销类型为WIDE
    network-entity 49.0001.0000.0000.0001.00  ###设置路由器network-entity
[AR1]interface Pos6/0/0
    isis enable 1                           ###接口使能ISIS协议
```

② AR8 配置：

```
[AR8] isis 1
    is-level level-1-2                      ###设置路由器Level级别
    cost-style wide                         ###设置开销类型为WIDE
    network-entity 49.0002.0000.0000.0008.00  ###设置路由器network-entity
[AR8] interface Pos6/0/0
    isis enable 1                           ###接口使能ISIS协议
[AR8] interface Pos2/0/0
    isis enable 1                           ###接口使能ISIS协议
```

③ AR10 配置：

```
[AR10] isis 1
     is-level level-1                       ###设置路由器Level级别
     cost-style wide                        ###设置开销类型为WIDE
     network-entity 49.0002.0000.0000.0010.00 ###设置路由器network-entity
[AR10] interface Pos6/0/0
     isis enable 1                          ###接口使能ISIS协议
[AR10]interface g0/0/0
     isis enable 1                          ###接口使能ISIS协议
```

通过以上配置，ISIS 路由域形成 2 个区域，AR1 路由器类型为 Level-2，AR8 路由器类型为 Level-1-2，AR10 路由类型为 Level-1。AR1/AR8 组成 ISIS 骨干区域，AR10 组成一个普通区域。

这里给出 AR10 的初始 ISIS 路由表，如图 4-28 所示。

```
[ar10]disp isis route

                         Route information for ISIS(1)
                         -----------------------------

                        ISIS(1) Level-1 Forwarding Table
                        --------------------------------

IPV4 Destination     IntCost    ExtCost ExitInterface   NextHop          Flags
-------------------------------------------------------------------------------
0.0.0.0/0            10         NULL    Pos6/0/0        200.1.108.8      A/-/-/-
200.1.101.0/24       10         NULL    GE0/0/0         Direct           D/-/L/-
200.1.18.0/24        20         NULL    Pos6/0/0        200.1.108.8      A/-/-/-
200.1.108.0/24       10         NULL    Pos6/0/0        Direct           D/-/L/-
     Flags: D-Direct, A-Added to URT, L-Advertised in LSPs, S-IGP Shortcut,
                               U-Up/Down Bit Set
```

图 4-28　AR10 初始 ISIS 路由表

（2）ISIS 选路配置

在 ISIS 基本功能配置的基础上，通过调整配置 ISIS 协议优先级，配置 ISIS 接口开销，配置 ISIS 路由渗透，配置 ISIS 等价路由，控制 Level-1 设备是否生成默认路由等，可以实现对路由选择的精确控制。

下面以 Level-1-2 类型路由器 AR8 为例说明配置接口开销类型为 Wide，使能 ISIS 自动计算接口开销，控制 Level-1 路由器不生成默认路由。

```
[AR8] isis 1
    cost-style wide                    ###设置开销类型为 WIDE
    bandwidth-reference 1000           ###设备自动计算开销参考值为 1 000 Mbit/s
    auto-cost enable                   ###设备自动计算接口开销
    attached-bit advertise never       ###设置 ATT 位不置位，不生成默认路由
```

通过以上配置，可以看到 AR10 中 ISIS 路由表中开销值发生了变化，同时路由表没有生成默认路由，如图 4-29 所示。

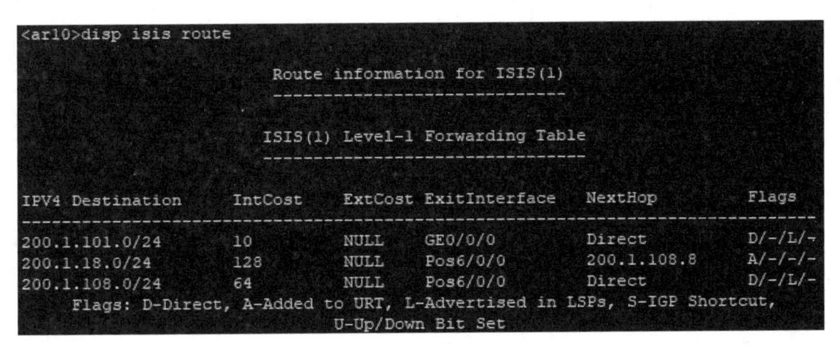

```
<ar10>disp isis route

                         Route information for ISIS(1)
                         -----------------------------

                        ISIS(1) Level-1 Forwarding Table
                        --------------------------------

IPV4 Destination     IntCost    ExtCost ExitInterface   NextHop          Flags
-------------------------------------------------------------------------------
200.1.101.0/24       10         NULL    GE0/0/0         Direct           D/-/L/-
200.1.18.0/24        128        NULL    Pos6/0/0        200.1.108.8      A/-/-/-
200.1.108.0/24       64         NULL    Pos6/0/0        Direct           D/-/L/-
     Flags: D-Direct, A-Added to URT, L-Advertised in LSPs, S-IGP Shortcut,
                               U-Up/Down Bit Set
```

图 4-29　设置选路参数后 AR10 的 ISIS 路由表

6. **实验测试**

① 利用 display isis route 命令查看路由器的 ISIS 路由表项，这里查看 AR1 和 AR10 中路由器中的路由表项，路由器应包含所有 ISIS 使能接口网络的路由表项。

② 利用 ping 命令，在使用 ISIS 协议的非直连网络设备中进行测试，测试 AR1 和 AR10 路由器的连通性。

小　结

互联网中的主要节点设备是路由器，路由器通过路由表来转发接收到的数据。路由器利用路由协议维护路由表信息，描述网络拓扑结构；路由协议与路由器协同工作，执行路由选择和数据包转发功能。

内部路由协议配置

本章主要介绍内部路由协议的高级技术，主要包括 RIP、OSPF、ISIS 等路由协议。在介绍内部路由协议的高级技术同时，介绍了 RIP、OSPF、ISIS 路由协议的配置方法和实验。

习　题

一、选择题

1. 常见的 IGP 协议不包括（　　）。
   A. RIP　　B. OSPF　　C. ISIS　　D. IP
2. 下列说法错误的是（　　）。
   A. 通过动态路由协议发现的路由称为动态路由
   B. 通过网络层协议发现的路由称为直连路由
   C. 通过网络管理员手动配置的路由称为静态路由
   D. 静态路由对系统要求低，动态路由对系统的要求高于静态路由
3. 距离矢量协议和链路状态协议（　　）。
   A. 发现路由的方法相同和计算路由的方法不同
   B. 发现路由的方法不同和计算路由的方法相同
   C. 发现路由的方法相同和计算路由的方法相同
   D. 发现路由的方法不同和计算路由的方法不同
4. 禁止 RIP 协议的路由聚合功能的命令是（　　）。
   A. Undo rip　　B. auto-summany
   C. Undo auto-summany　　D. undo network 10.0.0.0
5. RIP 常用的避免环路方法不包括（　　）。
   A. 水平分割　　B. 毒性反转　　C. 触发变更　　D. 抑制定时
6. 在 OSPF 区域中，包括（　　）。
   A. 标准区域和骨干区域　　B. stub 区域和 totally stub 区域
   C. totally stub 区域和 NSSA 区域　　D. NSSA 区域和 totally NSSA 区域
7. 关于 OSPF 报文类型的说法错误的是（　　）。
   A. LSU 报文用于向对方发送其所需要的 LSA
   B. LSAck 报文用来对收到的 LSA 进行确认
   C. LSR 报文用于向对方请求所需的 LSA
   D. DD 报文周期性发送，用来发现和维持 OSPF 邻居关系
8. ISIS 路由协议中没有（　　）。
   A. 序列号数据包（SNP）　　B. 链路状态数据包（LSP）
   C. Hello 报文　　D. DD 报文

9. ISIS 区域内的路由通过（　　）管理。

   A. Level-1 路由器　　B. Level-2 路由器

   C. Level-1-2 路由器　　D. Level-3 路由器

10. STATIC、IS-IS、OSPF、RIP 四种路由协议中优先级最高的是（　　）。

   A. STATIC　　B. IS-IS　　C. OSPF　　D. RIP

二、实践题

利用华为 eNSP 虚拟仿真软件完成：

（1）RIP 协议及环路避免配置实践。

（2）OSPF 多区域配置实践。

（3）ISIS 多区域配置实践。

第5章

外部路由协议 «‹

随着网络规模的扩展，网络被分成了不同的自治系统。1982 年，外部网关协议（Exterior Gateway Protocol，EGP）用于实现在 AS 之间动态交换路由信息。但是 EGP 设计得比较简单，只发布网络可达的路由信息，而不对路由信息进行优选，同时也没有考虑环路避免等问题，很快就无法满足网络管理的要求。

边界网关协议（Border Gateway Protocol，BGP）是为取代最初的 EGP 而设计的另一种外部网关协议。不同于最初的 EGP，BGP 能够进行路由优选、避免路由环路、更高效率的传递路由和维护大量的路由信息。本章具体介绍 BGP 外部路由协议。

5.1 BGP 协议基础

BGP 是一种实现自治系统（Autonomous System，AS）之间的路由可达，并选择最佳路由的距离矢量路由协议。早期发布的 3 个版本分别是 BGP-1（RFC1105）、BGP-2（RFC1163）和 BGP-3（RFC1267），1994 年开始使用 BGP-4（RFC1771），2006 年之后单播 IPv4 网络使用的版本是 BGP-4（RFC4271）。

由于 BGP 运行在整个互联网，传递着数量庞大的路由信息，因此需要让 BGP 路由器之间的路由传递具有高可靠性和高准确性，所以 BGP 路由器之间的数据传输使用了 TCP 协议，端口号为 179，并且指的是会话的目标端口号为 179，而会话源端口号是随机的。正因为 BGP 使用了 TCP 协议传递，所以两台运行 BGP 的路由器只要通信正常，也就是说只要 ping 得通，而不管路由器之间的距离有多远，都能够形成 BGP 邻居，从而互换路由信息。

下面介绍 BGP 协议的基本概念和相关知识。理解这些基本概念和相关知识，可以更好地理解 BGP 的功能。

5.1.1 自治系统

自治系统（AS）是指在一个实体管辖下的拥有相同选路策略的 IP 网络。BGP 网络中的每个 AS 都被分配一个唯一的 AS 号，用于区分不同的 AS。AS 号分为 2 字节 AS 号和 4 字节 AS 号，支持 4 字节 AS 号的设备能够与支持 2 字节 AS 号的设备兼容。

对于 BGP 的 AS 号码的分配，是由互联网数字分配机构（Internet Assigned Number Authority，IANA）来统一规划和分配的。在 2009 年 1 月之前，最多只能使用 2 字节长度的 AS 号码，即 1~65 535，在 2009 年 1 月之后，IANA 决定使用 4 字节长度 AS，范围是 65 536~4 294 967 295。

当前，通常还是使用 2 字节长度的 AS，也就是 1~65 535，所以这里不对 4 字节的 AS 号码做太多讨论。因为 BGP 是使用在互联网之中的，互联网由多个 BGP AS 域组成，所以互联网中不能出现 AS 号码相同的域，如果一台路由器要接入互联网并运行 BGP，那么必须向 IANA 申请合法的 AS 号码。考虑到某些大型企业需要使用 BGP 与 ISP 对接，而又没有足够的 AS 号码用来分给企业用户，将 AS 号码划分为公有 AS 和私有 AS，公有 AS 的范围是 1~64 511，私有 AS 范围是 64 512~65 534；公有 AS 只能用于互联网，并且全球唯一，不可重复，而私有 AS 可以在得不到合法 AS 的企业网络使用，可以重复。很显然，因为私有 AS 可以被多个企业网络重复使用，所以这些私有 AS 不允许传入互联网，ISP 在企业用户边缘，需要过滤掉带有私有 AS 号码的路由条目。

5.1.2　BGP 分类

BGP 按照运行方式分为外部 BGP（External BGP，EBGP）和内部 BGP（Internal BGP，IBGP），如图 5-1 所示。

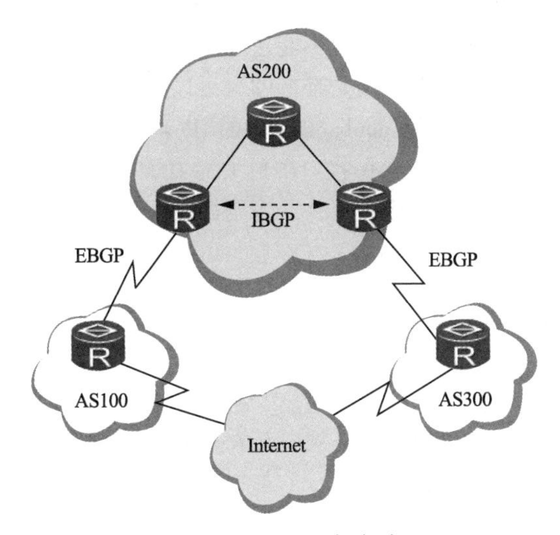

图 5-1　BGP 运行方式

① EBGP：运行于不同 AS 之间的 BGP 称为 EBGP。为了防止 AS 间产生环路，当 BGP 设备接收 EBGP 对等体发送的路由时，会将带有本地 AS 号的路由丢弃。

② IBGP：运行于同一 AS 内部的 BGP 称为 IBGP。为了防止 AS 内产生环路，BGP 设备不会从 IBGP 对等体学到的路由通告给其他 IBGP 对等体，并与所有 IBGP 对等体建立全连接。为了解决 IBGP 对等体连接数量太多的问题，BGP 设计了路由反射器和 BGP 联盟。

如果在 AS 内一台 BGP 设备收到 EBGP 邻居发送的路由后，需要通过另一台 BGP 设备将该路由传输给其他 AS，推荐使用 IBGP。

5.1.3　BGP 报文交互中设备角色

BGP 报文交互中分为 BGP 发言者（BGP Speaker）和 BGP 对等体（BGP Peer）两种角色。

① BGP 发言者：发送 BGP 报文的设备称为 BGP 发言者，它接收或产生新的报文信息，并发布给其他 BGP 发言者。

② BGP 对等体：相互交换报文的发言者之间互称对等体。若干相关的对等体可以构成对等体组。

根据 BGP 类别不同，BGP 对等体分为 IBGP 对等体和 EBGP 对等体。如果 BGP 对等体处于同一自治系统内，称为 IBGP 对等体。如果 BGP 对等体处于不同自治系统中，则称为 EBGP 对等体。

注意：BGP对等体又称BGP邻居，IBGP对等体又称IBGP邻居，EBGP对等体又称EBGP邻居。

处于不同AS的BGP对等体称为EBGP对等体，尽管BGP连接是基于TCP的，但通常情况下，协议要求建立EBGP连接的路由器之间具有直接的物理连接，如果路由器之间不是物理直达，则可以通过配置BGP，以允许它们经过物理多跳建立EBGP连接。而对于处于同一个AS的BGP对等体，称为IBGP对等体，IBGP连接的路由器不一定是物理直连，但是一定要TCP可达。

5.1.4 BGP的路由器ID

BGP的路由器ID（Router ID）是一个用于标识BGP设备的32位值，通常是IPv4地址的形式，在BGP会话建立时发送的Open报文中携带。对等体之间建立BGP会话时，每个BGP设备都必须有唯一的Router ID，否则对等体之间不能建立BGP连接。

BGP的Router ID在BGP网络中必须是唯一的，可以采用手工配置，也可以让设备自动选取。默认情况下，BGP选择设备上的Loopback接口的IPv4地址作为BGP的Router ID。如果设备上没有配置Loopback接口，系统会选择接口中最大的IPv4地址作为BGP的Router ID。一旦选出Router ID，除非发生接口地址删除等事件，否则即使配置了更大的地址，也会保持原来的Router ID。

5.1.5 BGP的报文类型

BGP对等体间通过以下5种报文进行交互，其中Keepalive报文为周期性发送，其余报文为触发式发送。前4种消息是在RFC 4271中定义，而Route-refresh消息则是在RFC 2918中定义。

① Keepalive报文：用于保持BGP连接。

② Open报文：用于建立BGP对等体连接。

③ Update报文：用于在对等体之间交换路由信息。

④ Notification报文：用于中断BGP连接。

⑤ Route-refresh报文：用于在改变路由策略后请求对等体重新发送路由信息。只有支持路由刷新（Route-refresh）能力的BGP设备会发送和响应此报文。

5.1.6 BGP属性分类及常用属性

BGP路由属性是路由信息所携带的一组参数，它对路由器进行了进一步的描述，表达了每一条路由的各种特性，BGP通过比较路由携带的属性，来完成路由选路、避免环路等工作。

1. BGP属性分类

路由属性是对路由的特定描述，所有的BGP路由属性都可以分为以下4类：

① 公认必遵（Well-Known Mandatory）：所有BGP设备都可以识别此类属性，且必须存在于Update报文中。如果缺少这类属性，路由信息就会出错。

② 公认任意（Well-Known Discretionary）：所有BGP设备都可以识别此类属性，但不要求必须存在于Update报文中，即就算缺少这类属性，路由信息也不会出错。

③ 可选过渡（Optional Transitive）：BGP设备可以不识别此类属性，如果BGP设备不识别此类属性，但它仍然会接收这类属性，并通告给其他对等体。

④ 可选非过渡（Optional Non-Transitive）：BGP 设备可以不识别此类属性，如果 BGP 设备不识别此类属性，则会忽略该属性，且不会通告给其他对等体。

2. BGP 常见属性

BGP 常见的属性包括 Origin 属性、AS_Path 属性、Next_Hop 属性、Local_Pref 属性、MED 属性、community 属性、Originator_ID 属性、Cluster_List 属性等，如表 5-1 所示。

表 5-1　BGP 常见属性类型表

编　号	属 性 名	类　型
1	Origin 属性	公认必遵
2	AS_Path 属性	公认必遵
3	Next_Hop 属性	公认必遵
4	Local_Pref 属性	公认任意
5	MED 属性	可选非过渡
6	Atomic-Aggregate 属性	公认可选
7	Aggregator 属性	可选过渡
8	Community 属性	可选过渡
9	Originator_ID 属性	可选非过渡
10	Cluster_List 属性	可选非过渡

（1）Origin 属性

Origin 标示路径信息的来源，是公认必遵属性。Origin 属性用来定义路径信息的来源，标记一条路由是怎么成为 BGP 路由的。它有以下 3 种类型：

① IGP：具有最高的优先级。通过 network 命令注入 BGP 路由表的路由，其 Origin 属性为 IGP，显示位 i。

② EGP：优先级次之。通过 EGP 得到的路由信息，其 Origin 属性为 EGP，显示位 e。

③ Incomplete：优先级最低。通过其他方式学习到的路由信息。例如，BGP 通过 import-route 命令引入的路由，其 Origin 属性为 Incomplete，显示为“？”。

（2）AS_Path 属性

AS_Path 由一系列 AS 路径组成，是公认必遵属性。AS_Path 属性按矢量顺序记录了某条路由从本地到目的地址所要经过的所有 AS 编号。在接收路由时，设备如果发现 AS_Path 列表中有本 AS 号，则不接收该路由，从而避免了 AS 间的路由环路。

当 BGP 发言者传播自身引入的路由时：

① 当 BGP 发言者将这条路由通告到 EBGP 对等体时，便会在 Update 报文中创建一个携带本地 AS 号的 AS_Path 列表。

② 当 BGP 发言者将这条路由通告给 IBGP 对等体时，便会在 Update 报文中创建一个空的 AS_Path 列表。

当 BGP 发言者传播从其他 BGP 发言者的 Update 报文中学习到的路由时：

③ 当 BGP 发言者将这条路由通告给 EBGP 对等体时，便会把本地 AS 编号添加在 AS_Path 列表的最前面（最左面）。收到此路由的 BGP 设备根据 AS_Path 属性就可以知道去目的地址所要经过的 AS。离本地 AS 最近的相邻 AS 号排在前面，其他 AS 号按顺序依次排列。

④ 当 BGP 发言者将这条路由通告给 IBGP 对等体时，不会改变这条路由相关的 AS_Path 属性。

（3）Next_Hop 属性

Next_Hop 属性记录了路由的下一跳信息，是公认必遵属性。BGP 的下一跳属性和 IGP 的有所不同，不一定就是邻居设备的 IP 地址。通常情况下，Next_Hop 属性遵循下面的规则：

① BGP 发言者在向 EBGP 对等体发布某条路由时，会把该路由信息的下一跳属性设置为本地与对端建立 BGP 邻居关系的接口地址。

② BGP 发言者将本地始发路由发布给 IBGP 对等体时，会把该路由信息的下一跳属性设置为本地与对端建立 BGP 邻居关系的接口地址。

③ BGP 发言者在向 IBGP 对等体发布从 EBGP 对等体学来的路由时，并不改变该路由信息的下一跳属性。

（4）Local_Pref 属性

Local_Pref 属性表明路由器的 BGP 优先级，用于判断流量离开 AS 时的最佳路由。当 BGP 的设备通过不同的 IBGP 对等体得到目的地址相同但下一跳不同的多条路由时，将优先选择 Local_Pref 属性值较高的路由。Local_Pref 属性仅在 IBGP 对等体之间有效，不通告给其他 AS。Local_Pref 属性可以手动配置，如果路由没有配置 Local_Pref 属性，BGP 选路时将该路由的 Local_Pref 值按默认值 100 来处理。

如图 5-2 所示，RouterB 和 RouterC 发给 RouterD 的关于 8.0.0.0 的路由携带不同的 LOCAL_PREF 值，从而引导从 AS 20 到 AS 10 的流量将选择 RouterC 作为出口。

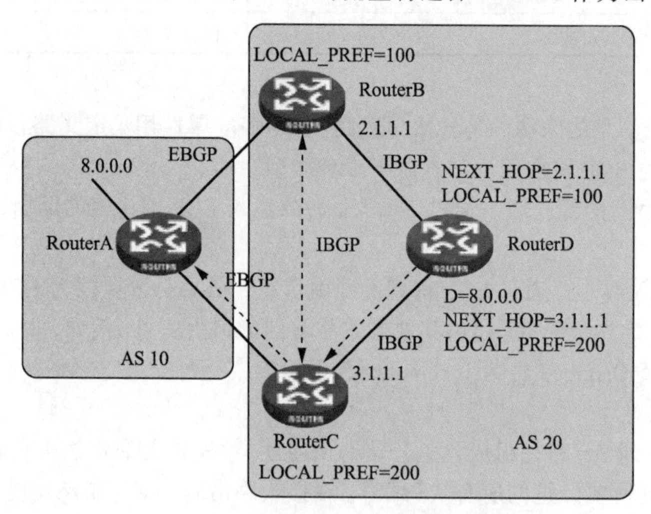

图 5-2　Local_Pref 属性应用示例

（5）MED 属性

MED（Multi-Exit Discriminator）用来区分同一个邻接 AS 的多个接口，是一个可选非过渡属性。MED 属性用于判断流量进入 AS 时的最佳路由，当一个运行 BGP 的设备通过不同的 EBGP 对等体得到目的地址相同但下一跳不同的多条路由时，在其他条件相同的情况下，将优先选择 MED 值较小者作为最佳路由。

MED 属性仅在相邻两个 AS 之间传递，收到此属性的 AS 一方不会再将其通告给任何其他第三方 AS。MED 属性可以手动配置，如果路由没有配置 MED 属性，BGP 选路时将该路由的 MED 值按默认值 0 来处理。

如图 5-3 所示，RouterB 和 RouterC 发给 RouterA 的关于 9.0.0.0 的路由携带不同的 MED 属性，从而引导从 AS 10 到 AS 20 的目的地址为 9.0.0.0 网段的流量将选择 RouterB 作为入口。

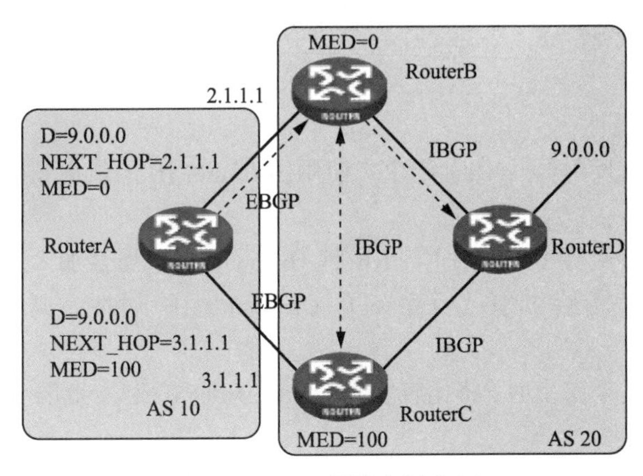

图 5-3　MED 属性应用实例

（6）Atomic-Aggregate 属性

Atomic-Aggregate 属性是用来通告路由接收者，该路由是经过聚合的，是公认可选属性。有时 BGP 发布者会收到两条重叠的路由，其中一条路由包含的地址是另一条路由的子集。一般情况下，BGP 发布者会优选更精细的路由，但是在对外发布时，如果它选择发布更粗略的那条路由，这时需要附加上 Atomic-Aggregate 属性，以知会对等体。它实际上是一种警告，因为发布更粗略的路由意味着更精细的路由信息在发布过程中丢失了。在进行路由聚合时，对于聚合的路由信息会添加 Atomic-Aggregate 属性。

（7）Aggregator 属性

Aggregator 是 Atomic-Aggregate 属性的补充，是可选过渡属性。如前面所述，Atomic-Aggregate 是一种路由信息丢失的警告，Aggregator 属性补充了路由信息在哪里丢失——它包含了发起路由聚合的 AS 号码和形成聚合路由的 BGP 发布者的 IP 地址。在进行路由聚合时，当对于聚合的路由信息同添加 Atomic-Aggregate 属性的同时，会添加 Aggregator 属性。

（8）Community 属性

团体属性（Community）用于标识具有相同特征的 BGP 路由，使路由策略的应用更加灵活，同时降低了维护管理的难度。

团体属性一般由 4 字节组成，分为保留团体属性值，以及公认团体属性和自定义团体属性。

保留团体属性，保留团体属性值为 0x00000000~0x0000FFFF、0XFFFF0000~0xFFFFFFFF。

公认团体属性如表 5-2 所示。

表 5-2　公认团体属性表

团体属性名称	团体属性号	说　　明
Internet	0（0x00000000）	设备在收到具有此属性的路由后，可以向任何 BGP 对等体发送该路由
No_Advertise	4294967042（0xFFFFFF02）	设备收到具有此属性的路由后，将不向任何 BGP 对等体发送该路由
No_Export	4294967041（0xFFFFFF01）	设备收到具有此属性的路由后，将不向 AS 外发送该路由
No_Export_Subconfed	4294967043（0xFFFFFF03）	设备收到具有此属性的路由后，将不向 AS 外发送该路由，也不向 AS 内其他子 AS 发布此路由

自定义团体属性，可以被定义用于特殊用途。定义格式为：AS(2Byte):number(2byte)。其中

前2个字节为本体自治系统AS号。后2个字节是一个任意数，由管理员为该路由人设设置的一个团体值。

（9）Originator_ID属性

Originator ID由路由反射器（RR）产生，使用的Router ID的值标识路由的始发者，用于防止集群内产生路由环路。

① 当一条路由第一次被RR反射时，RR将Originator_ID属性加入这条路由，标识这条路由的发起设备。如果一条路由中已经存在了 Originator_ID 属性，则 RR 将不会创建新的Originator_ID属性。

② 当设备接收到这条路由时，将比较收到的Originator ID和本地的Router ID，如果两个ID相同，则不接收此路由。

（10）Cluster_List属性

路由反射器和它的客户机组成一个集群（Cluster），使用AS内唯一的Cluster ID作为标识。为了防止集群间产生路由环路，路由反射器使用Cluster_List属性，记录路由经过的所有集群（组）的Cluster ID。

① 当一条路由第一次被RR反射时，RR会把本地Cluster ID添加到Cluster List的前面。如果没有Cluster_List属性，RR就创建一个。

② 当RR接收到一条更新路由时，RR会检查Cluster List。如果Cluster List中已经有本地Cluster ID，丢弃该路由；如果没有本地Cluster ID，将其加入Cluster List，然后反射该更新路由。

另外，还有用于支持多协议的MP-BGP（Multiprotocol Extensions for BGP-4）协议而增加的3个属性，MP_Reach_NLRI、MP_Unreach_NLRI和Extended_Communities等属性，这里不做介绍。

5.2 BGP工作原理

配置了BGP进程的路由器只能称为BGP发言者，当和其他运行了BGP的路由器相互交换信息时，就称为BGP对等体。如果一个网络中的多台路由器都运行OSPF之后，那么这些路由器会在相应网段去主动发现OSPF邻居，并主动和对方形成OSPF邻居关系。而一个BGP发言者，并不会主动去发现和寻找其他BGP对等体，BGP的对等体必须手工指定。

BGP路由器在和其他BGP路由器建立对等体时，如果对方路由器和自己属于相同AS，则对等体关系为IBGP对等体，如果属于不同AS，则对等体关系为EBGP对等体。同时，BGP要求EBGP对等体必须直连，而IBGP对等体不一定要求物理直连，但一定要TCP可达。BGP对等体形成邻接关系，最开始会交换所有路由信息，路由信息达到一致之后采用增量更新，也就是只有在路由有变化时才更新，并且只更新有变化的路由。

另外，BGP建立对等体邻接关系后，会通过相互发送Keepalive数据包来维持对等体关系，默认每 60 s 发送一次，对等体邻接关系保持时间为 180 s，即到达 180 s 没有收到对等体的Keepalive消息，便认为对等体邻接关系丢失，则断开与对等体TCP连接，进入Idle状态。

5.2.1 BGP对等体交互过程

BGP对等体的交互过程中存在6种状态机：空闲（Idle）、连接（Connect）、活跃（Active）、Open报文已发送（OpenSent）、Open报文已确认（OpenConfirm）和连接已建立（Established），在BGP对等体建立的过程中，通常可见的3个状态是Idle、Active和Established。图5-4所示为 BGP 对等体的交互过程。

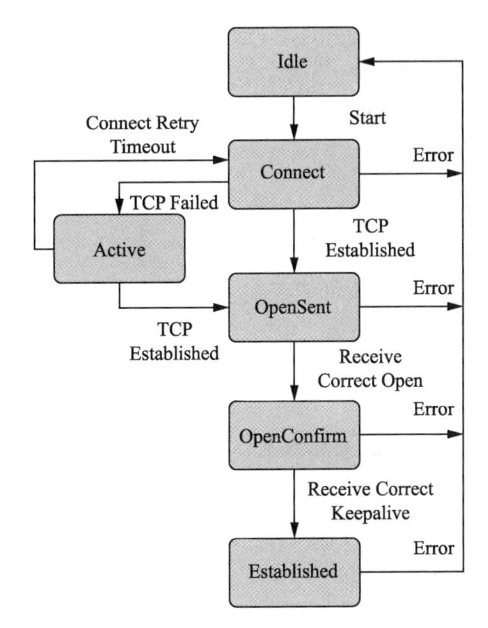

图 5-4　BGP 对等体的交互过程

各种状态说明如下：

① Idle 状态是 BGP 初始状态。在 Idle 状态下，BGP 拒绝邻居发送的连接请求。只有在收到本设备的 Start 事件后，BGP 才开始尝试和其他 BGP 对等体进行 TCP 连接，并转至 Connect 状态。

注意：Start 事件是由一个操作者配置一个 BGP 过程，或者重置一个已经存在的过程或者路由器软件重置 BGP 过程引起的。任何状态中收到 Notification 报文或 TCP 拆链通知等 Error 事件后，BGP 都会转至 Idle 状态。

② 在 Connect 状态下，BGP 启动连接重传定时器（Connect Retry），等待 TCP 完成连接。如果 TCP 连接成功，那么 BGP 向对等体发送 Open 报文，并转至 OpenSent 状态。如果 TCP 连接失败，那么 BGP 转至 Active 状态。如果连接重传定时器超时，BGP 仍没有收到 BGP 对等体的响应，那么 BGP 继续尝试和其他 BGP 对等体进行 TCP 连接，停留在 Connect 状态。

③ 在 Active 状态下，BGP 总是在试图建立 TCP 连接。如果 TCP 连接成功，那么 BGP 向对等体发送 Open 报文，关闭连接重传定时器，并转至 OpenSent 状态。如果 TCP 连接失败，那么 BGP 停留在 Active 状态。如果连接重传定时器超时，BGP 仍没有收到 BGP 对等体的响应，那么 BGP 转至 Connect 状态。

④ 在 OpenSent 状态下，BGP 等待对等体的 Open 报文，并对收到的 Open 报文中的 AS 号、版本号、认证码等进行检查。如果收到的 Open 报文正确，那么 BGP 发送 Keepalive 报文，并转至 OpenConfirm 状态。如果发现收到的 Open 报文有错误，那么 BGP 发送 Notification 报文给对等体，并转至 Idle 状态。

⑤ 在 OpenConfirm 状态下，BGP 等待 Keepalive 或 Notification 报文。如果收到 Keepalive 报文，则转至 Established 状态，如果收到 Notification 报文，则转至 Idle 状态。

⑥ 在 Established 状态下，BGP 可以和对等体交换 Update、Keepalive、Route-refresh 报文

和 Notification 报文。如果收到正确的 Update 或 Keepalive 报文，那么 BGP 就认为对端处于正常运行状态，将保持 BGP 连接。如果收到错误的 Update 或 Keepalive 报文，那么 BGP 发送 Notification 报文通知对端，并转至 Idle 状态。Route-refresh 报文不会改变 BGP 状态。如果收到 Notification 报文，那么 BGP 转至 Idle 状态。如果收到 TCP 拆链通知，那么 BGP 断开连接，转至 Idle 状态。

5.2.2 BGP 路由选优原则

在 BGP 路由表中，到达同一目的地可能存在多条路由。此时 BGP 会选择其中一条路由作为最佳路由，并只把此路由发送给其对等体。BGP 为了选出最佳路由，会根据 BGP 的路由优选规则依次比较这些路由的 BGP 属性。当到达同一目的地存在多条路由时，BGP 依次对比下列属性来选择路由：

① 优选协议首选值（PrefVal）最高的路由。PrefVal 是华为设备的特有属性，该属性仅在本地有效。

② 优选本地优先级（Local_Pref）最高的路由。如果路由没有本地优先级，BGP 选路时将该路由按默认的本地优先级 100 来处理。

③ 依次优选手动聚合路由、自动聚合路由、network 命令引入的路由、import-route 命令引入的路由、从对等体学习的路由。

④ 优选 AS 路径（AS_Path）最短的路由。

⑤ 依次优选 Origin 类型为 IGP、EGP、Incomplete 的路由。

⑥ 对于来自同一 AS 的路由，优选 MED 值最低的路由。

⑦ 依次优选 EBGP 路由、IBGP 路由。

⑧ 优选到 BGP 下一跳 IGP 度量值（metric）最小的路由。在 IGP 中，对到达同一目的地址的不同路由，IGP 根据本身的路由算法计算路由的度量值。执行 bestroute igp-metric-ignore 命令后，BGP 选路时忽略 IGP Metric 的比较。

⑨ 优选 Cluster_List 最短的路由。默认情况下，BGP 在选择最优路由时 Cluster-List 优先于 Router ID。配置 bestroute routerid-prior-clusterlist 命令后，BGP 在选择最优路由时 Router ID 优先于 Cluster-List。

⑩ 优选 Router ID 最小的设备发布的路由。如果路由携带 Originator_ID 属性，选路过程中将比较 Originator_ID 的大小（不再比较 Router ID），并优选 Originator_ID 最小的路由。

⑪ 优选从具有最小 IP Address 的对等体学来的路由。当到达同一目的地址存在多条等价路由时，可以通过 BGP 等价负载分担实现均衡流量的目的。形成 BGP 等价负载分担的条件是“BGP 路由选优原则”的①~⑧条规则中需要比较的属性完全相同。

5.2.3 BGP 对等体交互原则

BGP 设备将最优路由加入 BGP 路由表，形成 BGP 路由。BGP 设备与对等体建立邻居关系后，采取以下交互原则。

① 从 IBGP 对等体获得的 BGP 路由，BGP 设备只发布给它的 EBGP 对等体。而且在关闭 BGP 与 IGP 同步的情况下，IBGP 路由被直接发布 EBGP 对等体；开启 BGP 与 IGP 同步的情况下,该 IBGP 路由只有在 IGP 也发布这条路由时才会被同步并发布给 EBGP 对等体。

② 从 EBGP 对等体获得的 BGP 路由，BGP 设备发布给它所有 EBGP 和 IBGP 对等体。

③ 当存在多条到达同一目的地址的有效路由时，BGP 设备只将最优路由发布给对等体。

④ 路由更新时，BGP 设备只发送更新的 BGP 路由。

⑤ 所有对等体发送的路由，BGP 设备都会接收。

5.2.4　BGP 对等体交互环路避免

BGP 路由协议属于距离向量协议，会产生路由环路，而且 BGP 路由协议是建立在 TCP 连接之上的，TCP 连接采用点对点单播方式传送报文，因此，BGP 连接只能是基于点对点的连接，采用单播方式传送报文。而不能像 OSPF 一样采用组播方式发送数据。

① 为了防止产生 BGP 路由环路，BGP 发言者从 EBGP 对等体获得路由后，会向所有的 BGP 对等体（包括 EBGP 和 IBGP 对等体）通告这些路由，但对等体不会将学习到的路由再向原发布者发布。

② 为了防止产生 BGP 路由环路，BGP 协议规定，BGP 发言者从 IBGP 对等体获得的路由不会向其他的 IBGP 对等体发布。这样，在运行了 BGP 协议的 AS 内，为了确保所有的 BGP 路由器的路由信息相同，则需要使所有的 IBGP 路由器保持全连接。

5.2.5　BGP 同步与路由黑洞

BGP 同步是指 IBGP 协议和 IGP 协议之间的路由同步，目的是防止在某些情况下“路由黑洞”的出现。华为路由器默认关闭 BGP 同步。

所谓路由黑洞，是指由于中转路由域不存在转发数据需要的路由信息而导致数据包在中转域丢失的现象。如图 5-5 所示，AS100 和 AS300 经 AS200 中转，路由器之间运行 BGP 协议并建立 EBGP 和 IBGP 连接。AS100 和 AS300 中的 BGP 路由信息经 AS200 互相传递，而由于 AS200 中 AR3 路由并没有运行 BGP 路由协议而没有获得其他路由域的路由信息，因此通过此网络传递信息时，路由器 AR3 将丢弃相关 AS100 与 AS300 之间的传递信息。

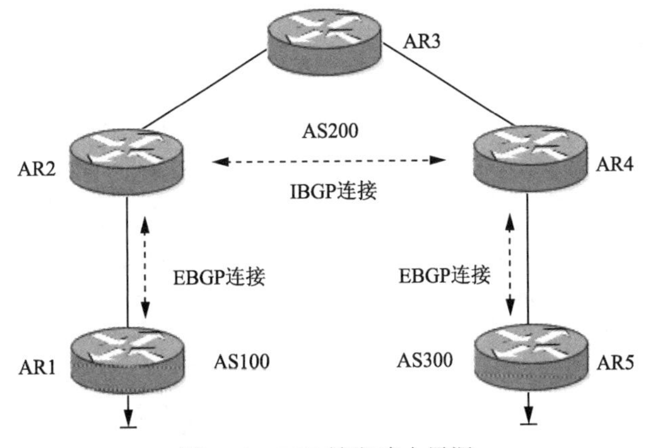

图 5-5　BGP 转发路由黑洞

BGP 启动同步功能，BGP 发言者在接收到 IBGP 邻居发布的路由时，会查看该路由是否已经在 IGP 路由表中，只有当 IGP 路由表中有这条路由时，BGP 路由表才会将这条路由置为有效并发布；如果 IGP 路由表中没有该路由，则 BGP 将此条路由置为无效，并不向自己的对等体发布。

为了防止产生路由黑洞，BGP 协议规定 BGP 发言者从 IBGP 获得的路由是否发布给它的

EBGP 对等体，与 BGP 同步设置相关。

开启 BGP 同步可以避免路由黑洞的情况发生，但是，如果能够确保报文转发路径上有相应的 IGP 路由，则没有必要开启 BGP 路由同步。例如，当 AS 内路由器建立了 IBGP 全连接，所有路由器都有物理直达的 IBGP 连接，则不会产生个别路由缺省的情况，因此不需要开启 BGP 同步。

5.2.6 BGP 路由衰减

在大规模的 BGP 网络中，部署 BGP 不仅会遇到 IBGP 全连接的问题，还会遇到网络中 BGP 路由不稳定问题。路由不稳定的主要表现形式是路由振荡（Route Flaps），即路由表中的某条路由反复消失和更新。对于 BGP 路由不稳定的问题，可以通过配置 BGP 路由衰减（Route Dampening）来解决。

发生路由振荡时，路由协议会向邻居发布路由更新，收到更新报文的路由器需要重新计算路由并修改路由表。所以，频繁的路由振荡会消耗大量的带宽资源和 CPU 资源，严重时会影响网络的正常运行。

在多数情况下，BGP 协议都应用于复杂的网络环境，路由变化频繁。为了防止持续的路由振荡带来的不利影响，BGP 使用路由衰减来抑制不稳定路由。

BGP 路由衰减使用惩罚值（Penalty Value）来衡量一条路由的稳定性。惩罚值越高则说明路由器越不稳定。路由每发生一次振荡（路由从激活状态变为未激活状态），BGP 便会给此路由增加一定的惩罚值（1 000，此数值系统固定，不可修改）。当惩罚值超过抑制阈值（Suppress Value）时，此路由被抑制，不加入路由表，也不再向其他 BGP 对等体发布更新报文。

被抑制的路由每经过一段时间，惩罚值就会减少一半，这个时间称为半衰期（Half-Life）。当惩罚值降到再使用阈值（Reuse Value）时，此路由变为可用并加入到路由表。同时向其他 BGP 对等体发布更新报文。从路由被抑制到路由恢复可用的时间称为抑制时间（Suppress Time）。

BGP 协议在 BGP 视图下，采用 dampening [half-life-reach reuse suppress ceiling]命令配置 BGP 路由衰减。配置 BGP 路由衰减时，需要注意所指定的 reuse、suppress、ceiling 三个阈值是依次增大的，即必须满足 reuse<suppress<ceiling。

该命令只对从 EBGP 邻居学习到的路由进行衰减，而不对 IBGP 路由进行衰减。这是因为 IBGP 路由可能含有本 AS 的路由，而 IGP 网络要求 AS 内部路由表尽可能一致。如果路由衰减对 IBGP 路由起作用，那么当不同设备的衰减参数不一致时，将会导致路由表不一致。

备注：为了解决 BGP 路由环路问题和路由黑洞问题，最好的方式是通过在 AS 内部建立全连接的 IBGP 连接。然而，随着网络规模的扩大，AS 内部路由器越来越多，要保证 AS 内部全连接，IBGP 连接将会大量增加。为解决这个问题，可以采取 BGP 路由器反射技术和 BGP 联盟技术来减少 IBGP 连接，实现 IBGP 的连通性问题。下面介绍 BGP 路由器反射技术和 BGP 联盟技术。

5.3 BGP 路由反射器

为保证 IBGP 对等体之间的连通性，需要在 IBGP 对等体之间建立全连接关系。假设在一个 AS 内部有 n 台设备，那么建立的 IBGP 连接数就为 $n(n-1)/2$。当设备数目很多时，设备配置将十分复杂，而且配置后网络资源和 CPU 资源的消耗都很大。通过实施路由器反射，在 IBGP 对等体间不需要全连接也能够保证连通性。

5.3.1　路由反射器相关角色

如图 5-6 所示，在一个 AS 内部关于路由反射器有以下几种角色：

① 路由反射器（Route Reflector，RR）：允许把从 IBGP 对等体学到的路由反射到其他 IBGP 对等体的 BGP 设备，类似 OSPF 网络中的 DR。

② 客户机（Client）：与 RR 形成反射邻居关系的 IBGP 设备。在 AS 内部客户机只需要与 RR 直连。

③ 非客户机（Non-Client）：既不是 RR 也不是客户机的 IBGP 设备。在 AS 内部非客户机与 RR 之间，以及所有的非客户机之间仍然必须建立全连接关系。

④ 始发者（Originator）：在 AS 内部始发路由的设备。Originator_ID 属性用于防止集群内产生路由环路。

⑤ 集群（Cluster）：路由反射器及其客户机的集合。Cluster_List 属性用于防止集群间产生路由环路。

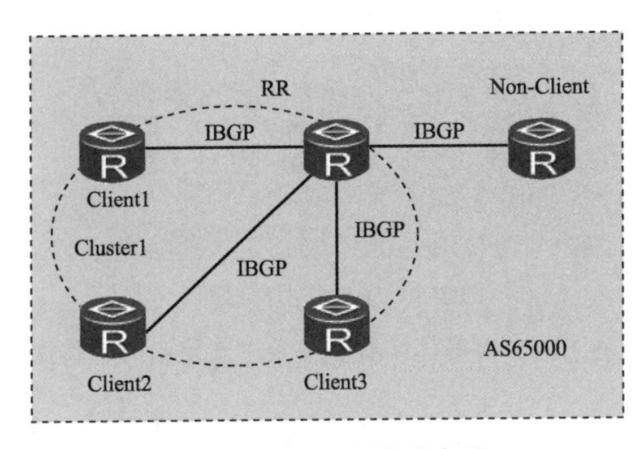

图 5-6　路由反射器示意图

5.3.2　路由反射器原理

路由反射是允许某些网络设备将 IBGP 对等体接收到的路由信息发布给其他特定的 IBGP 对等体。这些网络设备称为路由反射器 RR，特定的 IBGP 对等体称为 RR Client（RR 客户机），RR 和 RR 客户机组成给集群。

同一集群内的客户机只需要与该集群的 RR 直接交换路由信息，因此客户机只需要与 RR 之间建立 IBGP 连接，不需要与其他客户机建立 IBGP 连接，从而减少了 IBGP 连接数量。如图 5-6 所示，在 AS65000 内一台设备作为 RR，三台设备作为客户机，形成 Cluster1。此时 AS65000 中 IBGP 的连接数从配置 RR 前的 10 条减少到 4 条，不仅简化了设备的配置，也减轻了网络和 CPU 的负担。

路由反射器 RR 在它的客户机和非客户机之间传递路由的规则如下：

① 从非客户机学到的路由，发布给所有客户机。

② 从客户机学到的路由，发布给所有非客户机和客户机（发起此路由的客户机除外）。

③ 从 EBGP 对等体学到的路由，发布给所有的非客户机和客户机。

路由反射器 RR 能够将从 IBGP 对等体学习到的路由信息发布给其他的 IBGP 对等体，这可能使从某个集群（Cluster）发出的路由在经过多次反射后又回到该群集。RR 突破了“从 IBGP

对等体获得的 BGP 路由，BGP 设备只发布给它的 EBGP 对等体”的限制，为了防止 AS 内部的路由环路，RR 使用了 Originator_ID 和 Cluster_LIST 两个属性防止路由环路。

5.3.3 备份路由反射器

为增加网络的可靠性，防止单点故障对网络造成影响，有时需要在一个集群中配置一个以上的 RR，形成备份路由反射器。由于 RR 打破了从 IBGP 对等体收到的路由不能传递给其他 IBGP 对等体的限制，所以同一集群内的 RR 之间可能存在环路。这时，该集群中的所有 RR 必须使用相同的 Cluster ID，以避免 RR 之间的路由环路。

路由反射器 RR1 和 RR2 在同一个集群内，配置了相同的 Cluster ID，如图 5-7 所示。

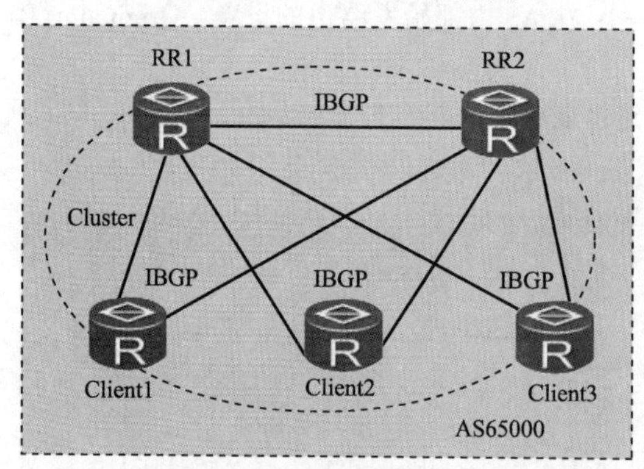

图 5-7 备份路由反射器

① 当客户机 Client1 从 EBGP 对等体接收到一条更新路由时，将通过 IBGP 向 RR1 和 RR2 通告这条路由。

② RR1 和 RR2 在接收到该更新路由后，将本地 Cluster ID 添加到 Cluster List 前面，然后向其他的客户机（Client2、Client3）反射，同时相互反射。

③ RR1 和 RR2 在接收到该反射路由后，检查 Cluster List，发现自己的 Cluster ID 已经包含在 Cluster List 中。于是 RR1 和 RR2 丢弃该更新路由，从而避免了路由环路。

5.3.4 多集群路由反射器

一个 AS 中可以存在多个集群，各个集群的 RR 之间建立 IBGP 对等体。当 RR 所处的网络层不同时，可以将较低网络层次的 RR 配成客户机，形成分级 RR。当 RR 所处的网络层相同时，可以将不同集群的 RR 全连接，形成同级 RR。

1. 分级路由反射器

在实际的 RR 部署中，常用的是分级 RR 的场景。如图 5-8 所示，ISP 为 AS100 提供 Internet 路由。AS100 内部分为两个集群，其中 Cluster1 内的四台设备是核心路由器，采用备份 RR 的形式保证可靠性。

2. 同级路由反射器

如图 5-9 所示，一个骨干网被分成多个集群。各集群的 RR 互为非客户机关系，并建立全连接。此时虽然每台客户机只与所在集群的 RR 建立 IBGP 连接，但所有 RR 和客户机都能收到全部路由信息。

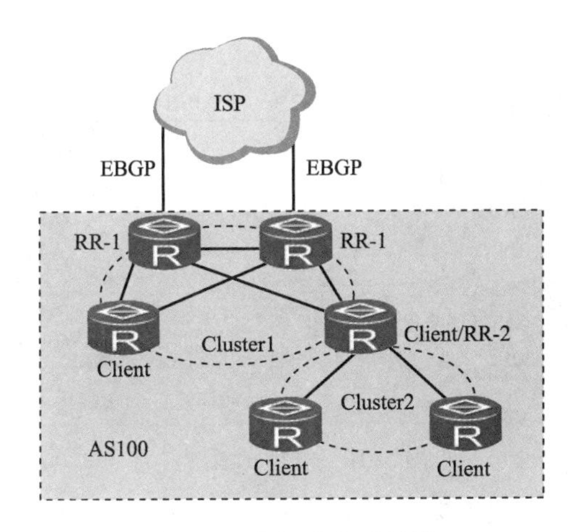

图 5-8　分级路由反射器

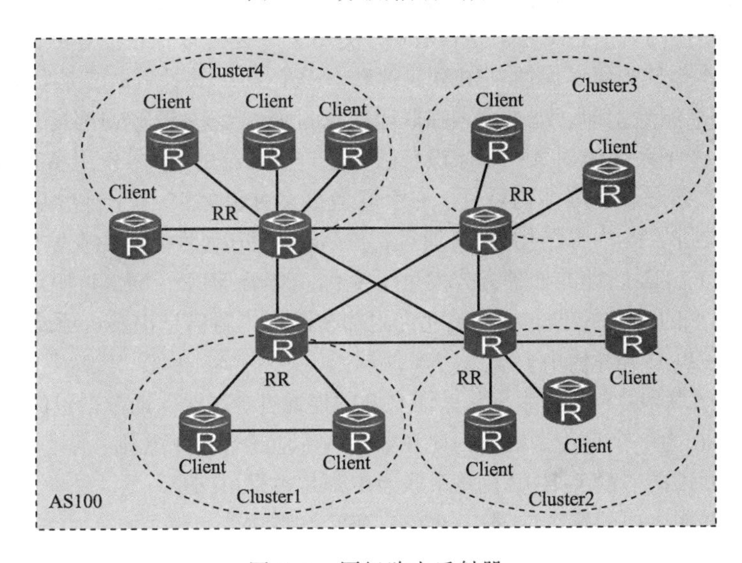

图 5-9　同级路由反射器

5.4　BGP 联盟

解决 AS 内部的 IBGP 网络连接激增问题，除了使用路由反射器之外，还可以使用联盟。联盟将一个自治系统 AS 划分为若干个子自治系统 AS。每个子自治系统 AS 内部建立 IBGP 全连接关系，子自治系统 AS 之间建立联盟 EBGP 连接关系，但联盟外部自治系统 AS 仍认为联盟是一个自治系统 AS。

如图 5-10 所示，AS100 使用联盟后被划分为 3 个子 AS：AS65001、AS65002 和 AS65003，使用 AS100 作为联盟 ID。此时 IBGP 的连接数量从 10 条减少到 4 条，不仅简化了设备的配置，也减轻了网络和 CPU 的负担。而 AS100 外的 BGP 设备因为仅知道 AS100 的存在，并不知道 AS100 内部的联盟关系，所以不会增加 CPU 的负担。

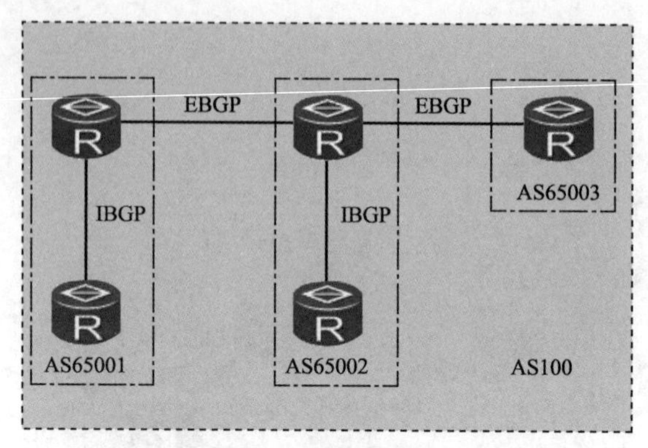

图 5-10 联盟示意图

在不属于联盟的 BGP 发言者看来，属于同一个联盟的多个子自治系统 AS 是一个整体，外界不需要了解内部子自治系统的情况。配置联盟后，原 AS 号将作为每个路由器的联盟 ID，即联盟 ID 就是这个整体的自治系统号。这样有两个好处：一是可以保留原有的 IBGP 属性，包括 Local Preference（本地优先级）属性、MED 属性和 NEXT_HOP 属性等；二是联盟相关的属性在传出联盟时会自动被删除，即管理员无须在联盟的出口处配置过滤子 AS 号等信息的操作。

在联盟内，各个子系统使用 AS 号标识自己，子自治系统的 AS 号使用私有 AS 号，范围为 64 512~65 535，该 AS 号仅在联盟内可见。一个联盟最多可包含 32 个子自治系统。

联盟改变了标准的 AS 内部结构,BGP 通过扩展 AS_PATH 属性来避免在联盟内部出现环路。不仅联盟中的 AS_PATH 属性的处理方式发生了变化，对于 MED、NEXT_HOP、LOCAL_PREF 属性的处理也与标准的 BGP 不同，它们被允许附加在路由更新信息中发送至属于联盟内部不同子自治系统 AS 的 EBGP 对等体中。

需要注意的是，联盟 AS 内仍然需要保证 IGP 的连通性，才能保证数据包的正确转发。由于整个联盟都被外界视为一个自治系统，因此在联盟内部应遵守以下规则：

① 联盟外部路由的 NEXT-HOP 在整个联盟中都是被保留的。

② 被宣告到联盟之内的路由的 MED 属性在整个联盟中都被保留。

③ 路由的 LOCAL_PREF 属性在整个联盟中都被保留，而不仅仅是在为它们赋值的成员 AS 之内。

④ 在联盟内部需要将成员 AS 的 AS 号加入到 AS_PATH 列表中，但这些 AS 号不能被宣告到联盟之外。在默认情况下，成员 AS 号被列在 AS_PATH 中作为 AS_PATH 属性类型 4，即 AS_CONFED_SEQUENCE。如果在联盟中使用了手动聚合命令（aggregate）并配置了关键字 as_set，那么位于聚合点之后的成员 AS 号将被列在 AS_PATH 中作为 AS_PATH 属性类型 3，即 AS_CONFED_SET。

⑤ AS_PATH 中的联盟 AS 号用于实现环路避免功能，但是在联盟内部进行 BGP 路由选路过程中，选择最短 AS_PATH 时，不考虑这些联盟 AS 号。

与路由反射器环境中仅要求反射器支持路由反射器功能不同，联盟内部的所有 BGP 发言者都必须支持联盟功能。联盟的缺陷是，从非联盟方案向联盟方案转变时，要求路由器重新进行配置，逻辑拓扑也要改变。

5.5 BGP 路由配置

在配置 BGP 的基本功能之前，需要配置接口的 IP 地址，使相邻节点的网络层可达。

5.5.1 BGP 基本功能配置

BGP 基本功能配置包括创建 BGP 进程、配置 BGP 对等体、配置 BGP 对等体组、配置 BGP 引入路由等。

1. 创建 BGP 进程

在系统视图下，执行 bgp { as-number-plain | as-number-dot }命令，启动 BGP，指定本地 AS 编号，并进入 BGP 视图。执行 router-id ipv4-address 命令，配置 BGP 的 Router ID。

注意：在 BGP 对等体建立后，改变 BGP 的 Router ID 会导致 BGP 对等体关系重置。默认情况下，BGP 会自动选取系统视图下的 Router ID 作为 BGP 协议的 Router ID。如果选中的 Router ID 是物理接口的 IP 地址，当 IP 地址发生变化时，会引起路由的振荡。为了提高网络的稳定性，可以将 Router ID 手动配置为 Loopback 接口地址。

2. 配置 BGP 对等体

配置 BGP 对等体时，如果指定对等体所属的 AS 编号与本地 AS 编号相同，表示配置 IBGP 对等体。如果指定对等体所属的 AS 编号与本地 AS 编号不同，表示配置 EBGP 对等体。为了增强 BGP 连接的稳定性，推荐使用路由可达的 Loopback 接口地址建立 BGP 连接。

当使用 Loopback 接口的 IP 地址建立 BGP 连接时，建议对等体两端同时配置命令 peer connect-interface，保证两端 TCP 连接的接口和地址的正确性。如果仅有一端配置该命令，可能导致 BGP 连接建立失败。

当使用 Loopback 接口的 IP 地址建立 EBGP 连接时，必须配置命令 peer ebgp-max-hop（其中 hop-count≥2），否则 EBGP 连接将无法建立。

在 BGP 视图下，执行 peer ipv4-address as-number { as-number-plain | as-number-dot }命令，创建 BGP 对等体。默认情况下，未创建 BGP 对等体。

执行 peer ipv4-address connect-interface interface-type interface-number [ipv4-source-address]命令指定发送 BGP 报文的源接口，并可指定发起连接时使用的源地址。默认情况下，BGP 使用报文的出接口作为 BGP 报文的源接口。

执行 peer ipv4-address ebgp-max-hop [hop-count]命令，指定建立 EBGP 连接允许的最大跳数。默认情况下，EBGP 连接允许的最大跳数为 1，即只能在物理直连链路上建立 EBGP 连接。

3. 配置 BGP 协议 Network 方式的路由引入

BGP 协议本身不发现路由，因此需要将其他路由（如 IGP 路由等）引入到 BGP 路由表中，从而将这些路由在 AS 之内和 AS 之间传播。BGP 协议支持通过以下两种方式引入路由：

① Import 方式：按协议类型，将 RIP 路由、OSPF 路由、ISIS 路由等协议的路由引入到 BGP 路由表中。为了保证引入的 IGP 路由的有效性，Import 方式还可以引入静态路由和直连路由。

② Network 方式：逐条将 IP 路由表中已经存在的路由引入到 BGP 路由表中，比 Import 方式更精确。

这里介绍通过 Network 方式的 BGP 路由引入配置方法。

在 BGP 视图下，执行 ipv4-family { unicast | multicast }命令，进入 IPv4 地址族视图。

执行 network ipv4-address [mask |mask-length] [route-policy route-policy-name]命令，配置 BGP 逐条引入 IPv4 路由表中的路由。

5.5.2 BGP 路由选路配置

BGP 具有很多路由属性，这些属性包括 BGP 的 Preference、Next_Hop、PrefVal、Local_Pref、As_Path、MED、Community 等。通过配置这些属性可以改变 BGP 的选路结果。在配置 BGP 选路策略之前，需要准备以下数据，包括 AS 号、BGP 协议优先级（Preference）、Local_Pref、MED 值等。

1. 路由优先级配置

由于路由器上可能同时运行多个动态路由协议，就存在各个路由协议之间路由信息共享和选择的问题。系统为每一种路由协议设置一个默认优先级。在不同协议发现同一条路由时，优先级高的路由将被优选。通过配置 BGP 协议优先级（Preference），可以影响路由器在 BGP 协议和其他路由协议之间进行路由选路。

执行 bgp { as-number-plain | as-number-dot}命令，进入 BGP 视图。然后执行 ipv4-family { unicast | multicast }命令，进入 IPv4 地址族视图。再执行 preference { external internal local | route-policy route-policy-name }命令，设置 BGP 的协议优先级。

默认情况下，BGP 的协议优先级为 255。配置优先级的值越小，优先级越高。

BGP 有 3 种路由：从外部对等体学到的路由（EBGP）；从内部对等体学到的路由（IBGP）；本地产生的路由（Local Origined）。本地产生的路由是指通过聚合命令（summary automatic 自动聚合和 aggregate 手动聚合）所聚合的路由。可以为这三种路由设置不同的优先级。

2. Next_Hop 属性配置

当 ASBR 将从 EBGP 邻居学到的路由转发给 IBGP 邻居时，默认不修改下一跳。IBGP 邻居收到该路由后，会发现下一跳不可达，于是将该路由设为非活跃路由，不通过该路由指导流量转发。当希望 IBGP 邻居通过该路由指导流量转发时，可以在 ASBR 上配置向 IBGP 对等体（组）转发路由时，将自身地址作为下一跳。这时，IBGP 邻居收到 ASBR 从 EBGP 邻居学习来的路由后，发现下一跳可达，于是将路由设为活跃路由。

在 IPv4 单播地址族视图下。执行 peer { ipv4-address | group-name } next-hop-local 命令，配置 BGP 设备向 IBGP 对等体（组）发布路由时，把下一跳地址设为自身的 IP 地址。默认情况下，BGP 设备向 IBGP 对等体发布路由时，不修改下一跳地址。

3. 协议首选值属性配置

协议首选值（PrefVal）是华为设备的特有属性，该属性仅在本地有效。当 BGP 路由表中存在到相同目的地址的路由时，将优先选择协议首选值高的路由。

在 IPv4 地址族视图下，执行 peer { group-name | ipv4-address } preferred-value value 命令，为从指定对等体学习来的所有路由配置首选值。默认情况下，从对等体学习来的路由的初始首选值为 0。

4. Local_Pref 属性设置

Local_Pref 属性用于判断流量离开 AS 时的最佳路由。当 BGP 的设备通过不同的 IBGP 对等体得到 AS 外的目的地址相同但下一跳不同的多条路由时，将优先选择 Local_Pref 属性值较高的路由。

在 IPv4 地址族视图下，执行 default local-preference local-preference 命令，配置本机的默认

Local_Pref 属性值。默认情况下，BGP 本地优先级的值为 100。

5. AS_Path 属性配置

AS_Path 属性按矢量顺序记录了某条路由从本地到目的地址所要经过的所有 AS 编号。配置不同的 AS_Path 属性功能，可以实现灵活的路由选路。

具体来说,BGP 路由 AS_Path 属性内 AS_Path 数量作为 BGP 选路条件,可以配置不将 AS_Path 属性作为选路条件；BGP 通过 AS 号检测路由环路，通过设置 BGP 路由携带 AS_Path 属性，可以避免环路；AS 号包括公有 AS 号和私有 AS 号，可以通过配置，限定 EBGP 路由中仅携带共有 AS 号；可以通过配置，在重构 AS_Path 或聚合生成新路由时，限定 AS_Path 中的 AS 号最大个数予以限制。另外，BGP 协议会检查 EBGP 对等体发来的更新消息中 AS_Path 列表的第一个 AS 号，确认第一个 AS 号必须是该 EBGP 对等体所在的 AS。否则，该更新信息被拒绝，EBGP 连接中断。可以通过配置，去使能此项功能，等等。

对路由 AS_Path 的配置，一般利用路由策略进行配置。利用路由策略配置 AS_Path 属性需要首先定义路由策略，然后在 BGP 配置中引用路由策略，进行配置。配置方法如下。

在系统视图下，执行 route-policy route-policy-name { deny | permit } node node 命令，创建路由策略的节点，并进入路由策略视图。配置路由策略匹配规则，只有满足匹配规则的路由才会改变团体属性。默认情况下，所有路由都满足匹配规则。在 route-policy 中使用 if-match 子句配置匹配条件，然后执行 apply as-path { as-number-plain|as-number-dot} <1-10> { additive | overwrite }命令，设置 BGP 路由的 AS_Path 属性。

在 BGP 下的 IPv4 地址族视图下，通过 Peer 命令可以设置在发布路由或引入路由时添加 AS-Path 属性；可以通过 import-route 命令对 import 方式引入路由添加 AS-Path 属性；也可以通过 network 命令配合对 network 方式引入路由添加 AS-Path 属性。

例如，执行 network { ipv4-address [mask | mask-length] } route-policy route-policy-name 命令，对 BGP 以 network 方式引入的路由添加 AS_Path 属性。

另外,还可以在 BGP 的 IPv4 地址族视图下,执行 bestroute as-path-ignore 命令,不将 AS_Path 属性作为选路条件。在 peer 命令中携带参数 public-as-only，限定只能携带公有自治区号。执行 as-path-limit as-path-limit-num 命令,配置 AS_Path 属性中 AS 号的最大个数。执行 peer { ipv4-address | group-name } fake-as { as-number-plain | as-number-dot}命令，配置 EBGP 对等体的伪 AS 编号，等等。

6. MED 属性配置

MED 属性相当于 IGP 使用的度量值 (Metrics)，用于判断流量进入 AS 时的最佳路由。当一个运行 BGP 的设备通过不同的 EBGP 对等体得到目的地址相同但下一跳不同的多条路由时，在其他条件相同的情况下，将优先选择 MED 值较小者作为最佳路由。

在 BGP 的 IPv4 地址族视图下，执行 default med med 命令，配置默认 MED 值。默认情况下，MED 的值为 0。当路由属性中没有 MED 值时，BGP 在选路时将使用默认 MED 值。

7. Community（团体）属性配置

团体属性是 BGP 的私有属性，在 BGP 对等体之间传播，且不受 AS 的限制。利用团体属性可以使多个 AS 中的一组 BGP 设备共享相同的策略，从而简化路由策略的应用和降低维护管理的难度。BGP 设备可以在发布路由时，新增或者改变路由的团体属性。

对路由 Community 属性的配置，一般利用路由策略进行配置。利用路由策略配置 Community 属性需要首先定义路由策略，然后在 BGP 配置中引用路由策略，进行配置。配置方法如下：

① 在系统视图下，执行 route-policy route-policy-name { deny | permit } node node 命令，创建路由策略的节点，并进入路由策略视图。配置路由策略匹配规则，只有满足匹配规则的路由才会改变团体属性。默认情况下，所有路由都满足匹配规则。在 route-policy 中使用 If-match 子句配置匹配条件，执行 apply community { community-number | aa:nn | internet | no-advertise | no-export | no-export-subconfed } &<1-32> [additive]命令，配置 BGP 路由信息的团体属性。一条命令中最多可以配置 32 个团体属性。

② 在 BGP 下的 IPv4 地址族视图下，可以通过 peer 命令中设置在发布路由或引入路由时添加 Community 属性；可以通过 import-route 命令对 import 方式引入路由添加 Community 属性；也可以通过 network 命令配合对 network 方式引入路由添加 Community 属性。

例如，执行 network { ipv4-address [mask | mask-length] } route-policy route-policy-name 命令，对 BGP 以 network 方式引入的路由添加 Community 属性。

③ 对向对等体（组）发布的路由添加团体属性时，必须配置允许将团体属性传给对等体或对等体组。执行 peer { ipv4-address | group-name } advertise-community 命令，配置允许将团体属性传给对等体或对等体组。默认情况下，不将团体属性发布给任何对等体或对等体组。

8. BGP 选路相关配置

（1）BGP 忽略下一跳 IGP 路由度量值配置

在 BGP 网络中，BGP 设备经常从多个邻居收到多条前缀相同但路径不同的路由。这时，BGP 需要选择到达指定前缀的最佳路由来指导报文转发。默认情况下，BGP 会比较这些路由下一跳的 IGP 路由的度量值，并优选度量值最小的路由。当用户需要根据自己的需求定制选路策略时，可以通过配置 bestroute igp-metric-ignore 命令（在 BGP 的 IPv4 地址族视图下）使 BGP 在选择最优路由时忽略下一跳 IGP 路由的度量值。

（2）BGP 负载分担配置

一般情况下，只有“BGP 选择路由的策略”所描述的前 8 个属性完全相同，BGP 路由之间才能相互等价，实现 BGP 的负载分担。但路由负载分担的规则也可以通过配置来改变，如忽略路由 AS-Path 属性的比较。

执行 maximum load-balancing [ebgp| ibgp] number 命令，配置 BGP 负载分担的最大等价路由条数。默认情况下，BGP 负载分担的最大等价路由条数为 1，即不进行负载分担。

5.5.3 BGP 反射器配置

在自治系统 AS 内部，为保证 IBGP 对等体之间的连通性，需要在 IBGP 对等体之间建立全连接关系。当 IBGP 对等体数目很多时，建立全连接网络的开销很大。使用路由反射器（RR）可以解决这个问题。

集群 ID（Cluster_ID）用于防止集群内多个路由反射器和集群间的路由环路。当一个集群里有多个路由反射器时，必须为同一个集群内的所有路由反射器配置相同的集群 ID。

如果路由反射器的客户机之间重新建立了 IBGP 全连接关系，那么客户机之间的路由反射就是没有必要的，而且还占用带宽资源。此时可以配置禁止客户机之间的路由反射，减轻网络负担。

在一个自治系统 AS 内，RR 主要有路由传递和流量转发两个作用。当 RR 连接了很多客户机和非客户机时，同时进行路由传递和流量转发会使 CPU 资源消耗很大，影响路由传递的效率。如果需要保证路由传递的效率，可以在该 RR 上禁止 BGP 将优选的路由下发到 IP 路由表，使 RR 主要用来传递路由。

① 在 BGP 视图下，执行 ipv4-family unicast 命令，进入 IPv4 地址族视图。通过以下命令可以进行 BGP 反射器配置。

② 执行 peer { group-name | ipv4-address } reflect-client 命令，配置路由反射器及其客户。默认情况下，BGP 未配置路由反射器及其客户。

③ 在路由反射器上执行 reflector cluster-id cluster-id 命令，配置路由反射器的集群 ID。默认情况下，每个路由反射器使用自己的 Router ID 作为集群 ID。

④ 执行 undo reflect between-clients 命令，禁止客户机之间的路由反射。默认情况下，客户机之间的路由反射是允许的。

⑤ （可选）执行 routing-table rib-only [route-policy route-policy-name]命令，禁止 BGP 将优选的路由下发到 IP 路由表。默认情况下，BGP 将优选的路由下发到 IP 路由表。

路由反射器在添加反射器客户端时，可以直接采用 IP 地址，也可采用对等体组 group。如果采用对等体组 group 来添加 reflect-client，则需要先建立对等体组 group。

5.5.4 BGP 联盟配置

BGP 联盟将一个自治系统划分为若干个子自治系统，每个子自治系统内部的 IBGP 对等体建立全连接关系或者配置反射器，子自治系统之间建立 EBGP 连接关系。大型 BGP 网络中，配置联盟不但可以减少 IBGP 连接的数量，还可以简化路由策略的管理，提高路由的发布效率。配置过程如下：

① 执行 bgp { as-number-plain | as-number-dot }命令，启动 BGP，进入 BGP 视图。

② 在 BGP 视图下，执行 confederation id { as-number-plain | as-number-dot }命令，配置联盟 ID。

注意：同一联盟内不能同时配置 2 字节 AS 号的 Old Speaker 和 4 字节 AS 号的 New Speaker（支持 4 字节 AS 号的 BGP 发言者）。因为 AS4_Path 不支持联盟，这种配置可能会引起环路。

③ 执行 confederation peer-as { as-number-plain | as-number-dot } <1-32>命令，指定属于同一个联盟的子 AS 号。默认情况下，联盟中未配置子自治系统号。

5.6 BGP 路由配置实验

1. 实验名称

BGP 路由配置实验。

2. 实验目的

① 学习 BGP 原理，掌握路由器 ID 及 BGP 对等体配置方法。

② 学习掌握 BGP 联盟和路由反射器的配置方法。

③ 学习掌握 BGP 路由引入的配置方法。

④ 学习 BGP 常见属性，掌握 Next_Hop 属性的作用和配置方法。

3. 实验拓扑

BGP 路由协议配置示例采用与 IS-IS 协议配置、OSPF 协议配置和 RIP 协议配置章节相同的拓扑图。如图 5-11 所示，AR8/AR10 组成 AS100 自治系统，AR6/AR7 做成 AS300 自治系统，AR1/AR2/AR3/AR4/AR5/AR9 组成 AS200 自治系统。

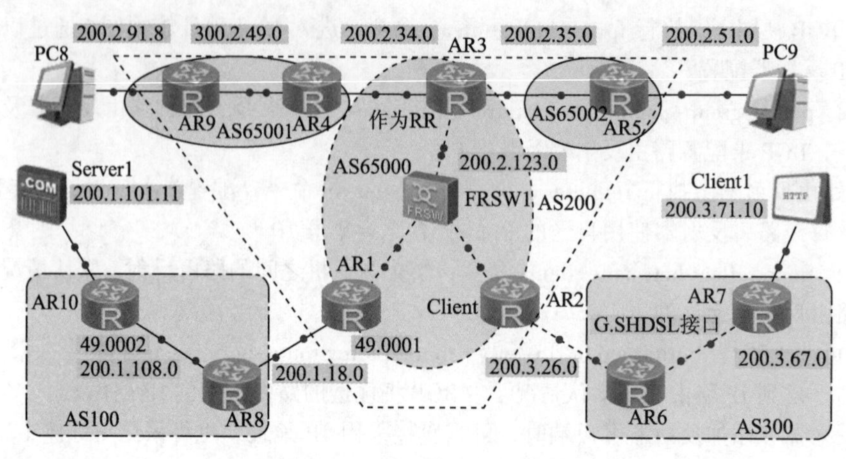

图 5-11　BGP 路由配置示例

4. 实验内容

① 自治系统 AS100/AS300，采用全连接方式配置 BGP 路由协议。

② 自治系统 AS200,采用 BGP 联盟配置,联盟内自治系统包括 AS65000、AS65001、AS65002,帧中继网络自治系统号为 65000，采用路由反射器配置，AR3 作为路由反射器（RR），AR1/AR2 作为客户端，要求配置 cluster-id 属性。

③ AS100 中 AR8/AR10 之间采用 loopback0 接口地址建立内部对等体，其他对等体采用直连接口地址建立对等体。

④ 通过 BGP 路由配置，使整个网络互联互通。

注意：BGP 协议也需要配置 BGP 协议的 Router ID。默认情况下，BGP 会自动选取系统视图下的 Router ID 作为 BGP 协议的 Router ID。由于前面配置中各路由器在系统下通过 router id 命令配置路由器 Router-ID。这里可以不配置 BGP 协议的 Router ID。

5. 实验步骤

（1）BGP 对等体配置

建立 EBGP 对等体，默认情况下，EBGP 连接允许的最大跳数为 1 跳，即只能在物理直连链路上建立 EBGP,这里直接使用直连链路接口地址建立 EBGP 对等体。

BGP 路由配置（一）

建立 IBGP 对等体，本示例 AS100 中 AR8/AR10 之间采用 loopback0 接口地址建立 IBGP 对等体，因此需要保证 IBGP 对等体接口地址路由可达，同时，需要利用 peer ipv4-address connect-interface loopback0 命令指定 BGP 报文发送的源接口为 loopback0 接口。

注意：可将 loopback0 网段地址通告到相应的内部路由协议中，以保证 loopback0 接口地址路由可达，也可以使用静态路由配置使 loopback0 接口地址路由可达。

如图 5-11 所示，整个网络包括 3 个自治系统：AS100、AS200、AS300。AS200 内部采用 BGP 联盟，内部存在 3 个私有自治系统 AS65000、AS65001、AS65002。另外，AS65000 内部采用反射器技术，不需要建立全连接 IBGP。

① 需要建立 EBGP 对等体有：AR1 与 AR8 之间、AR2 与 AR6 之间；以及 AS200BGP 联盟内的 AR3 与 AR4 之间、AR3 与 AR5 之间。

② 需要建立 IBGP 对等体有：AS100 内 AR8 与 AR10 之间、AS300 内 AR6 与 AR7 之间，以及 AS65001 内 AR4 与 AR9 之间、AS65000 内 AR1 与 AR3 之间、AR2 与 AR3 之间。

注意：AS65000 内采用路由反射器技术，AR3 作为 BGP 路由反射器，所以 AR1 与 AR2 之间不建立 IBGP 对等体。

路由器 AR8 是 AS100 边界路由器（ASBR），这里给出 AR8 和 AR10 路由器 BGP 对等体配置示例，其他路由器配置可参考配置。

注意：AR8 与 AR10 之间采用 loopback0 接口建立 IBGP 对等体，需要通过内部路由协议保证 AR8 与 AR10loopback0 接口可达。

```
[AR8] bgp 100                                ###使能 BGP 协议
    Router-id 8.8.8.8                        ###配置 BGP 协议 Router ID
    peer 10.10.10.10 as-number 100           ###AR8 与 AR10 建立 IBGP 对等体
    peer 10.10.10.10 connect-interface LoopBack0 ###采用 Loopback0 接口建立对等体
    peer 200.1.18.1 as-number 200            ###AR8 与 AR1 建立 EBGP 对等体
[AR10] bgp 100
    Router-id 10.10.10.10
    peer 8.8.8.8 as-number 100
    peer 8.8.8.8 connect-interface LoopBack0
```

（2）BGP 联盟配置

AS200 中建立 BGP 联盟，其中包括私有 AS65000、AS65001、AS65002，下面给出 AR3/AR4/AR5 路由器配置，AR1/AR2/AR9 路由器参照配置。

BGP 路由配置（二）

① AR3 联盟配置及对等体配置：

```
[AR3] bgp 65000                              ###使能 BGP 协议
    Router-id 3.3.3.3                        ###配置 BGP 协议 Router ID
    confederation id 200                     ###定义联盟 ID
    confederation peer-as 65001 65002        ###定义同一联盟相连私有 AS 号
    peer 200.2.34.4 as-number 65001          ###定义私有 AS 的 EBGP 对等体
    peer 200.2.35.5 as-number 65002          ###定义私有 AS 的 EBGP 对等体
    peer 200.2.123.1 as-number 65000         ###定义私有 AS 的 IBGP 对等体
    peer 200.2.123.2 as-number 65000         ###定义私有 AS 的 IBGP 对等体
```

② AR4 联盟配置及对等体配置：

```
[AR4] bgp 65001                              ###使能 BGP 协议
    Router-id 4.4.4.4                        ###配置 BGP 协议 Router ID
    confederation id 200                     ###定义联盟 ID
    confederation peer-as 65000              ###定义同一联盟相连私有 AS 号
    peer 200.2.49.9 as-number 65001          ###定义私有 AS 的 IBGP 对等体
    peer 200.2.34.3 as-number 65000          ###定义私有 AS 的 EBGP 对等体
```

③ AR5 联盟配置及对等体配置：

```
[AR5] bgp 65002                              ###使能 BGP 协议
    Router-id 5.5.5.5                        ###配置 BGP 协议 Router ID
    confederation id 200                     ###定义联盟 ID
    confederation peer-as 65000              ###定义同一联盟相连私有 AS 号
    peer 200.2.35.3 as-number 65000          ###定义私有 AS 的 EBGP 对等体
```

（3）路由反射器配置

AS200 中建立 BGP 联盟，其中包括私有 AS65000、AS65001、AS65002，而私有 AS65000 中采用 BGP 路由反射器技术，AR3 为 RR，AR1 和 AR2 为 reflect-client，配置如下：

```
[AR3] bgp 65000
    ipv4-family unicast
    reflector cluster-id 3.3.3.3     ###cluster-id 为 32 位的值，默认 router-id
    peer 200.2.123.1 reflect-client          ###指定 AR1 为 reflect-client
```

```
peer 200.2.123.2 reflect-client            ###指定 AR2 为 reflect-client
```

注意：AR1 和 AR2 之间不需要建立 IBGP 对等体关系。

（4）BGP 路由引入

BGP 协议本身不发现路由，因此需要将其他路由（如 IGP 路由等）引入到 BGP 路由表中，从而将这些路由在 AS 之内和 AS 之间传播。BGP 协议支持通过以下两种方式引入路由，import 方式和 network 方式，这里采用 network 方式引入 BGP 路由信息。

这里 AS-AS 之间的互联路由不引入 BGP 路由表，即 AR1 与 AR8 之间网络 200.1.18.0/24；AR2 与 AR6 之间网络 200.3.26.0/24；AR3 与 AR4 之间网络 200.2.34.0/24；AR3 与 AR5 之间网络 200.2.35.0/24，不引入 BGP 路由表。下面列出各路由引入 BGP 路由表。

AR3：network 200.2.123.0/24。

AR4：network 200.2.49.0/24。

AR5：network 200.2.51.0/24。

AR6：network 200.3.67.0/24。

AR7：network 200.3.71.0/24。

AR8：network 200.1.108.0/24。

AR9：network 200.2.91.0/24。

AR10：network 200.1.101.0/24。

BGP 路由配置（三）

（5）BGP 路由表信息分析

通过以上路由引入，可以利用 disp bgp routing-table 命令查看 BGP 路由表信息。下面给出 AR1、AR2、AR3 中 bgp 路由表信息，如图 5-12~图 5-14 所示。

```
[ar1-bgp]disp bgp routing-table

 BGP Local router ID is 1.1.1.1
 Status codes: * - valid, > - best, d - damped,
               h - history,  i - internal, s - suppressed, S - Stale
               Origin : i - IGP, e - EGP, ? - incomplete


 Total Number of Routes: 6
      Network            NextHop         MED        LocPrf    PrefVal Path/Ogn

 *>   200.1.101.0        200.1.18.8                            0      100i
 *>   200.1.108.0        200.1.18.8      0                     0      100i
 *>i  200.2.49.0         200.2.34.4      0          100        0      (65001)i
 *>i  200.2.51.0         200.2.35.5      0          100        0      (65002)i
 *>i  200.2.91.0         200.2.49.9      0          100        0      (65001)i
 *>i  200.2.123.0        200.2.123.3     0          100        0      i
```

图 5-12　AR1 中 BGP 路由信息

```
[ar2-bgp]disp bgp routing-table

 BGP Local router ID is 2.2.2.2
 Status codes: * - valid, > - best, d - damped,
               h - history,  i - internal, s - suppressed, S - Stale
               Origin : i - IGP, e - EGP, ? - incomplete


 Total Number of Routes: 6
      Network            NextHop         MED        LocPrf    PrefVal Path/Ogn

 *>i  200.2.49.0         200.2.34.4      0          100        0      (65001)i
 *>i  200.2.51.0         200.2.35.5      0          100        0      (65002)i
 *>i  200.2.91.0         200.2.49.9      0          100        0      (65001)i
 *>i  200.2.123.0        200.2.123.3     0          100        0      i
 *>   200.3.67.0         200.3.26.6      0                     0      300i
 *>   200.3.71.0         200.3.26.6                            0      300i
```

图 5-13　AR2 中 BGP 路由信息

```
[ar3]disp bgp routing-table

 BGP Local router ID is 3.3.3.3
 Status codes: * - valid, > - best, d - damped,
               h - history,  i - internal, s - suppressed, S - Stale
               Origin : i - IGP, e - EGP, ? - incomplete


 Total Number of Routes: 8
      Network            NextHop        MED        LocPrf    PrefVal Path/Ogn

   i  200.1.101.0        200.1.18.8                 100        0      100i
   i  200.1.108.0        200.1.18.8     0           100        0      100i
 *>i  200.2.49.0         200.2.34.4     0           100        0      (65001)i
 *>i  200.2.51.0         200.2.35.5     0           100        0      (65002)i
 *>i  200.2.91.0         200.2.49.9     0           100        0      (65001)i
 *>   200.2.123.0        0.0.0.0        0                      0      i
   i  200.3.67.0         200.3.26.6     0           100        0      300i
   i  200.3.71.0         200.3.26.6                 100        0      300i
```

图 5-13　AR3 中 BGP 路由信息

① BGP 路由表信息说明：

- 路由表中“*”表示有效路由，“>”表示最优路由，“i”表示路由条目来自 IBGP。
- 仅显示“i”的路由，表示路由来自 IBGP，但不是可用最优路由。
- 显示“*>”的路由，为可用最优路由，是有效路由信息，会注入 IP 路由表。
- 显示“*>i”的路由，为来自于 IBGP 的可用最优路由，分 3 种情况：

情况一：此路由信息来源于 AS 内部的 IBGP 路由信息（import 或 network 引入），同时 AS 内部存在对应的 IGP 动态路由信息。

情况二：此路由信息来源于 AS 内部的 IBGP 路由信息（import 或 network 引入），同时 AS 内部不存在对应的 IGP 动态路由信息。

情况三：此路由信息属于外部 AS 路由信息，是通过 IBGP 对等体传递的路由信息。

第一种情况，由于 IGP 路由协议优先级更高 IBGP 路由协议，IP 路由表已经从 IGP 中学习到此路由信息，此 IBGP 路由信息不会注入 IP 路由表，但会传递此路由信息。

后面两种情况，与 BGP 路由同步有关。为了避免路由黑洞，开启路由同步，则此 IBGP 路由信息不会选为可用最优路由，不会注入 IP 路由表，也不会继续传递。如果需要注入 IP 路由表并传递此路由信息，就需要关闭路由同步。但为了避免路由黑洞，需要 IBGP 采用全连接方式，或者采用路由反射器和联盟技术。这里采用了联盟加反射器技术实现。

华为 eNSP 中，AR 路由器默认关闭同步，但不能开启同步。

② 路由表中存在问题分析：

问题一：查看 AR3 中的 BGP 路由信息，AR3 中来源于 AS100 和 AS300 的路由信息中下一跳 next-hop 地址不正确，不是有效最优路由信息。这些路由信息不会发送给反射器客户端 reflect-client 和非客户端 non-client。因此，AR1 中没有来自 AS300 的路由信息，AS2 中没有来自 AS100 的路由信息。

问题二：查看 AR1 和 AR2 中 BGP 路由信息，AR1 和 AR2 中来源于 AS65001 和 AS65002 的 BGP 路由信息的下一跳 next-hop 地址不是 AR3 的接口地址，也不正确，但此路由信息是有效最优 BGP 路由信息，会在 BGP 中传递此路由信息。

上面这两个问题是由于 BGP 对等体交互规则，以及 EBGP 和 IBGP 路由信息的 NEXT-HOP 信息的传递规则引起的，在 NEXT-HOP 属性配置中解释说明。

（6）BGP 中 Next_Hop 属性配置

① Next_Hop 属性取值。BGP 的下一跳属性 NEXT-HOP 和 IGP 的有所不同，不一定就是邻

居路由器的 IP 地址。下一跳属性 Next_Hop 取值有以下几种情况：

BGP 路由器配置（四）

- BGP 发言者把自己产生的路由发给所有邻居时，将把该路由信息的下一跳属性设置为自己与对端连接的接口地址。对于多路访问的网络（如以太网或帧中继），如果通告路由器和源路由器的接口处于同一网段，则通告路由器会向邻居通告路由实际的来源。
- BGP 发言者把接收到的路由发送给 EBGP 对等体时，将把该路由信息的下一跳属性设置为自己与对端连接的接口地址。
- BGP 发言者把从 EBGP 邻居得到的路由发给 IBGP 邻居时，并不改变该路由信息的下一跳属性。将从 EBGP 得到的路由的 NEXT_HOP 直接传递给 IBGP 对等体。
- IBGP 路由信息在联盟内传递不会改变下一跳 Next-Hop 属性值。

② 问题分析与解决。下面结合网络拓扑图，说明上述问题一，AR3 中收到 AS100 和 AS300 的路由为何是无效路由，以及如何解决这一问题。

AR1 作为 BGP 发言者，收到来自 AR8 的 EBGP 路由，转发给 IBGP 对等体 AR3 时，按照对等体转发路由信息时的处理规则，下一跳不变。对于 AR3 来说，下一跳为 AR8 对应接口，下一跳不可达，这导致的 AR3 通过 AR1 收到的来至 AS100 的 EBGP 路由不是可用最优路由。同理，AR3 通过 AR2 收到来至 AS300 的 EBGP 路由也不是可用最优路由。这种情况属于情况三对应的问题。解决办法主要有两种方式：

方法一：将 AS-AS 之间的网络也通过 network 命令引入 BGP 路由表。

方法二：使用 next-hop-local 参数将 ASBR 路由器收到的 EBGP 路由转发给 IBGP 对等体时，修改下一跳地址为 ASBR 自身的 IP 地址。

这里采用第二种方法实现，因此需要在 AR1/AR3 对等体之间、AR2/AR3 对等之间，以及 AR8/AR10 对等体之间、AR6/AR7 对等体之间、AR4/AR9 对等体之间的 ASBR 中，执行 peer { ipv4-address | group-name } next-hop-local 命令，配置 BGP 设备向 IBGP 对等体（组）发布路由时，把下一跳地址设为自身的 IP 地址。

以 AR1/AR3 和 AR2/AR3 对等体为例说明配置，其他对等体参考此参考配置。注意，只需要在 ASBR 路由器配置。

- AR1 中配置如下：

```
[AR1] bgp 65000
    ipv4-family unicast
    peer 200.2.123.3 next-hop-local
```

- AR2 中配置如下：

```
[AR2] bgp 65000
    ipv4-family unicast
    peer 200.2.123.3 next-hop-local
```

- AR3 中配置如下：

```
[AR3] bgp 65000
    ipv4-family unicast
    peer 200.2.123.1 next-hop-local
    peer 200.2.123.2 next-hop-local
```

通过以上配置，AR1、AR2、AR3 中的 BGP 路由表如图 5-14~图 5-16 所示。BGP 路由配置正确。整个网络可以互相通信。

通过在 AR1 和 AR2 中以及 AR3 中分别执行 peer { ipv4-address | group-name } next-hop-local

命令，把 BGP 发言者发送的 EBGP 路由信息下一跳设置为自身。AR3 中通过 AR1 收到来自 AS100 的 EBGP 路由下一跳地址为 AR1 与 AR3 直连的接口地址，AR3 通过 AR2 收到来自 AS300 的 EBGP 路由下一跳地址为 AR2 与 AR3 直连的接口地址。下一跳地址正确，是有效最优路由，可以注入 IP 路由表，并通过路由反射传递此路由信息。

```
[ar1]disp bgp routing-table

 BGP Local router ID is 1.1.1.1
 Status codes: * - valid, > - best, d - damped,
               h - history,  i - internal, s - suppressed, S - Stale
               Origin : i - IGP, e - EGP, ? - incomplete


 Total Number of Routes: 8
      Network            NextHop        MED        LocPrf     PrefVal Path/Ogn

 *>   200.1.101.0        200.1.18.8                           0        100i
 *>   200.1.108.0        200.1.18.8      0                    0        100i
 *>i  200.2.49.0         200.2.34.4      0          100       0        (65001)i
 *>i  200.2.51.0         200.2.35.5      0          100       0        (65002)i
 *>i  200.2.91.0         200.2.49.9      0          100       0        (65001)i
 *>i  200.2.123.0        200.2.123.3     0          100       0        i
 *>i  200.3.67.0         200.2.123.2     0          100       0        300i
 *>i  200.3.71.0         200.2.123.2                100       0        300i
```

图 5-14　AR1 中 BGP 路由信息

```
[ar2-bgp]disp bgp routing-table

 BGP Local router ID is 2.2.2.2
 Status codes: * - valid, > - best, d - damped,
               h - history,  i - internal, s - suppressed, S - Stale
               Origin : i - IGP, e - EGP, ? - incomplete


 Total Number of Routes: 8
      Network            NextHop        MED        LocPrf     PrefVal Path/Ogn

 *>i  200.1.101.0        200.2.123.1                100       0        100i
 *>i  200.1.108.0        200.2.123.1     0          100       0        100i
 *>i  200.2.49.0         200.2.34.4      0          100       0        (65001)i
 *>i  200.2.51.0         200.2.35.5      0          100       0        (65002)i
 *>i  200.2.91.0         200.2.49.9      0          100       0        (65001)i
 *>i  200.2.123.0        200.2.123.3     0          100       0        i
 *>   200.3.67.0         200.3.26.6      0                    0        300i
 *>   200.3.71.0         200.3.26.6                           0        300i
```

图 5-15　AR2 中 BGP 路由信息

```
[ar3-bgp]disp bgp routing-table

 BGP Local router ID is 3.3.3.3
 Status codes: * - valid, > - best, d - damped,
               h - history,  i - internal, s - suppressed, S - Stale
               Origin : i - IGP, e - EGP, ? - incomplete


 Total Number of Routes: 8
      Network            NextHop        MED        LocPrf     PrefVal Path/Ogn

 *>i  200.1.101.0        200.2.123.1                100       0        100i
 *>i  200.1.108.0        200.2.123.1     0          100       0        100i
 *>i  200.2.49.0         200.2.34.4      0          100       0        (65001)i
 *>i  200.2.51.0         200.2.35.5      0          100       0        (65002)i
 *>i  200.2.91.0         200.2.49.9      0          100       0        (65001)i
 *>   200.2.123.0        0.0.0.0         0                    0        i
 *>i  200.3.67.0         200.2.123.2     0          100       0        300i
 *>i  200.3.71.0         200.2.123.2                100       0        300i
```

图 5-16　AR3 中 BGP 路由信息

这类路由信息在 IP 路由表中，FLAGS 信息栏一般显示为 RD，R 代表迭代路由（Relay），D 代表路由信息下发到转发表（Download to Fib）。

然而，通过以上配置，问题二中 AR1 和 AR2 来源于 AS65001 和 AS65002 的 BGP 路由信息的下一跳 next-hop 地址仍然没有修改为 AR3 路由器对应接口 IP 地址，但这些路由信息是有效最优路径，并可传递给其他路由器，这又是什么原因呢？

注意：由于 AR1 和 AR2 中来源于 AS65001 和 AS65002 的 IBGP 路由信息总体来说都属于 AS200 的内部路由信息，这些路由信息是通过配置引入（network 和 import）的 AS 内部路由信息，一般存在对应的 IGP 动态路由信息，属于情况一对应的问题。

问题二中，AR1 和 AR2 中来自 AS65001 和 AS65002 的 BGP 路由信息属于 IBGP 路由。根据 Next-HOP 属性取值情况，在联盟内部传输的 IBGP 路由下一跳属性值不会改变。而且，由于 AR1 和 AR2 中来自 AS65001 和 AR65002 的 BGP 路由信息在 IGP 中存在相同的路由信息而 IGP 中的路由信息优先级高于 IBGP 路由信息的优先级。因此，AR1 和 AR2 中来自 AS65001 和 65002 的 BGP 路由信息显示“*>i”，是来自 IBGP 的可用最优路径信息，不会注入 IP 路由表，但需要用于 BGP 路由的传递。

6. 实验测试

利用 PC8 分别去访问 PC9、Server1 和 Server2，采用 ping 命令。如果 PC8 能够访问 PC9、Server1 和 Server2，则说明 BGP 配置正确。

小　结

本章主要介绍外部路由协议 BGP 的基础知识及其配置方法。主要的内容有 BGP 协议基础、BGP 工作原理、BGP 反射器和 BGP 联盟技术等。

BGP 协议基础主要介绍 BGP 分类、BGP 设备角色、BGP 报文类型、BGP 属性分类和常用属性、自治系统的概念，以及路由器 ID 的作用等知识。

BGP 工作原理主要介绍了 BGP 对等体交换过程、BGP 路由选优原则、对等体交换原则、对等体交换环路避免、BGP 同步和路由黑洞等知识。

BGP 路由反射器主要介绍了路由反射器角色、反射器工作原理。

BGP 联盟主要介绍了联盟的作用和联盟规则。

在此基础上，介绍 BGP 路由协议的配置方法和示例。

BGP 路由综合配置

习　题

一、选择题

1. 关于 BGP，说法不正确的是（　　）。

   A. BGP 是一种路径矢量协议　　B. BGP 通过 UDP 发布路由信息

   C. BGP 支持路由汇聚功能　　D. BGP 能够检测路由循环

2. BGP 协议使用的传输层协议和端口号是（　　）。

   A. UDP，176　　B. UDP，179

   C. TCP，179　　D. TCP，176

3. BGP 的必遵属性有（　　）。

   A. Origin 属性　　B. MED 属性

   C. Local-preference 属性　　D. Community 属性

4. 关于 BGP 路由的发布方式说法不正确的是（　　）。
   A. 可采用 network 命令发布
   B. 可采用引用其他路由协议的方式发布
   C. BGP 只能发布本设备路由表中存在的路由
   D. BGP 不能发布直连路由
5. 当 BGP 路由器从 EBGP 邻居收到一条新路由时，下列说法正确的是（　　）。
   A. 立即发送给 BGP 邻居
   B. 查看路由表中有无该路由的记录，如果没有，则向 BGP 邻居发送该路由
   C. 与保存的已发送的路由信息比较，如果未发送过，则向 BGP 邻居发送
   D. 与保存的已发送的路由信息比较，如果已发送过，则不发送
6. 在 BGP 状态机中，（　　）状态是在建立了 TCP 连接之后发生的。
   A. Idle　　B. Connect　　C. Active　　D. OpenSend
7. 关于 BGP 反射，下列说法正确的是（　　）。
   A. 路由反射器的 IBGP 对等体分为两类：客户机和非客户机。所有的客户机构成一个群
   B. 路由反射器收到 BGP 更新信息后，会把更新信息传递给所有客户机和非客户机
   C. 非客户机互相之间不必须形成 IBGP 全连接
   D. 配置路由反射器群 ID 的目的是为了避免由于路由反射器而在自治系统内部产生选路循环的可能性
8. 对自治系统最准确的定义是（　　）。
   A. 运行同一种 IGP 路由协议的路由器集合
   B. 由一个技术管理机构管理，使用统一选路策略的一些路由器的集合
   C. 运行 BGP 路由协议的一些路由器的集合
   D. 由一个技术管理机构管理的网络范围内所有路由器集合
9. 以下关于 BGP 的路由聚合说法正确的是（　　）。
   A. BGP 路由聚合只能使用自动聚合 summary 方式进行聚合
   B. BGP 路由聚合有两种方式：自动聚合 summary 与手动聚合 aggregate
   C. BGP 路由聚合只能使用手动聚合 aggregate 进行聚合
   D. 以上都不正确
10. 关于 BGP 同步，下列说法正确的是（　　）。
   A. 只要 IBGP 邻居之间 TCP 连接可达，就可取消 BGP 同步
   B. 当自治系统内所有的 IBGP 邻居为全连接方式建立时，可取消同步
   C. BGP 同步的目的是为了出现误导外部 AS 路由器的现象发生
   D. BGP 同步是指 IGP 和 BGP 之间的同步

二、实践题

利用华为 eNSP 虚拟仿真软件完成 BGP 路由配置实践，主要包括四方面的配置：

（1）BGP 对等体配置。

（2）BGP 联盟配置。

（3）路由反射器配置。

（4）BGP 路由引入。

第6章

路由控制技术 «

对 IP 网络中的路由信息传输进行控制，可以在发布和接收路由，以及引入路由时进行。具体来说，可以在实施路由引入、路由过滤（Filter-Policy）功能时，进行路由控制。

对 IP 网络中的路由信息传输进行控制，一般需要首先把路由信息标识出来。路由信息的标识主要采用 4 种过滤器，包括访问控制列表（ACL）、地址前缀列表（ip-prefix）、BGP 属性过滤器、路由策略（Route-Policy）等。

路由策略是一个功能强大的工具，它不但是过滤器而且还是策略器。作为过滤器，它可以用 if-match 语句来匹配路由，并在实施路由引入和路由过滤时采用路由策略对路由进行控制。路由策略作为策略器，可以使用 apply 语句来修改路由属性，包括修改 BGP 路由属性和 IGP 路由属性。路由策略用于修改路由属性，可以在通告网络（Network）、路由引入（Import-Route）、配置邻居或对等体（Peer）用于发送和接收路由时进行。

6.1 路由标识工具

当需要对路由信息和数据包进行传输控制时，一般先要把特定的路由信息或者数据包信息标识出来。可以根据标识对象不同采用不同的标识工具。常用的路由标识工具有访问控制列表、地址前缀列表、BGP 属性过滤器、路由策略等。

访问控制列表、地址前缀列表一般都可以用来匹配 IP 地址。访问控制列表既可以用来匹配路由信息，也可以用来匹配数据包信息。地址前缀列表不能用来标识数据包信息，只能用来标识路由信息。所以，要首先清楚要标识的对象是什么，是路由还是数据包，然后才能选择适当的工具。

BGP 协议属性过滤器包括 4 种：AS 路径过滤器（IP As-Path-Filter）、团体属性过滤器（IP Community Filter）、扩展团体属性过滤器（IP Extcommunity Filter）和路由区分器过滤器（IP rd-Filter）。

路由策略是一个功能强大的工具，它不但是过滤器而且还是策略器。路由策略作为过滤器，它可以用 if-match 语句来匹配路由，而且 if-match 语句还可以调用其他过滤器（标识工具）来匹配路由。路由策略中 if-match 语句可以调用其他过滤器，包括访问控制列表过滤器、地址前缀列表过滤器，以及 BGP 协议属性过滤器。路由策略作为策略器，可以使用 apply 语句来修改路由属性。

路由信息过滤器的类型如图 6-1 所示。

注意：路由信息标识用于发布和接收路由，以及引入路由时使用，用于对路由的发布、接收，以及引入进行控制；在路由通告、路由引入以及指定对等体时使用，用于修改路由属性。

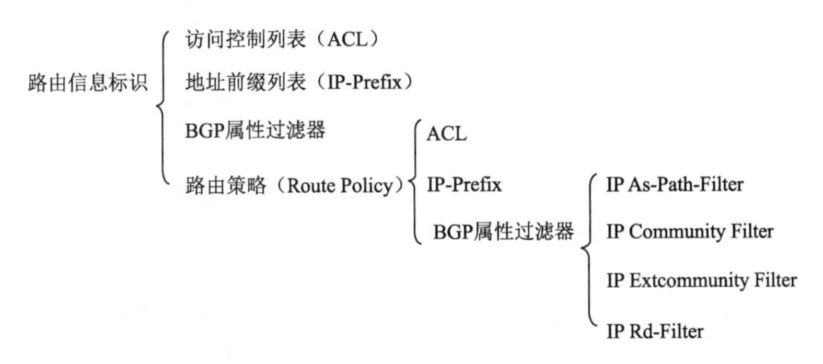

图 6-1　路由信息过滤器的类型

下面简要介绍访问控制列表、地址前缀列表和 BGP 属性过滤器，以及它们的配置方法。

1. 访问控制列表

访问控制列表（ACL）是由 permit|deny 语句组成的一系列有顺序的规则，这些规则根据源地址、目的地址、端口号等来描述。按照访问控制列表的用途，可以分为三类：基本的访问控制列表（Basic ACL）、高级的访问控制列表（Advanced ACL）、二层访问控制列表（Link ACL）等。访问控制列表的使用用途是依靠数字范围来指定的。编号 2 000 ~ 2 999 为 Basic ACL，编号 3 000 ~ 3 999 为 Advance ACL，编号 4 000 ~ 4 999 为 Link ACL。

ACL 的详细配置方法在本书前面有详细介绍，这里通过基本访问控制列表进行说明。配置访问控制列表分两步：一是创建 ACL 规则；二是配置规则。

（1）创建数据型基本 ACL 规则

在系统视图下使用命令 acl [number] acl-number [match-order {auto|config}]，创建基本 ACL 规则，其中基本 ACL 的 number 值范围为 2 000~2 999。

（2）配置基本 ACL 规则

创建基本 ACL 以后，需要配置基本 ACL 的规则，在 ACL 视图下，执行以下命令：

```
rule [rule-id] {deny|permit} [source{source-address source-wildcard |any}
|logging |fragment |time-range time-name ]
```

配置基本 ACL 规则。

例如，ACL 2000：

```
Rule 5 permit source 200.1.108.0 0.0.0.255
Rule 10 deny source any
```

示例用于匹配 200.1.108.0/24 的网段地址。

2. 地址前缀列表

地址前缀列表将源地址、目的地址和下一跳的地址前缀作为匹配条件的过滤器，可在各路由协议发布和接收路由时单独使用。每个地址前缀列表可以包含多个索引（index），每个索引对应一个节点。路由按索引号从小到大依次检查各个节点是否匹配，任意一个节点匹配成功，将不再检查其他节点。若所有节点都匹配失败，路由信息将被过滤。根据匹配的前缀不同，前缀过滤列表可以进行精确匹配，也可以在一定掩码长度范围内进行匹配。

前缀列表用来过滤 IP 前缀，能同时匹配前缀号和前缀长度。注意，前缀列表的性能比访问控制列表高，但前缀列表不能用于数据包的过滤。

在系统视图下，执行 ip ip-prefix ip-prefix-name [index index-number] { permit | deny } ipv4-address mask-length [match-network] [greater-equal greater-equal-value] [less-equal less-equal-value]命令，配置 IPv4 地址前缀列表。

注意：如果地址前缀列表不与路由策略中 if-match 语句配合使用，地址前缀列表中至少配置一个节点的匹配模式是 permit，否则所有路由将都被过滤。

例如：ip ip-prefix prefixlist1 index 10 permit 10.1.0.0 16 greater-equal 24 less-equal 28，路由前缀号必须为 10.1，24<=前缀长度<=28。

满足条件的网段地址如 10.1.1.0/24、10.1.2.0/25、10.1.2.192/26 等。

另外，利用地址前缀列表来匹配默认路由，使用（0.0.0.0 0）进行匹配。利用地址前缀列表来匹配所有地址，使用（0.0.0.0 0 less-equal 32）进行配置，相当于 ACL 中的 any。

3. BGP 属性过滤器

BGP 属性过滤器包括 4 种，分别是 AS 路径过滤器、团体属性过滤器、扩展团体属性过滤器和路由区分器过滤器。这里介绍 AS 路径过滤器、团体属性过滤器。

（1）AS 路径过滤器

AS 路径过滤器是利用 BGP 路由携带的 AS-Path 列表对路由进行过滤。在不希望接收某些 AS 的路由时，可以利用 AS 路径过滤器对携带这些 AS 号的路由进行过滤。当网络环境比较复杂时，如果利用 ACL 或者地址前缀列表过滤 BGP 路由，则需要定义多个 ACL 或者前缀列表，配置比较烦琐。这时也可以使用 AS 路径过滤器。

在系统视图下，执行 ip as-path-filter { as-path-filter-number | as-path-filter-name } { permit | deny } regular-expression 命令，配置 AS 路径过滤器。其参数表如表 6-1 所示。

表 6-1　AS 路径过滤器参数表

参　数	参数说明	取　值
as-path-filter-number	指定的 AS 路径过滤器号	整数形式，取值范围 1 ~ 256
as-path-filter-name	指定的 AS 路径过滤器名称	字符串形式，长度范围是 1 ~ 51
regular-expression	指定 AS 路径正则表达式	字符串形式，支持空格，取值范围是 1 ~ 255 个字符

例如：

```
[RouterA] ip as-path-filter path-filter1 deny _30_ ###_30_表示任何包含AS30
                                                   ###的AS列表
[RouterA] ip as-path-filter path-filter1 permit .*  ###“.*”表示与任何字符匹配
[RouterA] bgp 20
[RouterA-bgp] peer 200.1.2.1 as-path-filter path-filter1 export
```

创建名称为 path-filter1 的 AS_Path 过滤器，拒绝包含 AS 号 30 的路由通过。RouterA 中属于 AS20，在向对等体 200.1.2.1 发布路由信息时，拒绝包含 AS30 的路由通过。

（2）团体属性过滤器

团体属性可以标识具有相同特征的路由，而不用考虑零散路由前缀和繁多的 AS 号。团体属性过滤器与团体属性配合使用，可以在不便使用地址前缀列表和 AS 属性过滤器时，降低路由管理难度。例如，某公司一国外分部只需要接收国内总部和邻国分部的路由，不需要接收其他国外分部的路由。此时，只需要为各国分部分配不同的团体属性，就可以方便地实现路由管理，而不用去考虑每个国家内零散的路由前缀和繁多的 AS 号。

团体属性过滤器有两种类型：基本团体属性过滤器和高级团体属性过滤器。高级团体属性过滤器支持正则表达式，比基本团体属性过滤器匹配团体属性更灵活。

在系统视图下，执行 ip community-filter 命令，配置团体属性过滤器。

① 基本团体属性过滤器：

执行 ip community-filter { basic comm-filter-name | basic-comm-filter-num } { permit | deny } [community-number | aa:nn | internet | no-export-subconfed | no-advertise | no-export] &<1-20>命令。过滤器参数表如表 6-2 所示。

表 6-2　基本团体属性过滤器参数表

参　　数	参 数 说 明	取　　值
basic comm-filter-num	指定基本团体属性过滤器号	整数形式，取值范围 1 ~ 99
basic-comm-filter-name	指定基本团体属性过滤器名称	字符串形式，长度范围是 1 ~ 51

例如：

```
[RouterA] ip community-filter basic commfilter1 permit 100:100
[RouterA] bgp 20
[RouterA-bgp] peer 200.1.2.1 community-filter commfilter2 export
```

创建名称为 commfilter1 的基本团体属性过滤器，允许团体属性为 100:100 的路由通过。RouterA 中属于 AS20，在向对等体 200.1.2.1 发布路由信息时，只允许团体属性为 100:100 的路由通过。

② 团体属性过滤器：

执行 ip community-filter { advanced comm-filter-name | adv-comm-filter-num } { permit | deny } regular-expression 命令。过滤器参数表如表 6-3 所示。

表 6-3　高级团体属性过滤器参数表

参　　数	参 数 说 明	取　　值
advance comm-filter-num	指定高级团体属性过滤器号	整数形式，取值范围 100 ~ 199
adv-comm-filter-name	指定高级团体属性过滤器名称	字符串形式，长度范围是 1 ~ 51
regular-expression	指定团体属性正则表达式	字符串形式，支持空格，取值范围是 1 ~ 255 个字符

例如：

```
[RouterA] ip community-filter 100 deny ^100  ###^100 匹配以 100 开头的团体属性值
[RouterA] ip community-filter 100 permit .*
[RouterA] bgp 20
[RouterA-bgp] peer 200.1.2.1 community-filter 100 export
```

创建编号为 100 的高级团体属性过滤器，拒绝团体属性以 100 开头的路由通过。RouterA 中属于 AS20，在向对等体 200.1.2.1 发布路由信息时，拒绝团体属性以 100 开头的路由通过。

6.2　路 由 策 略

路由协议在发布、接收和引入路由信息时，根据实际组网需求实施一些策略，以便对路由信息进行过滤和改变路由信息的属性。路由策略（Route-Policy）主要用于实现路由过滤和路由属性设置等功能。

6.2.1 路由策略基本原理

路由策略使用不同的匹配条件和匹配模式选择路由和改变路由属性。若设备支持 BGP to IGP 功能，还能在 IGP 引入 BGP 路由时，使用 BGP 私有属性作为匹配条件。

如图 6-2 所示，一个路由策略中包含 N（$N\geqslant 1$）个节点（Node）。路由进入路由策略后，按节点序号从小到大依次检查各个节点是否匹配。匹配条件由 if-match 子句定义，涉及路由信息的属性和路由策略的过滤器。

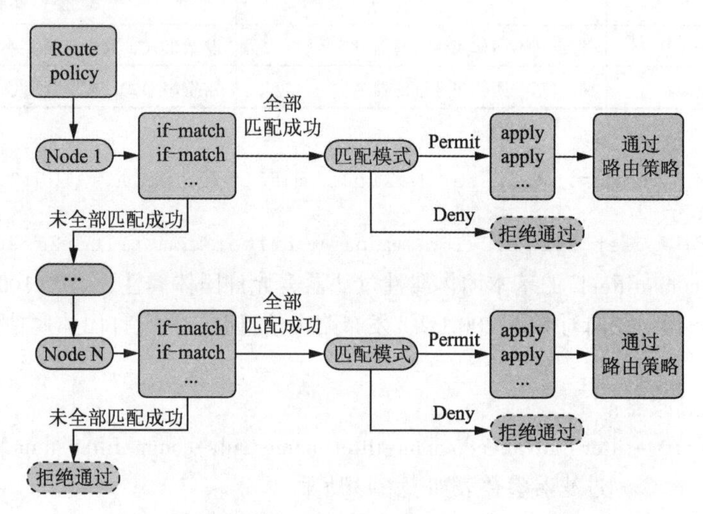

图 6-2 路由策略原理图

当路由与该节点的所有 if-match 子句都匹配成功后，进入匹配模式选择，不再匹配其他节点。匹配模式分 Permit 和 Deny 两种：

① Permit：路由将被允许通过，并且执行该节点的 apply 子句对路由信息的一些属性进行设置。

② Deny：路由将被拒绝通过。

当路由与该节点的任意一个 if-match 子句匹配失败后，进入下一节点。如果和所有节点都匹配失败，路由信息将被拒绝通过。

注意：BGP to IGP 功能使 IGP 能够识别 BGP 路由的 Community、Extcommunity、AS-Path 等私有属性。在 IGP 引入 BGP 路由时，可以应用路由策略。只有当设备支持 BGP to IGP 功能时，路由策略中才可以使用 BGP 私有属性作为匹配条件。如果设备不支持 BGP to IGP 功能，那么 IGP 就不能够识别 BGP 路由的私有属性，将导致匹配条件失效。

6.2.2 配置路由策略

要使用路由策略，首选需要配置路由策略，然后使用路由策略。下面首先介绍路由策略的配置。使用路由策略对路由信息进行控制，需要首先定义路由信息过滤器，来标识路由信息，然后定义路由策略，最后在接收和发布路由以及引入路由时使用路由策略。

1. 配置过滤器

在 Route-Policy 中需要使用过滤器对路由进行控制，因此需要首先定义路由策略过滤器。

路由策略过滤器包括访问控制列表、地址前缀列表、AS 路径过滤器、团体属性过滤器、扩展团体属性过滤器和 RD 属性过滤器。配置方法可参考 6.1 节内容。

2. **配置** Route-Policy

配置 Route-Policy 包括 3 个步骤：创建 Route-Policy，配置 if-match 子句，配置 apply 子句。

（1）创建 Route-Policy

Route-Policy 的每个节点由一组 if-match 子句和 apply 子句组成，即可以包含多个匹配条件和操作动作。Route-Policy 中至少配置一个节点的匹配模式是 permit，否则所有路由将都被过滤。

在系统视图下，执行 route-policy route-policy-name { permit | deny } node node 命令，创建 Route-Policy，并进入 Route-Policy 视图。当使用 Route-Policy 时，node 值小的节点先进行匹配。一个节点匹配成功后，路由将不再匹配其他节点。全部节点匹配失败后，路由将被过滤。

（2）配置 if-match 子句

if-match 子句用来定义路由策略的匹配条件，匹配对象是路由策略过滤器和路由信息的一些属性。

在一个路由策略节点中，如果不配置 if-match 子句，则表示路由信息在该节点匹配成功。如果配置一条或多条 if-match 子句，则各个 if-match 子句之间是“与”的关系，即路由信息必须同时满足所有 if-match 子句，才算该节点匹配成功。

命令 if-match as-path-filter、if-match community-filter、if-match extcommunity-filter、if-match interface 和 if-match route-type 除外，这 5 条命令的各自 if-match 子句间是“或”的关系，与其他命令的 if-match 子句间仍是“与”的关系。

if-match 子句匹配未配置的过滤器时，默认该 if-match 子句匹配成功。

对于同一个路由策略节点，命令 if-match acl 和命令 if-match ip-prefix 不能同时配置，后配置的命令会覆盖先配置的命令。

修改包括多条 if-match 子句相互配合的路由策略时，建议配置路由策略生效时间，否则不完整的策略会造成路由振荡。

配置路由策略生效时间：在系统试图下，执行 route-policy-change notify-delay delay-time 命令，设置路由策略应用延迟时间。延迟时间的取值范围是 1 ~ 180 s。默认情况下，路由策略变化后，RM（路由管理）将立即通知协议应用新策略。

if-match 子句在 Route-Policy 视图下配置。注意：下列命令之间是并列关系，需要根据实际情况配置路由策略中的 if-match 子句。

① 匹配基本 ACL：if-match acl {acl-number | acl-name }。

② 匹配路由信息的 as-path 属性过滤器：if-match as-path-filter { as-path-filter-number &<1-16> | as-path-filter-name }。

③ 匹配路由信息的团体属性过滤器：if-match community-filter { basic-comm-filter-num [whole-match] | adv-comm-filter-num } &<1-16> 或 if-match community-filter comm-filter-name [whole-match]。

④ 匹配路由信息的开销值：if-match cost cost。

⑤ 匹配 IPv4 的路由信息（下一跳、源地址或组播组地址）：if-match ip { next-hop | route-source | group-address } { acl { acl-number | acl-name } | ip-prefix ip-prefix-name }。

⑥ 匹配地址前缀列表：if-match ip-prefix ip-prefix-name。

⑦ 匹配路由信息的标记域：if-match tag ag。

（3）配置 apply 子句

apply 子句用来为路由策略指定动作，用来设置匹配成功的路由的属性。在一个节点中，如果没有配置 apply 子句，则该节点仅起过滤路由的作用；如果配置一条或多条 apply 子句，则通过节点匹配的路由将执行所有 apply 子句。

在 Route-Policy 视图下配置 apply 子句。注意：下列命令之间是并列关系，需要根据实际情况配置路由策略中的 apply 子句。

① 设置 BGP 路由的 AS_Path 属性：apply as-path { {as-number-plain | as-number-dot } &<1-10> { additive | overwrite } | none overwrite }。

② 删除指定的 BGP 路由的团体属性：apply comm-filter { basic-comm-filter-number | adv-comm-filter-number | comm-filter-name } delete。

③ 删除全部 BGP 路由的团体属性：apply community none。

④ 设置 BGP 路由的团体属性：apply community { community-number | aa:nn | internet | no-advertise | no-export | no-export-subconfed } &<1-32> [additive]。

⑤ 设置路由的开销值：apply cost [+ | -] cost。

⑥ 设置 IPv4 路由的下一跳地址：apply ip-address next-hop { ipv4-address | peer-address }。

⑦ 设置 BGP 路由的本地优先级：apply local-preference preference。

⑧ 设置 BGP 路由的 Origin 属性：apply origin { egp { as-number-plain | as-number-dot } | igp | incomplete }。

⑨ 设置路由协议的优先级：apply preference preference。

⑩ 设置 BGP 路由的首选值：apply preferred-value preferred-value。

⑪ 设置路由的标记域：apply tag tag。

6.2.3 应用路由策略

路由策略主要用于实现路由过滤和路由属性设置等功能，它通过改变路由属性（包括可达性）来改变网络流量所经过的路径。路由策略的主要功能如下：

① 控制路由的接收和发布，只发布和接收必要、合法的路由信息，以控制路由表的容量，提高网络的安全性。

② 控制路由的引入，在一种路由协议中，引入其他路由协议的路由信息，丰富自己的路由信息时，只引入一部分满足条件的路由信息。

③ 设置特定路由的属性，修改通过路由策略过滤的路由的属性，满足自身需要。

路由策略基于目的地址进行策略制定，与路由协议结合使用，常用于路由过滤和路由引入（Import-Route）中。具体配置示例在后面相关章节中介绍。

6.3 路由引入

在互联网中，自治系统（AS）是指在一个（有时是多个）实体管辖下的所有 IP 网络和路由器的网络，它们对互联网执行共同的路由策略。每个自治系统内部可以采用统一的内部网关路由协议（IGP），也可以支持多个不同内部网关路由协议。由于采用的算法不同，不同的路由协议可以发现不同的路由。当网络规模比较大，使用多种路由协议时，不同的路由协议间通常需要发布其他路由协议发现的路由。

各路由协议都可以引入其他路由协议的路由、直连路由和静态路由，每种路由协议都有相应的路由引入机制。下面分别介绍不同路由协议的路由引入机制。

6.3.1　RIP 引入外部路由

RIP 可以引入其他进程或其他协议学到的路由信息，从而丰富路由表项。RIP 协议可以引入静态路由、直连路由，用户网络路由（UNR），以及不同进程的 RIP 路由、OSPF 路由、ISIS 路由，还可以引入 BGP 路由。不同路由引入配置方式有所不同。将外部路由引入 RIP 路由，默认的开销值（COST）为 0。可以通过设置 RIP 的默认开销命令进行设置，也可以在引入路由时指定路由开销值。

1. 配置 RIP 引入路由默认度量值

在 RIP 视图下，执行 default-cost cost 命令，设置引入路由的默认度量值。如果在引入路由时没有指定度量值，则使用默认度量值。

2. 配置 RIP 路由引入

执行 import-route bgp [permit-ibgp] [cost { cost | transparent } | route-policy route-policy-name]命令，引入 BGP 路由信息。

注意：RIP 进程引入 IBGP 路由容易造成路由环路，请配置该功能前仔细确认。

也可执行 import-route{ { static | direct | unr } | { { rip | ospf | isis } [process-id] } } [cost cost | route-policy route-policy-name]命令，引入相关外部路由信息。

注意：RIP-2 规定的 Tag 字段长度为 16 位，其他路由协议的 Tag 字段长度为 32 位。如果在引入其他路由协议时，应用的路由策略中使用 Tag，则应确保 Tag 值不超过 65 535，否则将导致路由策略失效或者产生错误的匹配结果。

6.3.2　OSPF 引入外部路由

当 OSPF 网络中的设备需要访问运行其他协议的网络中的设备时，需要将其他协议的路由引入到 OSPF 网络中。OSPF 是一个无环路的动态路由协议，但这是针对域内路由和域间路由而言的，其对引入的外部路由环路没有很好的防范机制，所以在配置 OSPF 引入外部路由时一定要慎重，防止手工配置引起的环路。

1. 配置 OSPF 路由引入

配置 OSPF 路由引入，需要在运行 OSPF 协议的自治系统边界路由器 ASBR 上进行以下配置。配置在 OSPF 进程视图下进行。

执行 import-route { limit limit-number | bgp [permit-ibgp] | direct | unr | rip [process-id-rip] | static | isis [process-id-isis] | ospf [process-id-ospf] } [cost cost | type type | tag tag | route-policy route-policy-name] }命令，引入其他协议的路由信息。

2. 配置 OSPF 引入路由时的相关参数

在 OSPF 进程视图下，执行 default { cost { cost-value | inherit-metric } | limit limit | tag tag | type type }命令，配置引入路由时的参数默认值（路由度量、标记、类型）。

当 OSPF 引入外部路由时，可以配置一些额外参数的默认值，如开销、路由数量、标记和类型。路由标记可以用来标识协议相关的信息，如 OSPF 接收 BGP 时用来区分自治系统的编号。默认情况下，OSPF 引入外部路由的默认度量值为 1，引入的外部路由类型为 Type2，设置默认标记值为 1。

可以通过以下三条命令设置引入路由的开销值，其优先级依次递减：

① 通过 apply cost 命令设置的路由开销值。

② 通过 import-route 命令设置的引入路由开销值。

③ 通过 default 命令设置引入路由的默认开销值。

6.3.3 ISIS 引入外部路由

1. 配置 ISIS 发布默认路由

在具有外部路由的边界设备上配置 ISIS 发布默认路由可以使该设备在 ISIS 路由域内发布一条 0.0.0.0/0 的默认路由。在执行此配置后，ISIS 域内的其他设备在转发流量时，将所有去往外部路由域的流量首先转发到该设备，然后通过该设备去往外部路由域。

在 ISIS 视图下，使用 default-route-advertise[always | match default | route-policy route-policy-name] [cost cost | tag tag | [level-1 | level-1-2 | level-2]] [avoid-learning] 命令，配置 ISIS 发布默认路由。默认情况下，ISIS 设备不生成默认路由。

2. ISIS 路由引入

在 ISIS 路由域边界设备上配置 ISIS 发布默认路由，可以将去往 ISIS 路由域外部的流量吸收到该设备来处理。但是由于 ISIS 域内的其他设备上没有去往外部的路由，因此大量的流量都会被转发到该边界设备，造成该设备负担过重。此外，在有多个边界设备时，会存在去往其他路由域的最优路由的选择问题。此时，通过让 ISIS 域内的其他设备获悉全部或部分外部路由的方法就可以解决以上两个问题。

在 ISIS 视图下，配置 ISIS 引入外部路由。

① 当需要对引入路由的开销进行设置时，执行 import-route { { rip | isis | ospf } [process-id] | static | direct | unr | bgp [permit-ibgp] } [cost-type { external| internal } | cost cost | tag tag | route-policy route-policy-name | [level-1 | level-2 | level-1-2]]命令，配置 ISIS 引入外部路由。

② 当需要保留引入路由的原有开销时，执行 import-route { { rip | isis | ospf [process-id] | direct | unr | bgp } inherit-cost [tag tag | route-policy route-policy-name | [level-1 | level-2 | level-1-2]]命令，配置 ISIS 引入外部路由。此时，引入的源路由协议不能是 static。

当路由器的 cost-style 为 wide 或 wide-compatible 时，引入路由的开销值取值范围是 0～4 261 412 864，否则取值范围是 0～63，默认值是 0。

引入路由时，如果不指定级别，默认为引入路由到 Level-2 路由表中。

配置引入外部路由后，ISIS 设备将把引入的外部路由全部发布到 ISIS 路由域。

6.3.4 BGP 引入其他协议路由

BGP 协议本身不发现路由，因此需要将其他路由（如 IGP 路由等）引入到 BGP 路由表中，从而将这些路由在 AS 之内和 AS 之间传播。BGP 协议支持通过以下两种方式引入路由：

① Import 方式：按协议类型，将 RIP 路由、OSPF 路由、ISIS 路由等协议的路由引入到 BGP 路由表中。为了保证引入的 IGP 路由的有效性，Import 方式还可以引入静态路由和直连路由。

② Network 方式：逐条将 IP 路由表中已经存在的路由引入到 BGP 路由表中，比 Import 方式更精确。

这里介绍 Import 方式的 BGP 路由引入配置方法。

在 BGP 视图下，执行 ipv4-family { unicast | multicast }命令，进入 IPv4 地址族视图。

执行 import-route protocol [process-id] [med med | route-policy route-policy-name]命令，配置 BGP 引入其他协议的路由。

执行 default-route imported 命令，允许 BGP 引入本地 IP 路由表中已经存在的默认路由。default-route imported 命令需要与 import-route（BGP）命令配合使用，才能引入默认路由。因为单独使用 import-route（BGP）命令无法引入默认路由，且 default-route imported 命令只用于引入本地路由表中已经存在的默认路由。

6.4 路由过滤

路由过滤采用 filter-policy 命令，包括对引入路由向外发布时进行过滤和对接收的路由进行过滤。路由过滤可以用于 RIP 协议、OSPF 协议、ISIS 协议和 BGP 协议中。对引入路由向外发布时进行过滤采用 filter-policy export 命令，对接收的路由进行过滤采用 filter-policy import 命令。下面分别介绍 RIP 协议、OSPF 协议、ISIS 协议和 BGP 协议中路由过滤配置。

6.4.1 RIP 协议路由过滤

1. 配置 RIP 引入路由向外发布过滤

RIP 在引入路由的同时，可以使用路由过滤命令 filter-policy 对引入路由向外发布时进行过滤。在 RIP 协议视图下，执行 filter-policy { acl-number | acl-name acl-name | ip-prefix ip-prefix-name } export [protocol [process-id] | interface-type interface-number]命令，对引入的路由信息向外发布时进行过滤。

由于 RIP 要发布的路由信息中，有可能是引入的其他路由协议的路由信息，所以可通过指定 protocol 参数来对这些特定的路由信息进行过滤。如果没有指定 protocol 参数，则对所有要发布的路由信息进行过滤，包括引入的路由和本地 RIP 路由（相当于直连路由）。

2. 配置 RIP 接收路由过滤

通过指定访问控制列表和地址前缀列表，可以配置入口过滤策略，对接收的路由进行过滤。只有通过过滤的路由才能被加入本地路由表中。

在 RIP 视图下，可以根据具体需要，配置 RIP 协议对接收的路由进行过滤。

① 执行 filter-policy { acl-number | acl-name acl-name } import [interface-type interface-number] 命令，基于 ACL 过滤学到的路由信息。

② 执行 filter-policy gateway ip-prefix-name import 命令，基于目的地址前缀过滤邻居发布的路由信息。

③ 执行 filter-policy ip-prefix ip-prefix-name [gateway ip-prefix-name] import [interface-type interface-number]命令，对指定接口学到的路由进行基于目的地址前缀的过滤和基于邻居的过滤。

6.4.2 OSPF 协议路由过滤

1. 配置 OSPF 对发布路由进行过滤

在 OSPF 进程视图下，执行 filter-policy { acl-number | acl-name acl-name | ip-prefix ip-prefix-name | route-policy route-policy-name } export [protocol [process-id]]命令，配置对通过 import-route 命令引入的路由进行过滤，只有通过过滤的路由才能被发布出去。

可以通过指定 protocol [process-id]对特定的某一种协议或某一进程的路由信息进行过滤。如果没有指定 protocol [process-id]，则 OSPF 将对所有引入的路由信息进行过滤。import-route 命令不能引入外部路由的默认路由。OSPF 对引入的路由进行过滤，是指 OSPF 只将满足条件的外部路由生成的 Type5 LSA 发布出去。

2. 配置 OSPF 对接收路由进行过滤

在 OSPF 进程视图下，执行 filter-policy { acl-number | acl-name acl-name | ip-prefix ip-prefix-name | route-policy route-policy-name [secondary] } import 命令，配置对接收的路由进行过滤。

由于 OSPF 是基于链路状态的动态路由协议，路由信息隐藏在链路状态中，所以不能使用 filter-policy import 命令对发布和接收的 LSA 进行过滤。filter-policy import 命令是对 OSPF 计算出来的路由进行过滤，只有通过过滤的路由才被添加到路由表中，没有通过过滤的路由不会被添加进 OSPF 路由表，但不影响对外发布。

6.4.3 ISIS 协议路由过滤

1. 配置 ISIS 对发布路由进行过滤

本地 ISIS 设备将引入的外部路由发布给其他 ISIS 设备时，如果 ISIS 设备不需要拥有全部的外部路由，则可以通过配置路由策略来控制只发布部分外部路由给其他 ISIS 设备。

在 ISIS 进程视图下，执行 filter-policy { acl-number| acl-name acl-name| ip-prefix ip-prefix-name | route-policy route-policy-name } export [protocol [process-id]]命令，配置发布部分外部路由到 ISIS 路由域。

2. 配置 ISIS 对接收路由进行过滤

IP 报文是根据 IP 路由表来进行转发的。ISIS 路由表中的路由条目需要被成功下发到 IP 路由表中，该路由条目才生效。

在 ISIS 进程视图下，执行 filter-policy { acl-number | acl-name acl-name | ip-prefix ip-prefix-name | route-policy route-policy-name } import 命令，控制将部分 ISIS 路由下发到 IP 路由表。不匹配的 ISIS 路由将会被阻止进入 IP 路由表，更不会被优选。

6.4.4 BGP 协议路由过滤

1. 配置 BGP 对发布路由进行过滤

BGP 路由表路由数量通常比较大，传递大量的路由对设备来说是一个很大的负担。为了减小路由发送规模，需要对发布的路由进行控制，只发送自己想要发布的路由或者只发布对等体需要的路由。另外，到达同一个目的地址，可能存在多条路由，这些路由分别需要穿越不同的 AS。为了把业务流量引导向某些特定的 AS，需要对发布的路由进行筛选。

（1）控制 BGP 向全局发布路由

在发布路由时，可以对路由信息进行过滤。在 BGP 的 IPv4 地址族视图下，配置 BGP 对全局发布的路由信息进行过滤。可以采用访问控制列表和地址前缀列表方式。

① 基于访问控制列表：filter-policy { acl-number | acl-name acl-name } export [protocol [process-id]]。

② 基于地址前缀列表：filter-policy ip-prefix ip-prefix-name export [protocol [process-id]]。

（2）控制 BGP 向特定对等体（组）发布路由

在 BGP 的 IPv4 地址族视图下，配置 BGP 向特定对等体（组）发布路由进行过滤。可以采用以下多种方式之一：

① 基于访问控制列表 ACL:peer { group-name | ipv4-address } filter-policy { acl-number | acl-name acl-name } export。

② 基于前缀列表：peer { ipv4-address | group-name } ip-prefix ip-prefix-name export。

③ 基于 AS 路径过滤器：peer { ipv4-address | group-name } as-path-filter { as-path-filter-number | as-path-filter-name } export。

④ 基于 Route-Policy：peer { ipv4-address | group-name } route-policy route-policy-name export。

2. 配置 BGP 对接收路由进行过滤

当设备遭到恶意攻击或者网络中出现错误配置时，会导致 BGP 从邻居接收到大量的路由，从而消耗大量设备的资源。因此，管理员必须根据网络规划和设备容量，对运行时所使用的资源进行限制。BGP 提供了基于对等体的路由控制，限定邻居发来的路由数量，这样可以避免上述问题。

（1）控制 BGP 从全局接收路由

在 BGP 中 IPv4 地址族视图下，配置 BGP 对从全局接收的路由信息进行过滤。可以采用访问控制列表和地址前缀列表方式。

① 基于访问控制列表 ACL：filter-policy { acl-number | acl-name acl-name } import。

② 基于地址前缀列表：filter-policy ip-prefix ip-prefix-name import。

（2）控制 BGP 从特定对等体（组）接收路由

在 BGP 中 IPv4 地址族视图下，配置对特定对等体（组）发布的路由信息进行过滤。

① 基于访问控制列表 ACL：peer { group-name | ipv4-address } filter-policy { acl-number| acl-name acl-name } import。

② 基于前缀列表：peer { ipv4-address | group-name } ip-prefix ip-prefix-name import。

③ 基于 AS 路径过滤器：peer { ipv4-address | group-name } as-path-filter { as-path-filter-number | as-path-filter-name } import。

④ 基于 Route-Policy：peer { ipv4-address | group-name } route-policy route-policy-name import。

6.5 路由聚合

当网络规模较大时，配置路由聚合，可以有效减少路由表中的条目，减小对系统资源的占用，同时不影响系统的性能。此外，如果被聚合的 IP 地址范围内的某条链路频繁 Up 和 Down，该变化并不会通告到被聚合的 IP 地址范围外的设备。因此，可以避免网络中的路由振荡，在一定程度上提高了网络的稳定性。

路由聚合，也称路由汇总，是让路由选择协议能够用一个地址通告众多网络，旨在缩小路由器中路由选择表的规模，以节省内存，并缩短 IP 对路由选择表进行分析以找出前往远程网络的路径所需的时间。在 IPv4 网络中，各种路由协议都支持路由聚合。一般路由聚合有两种方式：自动聚合和手动聚合。

① 自动聚合：配置自动聚合后，路由协议将按照自然网段聚合路由（例如非自然网段 A 类地址 10.1.1.1/24 和 10.2.1.1/24 将聚合为自然网段 A 类地址 10.0.0.0/8）。

② 手动聚合：手动聚合由管理员根据网络时间情况手动配置。BGP 协议手动聚合可以控制聚合路由的属性，以及决定是否发布具体路由等。

注意：RIP-2 路由协议和 BGP 路由协议支持自动聚合和手动聚合。OSPF 路由协议和 ISIS 路由协议支持手动聚合。

6.5.1 RIP-2 路由聚合配置

RIP-1 协议是有类路由协议，只能自动聚合；RIPv2 是无类路由协议，可以在关闭自动聚合的前提下，可以进行手工聚合。这里介绍 RIP-2 的路由聚合功能。

RIP-2 支持两种聚合方式：自动路由聚合和手动路由聚合。自动聚合在 RIP 进程下配置；手动聚合在接口视图下配置。自动聚合的路由优先级低于手动指定聚合的路由优先级。当需要将所有子网路由发布出去时，可关闭 RIP-2 的自动路由聚合功能。

默认情况下，如果配置了水平分割或毒性反转，有类聚合将失效。因此，在向自然网段边界外发送聚合路由时，相关视图下的水平分割和毒性反转功能都应关闭。

1. 配置 RIP-2 自动路由聚合

执行 rip [process-id]命令，进入 RIP 视图。执行 version 2 命令，设置 RIP 版本为 RIP-2。执行 summary 命令，使能 RIP-2 基于有类别网络的自动路由聚合。如果执行 summary always 命令，则不论水平分割和毒性反转是否使能，都可以使能 RIP-2 自动路由聚合。

2. 配置 RIP-2 手动路由聚合

执行 interface interface-type interface-number 命令，进入接口视图。执行 rip summary-address ip-address mask [avoid-feedback]命令，使能 RIP-2 基于无类别网络的路由聚合，配置 RIP-2 发布聚合的本地 IP 地址。

6.5.2 OSPF 路由聚合

在 OSPF 路由域内，区域边界路由器 ABR 向其他区域发送路由信息时，以网段为单位生成 Type3 LSA。当区域中存在连续的网段（具有相同前缀的路由信息）时，可以通过 abr-summary 命令将这些网段聚合成一个网段，区域边界路由器 ABR 向其他区域只发送一条聚合后的 LSA，所有指定的聚合网段范围的 LSA 将不会再被单独发送。

在 OSPF 路由域边界路由器 ASBR 向外发布路由信息时，可以对路由域内连续的网段通过 asbr-summary 命令对网段进行聚合，ASBR 路由器向路由域外发布聚合后的路由。从而减小路由表的规模，提高路由器的性能。

1. 配置 ABR 路由聚合

在 OSPF 进程视图下，执行 area area-id 命令，进入 OSPF 区域视图。执行 abr-summary

ip-address mask [[advertise | not-advertise] | cost { cost | inherit-minimum }]命令，配置 OSPF 的 ABR 路由聚合。

2. **配置 ASBR 路由聚合**

在 OSPF 进程视图下，执行 asbr-summary ip-address mask [not-advertise | tag tag | cost cost | distribute-delayinterval]命令，配置 OSPF 的 ASBR 路由聚合。

在配置路由聚合后，本地 OSPF 设备的路由表保持不变。但是，其他 OSPF 设备的路由表中将只有一条聚合路由，没有具体路由。直到网络中被聚合的路由都出现故障而消失时，该聚合路由才会消失。

6.5.3 ISIS 路由聚合

在部署 ISIS 的大规模网络中，路由条目过多，会导致在转发数据时降低路由表查找速度，同时会增加管理复杂度，通过配置路由聚合，可以减小路由表的规模。

在 ISIS 视图下，执行 summary ip-address mask [avoid-feedback | generate_null0_route | tag tag | [level-1 | level-1-2 | level-2]]命令，设置 ISIS 生成聚合路由。

在配置路由聚合后，本地 ISIS 设备的路由表保持不变。但是，其他 ISIS 设备的路由表中将只有一条聚合路由，没有具体路由。直到网络中被聚合的路由都出现故障而消失时，该聚合路由才会消失。

6.5.4 BGP 路由聚合

IPv4 网络中 BGP 支持自动聚合和手动聚合两种聚合方式，自动聚合的路由优先级低于手动聚合的路由优先级。为了避免路由聚合可能引起的路由环路，BGP 设计了 AS_Set 属性。AS_Set 属性是一种无序的 AS_Path 属性，标明聚合路由所经过的 AS 号。当聚合路由重新进入 AS_Set 属性中列出的任何一个 AS 时，BGP 将会检测到自己的 AS 号在聚合路由的 AS_Set 属性中，于是会丢弃该聚合路由，从而避免了路由环路的形成。

1. **配置自动聚合**

在 BGP 中 IPv4 地址族视图下，执行 summary automatic 命令，BGP 将按自然网段聚合子网路由。该命令对 BGP 引入的路由进行聚合，引入的路由可以是直连路由、静态路由、RIP 路由、OSPF 路由、ISIS 路由。但该命令对 network 命令引入的路由无效。

2. **配置手动聚合**

在 BGP 中 IPv4 地址族视图下，配置路由的手动聚合，BGP 配置手动聚合可以控制聚合后的路由发布，还可以修改聚合路由的属性。

① 发布所有聚合路由和被聚合的路由：执行 aggregate ipv4-address { mask | mask-length } 命令。

② 只发布聚合路由：执行 aggregate ipv4-address { mask | mask-length } detail-suppressed 命令。

③ 只发布聚合路由和通过路由策略被聚合的路由：执行 aggregate ipv4-address { mask | mask-length } suppress-policy route-policy-name 命令。

④ 发布检测环路的聚合路由：执行 aggregate ipv4-address { mask | mask-length } as-set 命令。

⑤ 设置聚合路由的属性：执行 aggregate ipv4-address { mask | mask-length } attribute-policy route-policy-name 命令。

⑥ 只将通过路由策略的路由生成聚合路由：执行 aggregate ipv4-address { mask | mask-length } origin-policy route-policy-name 命令。

手动聚合对 BGP 本地路由表中已经存在的路由表项有效，例如 BGP 路由表中不存在 10.1.1.1/24 等掩码长度大于 16 的路由，即使配置了 aggregate 10.1.1.1 16 命令，BGP 也不会生成聚合路由。

6.6 路由控制实验

前面介绍了路由过滤器、路由策略、路由引入、路由过滤以及路由聚合等路由控制的技术，属于路由高级技术，一般在特定环境中使用，以便提高网络可靠性、稳定性以及网络性能。这一节通过路由控制技术的综合应用示例，说明以上路由控制技术的应用场景、配置方法、配置效果。

1. 实验名称

路由控制实验。

2. 实验目的

① 学习路由过滤器，掌握路由过滤的配置方法。

② 学习掌握路由策略知识，掌握路由策略配置方法。

③ 学习掌握利用过滤器控制路由引入的配置方法。

④ 学习掌握 IGP 和 BGP 路由汇总的配置方法。

3. 实验拓扑

路由控制实验采用 BGP 路由配置的网络拓扑图，如图 6-3 所示。为便于对路由过滤器、路由策略、路由引入、路由过滤以及路由聚合等的学习，首先在路由器 AR7 注入部分静态路由（采用黑洞路由），用于学习路由控制技术。

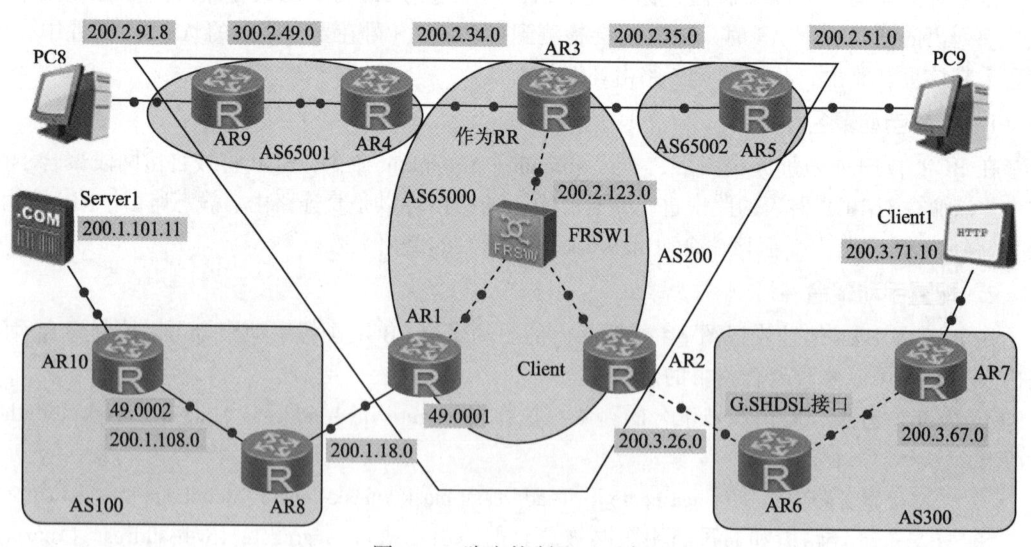

图 6-3 路由控制配置示例

4. 实验内容

路由控制实验目标：本实验主要通过在路由器注入静态路由（黑洞路由），学习路由引入（import-route）和对引入路由的发布以及接收过程中路由过滤过程的控制，以及学习路由聚合配置。

① 利用 ACL 和路由过滤控制路由发布。在路由器 AR7 中，将所有注入的静态路由引入 RIP 路由表中，并对引入路由向外发布进行过滤，不允许 136.8.0.0/24、136.9.0.0/24、136.11.0.0/24、136.12.0.0/24 的路由信息发布出去。要求采用访问控制列表作为过滤器，引入路由开销为 2（引入路由默认 RIP 开销为 0）。

② 利用 ip-prefix 和路由过滤控制路由发布。在路由器 AR6 中，采用地址前缀列表作为路由过滤器，要求不允许 156.8.0.0/24、156.9.0.0/24、156.11.0.0/24、156.12.0.0/24 的路由信息发布出去。

③ 利用策略路由和 ACL 控制路由引入。在路由器 AR2 中，将 RIP 路由引入 OSPF 路由表，但不允许引入 193.1.8.0/24、193.1.9.0/24、193.1.10.0/24、193.1.11.0/24 的路由信息。要求采用策略路由配合 ACL 作为过滤器。引入路由开销为 4（引入路由默认 OSPF 开销为 1），类型为 type1（OSPF 路由 type1 类型表示引入路由的开销为内部开销和外部开销之和，type2 则不计内部开销）。

④ 利用策略路由和 ip-prefix 控制路由引入。在路由器 AR1 中，将 OSPF 路由信息引入 ISIS 路由表，但不允许引入 195.1.8.0/24、195.1.9.0/24、195.1.10.0/24、195.1.11.0/24 的路由，要求采用策略路由配合地址前缀列表作为过滤器，引入外部路由的 ISIS 开销为 64（引入路由默认 ISIS 开销为 0）。

⑤ IGP 路由汇总。在 RIP 路由域中，关闭自动汇总功能，并在 AR7 中接口视图下，对 60.10.0.0/24、60.10.1.0/24、60.10.2.0/24、60.10.3.0/24 进行 rip summary-address 汇总；在 AR2（ASBR）中 OSPF 视图下，对 80.20.0.0/24、80.20.1.0/24、80.20.2.0/24、80.20.3.0/24 进行 asbr-summary 汇总；在 AR1 中 ISIS 视图下，对 98.96.160.0/24、98.96.161.0/24、98.96.162.0/24、98.96.163.0/24 进行 summary 汇总。

⑥ BGP 路由汇总。在 AR8 中，对 AS100 中 BGP 路由进行路由聚合，并进行环路检测；在 AR6 中，对 AS200 中 BGP 路由进行路由聚合，并进行环路检测；在 AR3 中，对 AS200 中 BGP 路由进行路由聚合，并进行环路检测，且 AR8/AR6/AR3 在发布路由时，要求只发布聚合路由，以便减小 BGP 路由表，提高网络性能。

5. 实验步骤

（1）利用 ACL 和路由过滤控制路由发布

在路由器 AR7 中，首先注入以下静态路由信息：

路由控制（一）

将所有注入的静态路由引入 RIP 路由表中，并对引入路由向外发布进行过滤，不允许 136.8.0.0/24、136.9.0.0/24、136.11.0.0/24、136.12.0.0/24 的路由信息发布出去。要求采用访问控制列表作为过滤器，引入路由开销为 2。配置如下：

```
[AR7] ip route-static 60.10.0.0 255.255.255.0 NULL0     ###注入静态路由
    ip route-static 60.10.1.0 255.255.255.0 NULL0
    ip route-static 60.10.2.0 255.255.255.0 NULL0
    ip route-static 60.10.3.0 255.255.255.0 NULL0
    ip route-static 80.20.0.0 255.255.255.0 NULL0
    ip route-static 80.20.1.0 255.255.255.0 NULL0
    ip route-static 80.20.2.0 255.255.255.0 NULL0
    ip route-static 80.20.3.0 255.255.255.0 NULL0
    ip route-static 98.96.160.0 255.255.255.0 NULL0
    ip route-static 98.96.161.0 255.255.255.0 NULL0
    ip route-static 98.96.162.0 255.255.255.0 NULL0
    ip route-static 98.96.163.0 255.255.255.0 NULL0
```

```
    ip route-static 136.8.0.0 255.255.255.0 NULL0
    ip route-static 136.9.0.0 255.255.255.0 NULL0
    ip route-static 136.10.0.0 255.255.255.0 NULL0
    ip route-static 136.11.0.0 255.255.255.0 NULL0
    ip route-static 156.8.0.0 255.255.255.0 NULL0
    ip route-static 156.9.0.0 255.255.255.0 NULL0
    ip route-static 156.10.0.0 255.255.255.0 NULL0
    ip route-static 156.11.0.0 255.255.255.0 NULL0
    ip route-static 193.1.8.0 255.255.255.0 NULL0
    ip route-static 193.1.9.0 255.255.255.0 NULL0
    ip route-static 193.1.10.0 255.255.255.0 NULL0
    ip route-static 193.1.11.0 255.255.255.0 NULL0
    ip route-static 195.1.8.0 255.255.255.0 NULL0
    ip route-static 195.1.9.0 255.255.255.0 NULL0
    ip route-static 195.1.10.0 255.255.255.0 NULL0
    ip route-static 195.1.11.0 255.255.255.0 NULL0
 [AR7]acl 2000                                   ###定义访问控制列表ACL
    rule 5 deny source 136.8.0.0 0.0.0.255
    rule 10 deny source 136.9.0.0 0.0.0.255
    rule 15 deny source 136.10.0.0 0.0.0.255
    rule 20 deny source 136.11.0.0 0.0.0.255
    rule 25 permit source any
 [AR7]rip 1
    Undo summary                                 ###关闭自动汇总
    filter-policy 2000 export                    ###根据ACL限制引入路由的发布
    import-route static cost 2                   ###引入静态路由到RIP路由表
```

通过以上配置，AR7路由器中，RIP包含注入的路由信息，而AR6中收到的路由信息不包含136.8.0.0/24、136.9.0.0/24、136.10.0.0/24、136.11.0.0/24网络的路由信息。（注意，需要等待Garbage-collect时间丢弃）

（2）利用ip-prefix和路由过滤控制路由发布

在路由器AR6中，采用地址前缀列表作为路由过滤器，要求不允许156.8.0.0/24、156.9.0.0/24、156.11.0.0/24、156.12.0.0/24的路由信息发布出去。配置如下：

```
[AR6] ip ip-prefix filter156 index 10 deny 156.8.0.0 24
    ip ip-prefix filter156 index 20 deny 156.9.0.0 24
    ip ip-prefix filter156 index 30 deny 156.10.0.0 24
    ip ip-prefix filter156 index 40 deny 156.11.0.0 24
    ip ip-prefix filter156 index 50 permit 0.0.0.0 0 less-equal 32 ###允许所有
[AR6] rip 1
    Undo summary
    filter-policy ip-prefix filter156 export
```

通过以上配置，AR2中收到的路由不包含156.8.0.0/24、156.9.0.0/24、156.11.0.0/24、156.12.0.0/24网络的静态路由信息。

路由控制（二）

（3）利用策略路由和ACL控制路由引入

在路由器AR2中，将RIP路由引入OSPF路由表，但不允许引入193.1.8.0/24、193.1.9.0/24、193.1.10.0/24、193.1.11.0/24的路由信息。要求采用策略路由配合ACL作为过滤器。引入路由开销为4，类型为type1。配置如下：

```
[AR2] acl number 2000                            ###采用ACL指定路由信息
    rule 5 permit source 193.1.8.0 0.0.0.255
    rule 10 permit source 193.1.9.0 0.0.0.255
    rule 15 permit source 193.1.10.0 0.0.0.255
    rule 20 permit source 193.1.11.0 0.0.0.255
```

```
[AR2] route-policy rp-filter193 deny node 10        ###采用策略路由拒绝匹配路由
    if-match acl 2000
[AR2] route-policy rp-filter193 permit node 20      ### 允许所有
[AR2] ospf 1
    import-route rip 1 cost 6 type 1 route-policy rp-filter193
    ###将 RIP 引入 OSPF 中
```

通过以上配置,AR2 中将 RIP 路由引入 OSPF 路由表,但 OSPF 路由信息不包含 193.1.8.0/24、193.1.9.0/24、193.1.10.0/24、193.1.11.0/24 网络的路由信息。

（4）利用策略路由和 ip-prefix 控制路由引入

在路由器 AR1 中,将 OSPF 路由信息引入 ISIS 路由表,但不允许引入 195.1.8.0/24、195.1.9.0/24、195.1.10.0/24、195.1.11.0/24 的路由，要求采用策略路由配合地址前缀列表作为过滤器，引入外部路由的 ISIS 开销为 64。

```
[AR1] ip ip-prefix filter195 index 10 permit 195.1.8.0 24
    ip ip-prefix filter195 index 20 permit 195.1.9.0 24
    ip ip-prefix filter195 index 30 permit 195.1.10.0 24
    ip ip-prefix filter195 index 40 permit 195.1.11.0 24
[AR1] route-policy rp-filter195 deny node 10
    if-match ip-prefix filter195
[AR1] route-policy rp-filter195 permit node 20
    if-match route-type external-type1   ### 匹配 OSPF external-type1 路由
[AR1] isis 1
    import-route ospf 1 cost 64 route-policy rp-filter195
```

通过以上配置，AR1 中将收到 OSPF 路由引入 ISIS 路由表，但 ISIS 路由信息不包含 195.1.8.0/24、195.1.9.0/24、195.1.10.0/24、195.1.11.0/24 网络的路由信息。

通过以上配置，最终可以在 AR8 中的 ISIS 路由表看到结果，如图 6-4 所示。

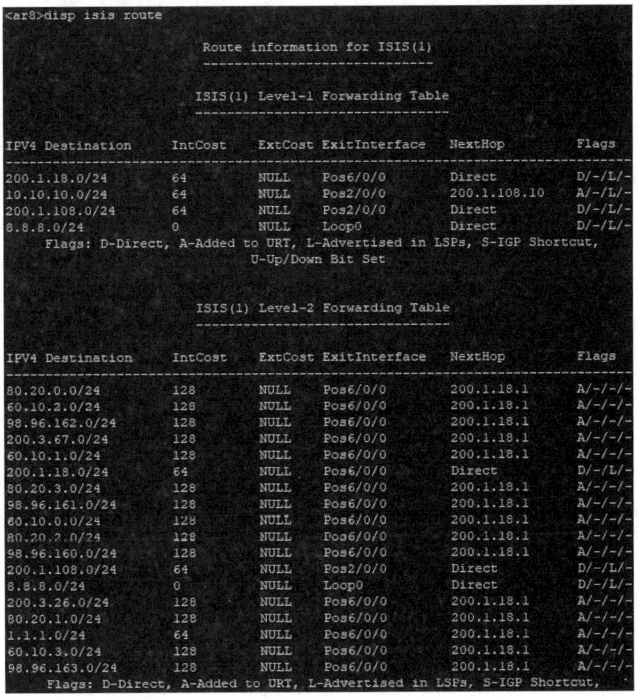

```
<ar8>disp isis route

                         Route information for ISIS(1)
                         -----------------------------

                        ISIS(1) Level-1 Forwarding Table
                        --------------------------------

IPV4 Destination     IntCost    ExtCost ExitInterface   NextHop         Flags
-------------------------------------------------------------------------------
200.1.18.0/24        64         NULL    Pos6/0/0        Direct          D/-/L/-
10.10.10.0/24        64         NULL    Pos2/0/0        200.1.108.10    A/-/L/-
200.1.108.0/24       64         NULL    Pos2/0/0        Direct          D/-/L/-
8.8.8.0/24           0          NULL    Loop0           Direct          D/-/L/-
     Flags: D-Direct, A-Added to URT, L-Advertised in LSPs, S-IGP Shortcut,
                               U-Up/Down Bit Set


                        ISIS(1) Level-2 Forwarding Table
                        --------------------------------

IPV4 Destination     IntCost    ExtCost ExitInterface   NextHop         Flags
-------------------------------------------------------------------------------
80.20.0.0/24         128        NULL    Pos6/0/0        200.1.18.1      A/-/-/-
60.10.2.0/24         128        NULL    Pos6/0/0        200.1.18.1      A/-/-/-
98.96.162.0/24       128        NULL    Pos6/0/0        200.1.18.1      A/-/-/-
200.3.67.0/24        128        NULL    Pos6/0/0        200.1.18.1      A/-/-/-
60.10.1.0/24         128        NULL    Pos6/0/0        200.1.18.1      A/-/-/-
200.1.18.0/24        64         NULL    Pos6/0/0        Direct          D/-/L/-
80.20.3.0/24         128        NULL    Pos6/0/0        200.1.18.1      A/-/-/-
98.96.161.0/24       128        NULL    Pos6/0/0        200.1.18.1      A/-/-/-
60.10.0.0/24         128        NULL    Pos6/0/0        200.1.18.1      A/-/-/-
80.20.2.0/24         128        NULL    Pos6/0/0        200.1.18.1      A/-/-/-
98.96.160.0/24       128        NULL    Pos6/0/0        200.1.18.1      A/-/-/-
200.1.108.0/24       64         NULL    Pos2/0/0        Direct          D/-/L/-
8.8.8.0/24           0          NULL    Loop0           Direct          D/-/L/-
200.3.26.0/24        128        NULL    Pos6/0/0        200.1.18.1      A/-/-/-
80.20.1.0/24         128        NULL    Pos6/0/0        200.1.18.1      A/-/-/-
1.1.1.0/24           64         NULL    Pos6/0/0        200.1.18.1      A/-/-/-
60.10.3.0/24         128        NULL    Pos6/0/0        200.1.18.1      A/-/-/-
98.96.163.0/24       128        NULL    Pos6/0/0        200.1.18.1      A/-/-/-
     Flags: D-Direct, A-Added to URT, L-Advertised in LSPs, S-IGP Shortcut,
```

图 6-4　AR8 中 ISIS 初始 ISIS 路由表信息

(5) IGP 路由汇总

在 RIP 路由域中，关闭自动汇总功能，并在 AR7 中接口视图下，对 60.10.0.0/24、60.10.1.0/24、60.10.2.0/24、60.10.3.0/24 进行 rip summary-address 汇总；在 AR2（ASBR）中 OSPF 视图下，对 80.20.0.0/24、80.20.1.0/24、80.20.2.0/24、80.20.3.0/24 进行 asbr-summary 汇总；在 AR1 中 ISIS 视图下，对 98.96.160.0/24、98.96.161.0/24、98.96.162.0/24、98.96.163.0/24 进行 summary 汇总。

注意：IGP 路由汇总后，不再传递明细路由。

① AR7 中 RIP 路由汇总：

```
[AR7] interface Atm3/0/0
    rip summary-address 60.10.0.0 255.255.252.0 avoid-feedback
```

② AR2 中 OSPF 路由汇总：

```
[AR2] ospf 1
    asbr-summary 80.20.0.0 255.255.252.0 cost 4
```

③ AR1 中 ISIS 路由汇总：

```
[AR1] isis 1
    summary 98.96.160.0 255.255.252.0 avoid-feedback
```

通过以上配置，可以看到 ISIS 路由表信息明细减少。IGP 路由汇总后 AR8 中 ISIS 路由表信息如表 6-5 所示。

```
<ar8>disp isis route

                         Route information for ISIS(1)
                         -----------------------------

                        ISIS(1) Level-1 Forwarding Table
                        --------------------------------

IPV4 Destination     IntCost    ExtCost ExitInterface   NextHop          Flags
-------------------------------------------------------------------------------
200.1.101.0/24       74         NULL    Pos2/0/0        200.1.108.10     A/-/L/-
200.1.18.0/24        64         NULL    Pos6/0/0        Direct           D/-/L/-
10.10.10.0/24        64         NULL    Pos2/0/0        200.1.108.10     A/-/L/-
200.1.108.0/24       64         NULL    Pos2/0/0        Direct           D/-/L/-
8.8.8.0/24           0          NULL    Loop0           Direct           D/-/L/-
     Flags: D-Direct, A-Added to URT, L-Advertised in LSPs, S-IGP Shortcut,
                               U-Up/Down Bit Set


                        ISIS(1) Level-2 Forwarding Table
                        --------------------------------

IPV4 Destination     IntCost    ExtCost ExitInterface   NextHop          Flags
-------------------------------------------------------------------------------
80.20.0.0/22         128        NULL    Pos6/0/0        200.1.18.1       A/-/-/-
200.3.67.0/24        128        NULL    Pos6/0/0        200.1.18.1       A/-/-/-
200.1.18.0/24        64         NULL    Pos6/0/0        Direct           D/-/L/-
200.3.71.0/24        128        NULL    Pos6/0/0        200.1.18.1       A/-/-/-
60.10.0.0/22         128        NULL    Pos6/0/0        200.1.18.1       A/-/-/-
98.96.160.0/22       128        NULL    Pos6/0/0        200.1.18.1       A/-/-/-
200.1.108.0/24       64         NULL    Pos2/0/0        Direct           D/-/L/-
8.8.8.0/24           0          NULL    Loop0           Direct           D/-/L/-
200.3.26.0/24        128        NULL    Pos6/0/0        200.1.18.1       A/-/-/-
1.1.1.0/24           64         NULL    Pos6/0/0        200.1.18.1       A/-/-/-
     Flags: D-Direct, A-Added to URT, L-Advertised in LSPs, S-IGP Shortcut,
                               U-Up/Down Bit Set
```

图 6-5　IGP 路由汇总后 AR8 中 ISIS 路由表信息

(6) BGP 路由汇总

在 AR8 中，对 AS100 中 BGP 路由进行路由聚合，并进行环路检测；在 AR6 中，对 AS300 中 BGP 路由进行路由聚合，并进行环路检测；在 AR3 中，对 AS200 中 BGP 路由进行路由聚合，并进行环路检测。AR8/AR6/AR3 在发布路由时，要求只发布聚合路由，以便减小 BGP 路由表，提高网络性能。

① AR8 中 BGP 路由汇总：

```
[AR8] bgp 100
    ipv4-family unicast
    aggregate 200.1.0.0 255.255.0.0 as-set detail-suppressed
```

② AR6 中 BGP 路由汇总：

```
[AR6] bgp 300
    ipv4-family unicast
    aggregate 200.3.0.0 255.255.0.0 as-set detail-suppressed
```

③ AR3 中 BGP 路由汇总：

```
[AR3] bgp 65000
    ipv4-family unicast
    aggregate 200.2.0.0 255.255.0.0 as-set detail-suppressed
```

通过以上配置，可以看到 BGP 路由信息表减少，这里显示 AR10 的 BGP 路由表，如图 6-6 所示。

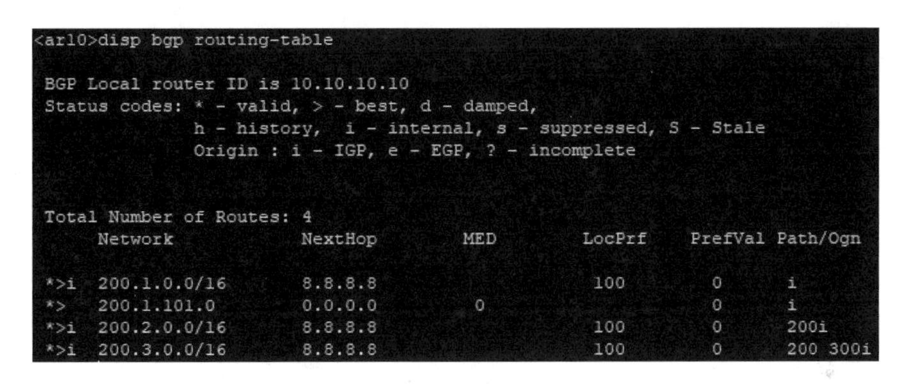

```
<ar10>disp bgp routing-table

 BGP Local router ID is 10.10.10.10
 Status codes: * - valid, > - best, d - damped,
               h - history,  i - internal, s - suppressed, S - Stale
               Origin : i - IGP, e - EGP, ? - incomplete


 Total Number of Routes: 4
      Network            NextHop        MED        LocPrf    PrefVal Path/Ogn

 *>i  200.1.0.0/16       8.8.8.8                    100        0      i
 *>   200.1.101.0        0.0.0.0         0                     0      i
 *>i  200.2.0.0/16       8.8.8.8                    100        0      200i
 *>i  200.3.0.0/16       8.8.8.8                    100        0      200 300i
```

图 6-6　BPG 路由汇总后 AR10 中 BGP 路由表信息

6. **实验测试**

① 在 AR7 中利用 ACL 和路由过滤控制 RIP 路由发布配置后，在 AR6 中执行 display rip 1 database 命令，AR6 中 RIP 路由表不包含要求过滤的路由表项。

② 在 AR6 中利用 ip-prefix 和路由过滤控制 RIP 路由发布后，在 AR2 中执行 display rip 1 database 命令，AR2 中 RIP 路由表不包含要求过滤的路由表项。

③ 在 AR2 中利用策略路由和 ACL 控制将 RIP 路由信息引入 OSPF 路由表，然后在 AR1 中执行 display ospf routing 命令，AR1 中 OSPF 路由表不包含未引入的 RIP 路由信息。

④ 在 AR1 中利用策略路由和 ip-prefix 控制将 OSPF 路由信息引入 ISIS 路由表，然后在 AR8 中执行 display isis route 命令，AR8 中 ISIS 路由表不包含未引入的 OSPF 路由信息。

⑤ 在 AR7、AR2、AR1 中分别直线 RIP 路由汇总、OSPF 汇总、ISIS 汇总后，再次在 AR8 路由其中执行 display isis route 命令，可以看到 AR8 的路由表项明显减少。

⑥ 在 AR3、AR6、AR8 中分别进行相关 AS 的 BGP 路由汇总后，在 AR10 中执行 display bgp routing-table 命令，可以看到 AR10 中 BGP 路由信息明显减少。

小　结

对IP网络中的路由信息传输进行控制，可以在发布和接收路由，以及引入路由时进行。对IP网络中的路由信息传输进行控制，一般需要先把路由信息标识出来。

本章首先介绍路由标识的工具，包括4种过滤器：访问控制列表（ACL）、地址前缀列表（ip-prefix）、BGP属性过滤器、路由策略等。

在详细介绍路由策略的同时，介绍了路由传输控制技术，包括在路由引入、路由过滤中对路由传输的控制方法。

另外，还介绍了RIP协议、OSPF协议、ISIS协议、BGP协议的路由聚合方法。在此基础上，介绍了路由引入、路由过滤、路由聚合的配置方法和示例。

路由综合控制

习　题

一、选择题

1. 下列（　　）不是路由标识常用工具。
   A. 访问控制列表　　B. 地址后缀列表
   C. 路由策略　　D. BGP属性过滤器
2. 有关路由策略的说法正确的是（　　）。
   A. 一个接口只能配置一个route-map　　B. 一个route-map只能配置一条规则
   C. 每条规则只能有一个match　　D. 每条规则只能有一个set
3. 以下（　　）不是路由策略相关的过滤器。
   A. 团体属性列表　　B. 前缀列表
   C. 路由转发表　　D. 路由策略
4. 基本访问控制列表以（　　）作为判别条件。
   A. 数据包大小　　B. 数据包源地址
   C. 数据包端口号　　D. 数据包目的地址
5. 关于前缀列表说法正确的是（　　）。
   A. 前缀列表的性能比访问控制列表低，但前缀列表不可用于数据包过滤
   B. 前缀列表用来过滤IP前缀，且能同时匹配前缀号和前缀长度
   C. 利用前缀列表来匹配所有地址，使用（0.0.0.0）进行配置，相当于ACL中的any
   D. 若地址前缀列表不与路由策略中if-match语句配合使用，地址前缀列表中至少配置一个节点的匹配模式是permit，并且所有路由都将被过滤
6. 关于路由策略，下列说法错误的是（　　）。
   A. 路由策略分为自适应和非自适应两种
   B. 非自适应不能适应网络变化
   C. 自适应路由策略开销比非自适应小
   D. 自适应相对于非自适应较简单
7. 关于路由引入说法错误的是（　　）。
   A. RIP协议可以引入静态路由

B. OSPF 是一个无环路动态路由协议

C. 配置 OSPF 路由引入，需要在运行 OSPF 协议的自治系统的边界路由器 ASBR 上配置

D. BGP 协议仅支持通过 Import 方式引入路由

8. 关于路由过滤的说法错误的是（　　）。

A. 路由过滤采用的是 filter-policy 命令

B. 路由过滤可以用于 RIP、OSPF、IS-IS、BGP 协议中

C. 执行 filter-policy import ip-prefix-name gateway 命令，是基于目的地址前缀过滤邻居发布的路由信息

D. 控制 BGP 从全局接收路由可分为基于访问控制列表 ACL 和基于地址前缀列表

9. 路由聚合是指（　　）。

A. 将路由表中的路由表项同步聚合

B. 路由聚合就是构造超网，利用 CIDR 地址块开查找目标网络，将小网络构成大网络

C. 增加路由表项

D. 将路由表聚合统一管理

10. 以下关于 BGP 路由聚合功能说法正确的是（　　）。

A. 只能提高聚合路由　　　　B. 不能聚合只能通告明细路由

C. 可以同时通告路由和明细路由　　　　D. 聚合后一定会改变原有的 AS-Path 属性

二、实践题

利用华为 eNSP 虚拟仿真软件完成路由控制实践，主要包括以下实践内容:

（1）利用 ACL 和路由过滤控制路由发布。

（2）利用 ip-prefix 和路由过滤控制路由发布。

（3）利用策略路由和 ACL 控制路由引入。

（4）利用策略路由和 ip-prefix 控制路由引入。

（5）IGP 路由汇总。

（6）BGP 路由汇总。

第 7 章

出口选路控制技术 «

对于校园网、企业网等网络的出口，往往采用路由器或防火墙作为网络边界设备，并通过多出口方式与外部连接。采用多出口的网络可以采用多种方式进行选路控制，具体来说，包括就近选路、透明 DNS 选路和策略路由等方式。本章先简要介绍就近选路方式和透明 DNS 选路方式，然后重点介绍策略路由选路方式。

策略路由使网络管理者不仅能够根据报文的目的地址，而且能够根据报文的源地址、报文大小和链路质量等属性来制定策略路由，以改变数据包转发路径，满足用户需求。策略路由对数据包信息标识可以采用访问控制列表（ACL）实现。

7.1 就近选路方式

所谓就近选路，是指对于多出口网络，用户访问网络采取就近方式访问。如图 7-1 所示，内部用户通过路由器分别与 ISP1 网络和 ISP2 网络相连。对于 ISP2 网络服务的访问，通过与 ISP2 相连的链路访问网路服务，而不出现经过 ISP1 网络绕道访问 ISP2 网络中的服务。就近选路是一种明细路由+默认路由的选路方式。

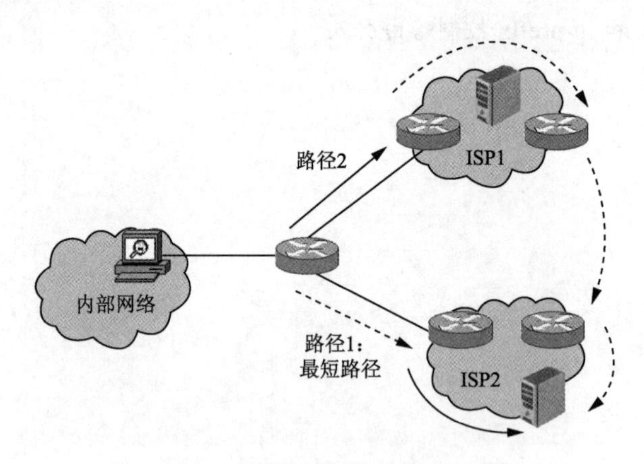

图 7-1　就近选路方式示例

所谓默认路由，是一类特殊的静态路由，它可以通过静态路由方式配置，也可以由动态路由生成，如 OSPF 和 IS-IS。静态路由在路由表中以目的地址为 0.0.0.0、子网掩码为 0.0.0.0 的形式出现。如果报文的目的地址不能与任何路由相匹配，则选择默认路由转发报文。

明细路由是相对来说的，相对于默认路由，在路由表中的其他路由都属于明细路由。例如，192.168.0.0/16、192.168.10.0/24 网络，相对于默认路由都属于明细路由。明细路由可以由静态路由配置，也可以由动态路由协议生成。

报文查找路由表采用的是最长匹配原则，即当路由表中有明细路由时，报文先匹配明细路由；如果没有明细路由，则查找默认路由。对于有多个出口的企业网或校园网，可以在出口设备（路由器或防火墙）上采取两种方式实现就近访问。

① 配置多条等价默认路由，出口设备在多条等价默认路由之间实现负载分担，同时分别对不同网络定义不同的明细路由。

② 配置一条默认路由，默认情况下，通过默认路由访问网络。对于特定的ISP网络通过明细路由访问。

明细路由的配置一是采用静态路由配置，但静态路由配置方式增加了网管员的配置难度和工作量。对于华为防火墙，还支持一种称为ISP路由的明细路由，并在防火墙中做好基本配置，网络管理员只需要应用ISP路由即可。

7.2 透明代理DNS选路

在现实的网络中，许多知名的服务会在多个ISP内部署，这样就会出现同样的域名对应着多个IP地址的情况。如果企业网络的多个出口连接不同的ISP，且用户访问同一个服务的流量就负载到每个ISP的服务器上，就会取得好的访问效果。

然而，由于许多内网用户的PC在设置DNS服务器时，可能出现选择一个ISP的DNS现象。这样，就会导致内网用户访问某部署在多个ISP的特定服务，只是在一个ISP提供服务器上访问，而其他ISP相应链路及服务得不到充分利用。

透明代理DNS选路能够很好地解决这一问题。透明DNS选路是通过修改用于DNS请求报文的目的地址，强制让DNS请求报文分担到各个ISP内的DNS服务器上，从而解析出各个ISP内的Web服务器对应的IP地址，引导用户访问各自的ISP内的Web服务器。

透明代理DNS选路采取的方法是：在用户网络出口设备（华为防火墙支持透明代理DNS选路）上设置一个“虚拟的DNS服务器”，这里虚拟的DNS服务器就是DNS透明代理。将企业内网用户PC上指定的DNS服务器改为这个虚拟的DNS服务器地址，当内网用户发起DNS请求时，虚拟DNS服务器根据预先设置的透明DNS选路算法将DNS请求发送给各个ISP的DNS服务器。ISP的DNS服务器收到DNS请求后，会解析出域名对应的IP地址。一般情况下，ISP1的DNS服务器会解析出ISP1的Web服务器地址，IPS2的DNS服务器会解析出ISP2的Web服务器地址。这样就做到了内网用户的整体上网流量被均匀地分配到各个ISP链路上。透明DNS选路算法有两种：简单轮询算法和加权轮询算法。

7.3 策略路由概述

传统的路由转发原理是首先根据报文的目的地址查找路由表，然后进行报文转发。但是，目前越来越多的用户希望能够在传统路由转发的基础上根据自己定义的策略进行报文转发和选路。策略路由使网络管理者不仅能够根据报文的目的地址，而且能够根据报文的源地址、报文大小和链路质量等属性来制定策略路由，以改变数据包转发路径，满足用户需求。

7.3.1 策略路由优点

策略路由（Policy-Based Routing，PBR）是一种依据用户制定的策略进行路由选择的机制。策略路由具有如下优点：

① 可以根据用户实际需求制定策略进行路由选择，增强路由选择的灵活性和可控性。

② 可以使不同的数据流通过不同的链路进行发送，提高链路的利用效率。

③ 在满足业务服务质量的前提下，选择费用较低的链路传输业务数据，从而降低企业数据服务的成本。

7.3.2 策略路由分类

策略路由分为本地策略路由、接口策略路由和智能策略路由（Smart Policy Routing，SPR）。

① 本地策略路由仅对本机下发的报文进行处理，对转发的报文不起作用。本地策略路由支持基于 ACL 或报文长度的匹配规则。

② 接口策略路由只对转发的报文起作用，对本地下发的报文（比如本地的 ping 报文）不起作用。接口策略路由通过在流行为中配置重定向实现，只对接口入方向的报文生效。

③ 智能策略路由是基于业务需求的策略路由，通过匹配链路质量和网络业务对链路质量的需求，实现智能选路。

7.3.3 策略路由相关技术

在配置策略路由的过程中，需要使用 MQC 和 NQA，因此先简要介绍 MQC 和 NQA 技术。

1. 模块化 QoS 命令行

模块化 QoS 命令行 MQC（Modular QoS Command-Line）是指通过将具有某类共同特征的报文划分为一类，并为同一类报文提供相同的服务，也可以对不同类型的报文提供不同的服务。

随着网络中 QoS 业务的不断丰富，在网络规划时若要实现对不同流量（如不同业务或不同用户）的差分服务，会使部署比较复杂。MQC 的出现，使用户能对网络中的流量进行精细化处理，用户可以更加便捷地针对自己的需求对网络中的流量提供不同的服务，完善了网络的服务能力。

（1）MQC 组成要素

MQC 包含 3 个要素：流分类（Traffic Classifier）、流行为（Traffic Behavior）和流策略（Traffic Policy）。

① 流分类：流分类用来定义一组流量匹配规则，以对报文进行分类。

② 流行为：流行为用来定义针对某类报文所做的动作。

③ 流策略：流策略用来将指定的流分类和流行为绑定，对分类后的报文执行对应流行为中定义的动作。一个流策略可以绑定多个流分类和流行为，如图 7-2 所示。

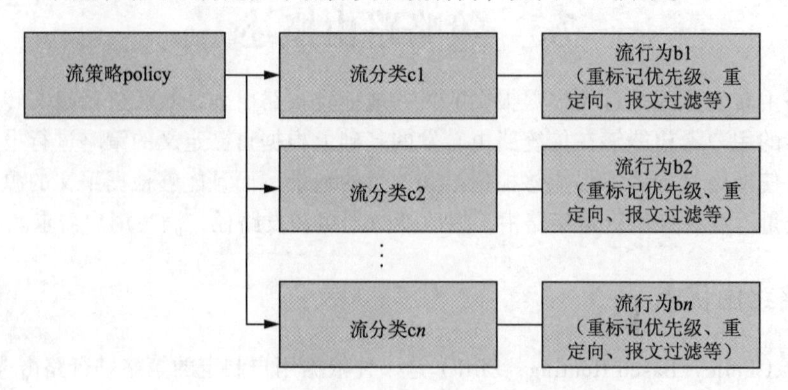

图 7-2 流策略绑定多个流分类和流行为

（2） MQC 配置流程

① 配置流分类：按照一定规则对报文进行分类，是提供差分服务的基础。

② 配置流行为：为符合流分类规则的报文指定流量控制或资源分配动作。

③ 配置流策略：将指定的流分类和指定的流行为绑定，形成完整的策略。

④ 应用流策略：将流策略应用到相应接口。

2. **网络质量分析**

网络质量分析（Network Quality Analysis，NQA）是一种实时的网络性能探测和统计技术，可以对响应时间、网络抖动、丢包率等网络信息进行统计。NQA 能够实时监视网络 QoS，在网络发生故障时进行有效的故障诊断和定位。

NQA 可以检测网络上运行的各种协议的性能，使企业用户能够实时采集到各种网络运行指标，如 HTTP 的总时延、TCP 连接时延、DNS 解析时延、文件传输速率、FTP 连接时延、DNS 解析错误率等。

（1）NQA 测试例

对于上述诸多业务特性的检测，NQA 是通过创建测试例来完成的。NQA 把测试两端称为客户端和服务端（也称为源端和目的端），并在客户端发起测试，服务端接收报文后，返回给源端相应的回应信息。根据返回的报文信息，了解相应的网络状况。

测试例有多种，如 HTTP 测试例、DHCP 测试例、DNS 测试例、ICMP 测试例、TCP 测试例、UDP 测试例、UDP Jitter 测试例等。不同的测试例，测试功能不同。例如，ICMP 测试例和 UDP Jitter 测试例的功能如下：

NQA 的 ICMP 测试例用于检测源端到目的端的路由是否可达。ICMP 测试提供类似于命令行下的 ping 命令功能，但输出信息更为丰富，能够显示平均时延、丢包率，最后一个报文正确接收的时间等信息。

NQA 的 UDP Jitter 测试例是以 UDP 报文为承载，通过记录在报文中的时间戳信息来统计时延、抖动、丢包的一种测试方法。Jitter（抖动时间）是指相邻两个报文的接收时间间隔减去这两个报文的发送时间间隔。

（2）NQA 联动

NQA 联动功能是指 NQA 提供探测功能，把探测结果通知其他模块，其他模块再根据探测结果进行相应处理的功能。目前实现了与 VRRP、静态路由、备份接口、IGMP Proxy、IP 地址池、DNS 服务器和策略路由的联动。

接口策略路由中通过配置 NQA/路由与重定向联动功能，可以在目的 IP 地址不可达时，实现链路快速切换，保障用户流量正常转发。接口策略路由中与重定向联动的 NQA 测试例必须为 ICMP 类型。

智能策略路由中通过配置链路组使用探测链路，与探测链路相对应的 NQA 测试例，为 UDP Jitter 类型。探测链路通过 NQA 测试例探针获取链路参数的质量，SPR 根据探测链路的链路质量匹配业务需求，从而实现智能选路的需求。

7.4　本地策略路由

本地策略路由仅对本机下发的报文进行处理，对转发的报文不起作用。本地策略路由支持基于 ACL 或报文长度的匹配规则。

一条本地策略路由可以配置多个策略路由节点。本机根据本地策略路由节点的优先级，依次匹配各节点绑定的匹配规则。

7.4.1 本地策略路由应用场景

如图 7-3 所示，路由器 RouterA 有两条链路与外部网络连接。当需要对路由器本身产生的报文进行策略路由时，就需要配置本地策略路由。

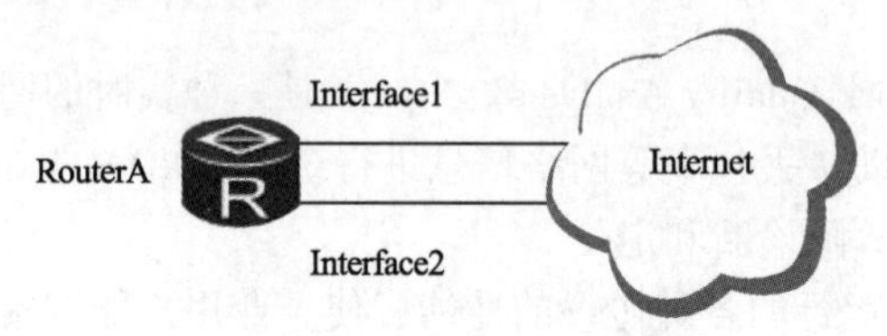

图 7-3 本地策略路由组网图

7.4.2 本地策略路由转发接口选择顺序

本机下发报文时，如果找到匹配的本地策略路由节点，则首先根据用户策略查看是否设置了报文优先级，如果用户策略设置了报文优先级，则根据用户策略设置报文的优先级。然后查看用户是否设置了本地策略路由的转发接口，如果设置了转发接口，则将报文从转发接口发送出去。

转发接口的优先级从高到低的顺序为：出接口（Output Interface）、下一跳（Next-Hop、Backup-Nexthop）、默认出接口（Default Output-Interface）、默认下一跳（Default Next-Hop）。如果以上转发接口均未设置，则丢弃报文，产生 ICMP_UNREACH 消息。

本机下发报文时，如果没有找到匹配的本地策略路由节点，按照发送 IP 报文的一般流程，根据目的地址查找路由。

7.4.3 本地策略路由配置方法

要使用本地策略路由，首先要配置策略路由匹配规则，然后配置策略路由的动作，最后应用本地策略路由。

1. 策略路由匹配规则配置

在系统视图下，执行 policy-based-route policy-name { deny | permit } node node-id 命令，创建策略路由和策略点，若策略点已创建，则进入本地策略路由视图。重复执行该命令可以在一条本地策略路由下创建多个策略点，策略点由顺序号 node-id 来指定，顺序号的值越小则优先级越高，相应策略优先执行。

执行 if-match acl acl-number 命令，设置 IP 报文的 ACL 匹配条件。注意，当 ACL 的 rule 配置为 permit 时，设备会对匹配该规则的报文执行本地策略路由的动作：本地策略路由中策略点为 permit 时对满足匹配条件的报文进行策略路由；本地策略路由中策略点为 deny 时对满足匹配条件的报文不进行策略路由，即根据目的地址查找路由表转发报文。

执行 if-match packet-length min-length max-length 命令，设置 IP 报文长度匹配条件。默认情况下，本地策略路由中未配置 IP 报文长度匹配条件。

2. 本地策略路由动作配置

配置本地策略路由的动作时，要注意以下情况：

① 如果策略中设置了两个出接口，则报文转发在两个出接口之间负载分担。

② 如果策略中设置了两个下一跳，则报文转发在两个下一跳之间负载分担。

③ 如果策略中同时设置了两个下一跳和两个出接口，则报文转发仅在两个出接口之间负载分担。

在本地策略路由视图下，分别配置出接口、下一跳、下一跳联动路由、备份下一跳、默认出接口、默认下一跳等转发接口。

① 执行 apply output-interface interface-type interface-number 命令，指定本地策略路由中报文的出接口。

② 执行 apply ip-address next-hop ip-address1 [ip-address2]命令，设置本地策略路由中报文的下一跳。在下一跳配置的情况下，联动路由和备份下一跳设置才有意义。

③ 执行 apply ip-address next-hop { ip-address1 track ip-route ip-address2 { mask | mask-length } } <1-2>命令，配置本地策略路由的下一跳联动路由功能。

④ 执行 apply ip-address backup-nexthop ip-address 命令，配置本地策略路由中报文转发的备份下一跳。

⑤ 执行 apply default output-interface interface-type interface-number 命令，配置本地策略路由中报文的默认出接口。

⑥ 执行 apply ip-address default next-hop ip-address1 [ip-address2]命令，配置本地策略路由中报文的默认下一跳。

⑦ 执行 apply ip-precedence precedence 命令，设置本地策略路由中 IP 报文优先级。默认情况下，本地策略路由中未配置 IP 报文优先级。配置成功后，根据用户设置的报文优先级设置匹配策略点的本机下发报文的优先级。其中，参数 precedence 的取值范围是 0 ~ 7。

3. 应用本地策略路由

在系统视图下，执行 ip local policy-based-route policy-name 命令，使能本地策略路由。默认情况下，本地策略路由处于未使能状态。

7.5 接口策略路由

接口策略路由只对转发的报文起作用，对本地下发的报文（比如本地的 ping 报文）不起作用。接口策略路由通过在流行为中配置重定向实现，只对接口入方向的报文生效。默认情况下，设备按照路由表的下一跳进行报文转发，如果配置了接口策略路由，则设备按照接口策略路由指定的下一跳进行转发。

在按照接口策略路由指定的下一跳进行报文转发时，如果设备上没有该下一跳 IP 地址对应的 ARP 表项，设备会触发 ARP 学习；如果一直学习不到下一跳 IP 地址对应的 ARP 表项，则报文按照路由表指定的下一跳进行转发；如果设备上有或者学习到了此 ARP 表项，则按照接口策略路由指定的下一跳 IP 地址进行报文转发。

7.5.1 应用场景

如图 7-4 所示，内部网络通过 RouterA 与外部网络连接，路由器有多个到外部网的出口。当需要控制某些报文通过指定的出口转发时，就需要配置接口策略路由。

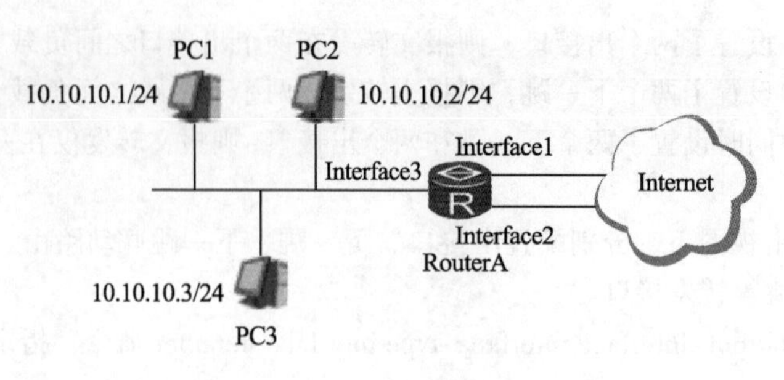

图 7-4　接口策略路由组网图

7.5.2　接口策略路由分类

接口策略路由一般分为三类：基于源地址策略路由、基于目的地址策略路由、基于服务级别策略路由。

① 基于源地址策略路由：可以指定内网中一些特定的用户和特定的网络使用高速链路。例如，在 RouterA 上定义一条策略路由，并且定义路由规则和动作，并在 Interface3 上使能策略路由。使得所有从 Interface3 接收的源地址为 10.10.10.1/24 的 PC1 的报文通过高速链路接口 Interface1 发送，而其他的报文可以基于目的地址的方法转发。

② 基于目的地址策略路由：可以指定内网的用户在访问某个外部特定主机或特定网络时，使用高速链路。可以在 RouterA 上定义一条策略路由，并且定义路由规则和动作，并在 Interface3 上使能策略路由。使得所有从 Interface3 接收的目的地址为某个特定主机或特定网络的报文通过高速链路接口 Interface1 发送，而其他的报文可以基于目的地址的方法转发。

③ 基于服务级别策略路由：对于不同服务要求（如传送速率、吞吐量以及可靠性等）的数据，根据网络的状况进行不同的路由。例如，指定语音与视频等应用使用带宽大的线路，数据应用使用带宽小的线路。假设从 Interface1 发送报文的线路带宽大，Interface2 发送报文的带宽小，则可以在 RouterA 的 Interface3 上使用策略路由，使得语音和视频数据通过 Interface1 发送，数据应用的数据通过 Interface2 发送，从而满足不同的服务要求。

7.5.3　配置接口策略路由

配置接口策略路由，可以将到达接口的三层报文重定向到指定的下一跳地址。通过配置重定向，设备将符合流分类规则的报文重定向到指定的下一跳地址或指定接口。当重定向不生效时，用户可以选择配置将报文按原路径转发或丢弃。

要配置接口策略路由需要采用模块化 QoS 命令行 MQC。MQC 是指通过将具有某类共同特征的报文划分为一类，并为同一类报文提供相同的服务，也可以对不同类的报文提供不同的服务。

配置接口策略路由，需要采用 MQC 对报文定义流分类、流行为和流策略，然后在相关接口应用流策略实现接口策略路由。

1. 配置流分类

在系统视图下，执行 traffic classifier lassifier-name [operator { and | or }]命令，创建一个流分类，进入流分类视图。然后，根据实际情况配置流分类中的匹配规则（表 7-1 中列举部分匹配规则）。默认情况下，流分类中各规则之间的关系为“逻辑或”。

表 7-1　流分类匹配规则表

匹 配 规 则	命　　令
外层 VLAN ID	if-match vlan-id start-vlan-id [to end-vlan-id]
VLAN 报文 802.1p 优先级	if-match 8021p 8021p-value &<1-8>
目的 MAC 地址	if-match destination-mac mac-address
源 MAC 地址	if-match source-mac mac-address
FR 报文中的 DLCI 信息	if-match dlci start-dlci-number [to end-dlci-number]
ATM 报文中的 PVC 信息	if-match pvc vpi-number/vci-number
以太网帧头协议类型字段	if-match l2-protocol { arp | ip | mpls | rarp | protocol-value }
所有报文	if-match any
IP 报文的 DSCP 优先级	if-match dscp dscp-value &<1-8>
IP 报文的 IP 优先级	if-match ip-precedence ip-precedence-value &<1-8> 说明：不能在一个逻辑关系为“与”的流分类中同时配置 if-match dscp 和 if-match ip-precedence
IPv4 报文长度	if-match packet-length min-length [to max-length]
RTP 端口号	if-match rtp start-port start-port-number end-portend-port-number
TCP 报文 SYN Flag	if-match tcp syn-flag { ack | fin | psh | rst | syn | urg}
入接口	if-match inbound-interface interface-type interface-number
出接口	if-match outbound-interface Cellular interface-number:channel
ACL 规则	if-match acl { acl-number | acl-name } 说明：使用 ACL 作为流分类规则，必须先配置相应的 ACL 规则。 当使用 ACL 作为流分类规则匹配源 IP 地址时，通过在接口下的 qos pre-nat 配置 NAT 预分类功能，可以将 NAT 转换前的私网 IP 地址信息携带到出接口，即可实现基于私网 IP 地址的分类，从而对来自不同私网 IP 地址的报文提供差分服务
应用协议	if-match app-protocol protocol-name [time-range time-name] 说明：定义基于应用协议的匹配规则前，必须使能 SAC 功能并加载特征库
智能应用控制(Smart Application Control，SAC) 协议组	if-match protocol-group protocol-group [time-range time-name] 说明：SAC 流分类是指把具有某些共同特性的应用层报文划分成同一类，以便执行差异化服务。定义基于应用协议的匹配规则前，必须在系统视图下执行 sac enablesignature signature-name (自带 sacrule.dat) 命令，使能 SAC 功能并加载特征库。可以在 SAC 协议组视图中通过 app-protocol protocol-name 命令将指定应用协议加入 SAC 协议组

2. **配置流行为**

执行 traffic behavior behavior-name 命令，创建一个流行为并进入流行为视图，或进入已存在的流行为视图。根据实际需要进行如下配置：

执行 redirect ip-nexthop ip-address [track { nqa admin-name test-name | ip-route ip-address { mask | mask-length } }] [post-nat] [discard]命令，将符合流分类的报文重定向到下一跳，并配置重定向与 NQA 测试例或 IP 路由联动。

NQA (Network Quality Analysis) 是网络故障诊断和定位的有效工具，路由状态则可以直接反映出目的 IP 是否可达，配置 NQA/路由与重定向联动功能，可以在目的 IP 不可达时，实现链路快速切换，保障用户流量正常转发。与重定向联动的 NQA 测试例必须为 ICMP 类型。

当 NQA/路由模块检测到目的 IP 可达时，按照指定的 IP 进行报文转发，即重定向生效。当

NQA/路由模块检测到目的 IP 不可达时，重定向不生效，如果用户未配置 discard 参数，系统将按原来的转发路径转发报文，否则报文将被丢弃。

也可以执行 redirect interface interface-type interface-number [track { nqa admin-name test-name | ip-route ip-address { mask | mask-length }] [discard]命令，将符合流分类的报文重定向到指定接口。

3. **配置流策略**

在系统视图下，执行 traffic policy policy-name 命令，创建一个流策略并进入流策略视图，或进入已存在的流策略视图。执行 classifier classifier-name behavior behavior-name 命令，在流策略中为指定的流分类配置所需的流行为，即绑定流分类和流行为。

4. **应用流策略**

执行 interface interface-type interface-number 命令，进入接口视图，然后执行 traffic-policy policy-nam inbound 命令，在接口入方向应用流策略。目前，接口策略路由仅支持在接口的入方向上应用。

7.6 智能策略路由

智能策略路由是基于业务需求的策略路由，通过匹配链路质量和网络业务对链路质量的需求，实现智能选路。

随着网络业务需求的多样化，业务数据的集中放置，链路质量对网络业务越来越重要。越来越多的用户把关注点从网络的连通性转移到业务的可用性上，如业务的可获得性、响应速度和业务质量等。这些复杂的业务需求给传统的基于逐跳的路由协议提出了挑战，它们无法感知链路的质量和业务的需求，所以带给用户的业务体验也得不到保障，即使路由可达，但链路质量可能已经很差甚至无法正常转发报文。智能策略路由（Smart Policy Routing，SPR）就是在这一背景下产生的一种策略路由，它可以主动探测链路质量并匹配业务的需求，从而选择一条最优链路转发业务数据，可以有效地避免网络黑洞、网络振荡等问题。

7.6.1 业务区分

智能策略路由支持通过以下属性对业务进行区分：

① 根据协议类型区分：IP、TCP、UDP、GRE、IGMP、IPINIP、OSPF、ICMP。

② 根据报文应用区分：DSCP、TOS、IP Precedence、Fragment、VPN、TCP-flag。

③ 根据报文信息区分：Source IP Address、Destination IP Address、Protocol、Source Port、Destination Port、Source IP Prefix、Destination IP Prefix。

7.6.2 链路质量

链路质量主要涉及链路的时延 D（Delay）、抖动时间 J（Jitter）、丢包率 L（Loss）等性能参数。不同的业务对链路的时延、抖动时间、丢包率以及综合度量指标(Composite Measure Indicator，CMI)有不同的要求。如果业务对链路的某一项质量参数没有要求，就不需要配置该参数的阈值。

D 的最大值为 5 000 ms，J 的最大值为 3 000 ms，L 的最大值为 1 000‰，D、J 和 L 的默认值分别为其最大值。以上参数值越小表明链路质量越好。

CMI 是链路质量的综合度量指标，默认情况下，CMI 阈值为 0。CMI 的计算公式为：CMI=9000 - cmi-method，其中 cmi-method 默认定义为：D+J+L。用户可以根据实际业务需求自定义

cmi-method 的公式。

7.6.3　探测链路和链路组

探测链路是 SPR 实现智能选路的基础，每个探测链路都有一个与之相对应的探针，即 NQA（Network Quality Analysis）测试例。如果测试失败，则表示对应的探测链路不可用。探测链路通过探针获取链路参数的质量，SPR 根据探测链路的链路质量匹配业务需求，从而实现智能选路的需求。

SPR 不直接使用探测链路，而是通过链路组的形式使用探测链路。一个探测链路可以加入不同的链路组，同时一个链路组中可以有一条或多条探测链路。

SPR 的链路角色分为：主用链路组、备用链路组和逃生链路。SPR 中业务无法从主用链路组和备用链路组中找到合适的链路传输数据时可以启用逃生链路。

同一个链路组可以被不同的业务绑定，如链路组 1 可以作为业务 1 的主用链路组，同时也可以作为业务 2 的备用链路组。

7.6.4　业务选路

SPR 根据 NQA 探测结果进行业务选路，如图 7-5 所示。

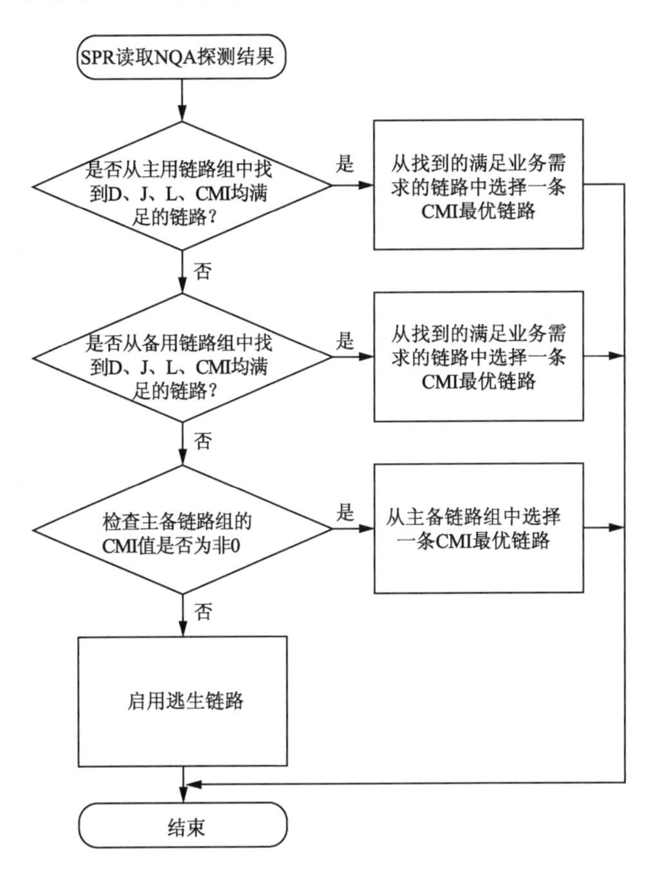

图 7-5　SPR 业务选路流程

在业务选路时，如果当前链路上已经部属了业务，则该链路的选择指数将降低，即选择的概率变小，这样宏观上可以达到负载均衡的效果。

7.6.5 相关路由参数

相关路由参数如下：

① 切换周期：SPR 中切换周期计时器主要用于链路质量不满足业务需求时控制链路切换。

② 振荡抑制周期：某些情况下，网络会出现时好时坏的情况，从而导致 SPR 频繁切换链路，严重影响业务体验。SPR 的抑制振荡功能可以有效地避免此类情况产生。

7.6.6 智能策略路由应用场景

如图 7-6 所示，企业分支和数据中心通过 ISP1 的网络和 ISP2 的网络互联，并且配置了 3G 出口作为逃生链路。其中，RouterA 通过链路组 group1 与 ISP1 网络相连，ISP1 提供优质的网络服务价格昂贵；RouterA 通过链路组 group2 与 ISP2 网络相连，ISP2 提供的网络服务价格相对较便宜，但网络质量相对较差。企业分支和数据中心交互的业务有语音、视频、FTP 和 HTTP 四种业务。语音和视频业务对链路质量要求较高，因而选用 group1 链路组作为主链路组，group2 链路组作为备用链路组。FTP 和 HTTP 业务对链路质量要求较低，因而选用 group2 链路组作为主链路组，group1 链路组作为备用链路组。

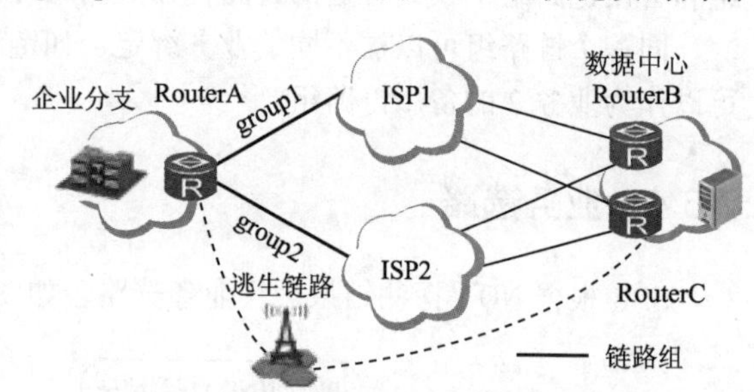

图 7-6 智能策略路由组网图

以语音和视频业务举例，智能策略路由 SPR 会做如下处理：

① 当 group1 链路质量不能满足语音和视频业务需求，而 group2 链路质量可以满足时，SPR 会在振荡抑制周期延时后将业务切换至 group2 备份链路组。

- 业务切换至 group2 备份链路组后，如果 group1 主链路组恢复正常满足业务需求，在振荡抑制周期延时后，SPR 将再等待 1 个切换周期，然后将业务切回至 group1 主链路组。
- 业务切换至 group2 备份链路组后，如果 group2 链路也不能满足业务需求，而 group1 链路组的链路质量虽然不满足业务需求，但优于 group2 备份链路组，在振荡抑制周期延时后，SPR 将再等待 1 个切换周期，然后将业务切回至 group1 主链路组。
- 业务切换至 group2 备份链路组后，如果 group2 链路也不能满足业务需求，但链路质量优于 group1 主链路组，则 SPR 不会将业务切回至 group1 主链路组。

② 当 group1 和 group2 的链路质量都不能满足语音和视频业务需求且链路可用时，SPR 会在 group1 和 group2 中选择一条质量最好的链路传输数据。

③ 当 group1 和 group2 的所有链路都不可用时，SPR 会启用逃生链路传输数据。

7.6.7 智能策略路由配置

根据业务对链路质量的需求情况配置智能策略路由 SPR，可以实现随链路质量变化情况动态切换业务数据的传输链路。在配置 SPR 前，需要配置区分业务流的访问控制列表 ACL 和配置用于检测链路质量的 NQA 测试例。

1. 配置智能策略路由的路由参数

配置 SPR 的路由参数，可以设置 SPR 的切换周期、探测链路和逃生链路等，还可以设置 SPR 中链路未被选中时可以自动关闭的接口以及接口自动关闭的延迟时间。

在系统视图下，执行 smart-policy-route 命令，创建智能策略路由并进入智能策略路由视图。执行如下命令，配置 SPR 的切换周期、振荡抑制周期、从备份链路回切到主链路的时间、链路未被选中时可以自动关闭的接口、接口自动关闭的延迟时间、逃生链路、探测链路及链路组等。

① 执行 period period-value 命令，配置 SPR 的切换周期。默认情况下，SPR 的切换周期为 60 s。

② 执行 route flapping suppression period-value 命令，配置 SPR 中振荡抑制周期。

③ 执行 wtr period { seconds | days days | hours hours | minutes minutes}命令，配置 SPR 从备份链路回切到主链路的时间。

④ 执行 backup-interface interface-type interface-number [next-hop-address]命令，配置 SPR 中逃生链路出接口的下一跳 IPv4 地址。如果 SPR 中配置了逃生链路，则当主用链路组和备用链路组中的链路均不可用时，SPR 会启用逃生链路传输业务数据，为业务提供可靠保障。

⑤ 执行 prober interface-type interface-number nqa admin-name test-name 命令，配置 SPR 中探测链路，以及探测链路对应的 NQA 测试例。

⑥ 执行 link-group name 命令，创建链路组并进入链路组视图。

⑦ 执行 link-member { interface-type interface-number } &<1-8>命令，将指定链路接口加入链路组。加入链路组的接口必须是已经被配置成探测链路的接口。

⑧ 执行 standby-interface interface-type interface-number 命令，配置 SPR 中探测链路未被选中时可以自动关闭的接口。

⑨ 执行 standby-limit-time standby-limit-time 命令，配置 SPR 中探测链路未被选中时接口自动关闭的延迟时间。默认情况下，SPR 中链路未被选中时接口自动关闭的延迟时间为 3 600 s。

2. **配置智能策略路由与业务关联**

在配置智能策略路由与业务关联前，需要利用 ACL 规则配置区分不同的业务流的 ACL。然后，配置 SPR 业务模板绑定 ACL 的配置，并配置 SPR 的业务参数，包括指定需要策略路由的业务流、配置业务的链路质量需求、绑定业务的探测链路等内容。

① 在系统视图下，执行 smart-policy-route 命令，创建智能策略路由并进入智能策略路由视图。执行 service-map name 命令，创建 SPR 的业务模板并进入业务模板视图。执行 match acl acl-number &<1-10>命令，配置 SPR 业务模板绑定 IPv4 ACL。

② 根据实际业务需求，配置链路质量参数的阈值和 CMI 计算公式：

- 执行 set delay threshold threshold-value 命令，配置业务的时延阈值。
- 执行 set jitter threshold threshold-value 命令，配置业务的抖动时间阈值。
- 执行 set loss threshold threshold-value 命令，配置业务的丢包率阈值。
- 执行 set cmi threshold threshold-value 命令，配置业务的 CMI 阈值。默认情况下，SPR 中 CMI 阈值为 0。
- 执行 cmi-method cmi-method 命令，配置 CMI 计算公式。默认情况下，CMI 的计算公式为：CMI=9000-（D+J+L）。

③ 执行 set link-group name 命令，配置业务的主链路组。默认情况下，SPR 中业务未配置主链路组。

④（可选）执行 set link-group name backup 命令，配置业务的备份链路组。

7.7　选路控制实验

本章介绍多种选路控制方法，其中使用最多的是通过策略路由进行选路控制。这里通过示例来说明就近选路配置方法和基于接口的策略路由选路配置方法。

1. **实验名称**

选路控制实验。

选路控制（一）

2. **实验目的**

① 学习掌握多出口默认路由负载分担配置方法。

② 学习掌握就近选路配置方法。

③ 学习掌握基于接口的策略路由选路控制配置方法。

3. **实验拓扑**

采用如图 7-7 所示的网络拓扑图，此拓扑图由第 2 章局域网安全配置实践拓扑图和第 3 章各类网络互联配置实践拓扑图，通过添加 AR11 路由器连接形成。假定局域网部分为校园网络，校园网络出口路由器 AR11 通过两条链路分别于 AS100（ISP1）中 AR8 和 AS300（ISP2）中 AR6 相连。本拓扑图也作为后续章节实践拓扑图。

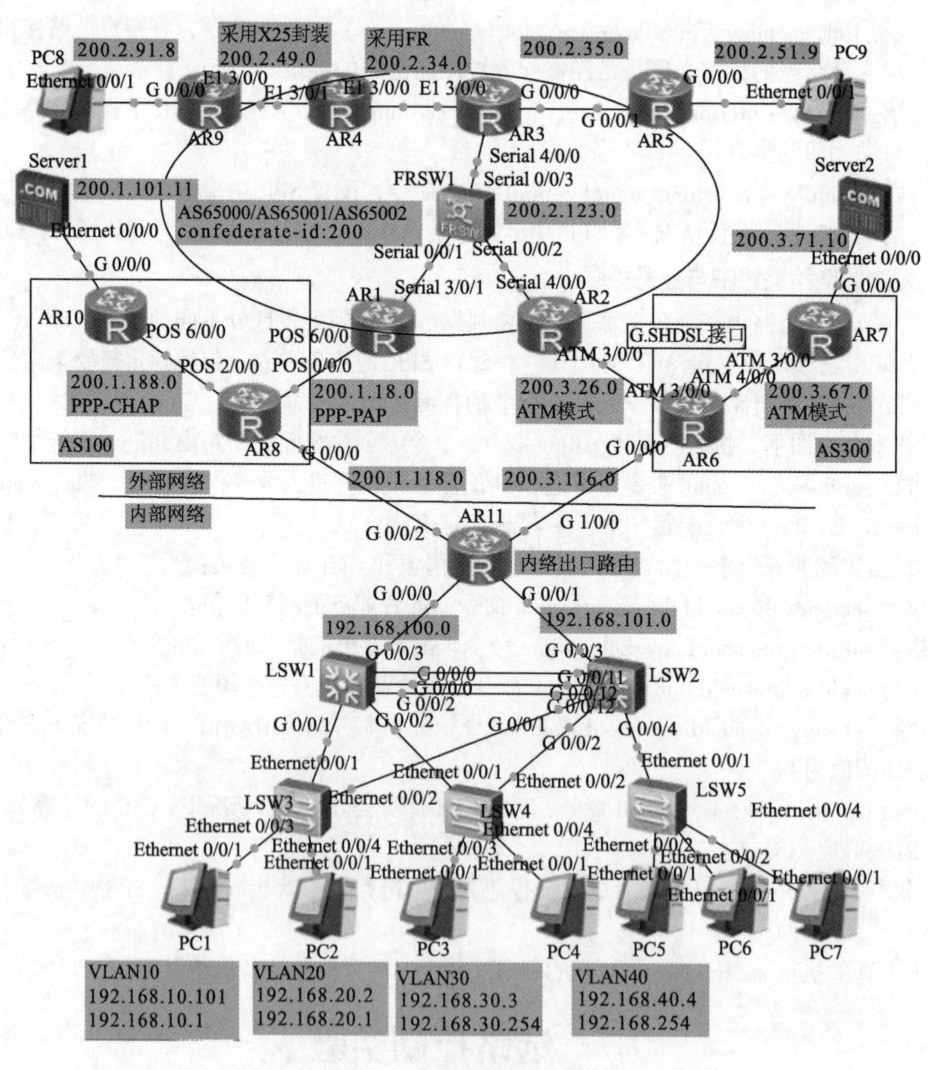

图 7-7　选路控制配置示例

4. **实验内容**

① 就近选路控制。对于多出口网络，最简单的选路方式是就近选路方式，即明细路由+默认路由的选路方式。这里采用两条等价默认路由，用户通过两条默认路由实现负载分担。同时通过配置不同服务具体网络的明细路由提供精确选路。

② 接口策略路由控制。校园内用户采用 192.168.0.0 开头的私有地址，因此需要配置基于端口的网络地址转换 NAPT，同时为实现两个出口流量的负载分担。要求采用源地址策略路由，192.168.10.0 和 192.168.20.0 网段用户经过 NAPT 地址转换后，通过 ISP1（AR8）访问外部网络，192.168.30 和 192.168.40.0 网络用户经过 NAPT 地址转换后，通过 ISP2（AR6）访问外部网络。

5. **实验步骤**

（1）地址规划

① AR11 与 LSW1 链路 192.168.100.0/24；AR11 中 G0/0/0 的 IP 地址 192.168.100.11；LSW1 中 INT VLAN100 接口地址 192.168.100.1。

② AR11 与 LSW2 链路 192.168.101.0/24；AR11 中 G0/0/1 的 IP 地址 192.168.101.11；LSW2 中 INT VLAN101 接口地址 192.168.101.2。

③ AR11 与 AR8 链路 200.1.118.0/24；AR11 中 G0/0/2 的 IP 地址 200.1.118.11；AR8 中 G0/0/0 接口地址 200.1.118.8。

④ AR11 与 AR6 链路 200.3.116.0/24；AR11 中 G0/0/2 的 IP 地址：200.3.116.11；AR8 中 G0/0/0 接口地址 200.3.116.6。

（2）初始配置

① 路由设计与配置：

- 内部网络中 AR11/LSW1/LSW2 之间采用 OSPF 路由协议。这里给出 AR11 的 OSPF 配置信息。LSW1 和 LSW2 的 OSPF 配置参照 AR11 配置。

```
[AR11]ospf 100
    area 0.0.0.0
    network 192.168.100.0 0.0.0.255
    network 192.168.101.0 0.0.0.255
```

- LSW1 和 LSW2 中分别配置默认路由指向 AR11。LSW1 和 LSW2 中默认路由如下：

```
[LSW1] ip route-static 0.0.0.0 0.0.0.0 192.168.100.11
[LSW2] ip route-static 0.0.0.0 0.0.0.0 192.168.101.11
```

- AR11 配置两个默认路由，指向两个出口（AR8 和 AR6），同时实现负载分担。默认路由配置如下：

```
[AR11]ip route-static 0.0.0.0 0.0.0.0 200.1.118.8
[AR11]ip route-static 0.0.0.0 0.0.0.0 200.3.116.6
```

- AR8 中，在 G0/0/0 接口中使用 ISIS 协议。

```
[AR8]Int g0/0/0
   isis enable 1
```

- AR6 中，在 RIP 协议中使能 200.3.116.0 网络。

```
[AR6]Rip 1
   network 200.3.116.0
```

② 网络地址转换 NAPT 配置。内部用户需要访问外网，还必须配置网络地址转换 NATP。配置如下：

- 配置访问控制列表标识需要进行地址转换的流量：

```
[AR11] acl number 2000
    rule 5 permit source 192.168.10.0 0.0.0.255
    rule 10 permit source 192.168.20.0 0.0.0.255
    rule 15 permit source 192.168.30.0 0.0.0.255
    rule 20 permit source 192.168.40.0 0.0.0.255
```

• 配置网络地址转换地址池：

```
[AR11] nat address-group 0 200.1.118.20 200.1.118.29
    nat address-group 1 200.3.116.20 200.3.116.29
```

• 配置网络地址转换 NAPT：

```
[AR11] interface GigabitEthernet0/0/2
    nat outbound 2000 address-group 0
    interface GigabitEthernet1/0/0
    nat outbound 2000 address-group 1
```

选路控制（二）

通过以上配置，内部用户可以访问外部网络，而且通过 ISP1（AR8 路由器）和 ISP2（AR6 路由器）2 个出口实现负载分担。

（3）选路控制配置

① 就近选路控制配置。近选路方式，即明细路由+默认路由的选路方式。在 AR11 中配置两条等价默认路由，并实现负载分担。默认路由配置如下：

```
[AR11] ip route-static 0.0.0.0 0.0.0.0 200.1.118.8
[AR11] ip route-static 0.0.0.0 0.0.0.0 200.3.116.6
```

明细路由要求管理员先收集各 ISP 内的所有公网网段地址（网上都能够搜索到），然后再以静态路由的方式进行配置。

在本拓扑图中，要求：

• 用户访问 200.1.101.0/24、200.2.91.0/24 网段，走 ISP1（AR8 路由器）。
• 用户访问 200.3.71.0/24、200.2.51.0/24 网段，走 ISP2（AR6 路由器）。

```
[AR11] ip route-static 200.1.101.0  255.255.255.0 200.1.118.8
   ip route-static 200.2.91.0  255.255.255.0 200.1.118.8
   ip route-static200.3.71.0  255.255.255.0 200.3.116.6
   ip route-static 200.2.51.0  255.255.255.0  200.3.116.6
```

通过以上明细静态路由配置（就近选路配置），用户访问 200.1.101.0/24、200.2.91.0/24 网段就会通过 ISP1（AR8 路由器）；而用户访问 200.3.71.0/24、200.2.51.0/24 网段就会通过 ISP2（AR6 路由器）。

② 接口策略路由控制。对于华为 AR 路由器，基于接口的策略路由配置要求采用 MQC 技术针对流量进行流分类、指定流行为（策略路由使用路由重定向行为）、定义流策略并应用于接口来实现。根据用户需求，这里给出基于源地址的接口策略路由配置方法。

• 定义流分类：采用 ACL 进行流分类，用 ACL 2010 标识 192.168.10.0 和 192.168.20.0 网段的流量，ACL 2020 标识 192.168.30 和 192.168.40.0 网络的流量。流分类配置如下：

```
[AR11] acl number 2010                           ###用于流量分类
   rule 5 permit source 192.168.10.0 0.0.0.255
   rule 10 permit source 192.168.20.0 0.0.0.255
[AR11] acl number 2020                           ###用于流量分类
   rule 5 permit source 192.168.30.0 0.0.0.255
   rule 10 permit source 192.168.40.0 0.0.0.255
[AR11] traffic classifier tc-isp1 operator or
   if-match acl 2010
```

```
[AR11] traffic classifier tc-isp2 operator or
    if-match acl 2020
```

- 定义流行为：流行为采用路由重定向命令。配置如下：

```
[AR11] traffic behavior tb-isp1
    redirect ip-nexthop 200.1.118.8
[AR11] traffic behavior tb-isp2
    redirect ip-nexthop 200.3.116.6
```

- 定义流策略：利用策略将流量分类和流行为联系起来。配置如下：

```
[AR11] traffic policy tp-isp
    classifier tc-isp1 behavior tb-isp1
    classifier tc-isp2 behavior tb-isp2
```

- 将流策略应用于接口：

```
[AR11] interface GigabitEthernet0/0/0
    traffic-policy tp-isp inbound
[AR11] interface GigabitEthernet0/0/1
    traffic-policy tp-isp inbound
```

通过以上配置，内部用户可以访问外部网络，同时还做到了 VLAN10 和 VLAN20 的用户通过 ISP1（AR8 路由器）访问外部网络，VLAN30 和 VLAN40 的用户通过 ISP3（AR6 路由器）访问外部网络。

6. **实验测试**

① 通过初始配置后，通过在 AR11 中配置两条默认路由，分别指向 AR8 和 AR6，两条默认路由实现负载分担。用户可以分别利用 PC1 和 PC4 通过 Traceroute 访问外网的 Server1、PC8、PC9、Server2。观察 PC1 和 PC4 访问外网的路径。

- PC1 访问 Server1 和 PC8，经过 AR8 路由器；PC1 访问 Server2 和 PC9，经过 AR6 路由器。
- PC4 访问 Server1 和 PC8，经过 AR6 路由器；PC4 访问 Server2 和 PC9 经过 AR8 路由器。

② 通过就近选路配置后，用户访问 200.1.101.0/24、200.2.91.0/24 网段就会通过 AR8 路由器；而用户访问 200.3.71.0/24、200.2.51.0/24 网段就会通过 AR6 路由器。用户可以分别利用 PC1 和 PC4 通过 traceroute 命令访问外网的 Server1、PC8、PC9、Server2。观察 PC1 和 PC4 访问外网的路径。

- PC1 和 PC4 访问 Server1 和 PC8，都经过 AR8 路由器。
- PC1 和 PC4 访问 Server2 和 PC9 都经过 AR6 路由器。

③ 通过策略路由选路配置后，用户可以分别利用 PC1 和 PC4 通过 traceroute 命令访问外网的 Server1、PC8、PC9、Server2。观察 PC1 和 PC4 访问外网的路径。

- PC1 访问 Server1 和 PC8、Server2 和 PC9。由于 PC1 属于 VLAN10，它们是经过 AR8 访问外网的。
- PC4 访问 Server1 和 PC8、Server2 和 PC9。由于 PC4 属于 VLAN40，PC4 是经过 AR6 访问外网的。

小　结

选路综合配置

对于校园网、企业网等网络的出口，往往采用路由器或防火墙作为网络边界设备，并通过多出口方式与外部连接。采用多出口的网络可以采用多种方式进行选路控制。

本章简要介绍了就近选路、透明 DNS 选路方法后，详细介绍了利用策略路由进行选路的相关知识。在此基础上，介绍了就近选路和策略路由选路的配置方法，并通过选路配置实验介绍就近选路与策略路由选路相结合进行路由选路的配置展示。

习　题

一、选择题

1. 下列说法不正确的是（　　）。
   A. 校园网、企业网等网络的出口，往往采用路由器或防火墙作为网络边界设备，并通过多出口方式与外部连接
   B. 就近选路是一种明细路由+默认路由的选路方式
   C. 所谓默认路由，是一类特殊的静态路由，它可以通过静态路由方式配置，也可以由动态路由生成，如 OSPF 和 IS-IS。静态路由在路由表中以目的地址为 0.0.0.0、子网掩码为 0.0.0.0 的形式出现
   D. 明细路由只能由静态路由配置，而不能动态路由协议生成
2. 下列说法不正确的是（　　）。
   A. 所谓默认路由，是一类特殊的动态路由，它可以通过动态路由方式配置，也可以由静态路由生成
   B. 报文查找路由表采用的是最长匹配原则
   C. 透明 DNS 选路是通过修改用于 DNS 请求报文的目的地址，强制让 DNS 请求报文分担到各个 ISP 内的 DNS 服务器上，从而解析出各个 ISP 内的 Web 服务器对应的 IP 地址，引导用户访问各自的 ISP 内的 Web 服务器
   D. 明细路由是相对来说的，相对于默认路由，在路由表中的其他路由都属于明细路由
3. 下列不属于策略路由优点的是（　　）。
   A. 可以根据用户实际需求制定策略进行路由选择，增强路由选择的灵活性和可控性
   B. 可以使不同的数据流通过不同的链路进行发送，提高链路的利用效率
   C. 在满足业务服务质量的前提下，选择费用较低的链路传输业务数据，从而降低企业数据服务的成本
   D. 不会发生来回路径不一致的问题
4. 下列说法错误的是（　　）。
   A. 流分类用来定义一组流量匹配规则，以对报文进行分类
   B. 流行为用来定义针对某类报文所做的动作
   C. 流策略用来将指定的流分类和流行为绑定，对分类后的报文执行对应流行为中定义的动作。一个流策略只能绑定单个流分类和流行为
   D. MQC 的 3 个要素是：流分类、流行为和流策略
5. 以下 MQC 配置流程错误的是（　　）。
   A. 配置流分类：按照一定规则对报文进行分类，是提供差分服务的基础
   B. 配置流行为：为报文指定流量控制或资源分配动作
   C. 配置流策略：将指定的流分类和指定的流行为绑定，形成完整的策略
   D. 应用流策略：将流策略应用到相应接口
6. 下列说法正确的是（　　）。

A. 基于工作策略路由：对于不同服务要求的数据，根据要求的状况进行路由

B. 基于源地址策略路由：可指定外网中特定的用户和特定的网络使用高速链路

C. 基于目的地址策略路由：可指定外网的用户在访问某个外部特定主机或特定网络时，使用高速链路

D. 接口策略路由一般分为三类，分别是基于源地址策略路由、基于目的地址策略路由、基于服务级别策略路由

7. 基于目的地址策略路由是（　　）。

A. 可指定内网的用户在访问某个外部特定主机或特定网络时，使用高速链路

B. 可指定内网中特定的用户和特定的网络使用高速链路

C. 对于不同服务要求的数据，根据网络的状况进行不同的路由

D. 可指定外网的用户在访问某个内部特定主机或特定网络时，使用高速链路

8. 策略路由（PBR）分为（　　）。

①本地策略路由　　②接口策略路由　　③网路策略路由　　④智能策略路由

A. ①②③　　B. ①③④　　C. ①②③④　　D. ①②④

9. 要使用本地策略路由，首先是配置______，然后______，最后是_____。（　　）

①策略路由匹配规则　　②策略路由的动作　　③应用本地策略路由　　④无

A. ①②④　　B. ②①③　　C. ①②③　　D. ②①④

10. MQC 配置流程是（　　）。

① 配置流分类：按照一定规则对报文进行分类，是提供差分服务的基础

② 配置流行为：为符合流分类规则的报文指定流量控制或资源分配动作

③ 配置流策略：将指定的流分类和指定的流行为绑定，形成完整的策略

④ 分析流策略：将流策略的可行度和完整性进行分析

⑤ 应用流策略：将流策略应用到相应接口

A. ②①③④　　B. ①②③④⑤　　C. ①②③⑤　　D. ②①③④⑤

二、实践题

利用华为 eNSP 虚拟仿真软件完成出口选路控制实践，主要包括：

（1）就近选路配置。

（2）接口策略路由选路配置。

第 8 章 网络可靠性技术

网络可靠性技术

随着网络的快速普及和应用的日益深入，作为业务承载主体的基础网络，其可靠性日益成为受关注的焦点。可靠性技术的种类繁多，根据其解决网络故障的侧重点不同，网络可靠性技术可分为故障检测技术和保护倒换技术。

故障检测技术侧重于网络的故障检测和诊断。故障检测技术包括双向转发检测（Bidirectional Forwarding Detection，BFD）技术和 EFM（Ethernet in the First Mile，最后一英里以太网）技术等。

BFD 技术是一个通用、标准化、介质无关、协议无关的快速故障检测机制，用于快速检测、监控网络中链路或 IP 路由的转发连通状况。

EFM 技术是一种监控网络故障的工具，主要用于解决以太网接入“最后一英里”中常见的链路问题。用户通过在两个点到点连接的设备上启用 EFM 功能，可以监控这两台设备之间的链路状态。

保护倒换技术侧重于网络的故障恢复，主要通过对硬件、链路、路由信息和业务信息等进行冗余备份以及发生故障时的快速切换，从而保证网络业务的连续性。保护倒换技术包括接口备份、平滑重启（Graceful Reastart，GR）、不间断路由（Non-stop Routing，NSR）、虚拟路由冗余协议（Virtual Router Redundancy Protocol，VRRP）、双机热备份（Hot-Standby Backup，HSB）技术等。

虚拟路由冗余协议（Virtual Router Redundancy Protocol，VRRP）通过把几台路由设备联合组成一台虚拟的路由设备，将虚拟路由设备的 IP 地址作为用户的默认网关实现与外部网络通信。当网关设备发生故障时，VRRP 机制能够选举新的网关设备承担数据流量，从而保障网络的可靠通信。

8.1 BFD 原理与应用场景

BFD 技术

为了减小设备故障对业务的影响，提高网络的可靠性，网络设备需要能够尽快检测到与相邻设备间的通信故障，以便及时采取措施，保证业务继续进行。

在现有网络中，有些链路通常通过硬件检测信号（如 SDH 告警）检测链路故障，但并不是所有的介质都能够提供硬件检测。此时，就要依靠上层协议自身的 Hello 报文机制来进行故障检测。上层协议的检测时间都在 1 s 以上，这样的故障检测时间对某些应用来说是不能容忍的。例如，OSPF 协议使用 HELLO keepalive 定时器超时机制检测故障，发现故障时间为秒级。另外，在一些小型三层网络中，如果没有部署路由协议，则无法使用路由协议的 Hello 报文机制来检测故障。

BFD 协议就是在这种背景下产生的，它提供了一个通用的标准化的介质无关和协议无关的快速故障检测机制。对相邻转发引擎之间的通道提供轻负荷、快速故障检测，发现故障时间为毫秒级。这些故障可能产生于设备接口、数据链路，甚至有可能是转发引擎本身。

BFD 可以实现快速检测并监控网络中链路或 IP 路由的转发连通状态，改善网络性能。相邻系统之间通过快速检测发现通信故障，可以更快地帮助用户建立起备份通道以便恢复通信，保证网络的可靠性。

8.1.1 BFD 原理

1. 原理简介

BFD 在两台网络设备上建立会话，用来检测网络设备间的双向转发路径，为上层应用服务。BFD 本身并没有邻居发现机制，而是靠被服务的上层应用通知其邻居信息以建立会话。会话建立后会周期性地快速发送 BFD 报文，如果在检测时间内没有收到 BFD 报文则认为该双向转发路径发生了故障，通知被服务的上层应用进行相应的处理。下面以 OSPF 与 BFD 联动为例，简单介绍会话工作流程。

（1）BFD 会话建立过程

如图 8-1 所示，两台设备上同时配置了 OSPF 与 BFD。

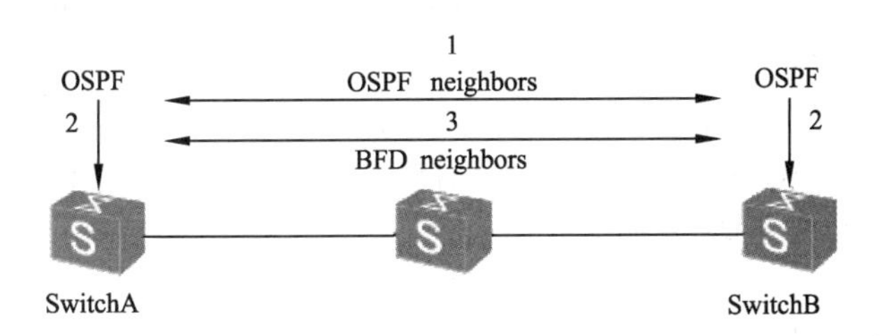

图 8-1　BFF 会话建立过程

BFD 会话建立过程如下：

① OSPF 通过自己的 Hello 机制发现邻居并建立连接。

② OSPF 在建立了新的邻居关系后，将邻居信息（包括目的地址和源地址等）通告给 BFD。

③ BFD 根据收到的邻居信息建立会话。

④ 会话建立以后，BFD 开始检测链路故障，并做出快速反应。

（2）BFD 故障处理过程

如图 8-2 所示，BFD 会话建立后，BFD 开始检测链路故障，当链路出现故障时，BFD 故障的处理过程如下。

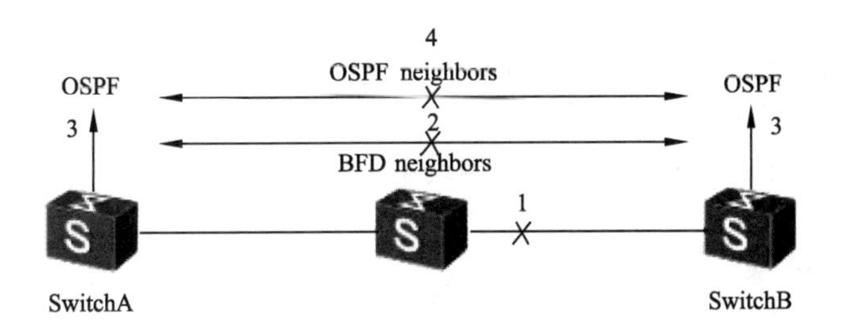

图 8-2　BFD 故障处理过程

① 被检测链路出现故障。

② BFD 快速检测到链路故障，BFD 会话状态变为 Down。

③ BFD 通知本地 OSPF 进程 BFD 邻居不可达。

④ 本地 OSPF 进程中断 OSPF 邻居关系。

2. BFD 检测机制

BFD 的检测机制是两个系统建立 BFD 会话，并沿它们之间的路径周期性发送 BFD 控制报文，如果一方在既定的时间内没有收到 BFD 控制报文，则认为路径上发生了故障。

BFD 提供两种检测模式：异步模式和查询模式。

① 异步检测模式：BFD 的主要操作模式是异步模式。在这种模式下，系统之间相互周期性地发送 BFD 控制报文，如果某个系统连续几个报文都没有接收到，就认为此 BFD 会话的状态是 Down。

② 查询模式：BFD 的第二种操作模式称为查询模式，当一个系统存在大量 BFD 会话时，为防止周期性发送 BFD 控制报文的开销影响到系统的正常运行，可以采用查询模式。在查询模式下，一旦 BFD 会话建立，系统不再周期性发送 BFD 控制报文，而是通过其他与 BFD 无关的机制检测连通性。从而减少 BFD 会话带来的开销。

通常情况下，BFD 检测的链路包括 IP 链路、Eth-Trunk 聚合端口链路、VLANIF 接口链路等。BFD 检测报文分为 BFD 控制报文和 BFD 回声功能报文。BFD 控制报文封装在 UDP 报文中传输。

3. BFD 会话建立方式

BFD 会话的建立有两种方式：静态建立 BFD 会话和动态建立 BFD 会话。静态和动态创建 BFD 会话的主要区别在于本地标识符和远端标识符的配置方式不同。BFD 通过控制报文中的本地标识符和远端标识符区分不同的会话。

（1）静态建立 BFD 会话

静态建立 BFD 会话是指通过命令行手工配置 BFD 会话参数，包括配置本地标识符和远端标识符等，然后手工下发 BFD 会话建立请求。

（2）动态建立 BFD 会话

动态建立 BFD 会话时，系统对本地标识符和远端标识符的处理方式如下：

① 动态分配本地标识符：当应用程序触发动态创建 BFD 会话时，系统分配属于动态会话标识符区域的值作为 BFD 会话的本地标识符。然后，向对端发送远端标识符的值为 0 的 BFD 控制报文，进行会话协商。

② 自学习远端标识符：当 BFD 会话的一端收到远端标识符的值为 0 的 BFD 控制报文时，判断该报文是否与本地 BFD 会话匹配。如果匹配，则学习接收到的 BFD 报文中本地标识符的值，获取远端标识符。

4. BFD 会话管理

BFD 会话有 4 种状态：Down、Init、Up 和 AdminDown。会话状态变化通过 BFD 报文的 State 字段传递，系统根据自己本地的会话状态和接收到的对端 BFD 报文驱动状态改变。BFD 状态机的建立和拆除都采用三次握手机制，以确保两端系统都能知道状态的变化。

8.1.2 BFD 应用场景

BFD 是一种全网统一的检测机制，用于快速检测、监控网络中链路或者 IP 路由的转发连通状况。可以采取的检测方式包括：单跳检测、多跳检测，以及与接口状态、路由协议等联动检测。

具体来说，BFD 可以用于多种应用场景，包括：BFD 检测 IP 链路、BFD 单臂回声功能、BFD 与接口状态联动、BFD 与静态路由联动、BFD 与 OSPF 联动、BFD 与 IS–IS 联动、BFD 与 BGP 联动、BFD 与 VRRP 联动、BFD 与 PIM 联动等。

8.2　BFD 链路检测与联动

通常情况下，BFD 检测的链路包括 IP 链路、Eth–Trunk 聚合端口链路、VLANIF 接口链路等。在 IP 链路上建立 BFD 会话，利用 BFD 检测机制快速检测故障支持两种方式：单跳检测和多跳检测。

① BFD 单跳检测：指对两个直连系统进行 IP 连通性检测，"单跳"是 IP 链路的一跳（直连设备）。

② BFD 多跳检测：指 BFD 可以检测两个系统间的任意路径，这些路径可能跨越很多跳（多个路由器设备），也可能在某些部分发生重叠。

8.2.1　BFD 链路检测

BFD 单跳检测和 BFD 多跳检测的基本配置流程和配置方法类似。对于多跳 BFD 会话，必须绑定对端接口 IP 地址。而对于单跳 BFD 会话，既可以绑定对端接口 IP 地址，也可以使用对端接口名称。

1. BFD 链路检测配置流程

BFD 检测 IP 链路的基本配置流程如图 8–3 所示。

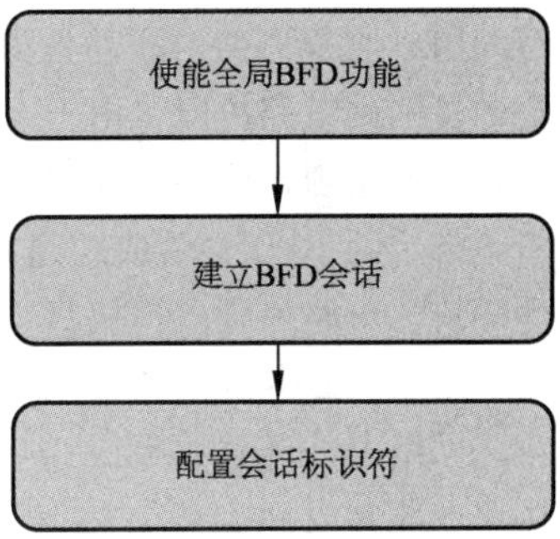

使能全局BFD功能

建立BFD会话

配置会话标识符

图 8–3　BFD 链路检测配置流程

2. BFD 检测配置命令

BFD 检测 IP 链路配置过程及命令如下：

① 在系统视图下，执行 bfd 命令，使能全局 BFD 功能并进入 BFD 视图。

② 在系统视图下，执行 bfd session–name bind peer–ip ip–address [source–ip ip–address]命令，创建 BFD 会话的绑定信息。

③ 执行 discriminator local discr–value 命令，配置 BFD 会话的本地标识符。执行 discriminator remote discr–value 命令，配置 BFD 会话的远端标识符。

④ 执行 commit 命令，提交配置。

备注：

① BFD 采用组播方式发送 BFD 报文，默认使用的组播 IP 地址为 224.0.0.184，可以在 BFD 视图下，使用 default-ip-address ip-address 命令，配置 BFD 默认组播 IP 地址。

② 对于单跳 BFD 会话，创建 BFD 会话绑定信息时，还可以使用对端接口信息进行绑定，使用 bfd session-name bind peer-ip default-ip interface interface-type interface-number [source-ip ip-address] 命令。

③ 对于多跳 BFD 会话，默认情况下，使用 3784 作为多跳 BFD 会话报文的目的端口号。可以在 BFD 视图下，执行 multi-hop destination-port{ 3784 | 4784 }命令，配置多跳 BFD 会话的目的端口号。

④ 可以执行 display bfd session all verbose 命令查看建立的 BFD 会话状态。会话状态为 Up 或 Down 状态。

8.2.2 BFD 联动

BFD 可以与多种应用进行联动，具体来说，包括：BFD 与接口状态联动、BFD 与静态路由联动、BFD 与 OSPF 联动、BFD 与 IS-IS 联动、BFD 与 BGP 联动、BFD 与 VRRP 联动、BFD 与 PIM 联动等。下面简要介绍 BFD 与接口状态联动、BFD 与路由联动，以及 BFD 与 VRRP 联动。下面对各类联动进行简要说明，具体配置示例在相关的应用中给出。

1. BFD 与接口状态联动

BFD 与接口状态联动提供一种简单的机制，使得 BFD 检测行为可以关联接口状态，提高了接口感应链路故障的灵敏度，减少了非直连链路故障导致的问题。BFD 检测到链路故障会立即上报 Down 消息到相应接口，使得接口进入一种特殊的 Down 状态：BFD Down 状态。该状态等效于链路协议 Down 状态，在该状态下只有 BFD 的报文可以正常处理，从而使接口也可以快速感知链路故障。

2. BFD 与路由联动

BFD 可以与静态路由和动态路由联动。

（1）BFD 与静态路由联动

静态路由与动态路由协议不同，静态路由自身没有检测机制，当网络发生故障时，需要管理员介入。BFD 与静态路由联动特性可为公网静态路由绑定 BFD 会话，利用 BFD 会话来检测静态路由所在链路的状态。

BFD 与静态路由联动可为每条静态路由绑定一个 BFD 会话，当这条静态路由上绑定的 BFD 会话检测到链路故障（由 Up 转为 Down）后，BFD 会将故障上报路由管理系统，由路由管理模块将这条路由设置为“非激活”状态（此条路由不可用，从 IP 路由表中删除）。当这条静态路由上绑定的 BFD 会话成功建立或者从故障状态恢复后（由 Down 转为 Up），BFD 会上报路由管理模块，由路由管理模块将这条路由设置为“激活”状态（此路由可用，加入 IP 路由表）。

（2）BFD 与动态路由联动

网络上的链路故障或拓扑变化都会导致路由的重新计算，要提高网络的可用性，缩短路由协议的收敛时间非常重要。由于链路故障无法完全避免，因此，加快故障感知速度并将故障快速通告给路由协议是一种可行的方案。

动态路由协议中，OSPF 的 Hello 报文、IS-IS 的 Hello 报文，以及 BGP 协议的 Keepalive 报文用来感知邻居，发现邻居故障，时间间隔最小也是秒级。在高速的网络环境中，将导致报文大量丢失。

通过将动态路由协议与 BFD 进行联动，利用 BFD 检测链路的故障，快速通知路由协议，可以使网络设备发现网络故障时间间隔缩短为毫秒级，从而实现各种动态路由协议的快速收敛。

3. BFD 与 VRRP 联动

VRRP 的协议关键点是当 Master 出现故障时，Backup 能够快速接替 Master 的转发工作，保证数据流的中断时间尽量短。

当 Master 出现故障时，VRRP 依靠 Backup 设置的超时时间来判断是否应该抢占，切换速度在 1 s 以上。将 BFD 应用于 Backup 对 Master 的检测，可以实现对 Master 故障的快速检测，缩短用户流量中断时间。BFD 对 Backup 和 Master 之间的实际地址通信情况进行检测，如果通信不正常，Backup 就认为 Master 已经不可用，升级成 Master。VRRP 通过监视 BFD 会话状态实现主设备快速切换，切换时间可以控制在 50 ms 以内。

8.2.3　BFD 多跳检测与联动配置实验

1. 实验名称

BFD 多跳检测与联动配置实验。

2. 实验目的

① 学习掌握 BFD 多跳检测配置方法。

② 学习掌握 BFD 联动配置方法。

3. 实验拓扑

采用出口选路配置实践拓扑图，如图 8-4 所示。AR11/AR1 之间和 AR11/AR2 之间为非直连设备，通过动态路由配置和静态路由配置互通。希望在 AR11/AR1 之间和 AR11/AR2 之间可以实现设备间链路故障的快速检测。

4. 实验内容

通过在 AR11/AR1 之间和 AR11/AR2 之间分别配置 BFD 多跳检测，实现 AR11/AR1 之间和 AR11/AR2 之间链路的故障快速检测，并与 AR11 中默认静态路由进行联动，提高网络的可靠性。

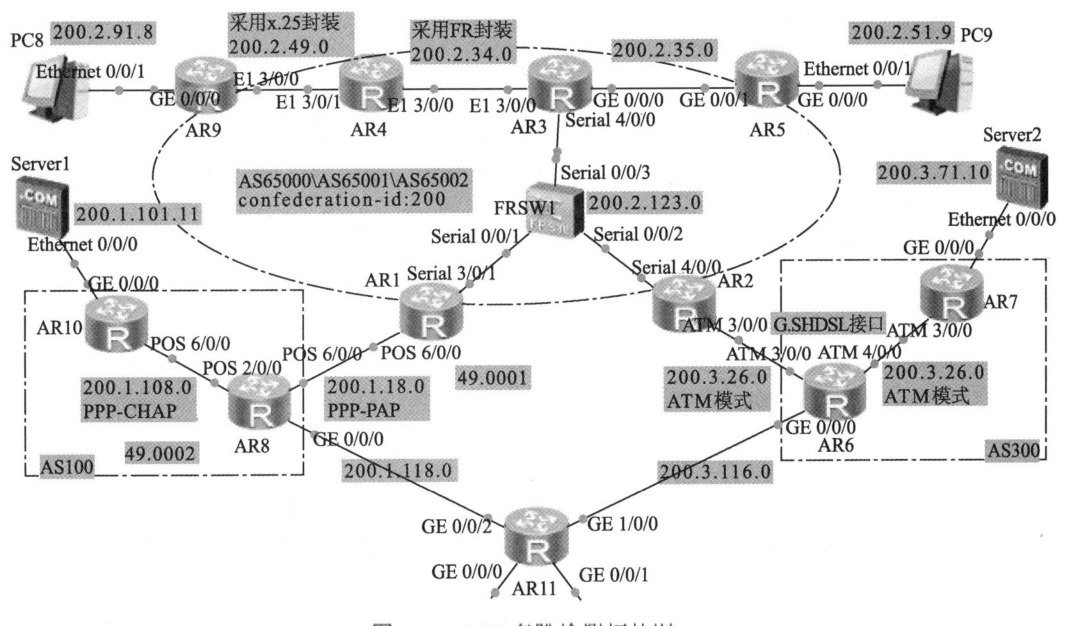

图 8-4　BFD 多跳检测拓扑图

5. 实验步骤

① 配置路由协议，使 AR11/AR1 之间和 AR11/AR2 之间有可达路由。路由配置在前面章节实践中配置完成，这里不提供配置信息。

② 配置 AR11/AR1 之间多跳 BFD 检测：

```
[AR11] bfd
```

```
    quit
    bfd 11to1 bind peer-ip 200.1.18.1          ###会话绑定信息
    discriminator local 1101                   ###本地会话标识
    discriminator remote 1011                  ###远程会话标识
    commit
[AR1] bfd
    quit
    bfd  1to11  bind peer-ip 200.1.118.11
    discriminator local 1011
    discriminator remote 1101
    commit
```

③ 配置 AR11/AR2 之间多跳 BFD 检测：

```
[AR11] bfd
    quit
    bfd  11to2  bind peer-ip 200.3.26.2
    discriminator local 1102
    discriminator remote 2011
    commit
[AR2] bfd
    quit
    bfd 2to11 bind peer-ip 200.3.116.11
    discriminator local 2011
    discriminator remote 1102
    commit
```

④ 在 AR11 中配置默认静态路由与 BFD 联动：

```
[AR11] ip route-static 0.0.0.0 0.0.0.0 200.1.118.8 track bfd-session 11to1
    ip route-static 0.0.0.0 0.0.0.0 200.3.116.6 track bfd-session 11to2
```

6. **实验测试**

这里通过关闭 AR11 的接口 G1/0/0，模拟网络故障。同时，通过查看接口关闭前后 AR11 查看的 BFD 信息及 IP 路由表信息的变化。学习理解 BFD 如何提高网络可靠性。

① 配置完成后，在 AR11 的接口 G1/0/0 关闭前，BFD 信息及 IP 路由表信息，显示信息如图 8-5 所示。

```
[AR11] display bfd session all
    display iprouting-table
```

可以看到，AR11 建立两个多跳检测 BFD 会话；AR11 有两条默认静态路由实现负载分担。

② 对 AR11 的 G1/0/0 接口执行 shutdown 操作，模拟链路故障。

```
[AR11] interface G1/0/0
    shutdown
```

③ 再次在 AR11 上查看 BFD 信息及 IP 路由表信息，显示信息如图 8-6 所示。

可以看到，在 AR11 中建立了两个 BFD 多跳会话，在断开 AR11 的 G1/0/0 接口之前，AR11 中的两个 BFD 会话处于 Up 状态，两条默认路由在 IP 路由表中实现负载分担。在断开 AR11 的 G1/0/0 接口之后，AR11 中与 G1/0/0 接口对应的 BFD 会话处于 Down 状态，且由于 BFD 与静态路由联动，与 G1/0/0 接口对应默认路由在 IP 路由表中快速消失，避免因链路不通而路由表存在此路由信息，而导致数据通过此链路转发而丢失，提高了网络可靠性。

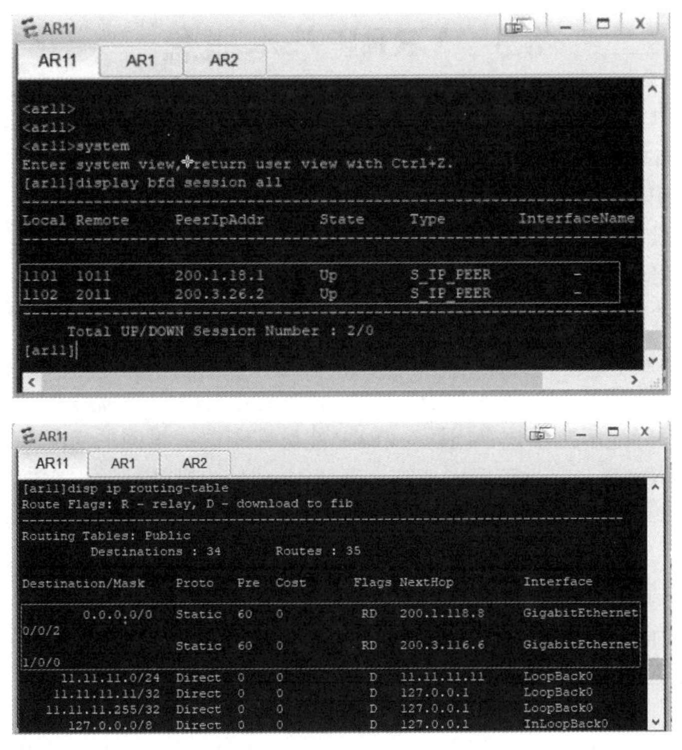

图 8-5　接口关闭前 AR11 中 BFD 信息及 IP 路由表信息

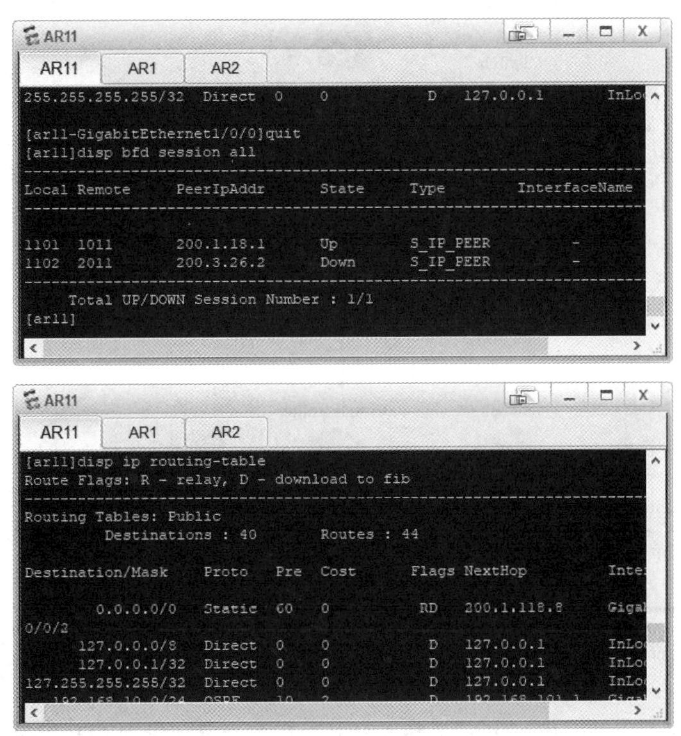

图 8-6　G1/0/0 接口关闭后 AR11 中 BFD 信息及 IP 路由表信息

最后开启 AR11 路由器中 G1/0/0 接口，恢复 BFD 会话和 IP 路由信息。

8.3 VRRP 基本概念

虚拟路由冗余协议（VRRP）是一种容错协议，通过把几台路由设备联合组成一台虚拟的路由设备，将虚拟路由设备的 IP 地址作为用户的默认网关实现与外部网络通信。当网关设备发生故障时，VRRP 机制能够选举新的网关设备承担数据流量，从而保障网络的可靠通信。

通常，同一网段内的所有主机上都设置一条相同的、以网关为下一跳的默认路由。主机发往其他网段的报文将通过默认路由发往网关，再由网关进行转发，从而实现主机与外部网络的通信。当网关发生故障时，本网段内所有以网关为默认路由的主机将无法与外部网络通信。增加出口网关是提高系统可靠性的常见方法，此时如何在多个出口之间进行选路就成为需要解决的问题。

VRRP 的出现很好地解决了这个问题。VRRP 能够在不改变组网的情况下，采用将多台路由设备组成一个虚拟路由器，通过配置虚拟路由器的 IP 地址为默认网关，实现默认网关的备份。当网关设备发生故障时，VRRP 机制能够选举新的网关设备承担数据流量，从而保障网络的可靠通信。

如图 8-7 所示，主机 HostA 通过交换机分别与路由器 RouterA 和 RouterB 相连接。在 RouterA 和 RouterB 上配置 VRRP 备份组，对外体现为一台虚拟路由器。HostA 将默认网关设置为虚拟路由器的 IP 地址，从而实现默认网关的冗余备份。下面结合该图介绍 VRRP 协议的基本概念。

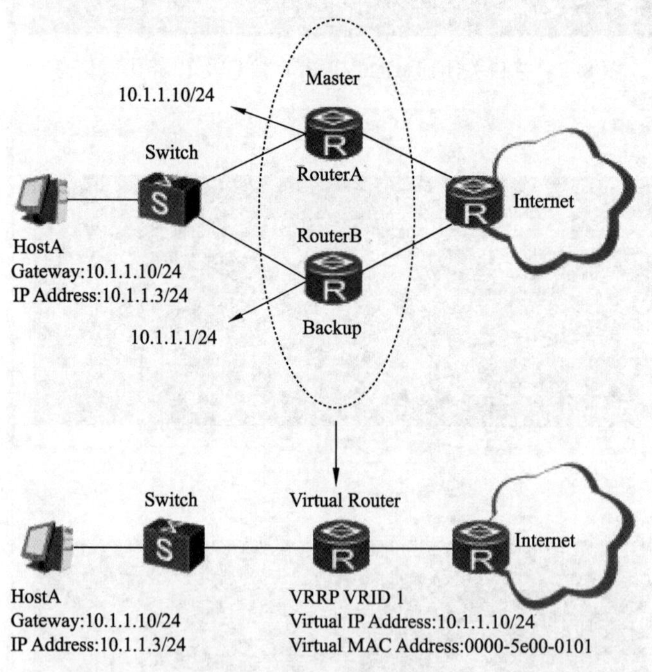

图 8-7　VRRP 备份组示意图

① VRRP 路由器（VRRP Router）：运行 VRRP 协议的路由设备，它可以属于一个或多个虚拟路由器，如 RouterA 和 RouterB。

② 虚拟路由器（Virtual Router）：又称 VRRP 备份组，由一个 Master 设备和多个 Backup 设备组成，被当作一个共享局域网内主机的默认网关。例如，RouterA 和 RouterB 共同组成了一个虚拟路由器。

③ Master 设备（Virtual Router Master）：承担转发报文任务的 VRRP 设备，如 RouterA。

④ Backup 设备（Virtual Router Backup）：一组没有承担转发任务的 VRRP 设备，当 Master 设备出现故障时，它们将通过竞选成为新的 Master 设备，如 RouterB。

⑤ VRID：虚拟路由器的标识。例如，RouterA 和 RouterB 组成的虚拟路由器的 VRID 为 1。虚拟路由器 ID，取值范围是 1～255。

⑥ 虚拟 IP 地址（Virtual IP Address）：虚拟路由器的 IP 地址，一个虚拟路由器可以有一个或多个 IP 地址，由用户配置。例如，RouterA 和 RouterB 组成的虚拟路由器的虚拟 IP 地址为 10.1.1.10/24。

⑦ IP 地址拥有者（IP Address Owner）：如果一个 VRRP 设备将虚拟路由器 IP 地址作为真实的接口地址，则该设备称为 IP 地址拥有者。如果 IP 地址拥有者是可用的，通常它将成为 Master。例如 RouterA，其接口的 IP 地址与虚拟路由器的 IP 地址相同，均为 10.1.1.10/24，因此它是这个 VRRP 备份组的 IP 地址拥有者。

⑧ 虚拟 MAC 地址（Virtual MAC Address）：虚拟路由器根据虚拟路由器 ID 生成的 MAC 地址。一个虚拟路由器拥有一个虚拟 MAC 地址，格式为：00-00-5E-00-01-{VRID}(VRRP for IPv4)。当虚拟路由器回应 ARP 请求时，使用虚拟 MAC 地址，而不是接口的真实 MAC 地址。如 RouterA 和 RouterB 组成的虚拟路由器的 VRID 为 1，因此这个 VRRP 备份组的 MAC 地址为 00-00-5E-00-01-01。

⑨ VRRP 优先级 Priority：Master 设备在备份组中的优先级，取值范围是 0～255，优先级数值越大优先级别越高。0 表示设备停止参与 VRRP 备份组，用来使备份设备尽快成为 Master 设备，而不必等到计时器超时；255 则保留给 IP 地址拥有者，默认值是 100。

8.4　VRRP 协议工作原理

8.4.1　VRRP 协议报文

VRRP 协议报文用来将 Master 设备的优先级和状态通告给同一备份组的所有 Backup 设备。VRRP 协议报文封装在 IP 报文中，并发送到分配给 VRRP 的 IP 组播地址。在 IP 报文头中，源地址为发送报文接口的主 IP 地址（不是虚拟 IP 地址），目的地址是 224.0.0.18，TTL 是 255，协议号是 112。

主 IP 地址（Primary IP Address）：从接口的真实 IP 地址中选出来的一个主用 IP 地址，通常选择配置的第一个 IP 地址。

目前，VRRP 协议包括两个版本：VRRPv2 和 VRRPv3。VRRPv2 仅适用于 IPv4 网络；VRRPv3 适用于 IPv4 和 IPv6 两种网络。

8.4.2　VRRP 状态机

VRRP 协议中定义了 3 种状态机：初始状态（Initialize）、活动状态（Master）、备份状态（Backup）。其中，只有处于 Master 状态的设备才可以转发那些发送到虚拟 IP 地址的报文。

① Initialize 状态：该状态为 VRRP 不可用状态，在此状态时设备不会对 VRRP 报文做任何处理。通常刚配置 VRRP 时或设备检测到故障时会进入 Initialize 状态。收到接口 Up 的消息后，如果设备的优先级为 255，则直接成为 Master 设备；如果设备的优先级小于 255，则会先切换至

Backup 状态。

② Master 状态：当 VRRP 设备处于 Master 状态时，它将会定时（Advertisement Interval）发送 VRRP 通告报文；以虚拟 MAC 地址响应对虚拟 IP 地址的 ARP 请求；转发目的 MAC 地址为虚拟 MAC 地址的 IP 报文等。

③ Backup 状态：当 VRRP 设备处于 Backup 状态时，它将会接收 Master 设备发送的 VRRP 通告报文，判断 Master 设备的状态是否正常；对虚拟 IP 地址的 ARP 请求不做响应；丢弃目的 IP 地址为虚拟 IP 地址的 IP 报文等。

8.4.3 VRRP 工作过程

通过配置 VRRP，可以实现当网关设备发生故障时，及时将业务切换到备份设备，从而保证通信的连续性和可靠性。VRRP 的工作过程如下：

① VRRP 备份组中的设备根据优先级选举出 Master。Master 设备通过发送免费 ARP 报文，将虚拟 MAC 地址通知给予它连接的设备或者主机，从而承担报文转发任务。

② Master 设备周期性地向备份组内所有 Backup 设备发送 VRRP 通告报文，以公布其配置信息（优先级等）和工作状况。

③ 如果 Master 设备出现故障，VRRP 备份组中的 Backup 设备将根据优先级重新选举新的 Master。

④ VRRP 备份组状态切换时，Master 设备由一台设备切换为另外一台设备，新的 Master 设备会立即发送携带虚拟路由器的虚拟 MAC 地址和虚拟 IP 地址信息的 ARP 报文，刷新与它连接的主机或设备中的 MAC 表项，从而把用户流量引到新的 Master 设备上，整个过程对用户完全透明。

⑤ 原 Master 设备故障恢复时，若该设备为 IP 地址拥有者（优先级为 255），将直接切换至 Master 状态。若该设备优先级小于 255，将首先切换至 Backup 状态，且其优先级恢复为故障前配置的优先级。

⑥ Backup 设备的优先级高于 Master 设备时，由 Backup 设备的工作方式（抢占方式和非抢占方式）决定是否重新选举 Master。

- 抢占模式：在抢占模式下，如果 Backup 设备的优先级比当前 Master 设备的优先级高，则主动将自己切换成 Master。
- 非抢占模式：在非抢占模式下，只要 Master 设备没有出现故障，Backup 设备即使随后被配置了更高的优先级也不会成为 Master 设备。

由此可见，为了保证 Master 设备和 Backup 设备能够协调工作，VRRP 需要实现以下两个功能：Master 设备的选举和 Master 设备状态的通告。

① Master 设备的选举。VRRP 根据优先级来确定虚拟路由器中每台设备的角色（Master 设备或 Backup 设备）。优先级越高，则越有可能成为 Master 设备。

初始创建的 VRRP 设备工作在 Initialize 状态，收到接口 Up 的消息后，如果设备的优先级为 255，则直接成为 Master 设备；如果设备的优先级小于 255，则会先切换至 Backup 状态，待 Master_Down_Interval 定时器超时后再切换至 Master 状态。首先切换至 Master 状态的 VRRP 设备通过 VRRP 通告报文的交互获知虚拟设备中其他成员的优先级，进行 Master 的选举。

- 如果 VRRP 报文中 Master 设备的优先级高于或等于自己的优先级，则 Backup 设备保持 Backup 状态。

- 如果 VRRP 报文中 Master 设备的优先级低于自己的优先级，采用抢占方式的 Backup 设备将切换至 Master 状态，采用非抢占方式的 Backup 设备仍保持 Backup 状态。
- 如果多个 VRRP 设备同时切换到 Master 状态，通过 VRRP 通告报文的交互进行协商后，优先级较低的 VRRP 设备将切换成 Backup 状态，优先级最高的 VRRP 设备成为最终的 Master 设备；优先级相同时，VRRP 设备上 VRRP 备份组所在接口主 IP 地址较大的成为 Master 设备。
- 如果创建的 VRRP 设备为 IP 地址拥有者，收到接口 Up 的消息后，将会直接切换至 Master 状态。

② Master 设备状态的通告。Master 设备周期性地发送 VRRP 通告报文，发送时间间隔单位是秒（s），默认值为 1 s。在 VRRP 备份组中公布其配置信息（优先级等）和工作状况。Backup 设备通过接收到 VRRP 报文的情况来判断 Master 设备是否工作正常。

- 当 Master 设备主动放弃 Master 地位（如 Master 设备退出备份组）时，会发送优先级为 0 的通告报文，用来使 Backup 设备快速切换成 Master 设备，而不用等到 Master_Down_Interval 定时器超时。这个切换的时间称为 Skew time，计算方式为：（256 – Backup 设备的优先级）/256。
- 当 Master 设备发生网络故障而不能发送通告报文时，Backup 设备并不能立即知道其工作状况。等到 Master_Down_Interval 定时器超时后，才会认为 Master 设备无法正常工作，从而将状态切换为 Master。其中，Master_Down_Interval 定时器取值为：3 × Advertisement_Interval + Skew_time。

8.5　VRRP 主备备份和负载分担

通过配置一个 VRRP 备份组，可以实现当 Master 网关设备发生故障时，及时将业务切换到 backup 设备。这种工作模式是 VRRP 主备备份工作方式。

通过配置多个 VRRP 备份组，同一设备可以加入多个备份组，各备份组的 Master 路由器不同，为不同的用户指定不同 VRRP 备份组中的虚拟 IP 地址作为网关，实现负载分担。这是 VRRP 的负载分担工作方式。

8.5.1　VRRP 主备备份方式

主备备份是 VRRP 提供备份功能的基本方式，该方式需要建立一个虚拟路由器，该虚拟路由器包括一个 Master 设备和若干 Backup 设备。

如图 8-8 所示，假定路由器 RouterA 为 Master 设备并承担业务转发任务，RouterB 和 RouterC 为 Backup 设备且不承担业务转发。RouterA 定期发送 VRRP 通告报文通知 RouterB 和 RouterC 自己工作正常。如果 RouterA 发生故障，RouterB 和 RouterC 会根据优先级选举新的 Master 设备，继续为主机转发数据，实现网关备份的功能。

RouterA 故障恢复后，在抢占方式下，将重新选举成为 Master；在非抢占方式下，将保持在 Backup 状态。

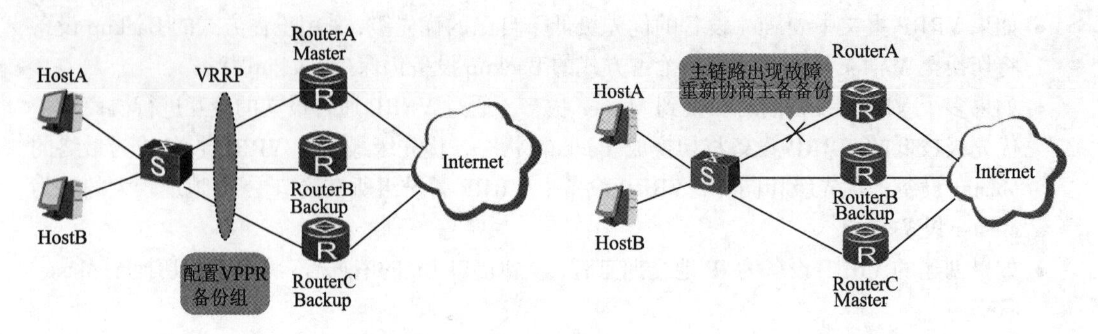

图 8-8　VRRP 主备备份示意图

8.5.2　VRRP 负载分担方式

负载分担是指多个 VRRP 备份组同时承担业务，如图 8-9 所示。VRRP 负载分担与 VRRP 主备备份的基本原理和报文协商过程都是相同的。同样对于每一个 VRRP 备份组，都包含一个 Master 设备和若干 Backup 设备。与主备备份方式的不同点在于：负载分担方式需要建立多个 VRRP 备份组，各备份组的 Master 设备可以不同；同一台 VRRP 设备可以加入多个备份组，在不同的备份组中具有不同的优先级。

如图 8-9 所示，配置两个 VRRP 备份组。VRRP 备份组 1（VRRP VRID 1）：RouterA 为 Master 设备，RouterB 为 Backup 设备。VRRP 备份组 2（VRRP VRID 2）：RouterB 为 Master 设备，RouterA 为 Backup 设备。

网络中，一部分用户将 VRRP 备份组 1 的虚拟 IP 地址（Virtual IP Address）作为网关地址，另一部分用户将 VRRP 备份组 2 的虚拟 IP 地址（Virtual IP Address）作为网关地址。这样既可实现对业务流量的负载分担，同时，也起到了相互备份的作用。

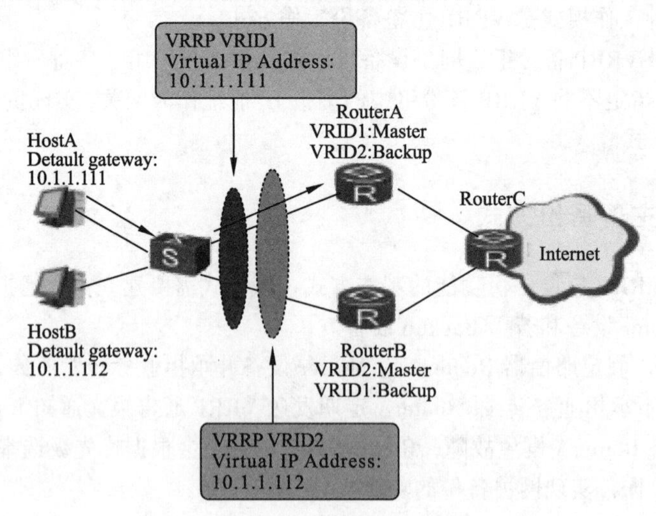

图 8-9　VRRP 负载分担示意图

8.6　VRRP 链路监控与快速切换

VRRP 备份组通过收发 VRRP 协议报文进行主备状态的协商，以实现设备的冗余备份功能。但 VRRP 存在两个问题：

① VRRP 备份组只能感知其所在接口状态的变化，当 VRRP 上行接口或直连接口发生故障时，VRRP 无法感知，此时会引起业务中断。

② 当 VRRP 备份组之间的链路出现故障时，Backup 设备仍需要等待 Mater_Down_Interval 后才能够感知并切换为 Master 设备，切换时间在 3 s 以上。在切换期间，业务流量仍会发往 Master 设备，造成数据包的丢失。

对于上行链路故障，需要对上行链路状态进行监控，并根据上行链路状态实施联动，避免业务中断。对于备份组之间链路故障，也需要监控并实施快速切换。

8.6.1 VRRP 设备直连上行链路联动监控

VRRP 备份组只能感知其所在接口状态的变化，当 VRRP 设备上行接口或直连链路发生故障时，VRRP 无法感知，此时会引起业务流量中断。通过部署 VRRP 与接口状态联动监视上行接口可以有效地解决上述问题。当 Master 设备的上行接口或直连链路发生故障时，通过调整自身优先级，触发主备切换，确保流量正常转发。

VRRP 可以通过 Increased 和 Reduced 方式来监视接口状态。

① 如果 VRRP 设备上配置以 Increased 方式监视一个接口，当被监视的接口状态变成 Down 后，该 VRRP 设备的优先级增加指定值。

② 如果 VRRP 设备上配置以 Reduced 方式监视一个接口，当被监视的接口状态变为 Down 后，该 VRRP 设备的优先级降低指定值。

如图 8-10 所示，RouterA 和 RouterB 之间配置 VRRP 备份组，其中 RouterA 为 Master 设备，RouterB 为 Backup 设备，RouterA 和 RouterB 皆工作在抢占方式下。在 RouterA 上配置以 Reduced 方式监视上行接口 Interface1，当 Interface1 故障时，RouterA 降低自身优先级，通过报文协商，RouterB 抢占成为 Master，确保用户流量正常转发。

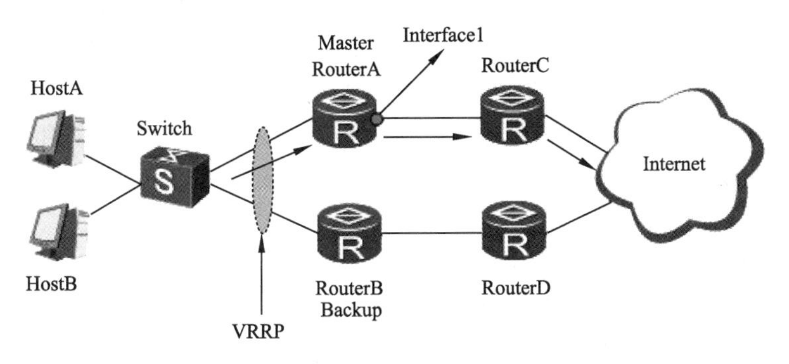

图 8-10　VRRP 直连上下链路联动示例

8.6.2 VRRP 设备非直连上行链路联动监控

VRRP 只能感知 VRRP 备份组之间的故障，而配置 VRRP 监视上行接口仅能感知 Master 设备上行接口或直连链路的故障。当 Master 设备上行非直连链路出现故障时，VRRP 无法感知，此时会导致用户流量丢失。通过部署 VRRP 与 BFD/NQA/路由联动监视上行链路，可以有效地解决上述问题。通过配置 BFD/NQA/路由检测 Master 上行链路的连通状况，当 Master 设备的上行链路发生故障时，BFD/NQA/路由可以快速检测故障并通知 Master 设备调整自身优先级，触发主备切换，确保流量正常转发。

如图 8-11 所示，RouterA 和 RouterB 之间配置 VRRP 备份组，其中 RouterA 为 Master 设备，RouterB 为 Backup 设备，RouterA 和 RouterB 皆工作在抢占方式下。配置 BFD/NQA/路由监测 RouterA 到 RouterE 之间的链路，并在 RouterA 上配置 VRRP 与 BFD/NQA/路由联动。当 BFD/NQA/路由检测到 RouterA 到 RouterE 之间的链路故障时，通知 RouterA 降低自身优先级，通过 VRRP 报文协商，RouterB 抢占成为 Master，确保用户流量正常转发。

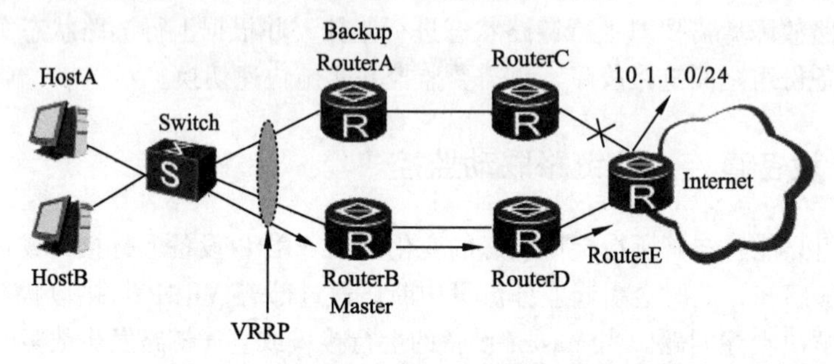

图 8-11　VRRP 非直连上下链路联动示例

备注：

① BFD 是一种全网统一的检测机制，用于快速检测、监控网络中链路或者 IP 路由的转发连通状况。

② NQA 是一种实时的网络性能探测和统计技术，可以对响应时间、网络抖动、丢包率等网络信息进行统计。NQA 能够实时监视网络 QoS，在网络发生故障时进行有效的故障诊断和定位。

8.6.3　VRRP 备份组之间链路联动监控

当 VRRP 备份组之间的链路出现故障时，Backup 设备需要等待 Master_Down_Interval 后才能感知故障并切换为 Master 设备，切换时间通常在 3 s 以上。在等待切换期间内，业务流量仍会发往 Master 设备，此时会造成数据丢失。通过部署 VRRP 与 BFD 联动功能，可以有效解决上述问题。通过在 Master 设备和 Backup 设备之间建立 BFD 会话并与 VRRP 备份组进行绑定，快速检测 VRRP 备份组之间的连通状态，并在出现故障时及时通知 VRRP 备份组进行主备切换，实现了毫秒级的切换速度，减少了流量丢失。

RouterA 和 RouterB 之间配置 VRRP 备份组，开始时 RouterA 为 Master 设备，RouterB 为 Backup 设备，用户侧的流量通过 RouterA 转发。RouterA 和 RouterB 皆工作在抢占方式下，其中 RouterB 为立即抢占。在 RouterA 和 RouterB 两端配置 BFD 会话，并在 RouterB 上配置 VRRP 与 BFD 联动。

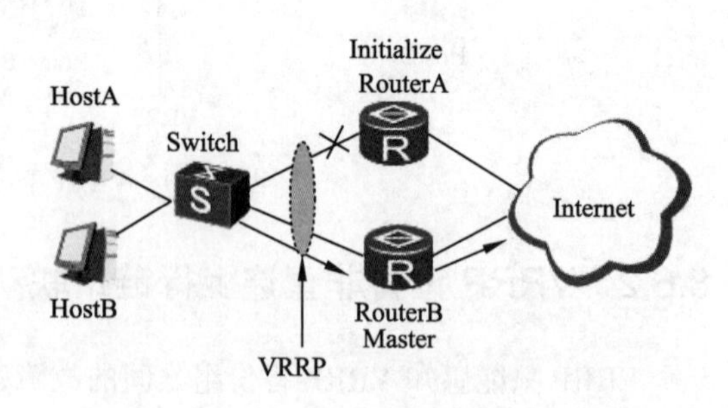

图 8-12　VRRP 备份组之间链路联动示例

当 VRRP 备份组间出现故障时，BFD 快速检测故障并通知 RouterB 增加指定的优先级（此时 RouterB 的优先级须高于 RouterA 的优先级），RouterB 立即抢占为 Master，用户侧流量通过 RouterB 转发，实现了主备的快速切换，如图 8-12 所示。

8.7　VRRP 配置

这里把 VRRP 的配置分为两部分：一是配置 VRRP 的基本功能；二是配置 VRRP 的监控联动功能。

8.7.1　配置 VRRP 的基本功能

1. 创建 VRRP 备份组

VRRP 备份组能够在不改变组网的情况下，采用将多台设备虚拟成一台网关设备，将虚拟交换机设备的 IP 地址作为用户默认网关的方式实现下一跳网关的备份。如果在网关冗余备份的同时，需要实现对流量的负载分担，则可以配置多网关负载分担。

（1）主备备份

在相关的路由器的接口视图下，执行 vrrp vrid virtual-router-id virtual-ip virtual-address 命令，创建 VRRP 备份组并给备份组配置虚拟 IP 地址。

（2）多网关负载分担

实现多网关负载分担，需要重复执行上述“主备备份”的操作步骤，在接口上配置两个或多个 VRRP 备份组，各备份组之间以备份组号（virtual-router-id）区分。

2. 配置备份组设备优先级

VRRP 根据优先级决定设备在备份组中的地位，优先级越高，越可能成为 Master 设备。通过配置优先级，可以指定 Master 设备，以承担流量转发业务。

在路由器接口视图下，执行 vrrp vrid virtual-router-id priority priority-value 命令，配置路由器在备份组中的优先级。

优先级 0 被系统保留作为特殊用途；优先级值 255 保留给 IP 地址拥有者。通过命令可以配置的优先级取值范围是 1 ~ 254。默认情况下，优先级的取值是 100。数值越大，优先级越高。优先级取值相同的情况下，同时竞争 Master，备份组所在接口的主 IP 地址较大的成为 Master 设备。

3. 配置备份组设备工作模式

在 VRRP 备份组中，如果需要优先级高的 VRRP 设备能够主动成为 Master，可以将这台设备配置采用抢占方式。在非抢占方式下，只要 VRRP 备份组中的 Master 设备没有出现故障，即使其他设备有更高的优先级也不会成为 Master 设备。

默认情况下，备份组中路由器采用抢占模式，如果要将备份组中路由器设置为非抢占模式，可执行 vrrp vrid preempt-mode disable 命令。如果要将备份组中路由器设置为抢占模式，可执行 undo vrrp vrid preempt-mode 命令，恢复备份组中路由器为抢占模式。

8.7.2　配置 VRRP 的监控联动功能

配置 VRRP 监控联动功能时，备份组中 Master 和 Backup 设备必须都工作在抢占方式下（默认为抢占模式）。建议 Backup 设备配置为立即抢占，Master 设备配置为延时抢占。

1. 配置 VRRP 与接口状态联动

在 Master 设备上 VRRP 备份组所在的接口视图下，执行 vrrp vrid virtual-router-id track interface interface-type interface-number [increased value-increased | reduced value-reduced]命令，

配置 VRRP 与接口状态联动监视上行接口。默认情况下，当被监视的接口状态变为 Down 时，优先级的数值降低 10。

2. **配置 VRRP 与 NQA 联动**

在 Master 设备上 VRRP 备份组所在的接口视图下，执行 vrrp vrid virtual-router-id track nqa admin-name test-name [reduced value-reduced]命令，配置 VRRP 与 NQA 联动功能。

3. **配置 VRRP 与路由联动**

在 Master 设备上 VRRP 备份组所在的接口视图下，执行 vrrp vrid virtual-router-id track ip route ip-address { mask-address | mask-length }[reduced value-reduced]命令，配置 VRRP 与路由联动功能。配置的优先级降低值必须确保优先级降低后 Master 设备的优先级低于 Backup 设备的优先级，以触发主备切换。

4. **配置 VRRP 与 BFD 联动**

BFD 可以实现毫秒级的故障检测，联动 BFD 可以快速地检测故障，从而使主备切换速度更快。VRRP 与 BFD 联动仅支持静态和静态标识符自协商类型的 BFD 会话。多个 VRRP 备份组可以监视同一个 BFD 会话，一个 VRRP 备份组最多可以同时监视 8 个 BFD 会话。

在 Master 设备上 VRRP 备份组所在的接口视图下，执行 vrrp vrid virtual-router-id track bfd-session { bfd-session-id | session-name bfd-configure-name } [increased value-increased | reduced value-reduced]命令，配置 VRRP 与 BFD 联动。

① 采用此命令，当检测到上行链路故障时，通过及时通知 VRRP 备份组降低 Master 设备优先级，触发主备切换，以便实现链路的切换。

② 采用此命令，当检测到备份组之间的链路故障时，及时通知 VRRP 备份组升高 Backup 设备的优先级，立即触发主备切换，实现毫秒级的快速切换。

8.8 VRRP 配置实验

VRRP 通过把几台路由设备联合组成一台虚拟的路由设备，将虚拟路由设备的 IP 地址作为用户的默认网关实现与外部网络通信。当网关设备发生故障时，VRRP 机制能够选举新的网关设备承担数据流量，从而保障网络的可靠通信。

VRRP 配置

VRRP 不仅可以实现默认网关的主备备份，通过配置技巧，还可以实现默认网关负载分担。因此，在双核心的企业网络中可以利用 VRRP 技术，从而提高局域网内部的可靠性和网络性能。

1. **实验名称**

VRRP 配置实验。

2. **实验目的**

① 学习掌握 VRRP 备份组负载分担配置方法。

② 学习掌握 VRRP 与 BFD 联动实现快速切换配置方法。

3. **实验拓扑**

VRRP 示例拓扑图采用出口选路配置实践拓扑图中的双核心局域网络，在局域网两个核心交换机 LSW1 和 LSW2 中进行 VRRP 实践。拓扑图如图 8-13 所示。

4. **实验内容**

拓扑图中，PC1 和 PC2 的默认网关是 LSW1，通过 LSW1 进行路由。PC3 和 PC4 的默认网关是 LSW2，通过 LSW2 进行路由。一旦 LSW1 和 LSW2 某个出现故障，部分计算机将无法上网。为解决此问题，要求在 LSW1 和 LSW2 中配置 VRRP 备份组，以实现 LSW1 和 LSW2 互为备份，同时提供负载分担，并且能够对上游链路进行故障检测。

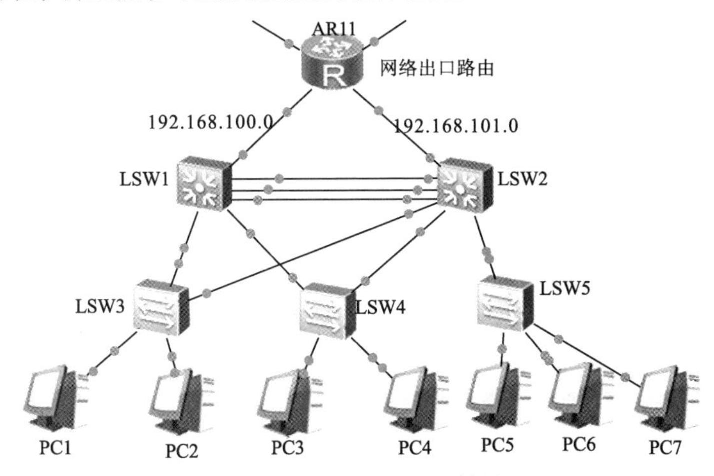

图 8-13　VRRP 配置拓扑图

5. **实验步骤**

（1）局域网络地址规划

在局域网络中，LSW1 中配置 VLANIF10、VLANIF20、VLANIF30、VLANIF40 的 IP 地址，VLANIF10 的 IP 地址 192.168.10.1/24，VLANIF20 的 IP 地址 192.168.20.1/24，VLANIF30 的 IP 地址 192.168.30.1/24，VLANIF40 的 IP 地址 192.168.40.1/24。

在 LSW2 中配置 VLANIF10、VLANIF20、VLANIF30、VLANIF40 的 IP 地址，VLANIF10 的 IP 地 192.168.10.254/24，VLANIF20 的 IP 地址 192.168.20.254/24，VLANIF30 的 IP 地址 192.168.30.254/24，VLANIF40 的 IP 地址 192.168.40.254/24。

设置 PC1 的 IP 地址 192.168.10.101/24，网关地址 192.168.10.1；PC2 的 IP 地址 192.168.20.2/24，网关地址 192.168.20.1；PC3 的 IP 地 192.168.30.3/24，网关地址 192.168.30.254；PC4 的 IP 地址 192.168.40.4/24，网关地址 192.168.40.254。

（2）VRRP 负载分担配置

在 LSW1 和 LSW2 中有多个 VLAN，每个 VLAN 都需要进行 VRRP 备份组配置，对于多 VLAN 的网络，可以采取两种方式实现负载分担。

① 每个 VLAN 内部实现负载分担。

② 每个 VLAN 内部实现主备备份，但多个 VLAN 之间实现负载分担。

这里采用每个 VLAN 内部实现负载分担的方式实现，即在 VLAN 内部配置两组 VRRP 备份组，一组 VRRP 备份组使用 LSW1 作为 MASTER 设备，设置一个虚拟网关 IP 地址；一组 VRRP 备份组使用 LSW2 作为 MASTER 设备，设置另外一个虚拟网关 IP 地址。VLAN 中计算机设备平均使用两个网关 IP 地址作为默认网关，从而实现外网访问负载分担，同时又将 LSW1 和 LSW2 作为默认网关的备份，提供网络的可靠性。

这里以 VLAN10 网络为例进行配置，其他 VLAN 的配置与此类似。

```
[LSW1] interface Vlanif10
    ip address 192.168.10.1 255.255.255.0
    vrrp vrid 12 virtual-ip 192.168.10.200
```

```
    vrrp vrid 12 priority 105                ###将 LSW1 设置 VRID12 的 MASTER
    vrrp vrid 12 preempt-mode timer delay 20      ###配置抢占延时为 20s
    vrrp vrid 12 track interface GigabitEthernet0/0/3
    ###监控上行接口 G0/0/3 状态
    vrrp vrid 21 virtual-ip 192.168.10.201
[LSW2] interface Vlanif10
    ip address 192.168.10.254 255.255.255.0
    vrrp vrid 12 virtual-ip 192.168.10.200
    vrrp vrid 21 virtual-ip 192.168.10.201
    vrrp vrid 21 priority 105                ###将 LSW2 设置 VRID12 的 MASTER
    vrrp vrid 21 preempt-mode timer delay 20      ###配置抢占延时为 20s
    vrrp vrid 21 track interface GigabitEthernet0/0/3
    ###监控上行接口 G0/0/3 状态
```

通过以上配置之后，将 VLAN10 中一部分主机的默认网关设置为 192.168.10.200，一部分主机的默认网关设置为 192.168.10.201，即实现主备份和 VLAN10 内部负载分担。同时对两个核心交换机的上行链路外部接口 G0/0/3 进行监控联动。

（3）VRRP 与 BFD 联动配置

当 LSW1 和 LSW2 间链路出现故障时，VRRP 报文协商需要一定的协商周期。为了实现链路故障时快速切换，可以在链路中部署 BFD 链路检测机制，并配置 VRRP 监视 BFD 会话，实现当主用接口或者链路出现 Down 时，备用设备迅速切换为 Master，承担网络流量，以减少故障对业务传输的影响。

采用 VRRP 与 BFD 联动实现主备网关间的快速切换，配置思路如下：

① 配置各设备接口 IP 地址及路由协议，使网络层路由可达。

② 在 LSW1 和 LSW2 上配置 VRRP 备份组。

③ 在 LSW1 和 LSW2 上配置静态 BFD 会话，监测备份组之间的链路。

④ 在 VRRP 被分组的 backup 上配置 VRRP 与 BFD 联动，实现链路出现故障时 VRRP 备份组快速切换。

按照配置思路，在 LSW1 和 LSW2 的 VRRP 备份组中 VRRP 与 BFD 的联动配置。第一步和第二步都已经配置在前面完成。这里给出静态 BFD 会话配置和 VRRP 与 BFD 联动的具体配置。

① 配置静态 BFD 会话。

[LSW1]配置：

```
[LSW1] bfd
[LSW1-bfd] quit
[LSW1] bfd atob bind peer-ip 192.168.10.254 interface vlanif 10
[LSW1-bfd-session-atob] discriminator local 1  ###本地会话标识
[LSW1-bfd-session-atob] discriminator remote 2 ###远程会话标识
[LSW1-bfd-session-atob] min-rx-interval 100    ###接收 BFD 报文时间间隔 100 ms
[LSW1-bfd-session-atob] min-tx-interval 100    ###发送 BFD 报文时间间隔 100 ms
[LSW1-bfd-session-atob] commit
[LSW1A-bfd-session-atob] quit
```

[LSW2]配置：

```
[LSW2] bfd
[LSW2] quit
[LSW2] bfd btoa bind peer-ip 10.1.1.1 interface vlanif 10
[LSW2-bfd-session-btoa] discriminator local 2
[LSW2-bfd-session-btoa] discriminator remote 1
[LSW2-bfd-session-btoa] min-rx-interval 100
```

```
[LSW2-bfd-session-btoa] min-tx-interval 100
[LSW2-bfd-session-btoa] commit
[LSW2-bfd-session-btoa] quit
```

② 配置 VRRP 与 BFD 联动功能。

在 backup 设备上配置 VRRP 与 BFD 联动，当 BFD 会话状态 Down 时，backup 设备的优先级增加 10。

在 VRRP 备份组 12 中，LSW2 为 backup 设备：

```
[LSW2] interface vlanif 10
[LSW2-Vlanif10] vrrp vrid 12 track bfd-session 2 increased 10
[LSW2-Vlanif10] quit
```

在 VRRP 备份组 21 中，LSW1 为 backup 设备：

```
[LSW1] interface vlanif 10
[LSW1-Vlanif10] vrrp vrid 21 track bfd-session 1 increased 10
[LSW1-Vlanif10] quit
```

6. 实验测试

① 通过上述配置，在 LSW1 和 LSW2 上分别执行 disp vrrp 命令。可以看到，在 VRRP 12 备份组中，LSW1 为 Master 设备，LSW2 为 Backup 设备，联动的 BFD 会话状态为 UP 状态；在 VRRP 21 备份组中，LSW2 为 Master 设备，LSW1 为 Backup 设备，联动的 BFD 会话状态为 UP 状态，如图 8-14 所示。

```
[LSW1] disp vrrp 21 或 disp vrrp 12
[LSW2] disp vrrp 12 或 disp vrrp 21
```

图 8-14 LSW1 和 LSW2 中 VRRP 备份组信息以及 BFD 状态信息（1）

② 在LSW1的接口VLANIF10上执行shutdown命令，模拟链路故障。此时在LSW1和LSW2上分别执行disp vrrp命令。可以看到，在VRRP 12备份组中，LSW1状态变为Initialize，LSW2状态变为Master，联动的BFD会话状态为DOWN。而在VRRP 21备份组中，LSW2状态也为Master，LSW1状态变为Initialize，联动的BFD会话状态为DOWN状态，与VRRP 12备份组一样，如图8-15所示。

```
[LSW1] int Vlanif10
    Shutdown
    quit
 disp vrrp 12 或 disp vrrp 21
[LSW2] disp vrrp 12 或 disp vrrp 21
```

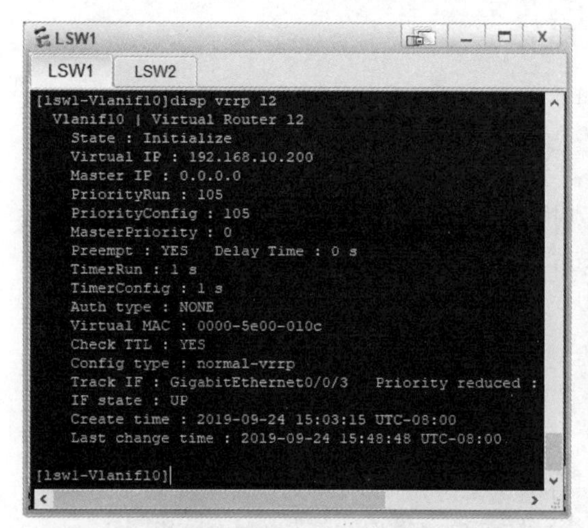

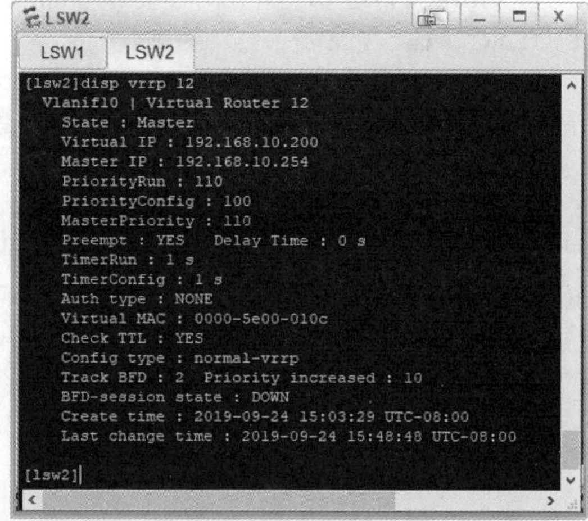

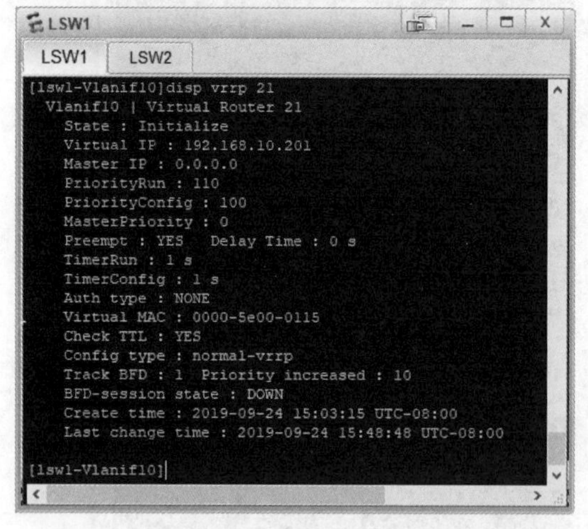

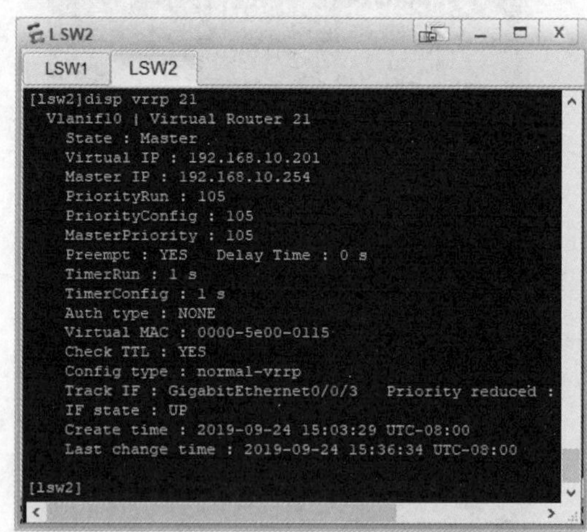

图8-15 LSW1和LSW2中VRRP备份组信息以及BFD状态信息（2）

③ 在LSW1的接口VLANIF10上执行undo shutdown命令，模拟故障恢复。等待20 s后，分别在LSW1和LSW2上执行display vrrp命令。将会看到，在VRRP 12备份组中，LSW1状态恢复为Master，LSW2状态恢复为Backup，联动的BFD会话恢复为UP状态。在VRRP 21备份组中，LSW2状态为Master，LSW1状态恢复为Backup，联动的BFD会话恢复为UP状态。这里不提供显示信息。

小　　结

网络的可靠性技术的种类繁多，根据其解决网络故障的侧重点不同，网络可靠性技术可分为故障检测技术和保护倒换技术。

故障检测技术侧重于网络的故障检测和诊断。故障检测技术包括 BFD 技术和 EFM 技术等。

保护倒换技术侧重于网络的故障恢复，主要通过对硬件、链路、路由信息和业务信息等进行冗余备份以及发生故障时的快速切换，从而保证网络业务的连续性。保护倒换技术包括接口备份、平滑重启（GR）、不间断路由（NSR）、虚拟路由冗余协议（VRRP）、双机热备份（HSB）技术等。

本章在介绍网络可靠性技术的同时，重点介绍了故障检测技术中的 BFD 技术和保护倒换技术中的虚拟路由冗余协议 VRRP 技术。

在此基础上，简要介绍双向转发检测 BFD 技术及其配置方法和示例，详细介绍虚拟路由冗余协议 VRRP 及其配置方法和示例。

习　　题

一、选择题

1. 以下（　　）行为不能提高系统可靠性的有效途径。

   A. 提高系统容错能力　　B. 提高故障恢复速度

   C. 降低故障对业务的影响　　D. 加快传输速度

2. 故障检测技术有（　　）。（多选）

   A. BFD　　B. EFM　　C. NSR　　D. HSB

3. 保护倒换技术有（　　）。（多选）

   A. GR　　B. VRRP　　C. NSR　　D. HSB

4. BFD 的英文全称是（　　）。

   A. Bidirectional Forwarding Detection

   B. Brod Forwarding Detection

   C. Bidirectional Forward Detection

   D. Bidirect Forwarding Detection

5. 下列关于 BFD 查询模式的描述错误的是（　　）。

   A. 本端按一定的发送周期发送 BFD 控制报文，需要在远端检测本端系统发送的 BFD 控制报文

   B. 检测本端发送的 BFD 控制报文是在本端系统进行的

   C. 如果系统在检测时间内没有收到对端发来的 BFD 控制报文，就宣布会话为 down

   D. 每个系统都有一个独立的方法用来确认它连接到其他系统，这样一旦一个 BFD 会话建立起来以后，系统就会停止发送 BFD 控制报文

6. 关于 BFD 配置要点下列说法错误的是（　　）。

   A. 对接端口必须是同网段

   B. 对接双方倍频因子和发送间隔保持一致

   C. BFD 必须成对配置

D. 对接端口可以是不同网段

7. VRRP 的全称是（　　）。

A. Virtual Routing Redundancy Protocol

B. Virtual Router Redundancy Protocol

C. Virtual Redundancy Routing Protocol

D. Virtual Redundancy Router Protocol

8. 以下关于 VRRP 的虚拟 IP 地址的说法正确的是（　　）。

A. 一个虚拟路由器只能关联一个虚拟 IP 地址

B. 一个虚拟路由器最多可以关联 3 个虚拟 IP 地址

C. 一个虚拟路由器可以关联多个虚拟 IP 地址，但同一时刻只有一个是可用的

D. 一个虚拟路由器可以关联多个虚拟 IP 地址，同一时刻这些虚拟 IP 地址都是可用的

9. 网络上开启 VRRP 之后，以下关于网络中 PC 上配置默认网关的说法正确的是（　　）。

A. PC 上只配置一个默认网关，默认网关的地址为 Master 的 IP 地址

B. PC 上只配置一个默认网关，默认网关的地址为虚拟路由器的 IP 地址

C. PC 上配置两个默认网关，分别是 Master 的 IP 地址和 Slave 的 IP 地址

D. PC 上配置 3 个默认网关，分别是 Master 的 IP 地址、Slave 的 IP 地址和虚拟路由器的 IP 地址

10. 关于 VRRP，下列说法正确的是（　　）。

A. Master 定期发送 VRRP 报文，如果 Backup 长时间没有收到报文，则将自己的状态改为 Master

B. Backup 定期发送 VRRP 报文，如果 Master 收到 Backup 来的报文，比较优先级，确定是否将自己状态设置为 Master 或者 Backup

C. 若有多台 Backup，则根据发送的 VRRP 报文，选举优先级最大成为新的 Master

D. 在备份容错协议中，还有一种 HSRP 协议，此协议除了报文结构和 VRRP 不一样外，类的报文交互方式等全部都是一致的

二、实践题

利用华为 eNSP 虚拟仿真软件完成网络可靠性技术实践：

（1）BFD 多跳检测与联动实践。

（2）VRRP 负载分担实践。

第 9 章

防火墙技术 «

防火墙（Firewall）是一种隔离技术，使内网和外网分开，可以防止外部网络用户以非法手段通过外部网络进入内部网络，保护内网免受外部非法用户的侵入。因为防火墙隔离防守的特点，因此常用于网络边界，如校园网、企业网出口、数据中心边界等位置。

防火墙和路由器是有区别的。路由器主要用来连接不同网络，通过路由协议保证网络畅通，确保报文转发到目的地址；而防火墙主要部署在网络边界，对进入网络的访问行为进行控制，安全防护是防火墙的核心特性。目前，中低端路由器与防火墙有许多相似的地方，功能较为接近，两者都有路由和安全的功能，路由器重在路由，而防火墙重在安全。

本章主要参考华为《Secoway USG2000&5000 统一安全网关产品文档》，以及徐慧洋、白杰、卢宏旺编著的《华为防火墙技术漫谈》。

9.1　防火墙概述

所谓防火墙指的是一个在内部网和外部网之间、专用网与公共网之间的界面上构造的保护屏障，是一种获取安全性方法的形象说法。它是一种计算机硬件和软件的结合，用于保护内部网和专用网免受非法用户的侵入。防火墙是一种隔离技术，它能允许用户允许的人和数据进入自己的网络，同时将用户不允许的人和数据拒之门外，最大限度地阻止网络中的黑客来访问自己的网络。

1. 传统防火墙技术的发展历程

20 世纪 80 年代，最早的防火墙几乎与路由器同时出现，第一代防火墙主要基于包过滤技术，是依附于路由器的包过滤功能实现的防火墙功能。

1989 年，美国贝尔实验室最早推出了第二代防火墙，即电路层防火墙（用来监控受信任的主机与不受信任的主机间的 TCP 握手信息，本质也是代理防火墙，典型例子是 SOCKS 代理软件），同时提出了应用层防火墙（应用代理防火墙）的初步结构。

20 世纪 90 年代初，开始推出第三代防火墙，即应用代理防火墙。

1992 年，南加利福尼亚大学（USC）信息科学院开发出了基于动态包过滤（Dynamic Packet Filter）技术，后来演变为目前所说的状态监视（Stateful Inspection）技术，1994 年以色列的 CheckPoint 公司开发出了第一个采用这种技术的商业化的产品。状态检测防火墙称为第四代防火墙。

1998 年，NAI 公司（网络联盟公司）推出了一种自适应代理（Adaptive Proxy）技术，并在其产品中得以实现，给代理类型的防火墙赋予了全新的意义，可以称为第五代防火墙。

另外，1997 年，几个中国留学生在美国成立 Egis Communications 公司，1998 年更名为 NETSCREEN。NETSCREEN 公司推出了基于 ASIC（Application Specific Integrated Circuit，特定应用集成电路）的真正意义上硬件防火墙。NETSCREEN 硬件防火墙，与其他的硬件防火墙相比有本质的区别。其他的硬件防火墙实际上是运行在计算机平台上的一个软件防火墙，而NETSCREEN防火墙则是由ASIC芯片来执行防火墙的策略和数据加密解密，因此速度比其他防火墙快。NETSCREEN公司最初推出的是NS100百兆防火墙，出口带宽为100 Mbit/s，并引起轰动。后来又推出了NS1000等千兆防火墙，成为千兆防火墙的领头羊。2004年，NETSCREEN被Juniper公司收购。

这里要强调的是，NETSCREEN公司造就了一批优秀网络安全工程师。NETSCREEN的很多早期员工后来都纷纷创立网络安全公司。例如，UTM安全产品的代表Fortinet公司、下一代防火墙NGFW的代表Palo Alto Networks公司、ServGate公司、Hillstone山石网科公司等。

根据防火墙的发展历程，传统防火墙形成了4种技术类型的防火墙，分别是：

① 包过滤防火墙：作用在网络层，它根据分组包头源地址、目的地址和端口号、协议类型等标志确定是否允许数据包通过。只有满足过滤逻辑的数据包才被转发到相应的目的地出口端，其余数据包则从数据流中丢弃。

② 代理防火墙：代理防火墙包括电路层防火墙、应用层防火墙和电路层防火墙，工作在传输层，在TCP协议上实现，本质上是一种代理软件，典型的例子是SOCKS代理软件；应用层防火墙也称为应用代理防火墙，作用在应用层，其特点是完全“阻隔”了网络通信流，通过对每种应用服务编制专门的代理程序，实现监视和控制应用层通信流的作用。实际的应用层防火墙通常由专用工作站实现。

③ 状态检测防火墙：状态检测防火墙工作于网络层，与包过滤防火墙相比，状态检测防火墙判断允许还是禁止数据流的依据也是源IP地址、目的IP地址、源端口、目的端口和通信协议等。与包过滤防火墙不同的是，状态检测防火墙是基于会话信息做出决策的（结合前后分组的数据进行综合判断），而不是包的信息。

④ 自适应代理防火墙：自适应代理技术是应用代理技术的一种，它结合了代理类型防火墙的安全性和包过滤防火墙的高速度等优点。组成这种类型防火墙的基本要素有两个：自适应代理服务器（Adaptive Proxy Server）与动态包过滤器。在自适应防火墙中，在每个连接通信的开始仍然需要在应用层接受检测，而后面的包可以经过安全规则由自适应代理程序自动地选择是使用包过滤还是代理。

传统防火墙的关键技术有两种：包过滤技术、代理技术。其中，包过滤防火墙和状态检测防火墙本质上采用的是包过滤技术。代理防火墙和自适应代理防火墙本质上是代理技术。状态检测技术是目前防火墙产品的基本功能，也是防火墙安全防护的基础技术。

2. 防火墙的基本功能

防火墙是网络安全策略的有机组成部分，它通过控制和监测网络之间的信息交换和访问行为来实现对网络安全的有效管理。总体上看，防火墙应具有以下五大基本功能：

① 过滤进、出网络的数据。

② 管理进、出网络的访问行为。

③ 封堵某些禁止的业务。

④ 记录通过防火墙的信息内容和活动。

⑤ 对网络攻击进行检测和报警。

为实现以上功能，在防火墙产品的开发中，人们广泛应用网络拓扑技术、计算机操作系统技术、路由技术、加密技术、访问控制技术、安全审计技术等。

3. 防火墙现状

当前，防火墙设备的主要形式是多种安全功能汇集一起的一体化安全设备形式，如统一威胁管理、下一代防火墙等。

（1）统一威胁管理

2004 年，IDC 首度提出“统一威胁管理”的概念，即将防病毒、入侵检测和防火墙安全设备划归统一威胁管理（Unified Threat Management，UTM）新类别。众多安全厂商提出的多功能安全网关、综合安全网关、一体化安全设备等产品都可被划归到 UTM 产品的范畴。

UTM 的优点是在网络边界采用统一风险管理，节省机架空间（一个设备可替代多个设备），节省安全边界上的整体投入成本。降低管理员安全工作的技术成本与维护成本。

传统 UTM 对数据包的深度检测采取串行方式，存在安全处理能力比较分散的缺点。UTM 的内核引擎是基于路由引擎所构造的，然后其他的功能模式（如 IPS、AV、上网行为管理等）叠加或者插入到路由引擎上，这样进入 UTM 的数据必须要经过路由引擎才能进入各个安全模式。这种情况意味着传统的 UTM 对数据包的深度检测采取的是一种串行方式，也就是说，数据包在进入不同安全模块时，要分别执行多次解码，不能达到“一次识别，并行处理”的效果，这对于设备的性能消耗很大。另外，UTM 过渡集中化的安全防御会带来单点故障问题和内部攻击防范不足的问题。

UTM 并不是下一代防火墙，它属于下一代防火墙的雏形。

（2）下一代防火墙

2009 年，著名咨询机构 Gartner 提出下一代防火墙（Next Generation FireWall，NGFW）概念。NGFW 必须有标准的防火墙功能，如网络地址转换、状态检测、VPN 和大企业需要的功能（如入侵防御系统 IPS、防病毒 AV、行为管理等功能）。NGFW 也是一种多功能一体化安全设备。理解 NGFW 需要从三方面入手：一是引擎的识别方式与性能；二是支持 NGFW 的硬件架构的先进性；三是对当前云计算和虚拟化环境的支持方式。

NGFW 架构是建立在智能感知引擎之上，能做到一次识别与解码，并行处理送不同安全模块，避免将数据包送到不同安全模块反复解码串行处理的缺点，优化了 CPU 的处理性能，消耗明显降低。

NGFW 在硬件架构上，采用 MIPS 多核处理器、具备基于硬件的协处理器、采用高速的交换矩阵等硬件来合力支撑 NGFW。MIPS 多核架构的 CPU 内部是由多个嵌入式 CPU 组成的，同时兼顾高可编程性和高报文处理性能，从而使得设备在保证高吞吐的前提下可以进行更复杂的智能处理动作。因为多核 CPU 中每个 CPU 可以独立运行不同业务，从而实现了复杂业务的并发处理。MIPS 多核 CPU 是网关设备 CPU 未来发展的主流趋势。

在当前云计算和虚拟化时代的大背景下，NGFW 除了需要比传统的防火墙有更先进、更快速的硬件支持，使用比传统 UTM 更高效的识别与解码方式以外，还需要支持一个非常重要的特性，那就是防火墙自身能否被虚拟化来满足不同的逻辑环境。

UTM 和 NGFW 的同共点在于它们都是基于 OSI 模型的 2~7 层进行防御，都将多种安全功能集于一身，都具有防火墙功能、入侵检测/入侵防御功能、VPN 功能、上网行为管理、防病毒功能等。仅从功能上来看，UTM 和 NGFW 两者是非常相似的设备。UTM 和 NGFW 不能从功能上进行简单的区分，UTM 和 NGFW 关键的核心差异在于识别与解码的方式不同、硬件的高效性差异等。可以说，NGFW 是 UTM 演进的一种高级形态，UTM 是传统的防火墙演变为下一代防火墙的一个过渡形态。

9.2 华为防火墙

华为公司从 2000 年开始启动网络安全产品的研发，到目前，华为推出了两个系列防火墙产品，分别是 Eudemon 防火墙和 USG 防火墙。Eudemon 包括传统防火墙、UTM 防火墙、NGFW 防火墙。USG 防火墙包括 UTM 防火墙和 NGFW 防火墙。

1. **Eudemon 防火墙**

2003 年，华为推出低端防火墙 Eudemon100/200，2004 年推出了基于 NP（Network Processor，网络处理器）架构的中低档 Eudemon500/1000 防火墙，后期又推出了 Eudemon8040/8080 系列高端防火墙。

Eudemon 系列防火墙属于改进的状态检测防火墙，采用华为特有的 ASPF（Application Specific Packet Filter）状态检测技术和华为专有的 ACL 加速算法的包过滤技术，结合了代理型防火墙安全性高、状态防火墙速度快的优点，因此安全性高，处理能力强。

Eudemon100/200 定位中小企业，出口带宽 100/400 Mbit/s，并发连接数 20 万/50 万条。Eudemon500/1000 定位于大中型企业，出口带宽 3 Gbit/s，并发连接 80 万条。Eudemon8040/8080 定位于大型企业和行业用户，以及数据中心，属于万兆防火墙，可用于大型企业和数据中心出口防火墙。

随着 UTM 概念的推出，华为推出了 Eudemon200E、Eudemon1000E 和 Eudemon8000E 系列防火墙，这一系列防火墙属于 UTM 防火墙。

2013 年以后，华为又推出 Eudemon200E-N 和 Eudemon1000-N 系列防火墙，这两个系列防火墙属于下一代防火墙 NGFW。

2. **USG 防火墙**（统一安全网关防火墙）

2008 年，华为通过与赛门铁克成联合成立华赛公司后，加强了安全产品的研发，推出了命名为统一安全网关 USG 的防火墙 UTM 防火墙和 NGFW 防火墙。

2008—2011 年，华为分别推出 USG50、USG2100/2200、USG3000、USG5100/5300/5500、USG9300/9500（高端产品）等系列防火墙。这一系列的防火墙属于 UTM 安全产品。具备防火墙、防病毒、入侵防御、应用控制、URL 过滤、VPN 等多种安全功能。USG 安全产品防火墙功能采用华为 ASPF 状态监测技术和华为专有的 ACL 加速算法包过滤技术。产品定位分别是小型企业和分支机构、中小企业、大中型企业、大型企业以及行业用户和数据中心出口防火墙。其中，USG50 是华为推出的第一款新一代统一安全网关防火墙，适用于小型企业和分支机构。

2013 年后，华为推出 USG 下一代防火墙，包括 USG6300/6600 等系列型号，分别是 USG6306/6308、USG6320、USF6330/6350/6360、USG6370/6380/6390、USG6620/6630、USG6650/ 6660、USG6670/6680。防火墙吞吐量覆盖 600 Mbit/s~40 Gbit/s。产品定位分别是小型企业和分支机构、中小企业、大中型企业、大型企业以及行业用户和数据中心出口防火墙。

3. **华为下一代防火墙选型参考表**（见表 9-1）

表 9-1 华为下一代防火墙选型参考表

华为防火墙	FW 吞吐量	并发会话数	每秒新建会话数	选型建议
USG6306/6308	600/800 Mbit/s	80/100 万	2/2.5 万	小型企业网
USG6320（桌面型）	2 Gbit/s	50 万	3 万	中小企业网
USG6330/6550/6360	1/2/3 Gbit/s	150/200/300 万	3/4/5 万	

续表

华为防火墙	FW 吞吐量	并发会话数	每秒新建会话数	选型建议
USG6370/6380/6390	4/6/8 Gbit/s	400 万	6/8/10 万	中型企业网
USG6620/6630	12/16 Gbit/s	600 万	20/25 万	大中型企业网
USG6650/6660	20/25 Gbit/s	800/1 000 万	30/35 万	大型企业网
USG6670/6680	35/40 Gbit/s	1 200 万	40 万	运营商网络 数据中心

9.3　防火墙技术基础

防火墙利用安全区域把连接的不同网络区分成不同安全等级的网络，并利用安全策略控制不同安全等级的网络之间的相互访问。报文在同一安全区域内流动不受控制。

防火墙技术基础

9.3.1　安全区域

1. 安全区域与安全域间

① 安全区域：它是一个和多个接口的集合，防火墙通过安全区域来划分网络，标识报文流动的路线。

防火墙中每个安全区域所包含的用户具有相同的安全属性。每个安全区域具有全局唯一的安全优先级。华为防火墙默认定义了 3 个区域：Trust、DMZ、Untrust。另外，防火墙自身还提供了一个 Local 区域，代表防火墙本身，如图 9-1 所示。

- Trust 区域：该区域网络的受信程度高，通常用来定义内部网络。
- DMZ 区域：该区域网络受信任程度中等，通常用来定义内部服务器所在的网络。
- Untrust 区域：该区域代表不受信任的网络，通常用来定义不安全的网络。
- Local 区域：该区域代表防火墙本身，由防火墙主动发出的报文均可认为报文是从 Local 区域发出的，需要防火墙响应并处理的报文均可以认为有 Local 区域接收。Local 区域不包括任何接口，但防火墙上的所有接口都隐含属于 Local 区域。

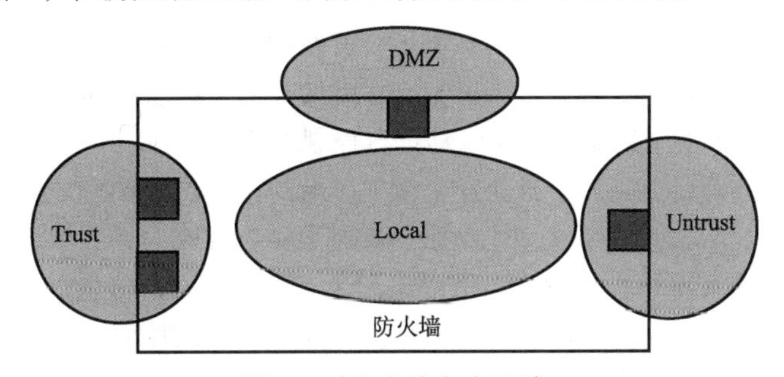

图 9-1　防火墙安全区域

② 安全域间：任何两个安全区域都构成一个安全域间，并具有单独的安全域间视图，大部分的防火墙配置都在安全域间视图下配置。设备认为在同一安全区域内部发生的数据流动是可信的，不需要实施任何安全策略。只有当不同安全区域之间发生数据流动时，才会触发防火墙

的安全检查，并实施相应的安全策略。

2. 安全域间报文流动

在华为防火墙上，每个安全区域都必须有一个安全级别，该安全级别是唯一的，用 1~100 的数字表示，数字越大，则安全级别越高，该区域的网络越可信。对于默认的安全区域，它们的安全级别是固定的。Local 区域的安全级别 100，Trust 区域的安全级别为 85，DMZ 区域的安全级别为 50，Untrust 区域的安全级别为 5。

规定：报文从低安全级别区域向高安全级别区域流量为入方向（Inbound），报文从高安全级别区域向低安全级别区域流动为出方向（Outbound），如图 9-2 所示。

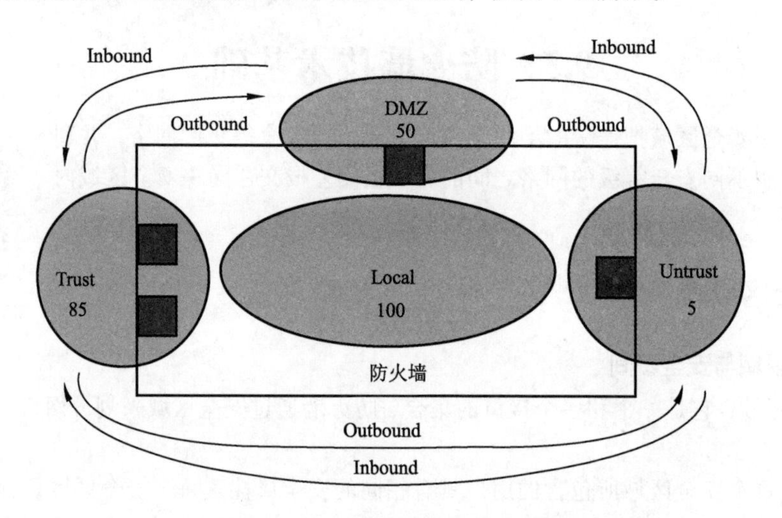

图 9-2　安全域间报文流动示意图

通过对不同安全区域设置安全级别，防火墙上的各个安全区域之间有了等级明确的域间关系，不同的安全区域代表不同的网络，防火墙以此为基础对安全域间流动的报文进行管理控制。

划分区域等级之后，还需要判断报文在哪两个区域之间流动，以便配置安全策略对报文流动进行控制。

对于源安全区域，防火墙从哪个接口接收报文，该接口所属的安全区域就是报文的源安全区域。确定目标安全区域分两种情况：三层模式下，防火墙通过查找路由表确定报文的哪个接口发出，该接口所在的安全区域就是报文的目的安全区域；二层模式下，防火墙通过查找 MAC 地址转发表确定报文将要从哪个接口发出。该接口所在的安全区域就是报文的目的安全区域。源安全区域和目的安全区域确定后，就知道报文在哪两个安全区域之间流动。确定报文的源和目的安全区域是精确配置安全策略对报文流动进行控制的前提条件。

在安全域间使能防火墙功能后，当高安全级别区域的用户访问低安全级别区域时，防火墙会记录报文的 IP、VPN 等信息，生成一个会话，并将会话保存在会话表中。当报文返回时，设备会查看报文的 IP、VPN 等信息，因为会话表里记录有发出报文的信息，所以有对应的表项，返回的报文能通过。当低安全级别区域的用户访问高安全级别区域用户时，默认是不允许访问的。因此，把内网设置为高安全级别区域，外网设置为低安全级别区域，内网用户可以主动访问外网，外网用户则不能主动访问内网。

3. 防火墙管理配置

在默认情况下，不同型号的防火墙都提供了默认的登录方式，管理员可以通过特定的接口登录防火墙，具体情况如表 9-2 所示。

表 9-2　默认情况下防火墙支持的登录方式

型　　号	接　　口	登 录 方 式
USG2100	LAN 口（GE0/0/0）	Telnet 或 HTTP
USG2200/5000	管理口（GE0/0/0）	Telnet 或 HTTP
USG6000	管理口（GE0/0/0）	HTTPS
USG9500	管理口（GE0/0/0）	HTTPS

9.3.2　防火墙工作模式

在华为防火墙中，接口工作在三层，就可以实现三层路由网关的功能；接口工作在二层，就可以实现二层透明网桥的功能。因此，在防火墙中可以使用部分三层接口来进行三层路由网关的部署，再使用二层接口来进行二层透明桥接的部署。两者可以共存。

因为防火墙实现了切换业务接口的工作层次，所以设备无须通过整机切换工作模式来实现传统意义上的“路由模式/NAT 模式”或者“透明模式”。

1. 三层路由网关模式

将防火墙设备作为三层网关，部署在全新网络中或者替代原有网络中的路由器或防火墙，实现内外网通信的同时进行安全防护。

在这个场景中，设备的业务接口工作在三层（网络层），如图 9-3 所示。所有三层接口的 IP 地址不能在同一网段。每个接口都需要连接一个独立的网段，设备通过路由协议转发各个网段之间的报文。因此，这种部署方式常被称为“路由模式”。当设备作为三层路由网关部署在内外网之间时，通常还需要负责内网的私网地址与外网的公网地址之间的转换，因此这种部署方式又常称为“NAT 模式”。

将设备作为三层路由网关部署的最大优势在于：设备可以配置的功能更多，对报文的处理机制更加完善，对网络的安全防护能力更强。

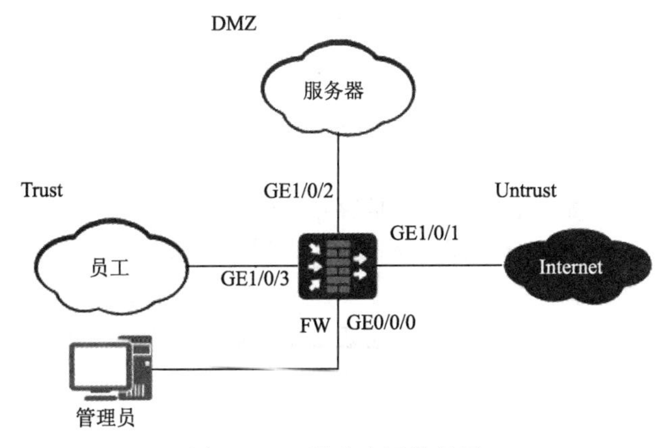

图 9-3　三层路由网关场景

2. 二层透明网桥模式

在不影响原有网络结构的基础上，防火墙作为二层桥接设备透明植入原有网络，进行二层交换和安全防护。

在这个场景中，设备的业务接口工作在二层（数据链路层），负责二层报文的转发，如图 9-4 所示。此时设备可以作为一台交换机一样部署在网络中，透明接入到原有的网关设备之后，在不改变原有网络结构和配置的前提下对流量进行安全防护，因此这种部署方式常称为“透明模式”。

将设备作为二层透明网桥部署的最大优势在于：透明植入原有网络，不改变网络拓扑和周边设备的配置，可以基于 MAC 地址对同一网段内的流量进行更深入的控制。但是，如果设备的所有接口都工作在二层，那么设备也将无法进行特征库升级等需要设备本身与外部网络通信的操作。因此将设备作为二层透明网桥部署时，应当保留一部分接口工作在三层，例如需要保证管理口工作在三层以使管理员可以登录设备。

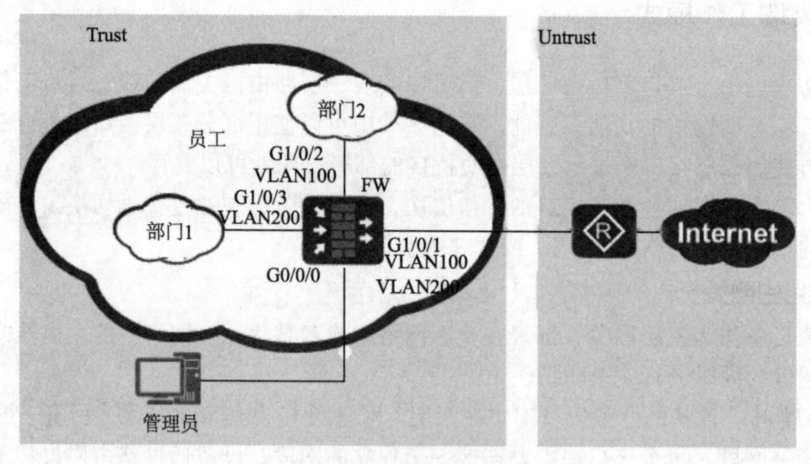

图 9-4　二层透明网桥

9.3.3　包过滤与状态检测

1. 包过滤防火墙

最早的防火墙是包过滤防火墙，它是通过访问控制列表对报文的流动进行控制，包过滤防火墙只能根据设置好的静态规则是否允许报文通过，认为报文都是无状态的孤立个体，不关注报文产生的前因后果，因此要求包过滤防火墙必须针对每一个方向的报文都配置一条规则，转发效率低下而且容易带来安全风险。

2. 状态检测防火墙

状态检测防火墙正是为解决包过滤防火墙存在的问题而提出的，它使用基于连接状态的检测机制，将通信双方之间交互的属于同一连接的所有报文都作为整体的数据流对待。在状态检测防火墙看来，同一个数据流内的报文是存在联系的。防火墙会为数据流第一个报文建立会话，并将会话信息存放于防火墙会话表（连接状态表）中。数据流内的后续报文直接匹配会话表中的会话信息而转发，不需要再进行安全策略的匹配。

状态检测防火墙中需要采用会话机制。会话是通信双方建立的连接在防火墙中的具体体现。代表两者的连接状态，一个会话代表一个连接，多个会话信息的集合形成会话表（Session-Table）。状态检测和会话机制，是目前防火墙产品的基本功能，也是防火墙安全防护的基础技术。

3. 包过滤与状态检测示例说明

先看一个简单的防火墙网络环境，如图 9-5 所示。PC 和 WWW 服务器位于不同的网络，分别与防火墙连接，PC 位于 Trust 区域，WWW 服务器位于 Untrust 区域。注意：为了便于说明，这里将 PC 和 WWW 服务器通过防火墙直接相连。实际网络中，如果 PC 和 WWW 服务器没有直连，需要配置路由，保证 PC 和 WWW 服务器相互路由可达。

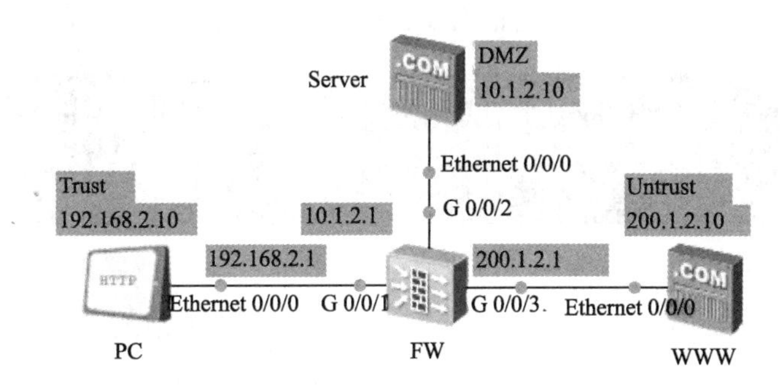

图 9-5　简单防火墙网络示意图

当 PC 要访问 WWW 服务器浏览网页时，必须配置一条安全策略，允许 PC 访问 WWW 服务器的报文通过。第一条安全规则如表 9-3 所示。

表 9-3　防火墙安全策略 1

编　号	源地址	源端口	目的地址	目的端口	动　作
1	192.168.2.10	any	200.1.2.10	80	Permit

配置这条规则后，PC 发出的报文就可以顺利通过防火墙到达 WWW 服务器。WWW 服务器将会向 PC 发出响应报文，这个报文也要穿过防火墙到达 PC。

对于状态检查防火墙，PC 发出的报文就可以顺利通过防火墙到达 WWW 服务器，同时还会针对 PC 访问服务器的行为建立会话（Session）。会话记录了 PC 访问 WWW 服务器的五元组信息。当服务器回应给 PC 报文达到防火墙后，防火墙就会将报文中的信息与会话表中的会话信息进行比较。如果发现报文中的信息与会话信息相匹配，则认为该报文属于 PC 访问 WWW 服务器行为的后续回应报文直接允许报文通过，访问成功。防火墙通过建立会话，回应报文通过与会话进行比较匹配，这个过程就是状态检测的过程。

对于包过滤防火墙，PC 发出的报文通过防火墙到达 WWW 服务器后，由于防火墙没有配置允许反向报文通过，WWW 服务器回应报文无法通过防火墙，PC 访问 WWW 服务器失败。为了让 WWW 服务器响应报文通过防火墙，还需要定义另一条安全策略。通过第二条安全策略，WWW 服务器回应报文允许通过防火墙到达 PC，访问成功，如表 9-4 所示。

表 9-4　防火墙安全策略 2

编　号	源 地 址	源 端 口	目 的 地 址	目 的 端 口	动　作
1	192.168.2.10	any	200.1.2.10	80	Permit
2	200.1.2.10	80	192.168.2.10	Any	Permit

包过滤方式中，第二条安全策略存在一个问题，PC 正对服务器开放的所有端口，如果外部攻击者伪装成服务器，则可以穿过防火墙，PC 机收到严重的安全威胁。而状态检查方式中，不需要定义第二条安全策略，具有较高的安全性。

4. 会话与会话表

对于状态检测防火墙，当 PC 通过防火墙访问服务器时，状态检测防火墙就会建立会话，并记录在防火墙会话表中。会话表中源地址、源端口、目的地址、目的端口和协议组成的五元组信息。五元组构成会话标识的重要信息，五元组信息相同的报文被认为是同一个数据流，可以确定为一条连接。可以通过 display firewall session table 命令可以查看会话表信息，当 PC 访问服务器时，利用此命令，会发现防火墙中会话表项，如图 9-6 所示。

```
[FW]display firewall session table
22:20:00  2019/02/16
 Current Total Sessions : 2
  ftp  VPN:public --> public 192.168.2.10:2051-->200.1.2.10:21
  http  VPN:public --> public 192.168.2.10:2060-->200.1.2.10:80
```

图 9-6　防火墙中会话表项

会话表项中，http 和 ftp 表示协议，192.168.2.10:2060 表示源 IP 地址和源端口，200.1.2.10:80 表示目的 IP 地址和目的端口。会话表中“->”符号可以直观地区分源和目标。

另外，利用 display firewall session table verbose 命令，可以看到会话更多的信息，其中有一项 TTL，即为会话信息在会话表中的老化时间，当会话表中某条记录长时间未被后续报文命中（超过老化时间）时，该会话表项将会被删除。

可以通过 firewall-nat session app-protocol aging-time time-value 命令配置防火墙中相关应用协议在会话表中的老化时间。

9.3.4　安全策略

安全策略是防火墙中基于安全区域之间的访问定义的访问规则。安全策略在防火墙中扮演重要的角色，只有安全策略允许报文通过，报文才可以在安全区域之间流动，否则报文将被丢弃。

一般情况下，安全策略仅对单播报文进行控制，对组播和广播报文不做控制，直接转发。因此，对于路由协议，RIP 协议和 IS-IS 协议不受安全策略控制，而 OSPF 既采用单播也采用组播方式，因此 OSPF 协议受到安全策略的控制，BGP 协议采用单播报文，因此也受到安全策略的控制。另外还有一些特殊协议，如 BFD 协议、DHCP 协议、LDP 协议，它们既有单播报文传输，也存在组播报文传输，因此受到安全策略控制。对于这一类特殊报文，华为防火墙通过 firewall packet-filter basic-protocol enable 命令用来开启基于 BGP、LDP、BFD、DHCP 单播报文以及 OSPF 单播报文的安全策略控制开关。通过 undo firewall packet-filter basic-protocol enable 命令用来关闭基于 BGP、LDP、BFD、DHCP 单播报文以及 OSPF 单播报文的安全策略控制开关。

开启该功能后，这些报文的转发才可以受安全策略控制，可通过配置安全策略或者默认包过滤规则来控制这几种类型报文的转发。关闭该功能后，设备将直接转发这些报文，即使已配置动作为 deny 的安全策略，也不生效。

这类特殊报文，是否受安全策略的控制，还与防火墙产品具体型号默认配置相关。例如，USG6009、USG9500 系列防火墙，默认情况下，基于 BGP、LDP、BFD、DHCP 单播报文以及 OSPF 单播报文的安全策略控制开关是关闭的，不受安全策略的控制。而 USG2000/5000 系列防火墙，默认情况下，基于 BGP、LDP、BFD、DHCP 单播报文以及 OSPF 单播报文的安全策略控制开关是开启的。

1. 基本概念

继续采用简单防火墙网络，如图 9-5 所示，PC 和 WWW 服务器位于不同的网络，分别与防火墙连接，PC 位于 Trust 区域，服务器位于 Untrust 区域。当 PC 要访问服务器浏览网页时，必须配置一条安全策略，允许 PC 访问服务器的报文通过。

这条安全策略用语言描述为：允许 Trust 安全区域源地址为 192.168.2.10 的 PC 通过 HTTP 协议访问 Untrust 安全区域地址为 200.1.2.1 服务器的报文通过。用安全策略的方式表示，报文中源地址、源端口、目的地址、目的端口，以及协议（HTTP）为条件，执行的动作是允许（Permit）。

也就是说，安全策略是基于安全区域间关系来体现的，其内容由条件和动作两部分组成。

① 条件：检查报文的依据，防火墙将报文中携带的信息与条件进行对比，以此来判断报文信息与条件是否匹配。

② 动作：对匹配后的报文执行的操作，包括允许（Permit）和拒绝（Deny）操作。一条安全策略只能有一个动作。

2. 匹配顺序

安全策略之间是存在先后顺序的，防火墙在两个安全区域之间转发报文时，会按照从上到下的顺序逐条查找安全策略，如果报文信息匹配了某条安全策略，就会执行该安全策略中的动作，不会再继续向下查找。

基于此，在配置安全策略时，要先配置匹配范围小、条件精确的安全策略，然后再配置匹配范围大、条件宽泛的安全策略。

3. 默认包过滤（默认安全策略）

默认包过滤本质上是一种安全策略，也就是默认安全策略。默认包过滤中没有具体条件，它对所有的报文均生效，它的动作也是允许和拒绝通过两种。默认包过滤的条件最宽泛，所有的报文都可以匹配，所以防火墙把默认包过滤作为最后的安全策略。报文没有命中任何一条安全策略，最后就命中默认包过滤，执行默认包过滤中的配置的动作。

默认情况下，默认包过滤的动作是拒绝（Deny），也就是说，没有配置任何安全策略的情况下，防火墙是不允许报文在安全区域之间流动的。有时，为了简化配置，可以把默认包过滤的动作配置为允许通过，即允许所有报文通过。

在华为 UTM 防火中可以使用 firewall packet-filter default 命令配置包过滤默认动作为允许（Permit）通过。

4. 安全策略发展变化

华为设计生产了状态检测防火墙、UTM 防火墙、下一代防火墙。华为防火墙安全策略也经历了 3 个阶段：基于 ACL 的包过滤阶段、融合 UTM 的安全策略阶段、一体化安全策略阶段。

华为防火墙安全策略的发展历程有几个特点：

一是匹配条件越来越精细，从传统的基于 IP 地址、端口来识别报文，发展到下一代防火墙基于用户、应用、内容来识别报文，识别能力越来越强。

二是动作越来越多，从简单的允许/拒绝报文通过，发展到对报文进行多种内容安全检查，处理手段越来越多。

三是配置方式改进，从配置访问控制列表 ACL，到融合 UTM 的安全策略，在到配置一体化安全策略，越来越简单，易于理解。

（1）基于 ACL 的包过滤

基于 ACL 的包过滤是防火墙早期的实现方式，例如，华为防火墙 USG2000/5000 系列早期版本 V100R003，以及 AR 系列路由的防火墙功能。实现包过滤的关键技术是访问控制列表，而访问控制列表 ACL 中包含若干条规则（Rule），每条规则中定义了条件和动作，规则中的条件只能基于 IP 地址、端口号、协议类型等参数，动作为允许（Permit）和拒绝（Deny）。配置基于 ACL 的包过滤时，必须事先配置 ACL，然后在安全域间引用。

基于 ACL 的包过滤规则如图 9-7 所示。基于 ACL 的包过滤的 ACL 规则遵循从上到下逐条查找的匹配顺序。如果没有匹配的规则，则匹配默认包过滤规则。

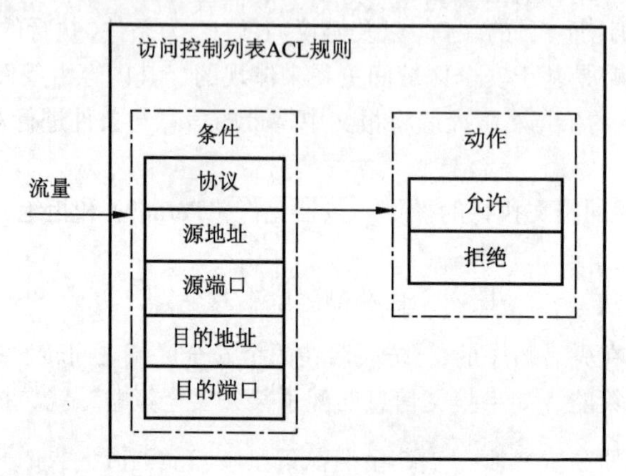

图 9-7　基于 ACL 的包过滤规则

例如，要求 Trust 安全区域到 Untrust 安全区域的方向上，拒绝源地址为 192.168.2.5 的报文通过，允许源地址是 192.168.2.0/24 网络，目的地址是 200.1.2.0/24 网络的报文通过，采用基于 ACL 的包过滤。配置如下：

```
[FW]ACL 3000
[FW-acl-adv-3000] rule 5 deny ip source 192.168.2.5 0.0.0.0
[FW-acl-adv-3000] rule 10 permit ip source 192.168.2.0 0.0.0.255 destination
200.1.2.0 0.0.0.255
[FW-acl-adv-3000] rule 15 deny ip source any
[FW] firewall interzone trust untrust
[FW-interzone-trust-untrust] packet-filter 3000 outbound
```

（2）融合 UTM 安全策略

随着华为 UTM 产品推出，例如，华为 USG2000/5000 系列防火墙 V300R001 版本采用的就是 UTM 的安全策略。UTM 系列的华为防火墙的安全策略可以直接定义条件和动作，而无须采用访问控制列表 ACL 技术。另外，安全策略的动作允许通过时，还可以应用防病毒（AV）、入侵检测（IPS）等 UTM 策略，对报文进行进一步的检测。

注意：UTM 设备更多的是体现功能集成，将传统防火墙、入侵防御设备、反病毒设备等集成到一个硬件。UTM 设备的多个安全功能之间的紧密度不高，报文匹配安全策略的匹配条件后，采取串行方式逐一进入各个 UTM 模块进行检测和处理，如果同时开启多个安全功能，设备性能往往大幅下降。

融合 UTM 安全策略有条件、动作和 UTM 策略组成，在安全策略的条件中出现了服务集（Service-Set）的概念，代替了协议和端口，安全策略中已经内置了一下服务集，可以直接引用。例如，service-set：ftp 标识 tcp 协议和端口 21，等等。

融合 UTM 安全策略也遵循从上到下的顺序逐条查找的匹配顺序。融合 UTM 安全策略构成如图 9-8 所示。

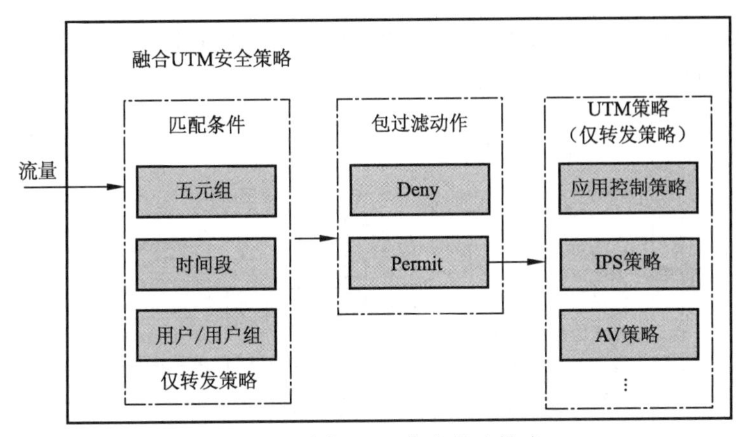

图 9-8　融合 UTM 安全策略构成

配置融合 UTM 的安全策略时，在策略中直接配置条件和动作，如果需要对报文进行 UTM 检测，还需要配置 UTM 策略，在动作为允许通过的安全策略中引用 UTM 策略。

例如，要求 Trust 安全区域到 Untrust 安全区域的方向上，拒绝源地址为 192.168.2.5 的报文通过，允许源地址是 192.168.2.0/24 网络，目的地址是 200.1.2.0/24 网络的报文通过，采用融合 UTM 安全策略。配置如下：

```
[FW] Policy interzone trust untrust outbound
[FW-policy-interzone-trust-untrust-outbound] policy 1
[FW-policy-interzone-trust-untrust-outbound-1] policy source 192.168.2.5
0.0.0.0
[FW-policy-interzone-trust-untrust-outbound-1] action deny
[FW-policy-interzone-trust-untrust-outbound] policy 2
[FW-policy-interzone-trust-untrust-outbound-2] policy source 192.168.2.0
0.0.0.255
[FW-policy-interzone-trust-untrust-outbound-2] policy destination
200.1.2.0 0.0.0.255
[FW-policy-interzone-trust-untrust-outbound-2] action permit
[FW-policy-interzone-trust-untrust-outbound] policy 3
[FW-policy-interzone-trust-untrust-outbound-1] policy source any
[FW-policy-interzone-trust-untrust-outbound-1] action deny
```

（3）NGFW 一体化安全策略

随着华为推出下一代防火墙（NGFW），华为的安全策略发展到一体化安全策略，目前华为 USG6000 系列防火墙支持一体化安全策略。

注意：下一代防火墙 NGFW，对一体化、应用识别与管控、高性能等要求更高。安全策略充分体现了这些特质。NGFW 架构是建立在智能感知引擎之上，能做到一次识别与解码，并行处理送到不同安全模块，避免 UTM 将数据包送到不同安全模块反复解码串行处理，优化了 CPU 的处理性能，性能明显提高。

所谓一体化安全策略，主要包括两方面内容：一是配置上的一体化，安全功能 AV、IPS、URL 过滤、邮件过滤等可以在安全策略中引用安全配置文件来实现，降低了配置难度；二是业务处理一体化，安全策略对报文进行一次检测，多业务并行处理，提高了防火墙系统性能。

一体化安全策略除了基于传统的五元组信息之外，还可以基于应用、内容、时间、用户、威胁、位置等 6 个维度来识别实际的业务环境，实现访问控制和安全监测。一体化安全策略由条件、动作和配置文件组成，如图 9-9 所示。其中配置文件的作用是对报文进行安全内容检测，只有动作是允许通过才能应用配置文件。

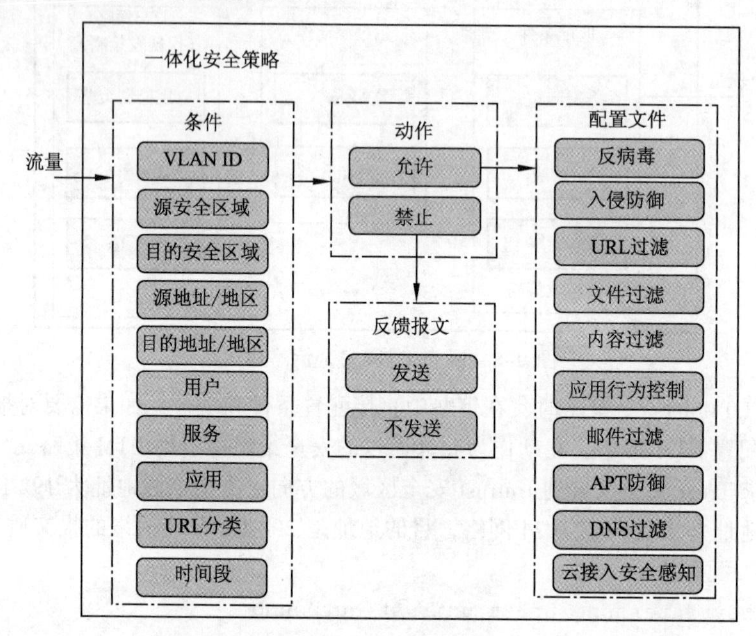

图 9-9　一体化安全策略

与前两个阶段的安全策略相比，一体化安全策略是基于全局范围，而不再基于安全域间。默认安全策略中默认动作是拒绝，全局生效，不再区分域间。配置多条一体化安全策略，防火墙遵循从上到下的顺序逐条查找安全策略的匹配顺序。

下面给出以一体化安全策略配置示例。例如：要求 Trust 安全区域到 Untrust 安全区域的方向上，拒绝源地址为 192.168.2.5 的报文通过，允许源地址是 192.168.2.0/24 网络，目的地址是 200.1.2.0/24 网络的报文通过，采用一体化安全策略。配置如下：

```
[FW] security-policy
[FW-policy-security] rule name policy1
[FW-policy-security-rule-policy1] source-zone trust
[FW-policy-security-rule-policy1] destination-zone untrust
[FW-policy-security-rule-policy1] source-address 192.168.2.5 32
[FW-policy-security-rule-policy1] action deny
[FW-policy-security] rule name policy2
[FW-policy-security-rule-policy2] source-zone trust
[FW-policy-security-rule-policy2] destination-zone untrust
[FW-policy-security-rule-policy2] source-address 192.168.2.0 24
[FW-policy-security-rule-policy2] destination-address 200.1.2.0 24
[FW-policy-security-rule-policy2] action permit
[FW-policy-security] rule name policy3
[FW-policy-security-rule-policy3] source-zone trust
[FW-policy-security-rule-policy3] destination-zone untrust
[FW-policy-security-rule-policy3] source-address any
[FW-policy-security-rule-policy3] action deny
```

9.3.5 黑名单与白名单

1. 黑名单

黑名单，指根据报文源 IP 地址进行过滤的一种方式。同安全策略相比，由于进行匹配的域非常简单，可以以很高的速度实现报文的过滤，从而有效地将特定 IP 地址发送来的报文屏蔽，同时支持用户静态配置黑名单和防火墙动态生成黑名单。

用户可以配置静态和动态黑名单的老化时间。无论命中的黑名单的数据包是否为安全策略允许的访问，防火墙对此类数据包都予以丢弃。

执行 firewall blacklist enable [acl-number acl-number]命令，开启黑名单功能。设备在使用 IP 地址扫描攻击防范功能、端口扫描攻击功能、TCP 全连接防范功能之后，会将识别出来的攻击者的 IP 地址下发到黑名单当中。

执行 firewall blacklist ip-address [expire-time minutes]命令，用于静态添加黑名单表项。

如果开启黑名单命令行指定了 acl-number，USG 还会把加入黑名单的 IP 地址与 ACL 规则进行匹配，如果 ACL 的动作为 Permit，则即使这些 IP 被加入了黑名单，也会被放行；如果 ACL 的动作为 Deny，则来自这些 IP 地址的报文都会被丢弃。

2. 白名单

在防火墙上加入白名单的主机不会再被加入动态和静态黑名单，使用 IP 地址来表示一个白名单项。白名单主要用在网络上的特定设备发出的合法业务报文具备 IP 扫描攻击和端口扫描攻击特性的场合，防止该特定设备被防火墙加入黑名单。白名单只有静态的。

执行 firewall whitelist ip-address [expire-time minutes]命令，用于添加白名单表项。如果用户将某个主机 IP 地址加入防火墙白名单，防火墙就不会对该主机发出的报文进行 IP 扫描攻击和端口扫描攻击检查，也不会将其 IP 地址生成动态黑名单，也不允许用户将白名单主机添加到静态黑名单中。用户可以配置白名单的老化时间。

9.3.6 ASPF 技术

ASPF（Application Specific Packet Filter，应用层包过滤）是一种应用层状态检测技术，它主要是针对应用层的包过滤。ASPF 不仅支持对 IP 层的数据包依据安全策略进行过滤，还支持传输层协议检测和 ICMP、RAWIP 协议检测，以及对应用层协议检测。另外，ASPF 还支持一些增强性的安全功能，如端口映射、Java 阻断、Active 阻断等。

1. 传输层协议检测

传输层协议检测即通用 TCP/UDP 检测。通用 TCP/UDP 检测与应用层协议检测不同，是对报文的传输层信息进行的检测，如源、目的地址及端口号等。通用 TCP/UDP 检测要求返回到 ASPF 外部接口的报文要与前面从 ASPF 外部接口发出去的报文完全匹配，即源、目的地址及端口号恰好对应，否则返回的报文将被阻塞。因此，对于 FTP 这样的多通道应用层协议，在不配置应用层检测而直接配置 TCP 检测的情况下会导致数据连接无法建立。

TCP 检测，是指 ASPF 检测 TCP 连接发起和结束的状态转换过程，包括连接发起的 3 次握手状态和连接关闭的 4 次握手状态，然后根据这些状态来创建、更新和删除设备上的会话信息。TCP 检测是其他基于 TCP 的应用协议检测的基础。

UDP 协议没有状态的概念，ASPF 的 UDP 检测是指针对 UDP 连接的地址和端口进行的检测。

UDP 检测是其他基于 UDP 的应用协议检测的基础。

2. 应用层检测和多通道检测

要理解基于应用的状态检测技术，还要搞清楚两个概念：一是单通道协议；二是多通道协议。

① 单通道协议：从会话建立到删除的全过程中，只有一个通道参与数据交互，如 HTTP。

② 多通道协议：包含一个控制通道和若干其他控制或数据通道，即控制信息的交互和数据的传送是在不同的通道上完成的，如 FTP、RTSP。

状态检测防火墙，一旦防火墙允许报文通过，就会建立会话表，并将会话信息保存在会话表中。对于单通道协议的应用，ASPF 通过会话表（Session-Table）来维护一个连接某一时刻所处的状态信息，并依据该连接的当前状态来匹配后续的报文。

对于多通道的应用，除了通过会话表对应用协议的状态进行检测外，ASPF 还会临时建立一个临时状态表，对应用连接协商的数据通道状态进行记录，用于匹配后续数据通道的第一个报文。同时，防火墙生成这条数据通道的会话信息，后续数据报文通过匹配会话表项而转发，不再需要重新匹配 server-map 表项。文件传输协议 FTP 是一个多通道协议。下面以 FTP 协议为例简要说明 ASPF 状态检测的实现，其他多通道协议与之类似。

FTP 协议会先使用约定的端口（TCP 端口 21）来初始化一个控制连接，然后再动态地选择用于数据传输的端口，建立数据连接。对于未开启 ASPF 状态检查的防火墙来说，无法检测到动态端口上进行的连接，而开启 ASPF 状态检测防火墙，则能够检测分析出数据连接与控制连接的关系，并通过建立临时状态表项记录 FTP 应用的每个数据连接的状态信息，并通过匹配临时状态表中状态信息进行匹配而允许或拒绝数据通过，从而简化安全策略的配置并确保安全性。

ASPF 功能决定了很多特殊的协议是否能够被防火墙正常转发，所以，当网络中存在类似 FTP 的多通道协议时，开启相应的 ASPF 功能能够保证网络的正常通信。以 USG2000/5000 系列防火墙为例，目前支持开启 ASPF 功能的协议有 DNS、FTP、H.232、ICQ、MGCP、MMS、MSN、NETBOIS、PPTP、QQ、TSP、SIP 等。

9.4 防火墙高级安全功能

防火墙的主要作用是保护特定网络免受不信任网络的攻击，这是防火墙最基本的安全功能。这一节简要介绍防火墙的高级安全功能，包括攻击防范、NAT 功能、VPN 功能等。

9.4.1 防火墙攻击防范

提到网络攻击，首先要说的就是拒绝服务 DoS 攻击和分布式拒绝服务 DDoS 攻击。因此，防范 DoS/DDoS 攻击是防火墙的基本功能。

1. DoS 攻击

DoS（Denial of Service，拒绝服务）攻击的目的是使计算机或网络无法正常提供服务。最常见的 DoS 攻击是单包攻击，单包攻击一般都是以个人为单位的攻击，攻击报文比较单一。单包攻击一般可以分为三大类：畸形报文攻击、扫描类攻击、特殊控制类报文攻击。畸形报文攻击，如 Ping of Death 攻击、Land 攻击、IP 欺骗攻击等；扫描类攻击，如 IP 地址扫描攻击、单口扫描攻击等；特殊控制报文攻击，如超大 ICMP 报文攻击、Tracert 报文攻击等。

DoS 攻击中的单包攻击是防火墙具备的最基本的防范功能。华为全系列防火墙都支持单包报文攻击。

2. DDoS 攻击

目前，单包攻击在网络中所占比例并不高，最主流的攻击其实是 DDoS（Distributed Denial of Service，分布式拒绝服务）攻击。DDoS 攻击是指攻击者通过控制大量的僵尸主机（感染僵尸程序病毒，从而被黑客程序控制的计算机设备），向被攻击目标发送大量精细构造的攻击报文，造成被攻击者所在网络的链路堵塞、系统资源耗尽，从而使被攻击者产生拒绝向正常用户的请求提供服务的效果。

DDoS 攻击种的种类比较多，其中主要是传输层流量型攻击和应用层流量型攻击。华为防火墙支持的 DDoS 攻击包括 SYN Flood、UDP Flood、ICMP Flood 等流量型攻击，以及 HTTP Flood、HTTPS Flood、DNS Flood 等应用层流量型攻击。

9.4.2　防火墙 NAT 功能

NAT（Network Address Translation，网络地址转换）不仅能解决 IP 地址不足的问题，还能够有效地避免来自网络外部的攻击，隐藏并保护网络内部的计算机。因此，NAT 功能是作为网络出口设备防火墙重要的功能之一。

网络地址转换支持对源 IP 地址进行转换，也支持对目的 IP 地址进行转换。

对源 IP 地址进行转换，即源 NAT，即通过对报文的源地址进行转换，使大量私网用户可以利用少量公网 IP 地址上网，大量减少对公网 IP 地址的需求。华为防火墙支持源 NAT 包括 NAT NO-PAT（一对一方式）、NAPT（多对一方式）、easy-ip（多对一）、Smart-NAT（一对一，预留 IP 做多对一方式，高端防火墙支持）等方式。

对目的 IP 地址的转换，用于内部服务对公网提供服务时，是公网用户对私网发起的访问。NAT 转换的目标有报文的源地址变为目的地址，这种正对内部服务器地址的转换，是对目的地址转换，华为称为 NAT Server（服务器映射）。

注意：防火墙配置 NAT Server 之后，也会生成临时状态表 Server-map 保存映射关系，不过 NAT Server 的 Server-map 表项是静态的，只有当 NAT Server 配置被删除后，对应的 Server-map 表项才会被删除。

9.4.3　防火墙 VPN 功能

VPN（Virtual Private Network，虚拟私有网络）是指在公用网络上建立一个私有的、专用的虚拟通信网络。在企业网络中 VPN 广泛应用于分支机构和出差员工连接公司总部网络。防火墙作为企业网网络出口设备，必定也具备 VPN 功能。

1. VPN 分类

（1）依据 VPN 建设单位分类

VPN 根据建设单位的不同可以分为两类：一类是运营商建设的 VPN；另一类是企业自己建设的 VPN。

运营商建设的 VPN 网络，主要是 MPLS VPN，如联通、电信提供的 MPLS VPN 专线服务。采用 MPLS VPN 专线比传统的租用线路成本低。

企业自建的 VPN 网络，包括 GRE VPN、L2TP VPN、IPSec VPN、SSL VPN 等，这类 VPN 没有 VPN 专线租用费，另外企业在网络控制方面享有更多的自主权。

（2）根据应用场景分类

VPN 根据应用场景不同分为三类：一类是远程访问 VPN（Access VPN）；一类是企业内部 VPN（Intranet VPN）；还有一类是合作伙伴 VPN（Extranet VPN）。

远程访问 VPN 适用于企业出差用户使用，Intranet VPN 和 Extranet VPN 的不同在于访问公司内部资源的权限不同。

（3）按照 VPN 技术实现的网络层次分类

按照 VPN 技术实现的网络层不同分为三类：一是数据链路层 VPN，包括 L2TP/L2F/PPTP 等 VPN，其中主要采用 L2TP VPN 技术；一类网络层 VPN，包括 GRE VPN 和 IPSec VPN 技术；另一类是应用层 VPN，主要是 SSL VPN 技术。

2. VPN 关键技术

VPN 的关键技术涉及隧道技术、加密技术、密钥管理技术，以及身份认证技术。

① 隧道技术：隧道技术是 VPN 的基本技术，类似于点到点连接技术。它的基本过程就是利用隧道协议将数据“封装”后通过公网传输到目的地后再对数据“解封装”。“封装/解封装”过程本身就可以为原始报文提供安全防护功能，被封装的数据包在互联网上传递时所经过的逻辑路径称为“隧道”。

② 加解密技术：加解密技术是最常用的安全保密手段，利用技术手段把重要的数据变为乱码（加密）传送，到达目的地后再用相同或不同的手段还原（解密）。加解密技术是数据通信中一项较成熟的技术，VPN 可直接利用现有技术。

③ 密钥管理技术：密钥管理的主要任务是如何在公用数据网上安全地传递密钥而不被窃取。现行密钥管理技术又分为 SKIP（简单密钥交换协议）与 ISAKMP/OAKLEY（互联网安全关联和密钥管理协议）两种。

④ 身份认证技术：身份认证技术主要是采用用户名与密码进行认证，以保证用户的合法性。身份认证技术主要用于远程接入 VPN（Access VPN）。

3. 常用 VPN 适用场景

企业常用的 VPN 包括 GRE VPN、L2TP VPN、IPSec VPN 和 SSL VPN，它们的适用场景如表 9-5 所示。

表 9-5 各类 VPN 适用场景

协议	保护范围	适用场景	用户身份认证	加密和验证
GRE	IP 层及以上数据	Internet VPN	不支持	支持简单验证
L2TP	IP 层及以上数据	Access VPN Extranet VPN	支持基于 PPP 的认证	不支持
IPSec	IP 层及以上数据	Access VPN Internet VPN Extranet VPN	支持	支持
SSL VPN	应用层特定数据	Access VPN	支持	支持

9.5 防火墙配置方法

华为设计生产了状态检测防火墙、UTM 防火墙、下一代防火墙。华为防火墙安全策略也经历了 3 个阶段：基于 ACL 的包过滤阶段、融合 UTM 的安全策略阶段、一体化安全策略阶段。

目前，华为 AR 路由器的防火墙功能支持基于 ACL 包过滤，USG2000/5000 系列防火墙支持融合 UTM 的安全策略，USG6000 系列支持一体化安全策略。

下面首先介绍 AR 路由器基于 ACL 包过滤的防火墙功能配置方法，然后介绍 USG5000 系列支持的 UTM 安全策略防火墙功能配置方法，最后介绍 USG6000 系列支持的一体化安全策略防火墙功能配置方法。

9.5.1 AR 路由器的包过滤配置

华为 AR 路由器支持部分防火墙功能，对于没有专门购买防火墙的单位，可以使用 AR 路由防火墙功能提供出口安全保护。AR 路由防火墙功能配置包括包过滤参数功能配置和包过滤配置。根据需要还可以配置黑名单、白名单、攻击防范等。

1. 包过滤参数配置

包过滤参数包括安全区域配置、安全域间配置、开启路由器防火墙功能等。

（1）创建安全区域并将接口添加的安全区域

当 AR 路由器需要配置防火墙业务时，必须先创建相关的安全区域，根据不同安全区域间的优先级关系来确定安全业务的部署。设备认为在同一安全区域内部发生的数据流动是可信的，不需要实施任何安全策略。只有当不同安全区域之间发生数据流动时，才会触发防火墙的安全检查，并实施相应的安全策略。

创建安全区域必须指定优先级，且指定后不能修改，否则不能进行其他配置。所有安全区域的优先级都不能相同，值越大，则该区域的优先级越高。AR 路由器中安全区域优先级的取值范围为 0~15。其中 local 优先级最高，默认为 15。

需要配置将接口加入安全区域，防火墙才能起作用。设备会自动创建一个名为 Local 的安全区域，优先级最高。此安全区域不能被删减，优先级也不能变更，也不能加入接口。如果需要对本设备处理的控制报文应用防火墙功能时，可以使用 Local 域。

① 在进入系统视图时，执行 firewall zone zone-name 命令，创建安全区域，然后执行 priority security-priority 命令，配置安全区域优先级。

② 在接口视图下，执行 zone zone-name 命令，将接口加入安全区域。每个安全域可以有多个接口，但每个接口只能加入一个域。

（2）创建安全域间并使能防火墙功能

任何两个安全区域都构成一个安全域间（Interzone），并具有单独的安全域间视图，大部分防火墙都在安全域间视图下进行配置。配置了防火墙的功能后，设备对这两个安全区域之间发生流动的数据进行检查。

安全域间的数据流动具有方向性，包括入方向（Inbound）和出方向（Outbound）。

① 入方向：数据由低优先级的安全区域向高优先级的安全区域传输。

② 出方向：数据由高优先级的安全区域向低优先级的安全区域传输。

只有在安全域间使能防火墙功能后，所配置的所有防火墙功能才能生效。注意，当安全域间包含 local 域时，为使该域间防火墙功能生效，必须在系统视图下执行 ip soft-forward enhance enable 命令使能设备的 IP 增强转发功能。

③ 在系统视图下，执行 firewall interzone zone-name1 zone-name2 命令，创建安全域间。创建安全域间必须指定两个已存在的安全区域。

④ 执行 firewall enable 命令，使能防火墙功能。默认情况下，安全域间的防火墙功能未使能。

（3）配置防火墙会话表老化时间

对于通过防火墙的 TCP、UDP、ICMP 等协议的数据流都会建立会话表，用于记录协议的连接状态。会话表中含有老化时间，当其中某条记录长时间未被后续报文命中（超过老化时间）时，该会话表项将会被删除。如果需要修改某协议会话的老化时间，可以进行防火墙会话表老化时间的配置。

在系统视图下，执行 firewall-nat session { dns | ftp | ftp-data | http | icmp | tcp | tcp-proxy | udp | sip | sip-media | rtsp | rtsp-media | pptp | pptp-data } aging-time time-value 命令，配置防火墙会话表老化时间。建议使用默认老化时间。

2. ACL 包过滤配置

（1）默认过滤方式

注意：AR 路由器防火墙功能在默认情况下，outbound 方向为允许任何报文通过，inbound 方向为拒绝任何报文通过。

如果域间出或入方向配置了 ACL 过滤规则，则按照 ACL 规则进行报文过滤，如果报文不能匹配 ACL，则按照默认的规则进行。

在安全域间视图下，执行 packet-filter default {deny | permit} {inbound | outbound}命令，设置包过滤的默认过滤方式。

更改防火墙安全域间的过滤配置后，建议使用 reset firewall session all 命令清除现有的防火墙会话表项，否则由于更改期间的规则更新，可能会导致部分会话不能按照过滤规则执行正确的过滤动作。

（2）配置 ACL 包过滤

ACL 包过滤可以在两个安全区域之间发生数据流动时，根据 ACL 规则实施过滤策略。

① 在系统视图下，执行 acl [number] acl-number [match-order { config | auto }]命令，创建一个访问控制列表并进入其视图。执行 rule 命令，在 ACL 视图下，配置访问控制规则。

② 执行 firewall interzone zone-name1 zone-name2 命令，进入安全域间视图，然后执行 packet-filter acl-number { inbound | outbound }命令，配置 ACL 包过滤。

在安全域间配置 ACL 包过滤时，可针对出方向和入方向分别配置。

③ 当 ACL 的 rule 配置为 permit 时：

- 如果该 ACL 应用在 inbound 方向，则允许从优先级低到优先级高的安全区域并且匹配该规则的报文通过。
- 如果该 ACL 应用在 outbound 方向，则允许从优先级高到优先级低的安全区域并且匹配该规则的报文通过。

④ 当 ACL 的 rule 配置为 deny 时：

- 如果该 ACL 应用在 inbound 方向，则拒绝从优先级低到优先级高的安全区域且匹配该规则的报文通过。
- 如果该 ACL 应用在 outbound 方向，则拒绝从优先级高到优先级低的安全区域且匹配该规则的报文通过。

⑤ 当 ACL 里未配置 rule 时：

- 如果该 ACL 应用在 inbound 方向，则该 ACL 不生效，设备会拒绝从优先级低到优先级高的安全区域的所有报文通过。
- 如果该 ACL 应用在 outbound 方向，则该 ACL 不生效，设备会允许从优先级高到优先级低的安全区域的所有报文通过。

3. **配置应用层状态检测包过滤**

注意：华为 AR 路由器本身就是状态检测包过滤防火墙，对于 TCP、UDP、ICMP 会话都会建立会话表项，进行状态检测，但 AR 路由器防火墙功能无法对多通道的应用层协议进行状态检测。为此，华为设计了专门针对多通道应用程序的状态进行检测技术——ASPF 技术。

ASPF 是针对应用层的状态检测包过滤，它能够检测试图通过防火墙的应用层协议会话信息，阻止不符合规则的数据报文穿过防火墙。

在系统视图下，执行 firewall interzone zone-name1 zone-name2 命令，进入安全域间视图；执行 detect aspf { all | ftp | http [activex-blocking | java-blocking] | rtsp | sip }命令，配置 ASPF。

应用层协议基本都具有双向交互过程，因此在配置 ASPF 时，无须配置方向，设备自动对双向的数据报文都进行状态检查。

9.5.2　USG 5000 UTM 安全策略配置

华为 USG 5000 UTM 防火采用的是融合 UTM 安全策略，可以直接定义条件和动作，而无须使用访问控制列表技术。同时，安全策略的动作允许通过时，还可以应用防病毒（AV）、入侵检测（IPS）等 UTM 策略，对报文进行进一步的检测。

融合 UTM 安全策略由条件、动作和 UTM 策略组成，在安全策略的条件中出现了服务集（Service-set）的概念，代替了协议和端口，安全策略中已经内置了一个服务集，可以直接引用。下面介绍 USG 5000 UTM 防火墙功能的配置。

1. **公共安全对象配置**

公共安全对象包括时间段、地址集和服务集，用于被 ACL 和安全策略等特性引用，便于集中规划并提高复用率。公共安全对象是可选配置。

（1）时间段

如果需要对某一时间内发生的流量进行匹配和控制，需要先创建时间段定义时间范围，然后才能在策略或规则中引用。时间段包括周期时间段和绝对时间段两种，可以根据需要选择。

在系统视图下，执行 time-range time-name { start-time to end-time days | fromtime1 date1 [to time2 date2] }命令，定义时间段。

（2）地址集

通过源/目的 IP 地址或 MAC 地址对流量进行控制时，可以将连续或不连续的地址加入地址集，然后在策略或规则中引用。合理使用地址集有助于管理员管理散乱的 IP 地址范围以及统一管理多个 MAC 地址，而且方便被不同的特性复用。

① 在系统视图下，执行 ip address-set address-set-name [type { object | group } | vpn-instance vpn-instance-name]命令，创建地址集并进入地址集视图。

② 执行 address [id] { ip-address { 0 | wildcard | mask { mask-address | mask-len } } | range start-ip-address end-ip-address | mac-address }命令，为 Object 类型的地址集添加成员。Group 地址可以嵌套定义地址集，嵌套的地址集可以是 Object 类型，也可以是 Group 类型。

（3）服务集

通过流量的服务类型（端口或协议类型）对流量进行控制时，可以使用预定义的知名服务集，也可以根据端口等信息创建自定义服务集，然后在策略或规则中引用。而且，还可以将多个服务集组合在一起，方便复用。

① 在系统视图下，执行 ip service-set service-set-name [type { object | group } | vpn-instance vpn-instance-name]命令，创建自定义服务集并进入服务集视图。

② 执行 service [id] protocol { udp | tcp | sctp } [source-port { src-port-number-1 [to src-port-number-2] } <1-64> | destination-port { dst-port-number-1 [to dst-port-number-2] } <1-64>]命令，通过端口号范围指定 TCP/UDP/SCTP 协议的协议类型，定义服务集。

2. 配置安全区域

USG 认为在同一安全区域内部发生的数据流动是不存在安全风险的，不需要实施任何安全策略。只有当不同安全区域之间发生数据流动时，才会触发设备的安全检查，并实施相应的安全策略。安全区域安全级别通过 1 ~ 100 的数字表示，数字越大表示安全级别越高。

USG 5000 系列 UTM 防火墙包括 local、trust、untrust、DMZ 四个安全区域，Local 区域安全级别默认为 100，trust 区域安全级别默认为 85，DMZ 区域安全级别默认为 50，untrust 区域安全级别默认为 5。

（1）创建安全区域并将接口加入安全区域

系统默认已经创建了 4 个安全区域：local、trust、untrust、DMZ。但是，如果用户还需要划分更多的安全等级，可以自行创建新的安全区域并定义其安全等级。安全区域创建完成后，还需要将相应接口加入安全区域。

① 在系统视图下，执行 firewall zone [name] zone-name 命令，创建安全区域，并进入安全区域视图。

② 执行 set priority security-priority 命令，配置安全区域的优先级。

③ 配置安全级别时，执行 add interface interface-type interface-number 命令，将接口加入安全区域。

（2）创建安全域间

当一个新的安全区域创建后，其他的区域与该安全区域的域间视图已经自动创建，在系统视图下，执行命令：

```
firewall interzone zone-name1 zone-name2
```

进入两个安全区域的域间视图。进入安全域间后，就可以在安全域间应用各种安全策略，例如配置应用层包过滤（ASPF）等。

3. 安全策略配置

USG 5000 系列防火墙安全策略包括域间安全策略、域内安全策略、接口包过滤规则。

① 域间安全策略。域间安全策略用于对域间流量进行安全检查，包括基本的包过滤检查和 IPS、AV 等 UTM 检查。

② 域内安全策略。默认情况下，同一安全区域内部的数据流都允许通过，可以通过 policy default action {permit |deny }命令，配置域内安全策略的默认动作。这里保持域内安全策略默认设置。

③ 接口包过滤规则。接口包过滤规则用于对没有加入安全域的接口的 IP 报文或基于 MAC 的以太帧通过访问控制列表 ACL 对流量进行过滤。

防火墙安全策略中关键是配置域间安全策略，用于对域间流量进行安全监测，下面给出域间安全策略配置方法。

（1）配置域间缺省包过滤

在系统视图下，可以配置所有域间默认包过滤，也可以设置某个域间包过滤规则。

① 配置防火墙内部的所有域间默认包过滤，firewall packet-filter default { permit | deny } all [direction { inbound | outbound}]。

② 配置防火墙内部的某个域间默认包过滤：firewall packet-filter default { permit | deny } interzone zone-name1 zone-name2 [direction { inbound | outbound }]。

（2）配置域间转发策略

域间转发策略是指控制哪些流量可以经过设备转发的域间安全策略，对域间（除 Local 域外）转发流量进行安全检查，例如，控制哪些 Trust 域的内网用户可以访问 Untrust 域的 Internet。

在 USG 5000 系列 UTM 防火墙中，如果不引用任何 UTM 策略，转发策略相当于简单的包过滤功能，通过配置的动作直接决定是转发还是丢弃符合条件的流量。如果引用 UTM 策略，要求策略动作是 permit 才能进行 UTM 处理。

另外，还可以通过执行 firewall packet-filter basic-protocol enable 命令，开启基于 BGP、LDP、BFD 以及 OSPF 单播报文的安全策略控制开关，使限制协议类型的安全策略能够控制这几种协议报文的转发。

在系统视图下，执行命令：

```
policy interzone zone-name1 zone-name2 { inbound | outbound }
```

进入防火墙的域间安全策略视图，然后执行以下命令配置转发策略。以下配置中除配置命令后面标注“必选”字样外，其他命令都是可选配置。

① 执行 policy step step-value 命令，配置安全策略 ID 的步长。默认情况下，步长为 5。

② 执行 Policy [policy-id] 命令，创建转发策略，并进入策略 ID 视图。（必选）

③ 执行 policy source { source-address { source-wildcard | 0 | mask { mask-address | mask-len } } | address-set { address-set-name} &<1-256> | range begin-address end-address | mac-address | any } 命令，指定需要匹配流量的源地址。

④ 执行 policy destination { destination-address { destination-wildcard | 0 | mask { mask-address | mask-len } } | address-set { address-set-name } &<1-256> | range begin-address end-address | mac-address | any }命令，指定需要匹配流量的目的地址。

⑤ 执行 policy service service-set { service-set-name } &<1-256>命令，指定需要匹配流量的服务集，也就是限制端口或协议类型。

⑥ 执行 policy { user user-name | user-group user-group-name }命令，指定匹配流量的用户身份，可以是发送或接收流量的用户。

⑦ 执行 policy time-range time-name 命令，配置策略生效的时间段。

⑧ 执行 action { permit | deny }命令，配置对匹配流量的包过滤动作。（必选）

⑨ permit：报文通过了包过滤的检查，如果没有引用其他 UTM 策略就直接转发，如果引用了 UTM 策略就继续进行 UTM 检查。

⑩ deny：直接丢弃报文。

⑪ 引用 UTM 策略，对流量进行 UTM 相关检查。

⑫ 执行 policy ips policy-name 命令，配置安全策略引用的 IPS 策略，对域间流量进行入侵检查。

⑬ 执行 policy av policy-name 命令，配置安全策略引用的 AV 策略，对域间流量进行病毒检查。

⑭ 执行 policy web-filter policy-name 命令，配置安全策略引用的 Web 过滤策略，过滤禁止访问的 URL、Web 页面内容和搜索关键字等。

⑮ 执行 policy mail-filter policy-name 命令，配置安全策略引用的邮件过滤策略，过滤禁止收发的邮件。

⑯ 执行 policy ftp-filter policy-name 命令，配置安全策略引用的 FTP 过滤策略，过滤禁止上传下载的文件、FTP 访问动作等。

4. 配置应用层包过滤（ASPF）

ASPF 是针对应用层的包过滤。ASPF 的原理是通过检测通过设备的报文的应用层协议信息，自动维护相应的 server map 表项，使得某些在基本包过滤功能中没有明确定义要放行的报文也能够得到正常转发。ASPF 的功能是 USG 安全规则检查的重要组成部分。ASPF 的实现基础是 server-map 表。

当需要设备转发多通道协议报文时，需要在域间配置相应的 ASPF 功能。配置如下：

在系统视图下，执行 firewall interzone zone-name1 zone-name2 命令，进入安全域间视图。

① 如果需要检测设备目前支持的知名协议，执行 detect protocol 命令；默认情况下，USG5000 设备开启 ftp、pptp 以及 rtsp 协议的 ASPF 功能。

② 如果需要检测自定义协议，执行 detect user-defined acl-number { inbound | outbound }命令，配置自定义协议的 ASPF 功能。其中，引用自定义协议的 ACL 应当预先创建完成。

③ 如果需要检测并阻断下载 ActiveX 控件或 Java 控件，可执行 detect { activex-blocking | java-blocking }命令。

另外，需要对 QQ、MSN、User-define 等 STUN（Simple Traversal of UDP over NAT，NAT 的 UDP 简单穿越）类型协议的 ASPF 作用范围进行一步限定的情况下，通过执行 aspf packet-filter acl-number { inbound | outbound }命令，配置命中三元组 server-map 表的报文过滤规则。

命令 aspf packet-filter acl-number { inbound | outbound }的功能与包过滤功能类似。包过滤功能可以通过检测报文的五元组信息决定是否转发报文和建立会话，aspf packet-filter 命令则可以对命中 server-map 表的数据进行 ACL 包过滤，将不允许通过的报文丢弃。

由于 ASPF 功能建立的 server-map 表项放宽了会话的五元组限制，在保证业务得到转发的同时，也使得某些端口的访问被放开，存在一定的安全隐患。所以一方面，在配置 ASPF 功能时，用于匹配流量的 ACL 配置得越精确越好：另一方面，对于已经建立了 server-map 表项的报文，虽然不会进行包过滤规则的检查，但是通过 aspf packet-filter 命令，也可以阻止其中的一部分报文被转发。

5. 配置攻击防范

计算机网络中存在多种攻击类型，如果不能了解这些攻击的攻防原理，而直接开启所有的攻击防范功能，不仅大量消耗系统资源，还可能影响正常业务。所以，在配置攻击防范之前，必须先了解一些网络攻击的基本原理。

通常的网络攻击，一般是侵入或破坏网上的服务器（主机），盗取服务器的敏感数据或占用网络带宽，干扰破坏服务器对外提供的服务。也有直接破坏网络设备的网络攻击，这种破坏影响较大，会导致网络服务异常，甚至中断。

前面介绍过网络攻击，主要是 DoS/DDoS 攻击。其中 DoS 攻击最常用的攻击是单播攻击，包括扫描窥探攻击、畸形报文攻击和特殊报文攻击三类，DDoS 攻击主要是流量类攻击，也可以说网络攻击主要分为流量型攻击、扫描窥探攻击、畸形报文攻击和特殊报文攻击四大类。华为 USG 防火墙通过多层过滤技术可以有效防御各种攻击，精准区别各种攻击流量和正常流量，并能采取相应的措施保护内部网络免受恶意攻击，保证内部网络及系统的正常运行。

表 9-6 以表格形式给出部分攻击防范的配置。

表 9-6　部分攻击防范的配置

功　　能	命 令 行
开启 SIP Flood 攻击防范（流量型）	firewall defend sip-flood enable
开启 SYN flood 攻击防范	firewall defend syn-flood enable
开启 http flood 攻击防范	firewall defend http-flood enable
开启 ICMP flood 攻击防范	firewall defend icmp-flood enable
开启 ARP Flood 攻击防范	firewall defend arp-flood enable
开启 IP 地址扫描攻击防范（扫描）	firewall defend ip-sweep enable
开启端口攻击扫描攻击防范	firewall defend port-scan enable
开启 Smurf 攻击防范（畸形报文）	firewall defend smurf enable
开启 Land 攻击防范	firewall defend land enable
开启 Fraggle 攻击防范	firewall defend fraggle enable
开启 ARP 欺骗攻击防范	firewall defend arp-spoofing enable
开启 ping of death 攻击防范	firewall defend ping-of-death enable
开启 TCP 报文标志位攻击防范	firewall defend tcp-flag enable
开启 UDP 短头报文攻击防范	firewall defend udp-short-header enable
开启超大 ICMP 报文攻击防范（特殊报文）	firewall defend large-icmp enable
开启带路由选项的 IP 报文攻击防范	firewall defend route-record enable
配置带时间戳选型的 IP 报文攻击防范	firewall defend time-stamp enable

9.5.3　USG 6000 NGFW 安全策略配置

华为 USG 6000 NGFW 防火墙采用一体化安全策略，一体化安全策略是基于全局范围，而不再基于安全域间。

1. 安全策略规划

一体化安全策略除了基于传统的五元组信息之外，还可以基于应用、内容、时间、用户、威胁、位置等 6 个维度来识别实际的业务环境，实现访问控制和安全监测。而且网络中一般存在多种业务流量，针对不同的业务流量，设备上也会配置多条安全策略。

为了保证安全策略配置的正确性，需要在配置安全策略前，完成安全策略的规划。一体化安全策略的规划应从以下几方面入手。

① 应明确需要划分哪几个安全区域，接口如何连接，分别加入哪些安全区域。

② 选择是根据“源地址”，还是根据“用户”来区分流量。

“源地址”适用于 IP 地址固定或企业规模较小的情况。如果选择根据“源地址”，则需要为不同部门的员工规划 IP 和网段。

“用户”适用于 IP 地址不固定且企业规模较大的情况。如果选择根据“用户”，则需要为每个员工定义一个“用户”，为每个部门定义一个“用户组”，并且将同一部门的“用户”加入代表部门的“用户组”。同时，还可以将不同部门但具有相同属性的用户加入“安全组”，从而形成横向的管理维度。

③ 确定对哪些通过防火墙的流量进行内容安全检测，进行哪些内容安全检测。

④ 将所有安全策略按照先精确（条件细化的、特殊的策略）再宽泛（条件为大范围的策略）的顺序排序。在配置安全策略时需要按照此顺序进行配置。

一体化安全策略配置思路如下：

① 配置默认安全策略的动作为允许通过，对业务进行调试，保证业务正常运行。

② 查看会话表，以会话表中记录的信息为匹配条件配置安全策略。

③ 恢复默认安全策略的配置，再次对业务进行调试，验证安全策略的正确性。

默认安全策略的动作配置为 permit 后，防火墙允许所有报文通过，可能会带来安全风险，因此调测完毕后，务必将默认安全策略动作恢复为 deny。

2. **安全策略配置**

（1）安全策略参数配置

一体化安全策略中需要用到安全区域、用户和认证、对象和安全配置文件，在配置安全策略规则、引用配置之前，需要首先配置定义这些参数。

用户和认证是指配置通过防火墙访问网络的用户和认证信息；对象是指配置地址和地址集、应用和应用集、服务和服务集、时间段等对象信息；安全配置文件是指定反病毒、入侵防御、内容过滤、应用行为过滤等配置文件。这些安全策略参数是可选配置信息，这里不作配置说明。如果需要进一步学习 USG 6000 防火墙安全策略的配置，请参考华为 USG 6000 NGFW Module 产品文档。

① 配置安全区域并将接口加入安全区域。USG 6000 系列 NGFW 防火墙默认定义了包括 local、trust、untrust、DMZ 四个安全区域，Local 区域安全级别默认为 100，trust 区域安全级别默认为 85，DMZ 区域安全级别默认为 50，untrust 区域安全级别默认为 5。数字越大安全级别越高。

如果用户还需要划分更多的安全等级，可以自行创建新的安全区域并定义其安全等级。安全区域创建完成后，还需要将相应接口加入安全区域。

② 在系统视图下，执行 firewall zone name zone-name 命令创建安全区域，并进入安全区域视图。

③ 执行 set priority security-priority 命令，配置安全区域的优先级。

④ 配置安全级别时，执行 add interface interface-type interface-number 命令，将接口加入安全区域。

（2）配置安全策略

① 在系统视图下进入安全策略视图：

```
security-policy
```

② 在安全策略视图下创建安全策略规则，并进入安全策略规则视图：

```
rule name rule-name
```

③ 配置策略所属的安全策略组。配置策略规则所属的安全策略组后，当前规则会被添加到安全策略组最后的位置。

```
parent-group group-name
```

④ 配置安全策略规则的匹配条件。如果配置了多条安全策略，则按照策略的优先级顺序进行匹配。如果流量匹配了某个安全策略，将不再进行下一个策略的匹配。系统默认存在一条默认安全策略，如果不同安全区域间的流量没有匹配到定义的安全策略，就会命中默认安全策略（条件均为 any，动作默认为禁止）。

- 配置源安全区域：source-zone { zone-name &<1-6> | any }。

- 配置目的安全区域：destination-zone { zone-name &<1-6> | any }。
- 配置源地址/地区：source-address { address-set address-set-name &<1-6> | ipv4-address { ipv4-mask-length | mask mask-address | wildcard } | mac-address &<1-6> | any }。
- 配置目的地址/地区：destination-address { address-set address-set-name &<1-6> | ipv4-address { ipv4-mask-length | mask mask-address | wildcard }| mac-address &<1-6> | any}。
- 配置用户、用户组：user { username user-name &<1-6> | user-group user-group-name &<1-6> | any }。
- 配置生效时间：time-range　time-range-name。

⑤ 配置安全策略规则的动作。

```
Action { permit | deny }
```

⑥ 配置发送反馈报文。如果安全策略的动作为“禁止”，FW 不仅可以将报文丢弃处理，还可以向报文的发送端和响应端发送反馈报文。

```
send-deny-packet { reset{ to-client | to-server } | icmp destination-unreachable }
```

3. 配置应用层包过滤

ASPF 是针对应用层的包过滤。SPF 功能默认关闭，需要根据实际使用需求开启对应协议类型的 ASPF 功能，对于不需要开启 ASPF 功能的协议类型应关闭此功能。

为了简化配置，系统支持配置全局 ASPF 功能。开启全局 ASPF 功能相当于同时开启了域间 ASPF 功能和域内 ASPF 功能。全局 ASPF 功能和域间/域内 ASPF 功能是“或”的关系，实际使用中选择其中一种方式进行配置即可。

（1）配置全局 ASPF 功能

① 进入系统视图：system-view。

② 配置需要检测的协议类型。支持检测的协议类型有 DNS、FTP、H.323、ICQ、MGCP、MMS、MSN、NetBIOS、PPTP、QQ、RSH、RTSP、SCCP、SIP。

```
firewall detect protocol
```

③ 检测并阻断下载 ActiveX 控件或 Java 控件。

```
firewall detect { activex-blocking | java-blocking }
```

（2）配置域间 ASPF 功能

① 进入域间视图。

```
firewall interzone zone-name1 zone-name2
```

② 配置需要检测的协议类型。

```
detect protocol
```

③ 检测并阻断下载 ActiveX 控件或 Java 控件。

```
Detect { activex-blocking | java-blocking } [acl-number{ inbound | outbound} ]
```

9.6 防火墙配置实验

华为 AR 系列路由器的防火墙功能支持基于 ACL 包过滤，而 USG2000/5000 系列防火墙支持融合 UTM 的安全策略，USG6000 系列支持一体化安全策略。下面首先介绍 AR 路由器基于 ACL 包过滤的防火墙功能配置方法；然后，在介绍 USG5000 系列支持的 UTM 安全策略防火墙功能配置方法；最后介绍 USG 6000 系列支持的一体化安全策略配置方法。

9.6.1 AR 路由器防火墙包过滤实验

AR 路由器防火墙功能配置包括防火墙基本功能配置和包过滤配置。根据需要还可以配置黑名单、白名单、攻击防范等。

防火墙配置示例（一）

1. **实验名称**

AR 路由器防火墙包过滤实验。

2. **实验目的**

① 学习掌握防火墙的基本概念。

② 学习掌握 AR 路由器基于 ACL 包过滤功能的配置方法。

3. **实验拓扑**

采用如图 9-10 所示网络拓扑图，其中路由器开启防火墙功能，保护 Trust 区域网络安全，图中路由器为 AR2220。假定拓扑图中各设备名称以及设备各接口的 IP 地址已经配置。

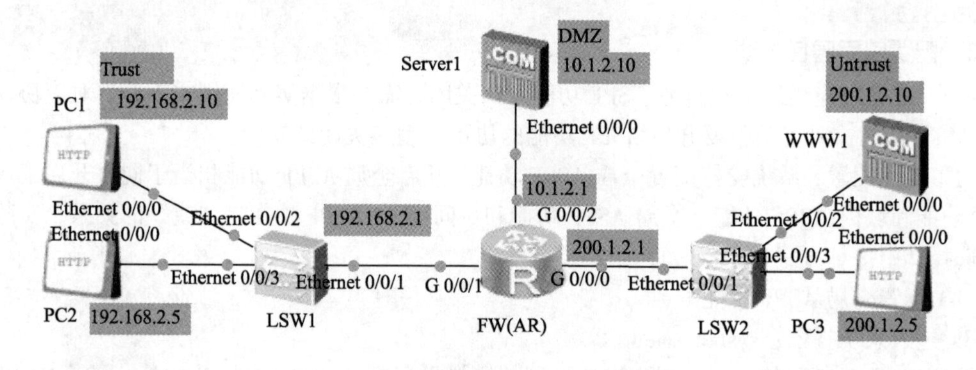

图 9-10 AR 路由器防火墙功能拓扑图

4. **实验内容**

通过 FW（AR）防火墙功能配置，达到以下安全目标：

① PC1 和 PC2 能够访问 DMZ 区域服务器 Server1 中各类服务。

② PC2 不能访问 Untrust 区域服务器 WWW1 中的各类服务，而 PC1 可以访问。

③ 外部 PC3 可以访问 DMZ 区域 Server1 中的 Web 和 FTP 等服务。

5. **实验步骤**

（1）基本功能配置

① 配置防火墙安全区域。华为 AR 路由器的防火墙安全区域优先级取值范围与实际防火墙不同，为 0 ~ 15。其中，local 区域优先级默认为 15，这里配置 Trust、DMZ、Untrust 区域优先级分别为 13、8 和 2。

```
[FW]firewall zone trust
 priority 13
[FW]firewall zone untrust
 priority 2
[FW]firewall zone dmz
 priority 8
[FW]firewall zone Local
 priority 15
```

② 将接口添加到安全区域：

```
[FW]interface GigabitEthernet0/0/0
zone untrust
[FW]interface GigabitEthernet0/0/1
zone trust
[FW]interface GigabitEthernet0/0/2
Zone dmz
```

③ 创建安全域间并使能防火墙功能：

```
[FW] firewall interzone trust untrust
 firewall enable
[FW] firewall interzone trust dmz
 firewall enable
[FW] firewall interzone dmz untrust
 firewall enable
```

（2）包过滤配置

① 访问控制列表配置：

```
[FW]acl number 3000                ###允许访问 DMZ 区域服务器
rule 5 permit ip source 192.168.2.0 0.0.0.255 destination 10.1.2.0 0.0.0.255
rule 10 deny ip
[FW]acl number 3010                ###PC1 允许访问 Untrust，但 PC2 不允许
rule 5 deny ip source 192.168.2.5 0 destination 200.1.2.0 0.0.0.255
rule 10 permit ip source 192.168.2.0 0.0.0.255 destination 200.1.2.0
0.0.0.255
rule 15 deny ip
[FW]acl number 3020                ###外部用户可以访问 DMZ 区域服务器
rule 5 permit ip source 200.1.2.0 0.0.0.255 destination 10.1.2.0 0.0.0.255
rule 10 deny ip
```

② 开启包过滤以及应用层 ASPF 状态检测：

```
[FW] firewall interzone trust untrust
firewall enable
packet-filter 3010 outbound
detect aspf all
[FW] firewall interzone trust dmz
firewall enable
packet-filter 3000 outbound
detect aspf all
[FW] firewall interzone dmz untrust
firewall enable
packet-filter 3020 inbound
detect aspf ftp
```

6. 实验测试

对于防火墙功能配置，可以利用拓扑图中 PC 的 HTTP 客户端和 FTP 客户端进行验证。下面以 AR 路由器开启防火墙功能配置为例，说明在 eNSP 模拟环境下防火墙对 HTTP 和 FTP 访问进行状态检测的测试过程。

① 在服务器 WWW1 和 Server1 上开启 HttpServer 和 FtpServer。

② 在 PC1 中，选择 HttpClient 进行连接测试。在地址栏出入 http://200.1.2.10/，然后单击“获取”按钮，测试结果如图 9-11 所示。

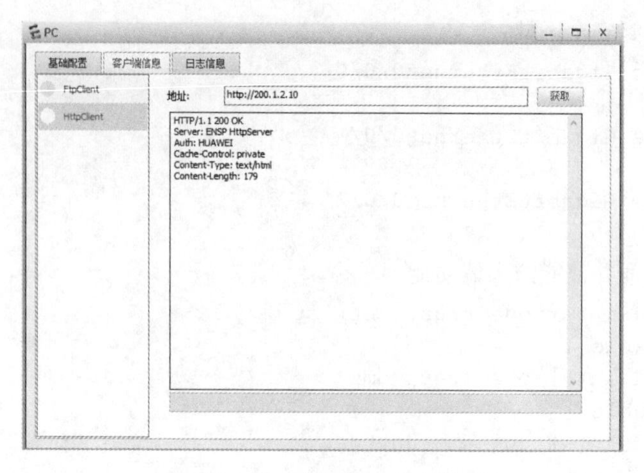

图 9-11 防火墙 HTTP 访问检测

注意：HTTP 协议属于单通道应用层协议，AR 路由器和防火墙只要配置允许 HTTP 协议通过，则防火墙功能通过状态检测，HTTP 访问即可成功。

③ 在 PC1 中，选择 FtpClient 进行连接测试，在服务器地址栏输入 200.1.2.10，然后单击“登录”按钮，测试结果如图 9-12 所示。

图 9-12 防火墙 FTP 检测示例

注意：FTP 协议属于多通道应用层协议，AR 路由器和防火墙如果仅配置允许 FTP 协议通过，但由于 FTP 协议会开启另外的数据通道，而简单状态检测无法保证访问成功，需要开启 ASPF 检测功能对 FTP 进行应用层状态检测，才能确保 FTP 访问成功。

下面开启服务器 Server1 和 WWW1 的 Web 服务和 FTP 服务，然后利用 PC1、PC2、PC3 进行测试。

① PC1 访问 Server1 和 WWW1 的 Web 和 FTP 服务，访问成功。

② PC2 访问 Server1 的 Web 和 FTP 服务成功，但访问 WWW1 的 Web 和 FTP 服务不成功。

③ PC3 访问 Server1 的 Web 服务和 FTP 服务成功。

9.6.2　USG 5000 防火墙融合 UTM 安全策略实验

华为 USG 5000 UTM 防火墙采用的是融合 UTM 安全策略，可以直接定义条件和动作，而无须使用访问控制列表技术。融合 UTM 安全策略由条件、动作和 UTM 策略组成，在安全策略的条件中出现了服务集的概念，代替了协议和端口。

注意：USG 5000 UTM 防火墙的 G0/0/0 接口为管理接口，默认 IP 地址为 192.168.0.1/24。通过 Web 访问，使用用户名 admin，密码为 Admin@123。

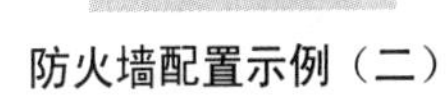
防火墙配置示例（二）

1. 实验名称

USG 5000 防火墙融合 UTM 安全策略实验。

2. 实验目的

① 学习掌握防火墙的基本知识。

② 学习掌握 USG 5000 防火墙融合 UTM 安全策略的配置方法。

3. 实验拓扑

采用如图 9-13 所示的网络拓扑图，内部网络通过防火墙（FW1）保护 Trust 区域网络安全。其中，FW1 为 USG 5000 UTM 防火墙。假定拓扑图中各设备名称以及设备各接口的 IP 地址已经配置，设备名称和接口 IP 地址如图 9-13 所示。

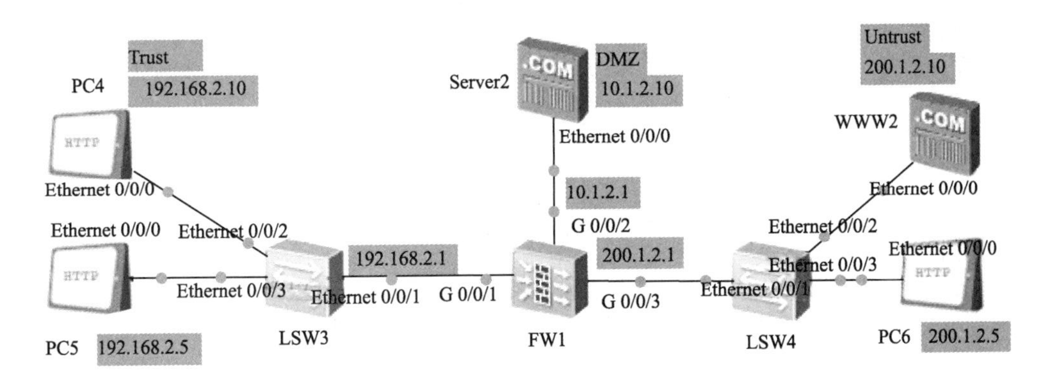

图 9-13　USG5000 UTM 防火墙功能拓扑图

4. 实验内容

通过 USG 5000 UTM 防火墙功能配置，达到以下安全目标。

① PC4 和 PC5 能够访问 DMZ 区域服务器 Server2 中各类服务。

② PC5 不能访问 Untrust 区域服务器 WWW2 的中各类服务，而 PC4 可以访问。

③ 外部 PC6 可以访问 DMZ 区域 Server2 中的 Web 和 FTP 等服务。

5. 实验步骤

（1）配置安全区域优先级并将相关接口加入对应区域

USG 5000 已经默认创建了 Lcoal、Trust、DMZ、Untrust 四个区域，它们的优先级分别是 100、85、50、5。这里需要将将接口加入相应区域。

```
[FW1] firewall zone trust
 set priority 85
 add interface GigabitEthernet0/0/1
```

```
[FW1] firewall zone untrust
 set priority 5
 add interface GigabitEthernet0/0/3
[FW1] firewall zone dmz
 set priority 50
 add interface GigabitEthernet0/0/2
```

（2）安全策略配置

USG 5000 默认开启了防火墙功能，只要定义安全策略即启动包过滤功能。注意：在 USG 5000 系列 UTM 防火墙中，如果不引用任何 UTM 策略，转发策略相当于简单的包过滤功能。下面配置安全策略

```
[FW1] policy interzone trust untrust outbound
 policy 1           ###禁止 PC5 访问外网
 action deny
  policy source 192.168.2.5 0
  policy 2          ###允许 192.168.2.0 网络访问 200.1.2.0 网络
  action permit
  policy source 192.168.2.0 0.0.0.255
  policy destination 200.1.2.0 0.0.0.255
  policy 3
  action deny
 [FW1] policy interzone trust dmz outbound
  policy 1          ###允许 192.168.2.0 网络访问 DMZ 区域
  action permit
  policy source 192.168.2.0 0.0.0.255
  policy destination 10.1.2.0 0.0.0.255
  policy 2
  action deny
  [FW1] policy interzone dmz untrust inbound
  policy 1         ###允许 200.1.2.0 网络访问 DMZ 区域
  action permit
  Policy service service-set http  ###允许访问 HTTP 服务
  Policy service service-set FTP   ###允许访问 FTP 服务
  policy source 200.1.2.0 0.0.0.255
  policy destination 10.1.2.0 0.0.0.255
  policy 2
  action deny
```

（3）开启应用层 ASPF 检测

本实验只开启对 FTP 服务的 ASPF 检测。配置如下：

```
[FW1] firewall interzone trust untrust
 detect ftp
[FW1] firewall interzone trust dmz
 detect ftp
[FW1] firewall interzone dmz untrust
 detect ftp
```

6. 实验测试

开启服务器 Server2 和 WWW2 的 Web 服务和 FTP 服务，然后利用 PC4、PC5、PC6 进行测试。

① PC4 访问 Server2 和 WWW2 的 Web 和 FTP 服务，访问成功。

② PC5 访问 Serve2 的 Web 和 FTP 服务成功，但访问 WWW2 的 Web 和 FTP 服务不成功。

③ PC6 访问 Server2 的 Web 服务和 FTP 服务成功。

9.6.3　USG 6000 NGFW 防火墙一体化安全策略实验

华为 USG 6000 NGFW 防火采用的是一体化安全策略。一体化安全策略除了基于传统的五元组信息之外，还可以基于应用、内容、时间、用户、威胁、位置等 6 个维度来识别实际的业务环境，实现访问控制和安全监测。一体化安全策略由条件、动作和配置文件组成。本示例要求采用一体化安全策略进行配置。

1. eNSP 软件中 USG 6000 防火墙设备初始化

利用 eNSP 中的 USG 6000 防火墙，需要首先到华为官网下载 USG 6000V.ZIP 包，解压后，生成文件 vfw_usg.vdi 文件，然后导入 vfw_usg.vdi 文件。

导入 vfw_usg.vdi 文件，需要打开 eNSP 客户端，在工作区添加一台 USG 6000v 设备，开启设置时会出现“导入设备包”对话框，添加解压生成的 vfw_usg.vdi 包路径即可导入，如图 9-14 所示。另外，USG 6000 NGFW 的初始登录用户名为 admin，密码为 Admin@123。注意用户名和密码的大小写。

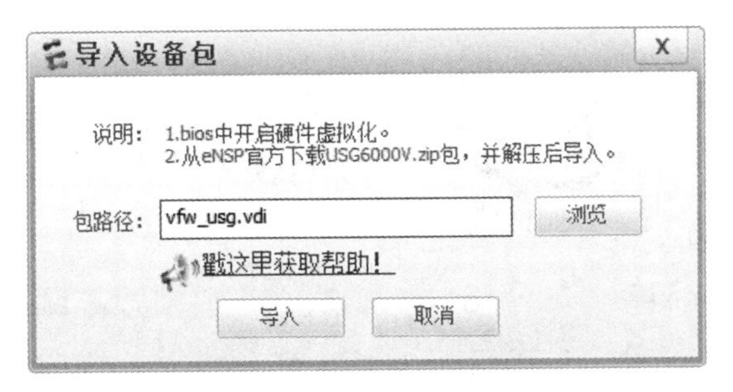

防火墙配置示例（三）

图 9-14　vfw_usg.vdi 包导入界面

2. USG 6000 防火墙配置方式

USG 6000 防火墙支持命令行方式和 Web 方式。在华为 eNSP 网络虚拟仿真软件中，USG 6000 防火墙支持这两种配置方式。这里首先说明采用 Web 方式的前期配置，然后利用命令行方式进行具体配置。

USG 6000 防火墙中有一个管理接口 G0/0/0，默认情况下，设置的 IP 地址为 192.168.0.1。支持通过此接口进行 Web 配置。

在全局配置模式下，有如下配置：

```
[FW] web-manager security version tlsv1.1 tlsv1.2
 web-manager enable
 web-manager security enable
```

在 G0/0/0 接口下，有如下配置：

```
[FW]interface GigabitEthernet0/0/0
undo shutdown
ip binding vpn-instance default
ip address 192.168.0.1 255.255.255.0
service-manage http permit
service-manage https permit
service-manage ping permit
service-manage ssh permit
```

```
service-manage snmp permit
service-manage telnet permit
```

另外，还通过 AAA 管理，配置了用户为 admin、密码为 Admin@123 的访问认证信息。认证信息支持 web user 和 terminal user 登录认证。

这里不对 USG 6000 防火墙的 Web 方式进行配置，而采用命令行方式对 USG6000 进行配置。

1. **实验名称**

USG 6000 NGFW 防火墙一体化安全策略实验。

2. **实验目的**

① 学习掌握防火墙的基本知识。

② 学习掌握 USG 6000 NGFW 防火墙一体化安全策略配置方法。

3. **实验拓扑**

采用如图 9-15 所示网络拓扑图，内部网络通过防火墙（FW2）保护 Trust 区域网络安全。其中，FW2 防火墙为 USG 6000 NGFW 防火墙。假定拓扑图中各设备名称以及设备各接口的 IP 地址已经配置，设备名称和接口 IP 地址如图所示。

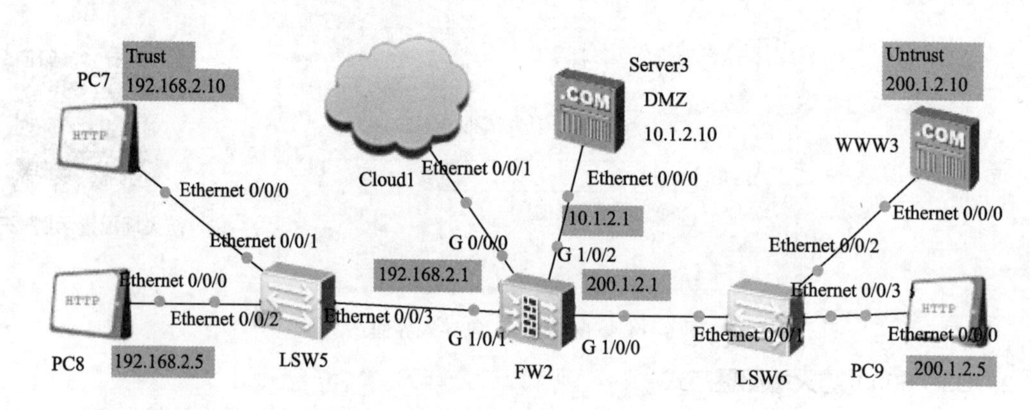

图 9-15 USG 6000 NGFW 防火墙功能拓扑图

4. **实验内容**

通过 USG 6000 NGFW 防火墙功能配置，达到以下安全目标：

① PC7 和 PC8 能够访问 DMZ 区域服务器 Server3 中的各类服务。

② PC8 不能访问 Untrust 区域服务器 WWW3 的中各类服务，而 PC7 可以访问。

③ 外部 PC9 可以访问 DMZ 区域 Server3 中的 Web 和 FTP 服务等。

5. **实验步骤**

（1）配置安全区域并将接口加入安全区域

USG 6000 NGFW 已经默认创建了 Lcoal、Trust、DMZ、Untrust 四个区域，它们的优先级分别是 100、85、50、5。这里需要将接口加入相应区域。

```
[FW2] firewall zone untrust
 set priority 5
 add interface GigabitEthernet1/0/0
[FW2] firewall zone trust
 set priority 85
 add interface GigabitEthernet1/0/1
[FW2] firewall zone dmz
```

```
set priority 50
add interface GigabitEthernet1/0/2
```

（2）配置安全策略

USG 6000 NGFW 默认开启防火墙功能，只需要配置安全策略即可，下面配置一体化安全策略，以满足配置要求。

```
[FW2] security-policy
[FW2-policy-security] rule name policy1   ### 允许内部用户访问 DMZ 区域
[FW2-policy-security-rule-policy1] source-zone trust
[FW2-policy-security-rule-policy1] destination-zone dmz
[FW2-policy-security-rule-policy1] source-address 192.168.2.0 24
[FW2-policy-security-rule-policy1] destination-address 10.1.2.0 24
[FW2-policy-security-rule-policy1] action permit
[FW2-policy-security] rule name policy2   ### 不允许 PC8 访问外网
[FW2-policy-security-rule-policy2] source-zone trust
[FW2-policy-security-rule-policy2] destination-zone untrust
[FW-policy-security-rule-policy2] source-address 192.168.2.5 32
[FW2-policy-security-rule-policy2] destination-address 200.1.2.0 24
[FW2-policy-security-rule-policy2] action deny
[FW2-policy-security] rule name policy3    ###允许内部用户访问外网
[FW2-policy-security-rule-policy3] source-zone trust
[FW2-policy-security-rule-policy3] destination-zone untrust
[FW2-policy-security-rule-policy3] source-address any
[FW2-policy-security-rule-policy3] action permit
[FW2-policy-security] rule name policy4   ###允许外部用户访问 DMZ 区域
[FW2-policy-security-rule-policy3] source-zone untrust
[FW2-policy-security-rule-policy4] destination-zone dmz
[FW2-policy-security-rule-policy4] service http ftp  ###允许访问 HTTP 和 FTP 服务
[FW2-policy-security-rule-policy4] source-address any
[FW2-policy-security-rule-policy4] action permit
```

注意：将防火墙默认安全规则先设置为 permit，对业务进行调试，保证业务正常运行。使用 dispplay firewall session table 命令查看会话表，然后将安全策略设置为默认值 deny，再次对业务进行调整，验证安全策略的正确性。

```
[FW2] security-policy
[FW2-policy-security] default action permit    ###配置默认安全策略为允许通过
[FW2-policy-security] default action deny      ###配置默认安全策略为禁止通过
```

默认安全策略的动作配置为 permit 后，防火墙允许所有报文通过，可能会带来安全风险，因此调测完毕后，务必将默认安全策略动作恢复为 deny。

（3）开启应用层 ASPF 检测

本示例只开启对 FTP 服务的 ASPF 检测。配置如下：

```
[FW2]firewall detect ftp    ###在全局视图下，对 FTP 服务开启 ASPF 检测
```

6. 实验测试

开启服务器 Server3 和 WWW3 的 Web 服务和 FTP 服务，然后利用 PC7、PC8、PC9 进行测试。

① PC7 访问 Server3 和 WWW3 的 Web 和 FTP 服务，访问成功。

② PC8 访问 Server3 的 Web 和 FTP 服务成功，但访问 WWW3 的 Web 和 FTP 服务不成功。

③ PC9 访问 Server3 的 Web 服务和 FTP 服务成功。

小　结

防火墙是一种隔离技术，使内网和外网分开，可以防止外部网络用户以非法手段通过外部网络进入内部网络，保护内网免受外部非法用户的侵入。

本章首先介绍防火墙的发展历史、分类，然后介绍防火墙基本技术和安全功能，以及华为防火墙产品。在此基础上，结合华为 AR 路由器包过滤防火墙、USG 5000 UTM 防火墙、USG 6000 NGFW 防火墙，讲述了华为 3 种防火墙的配置方法和示例。

习　题

一、选择题

1. 以下（　　）不属于防火墙部属方式。
   A. 透明模式　　B. 路由模式　　C. 混合模式　　D. 交换模式
2. 下列有关防火墙局限性描述（　　）是不正确的。
   A. 防火墙不能防范不经过防火墙的攻击
   B. 防火墙不能解决来自内部网络的攻击和安全问题
   C. 防火墙不能对非法的外部访问进行过滤
   D. 防火墙不能防止策略配置不当或错误配置引起的安全威胁
3. （多选）防火墙有（　　）区域。
   A. Local　　B. Trust　　C. Untrust　　D. DMZ
4. （多选）防火墙的测试性能参数一般包括（　　）。
   A. 吞吐量　　B. 新建连接速率　　C. 并发连接数　　D. 处理时延
5. 防火墙中地址翻译的主要作用是（　　）。
   A. 提供应用代理服务　　B. 隐藏内部网路地址
   C. 进行入侵检测　　D. 防止病毒入侵
6. 包过滤防火墙的缺点是（　　）。
   A. 容易受到 IP 欺骗攻击
   B. 处理数据包的速度较慢
   C. 开发较困难
   D. 代理的服务（协议）必须在防火墙出厂前设置好
7. 防火墙的性能指标参数中，（　　）指标会直接影响到防火墙支持的最大信息数。
   A. 吞吐量　　B. 并发连接数
   C. 延时　　D. 平均故障时间
8. 防止盗用 IP 行为是利用防火墙的（　　）功能。
   A. 防御攻击的功能　　B. 访问控制功能
   C. IP 地址和 MAC 地址功能　　D. URL 过滤功能
9. 如果内网地址段为 192.168.1.0/24，需要用到防火墙（　　）功能，才能使用户上网。
   A. 地址映射　　B. 地址转换
   C. IP 地址和 MAC 地址绑定功能　　D. URL 过滤功能
10. 防火墙对要保护的服务器作端口映射的好处是（　　）。

A. 便于管理

B. 提高防火墙的性能

C. 提高网络的利用率

D. 隐藏服务器的网络结构，使服务器更加安全

二、实践题

利用华为 eNSP 虚拟仿真软件完成防火墙实践。

（1）AR 路由器 ACL 包过滤实践。

（2）USG 5000 防火墙融合 UTM 安全策略实践。

（3）USG 6000 防火墙一体化安全策略实践。

参 考 文 献

[1] 徐慧洋，白杰，卢宏旺. 华为防火墙技术漫谈[M]. 北京：人民邮电出版社，2015.
[2] 高峡，陈智罡，袁宗福. 网络设备互联学习指南[M]. 北京：科学出版社，2009.
[3] 张选波，吴丽征，周金玲. 设备调试与网络优化学习指南[M]. 北京：科学出版社，2009.
[4] 杭州华三通讯技术有限公司. 路由交换技术：1 卷(上、下册)[M]. 北京：清华大学出版社，2011.
[5] 杭州华三通讯技术有限公司. 路由交换技术：2 卷[M]. 北京：清华大学出版社，2012.
[6] 杭州华三通讯技术有限公司. 路由交换技术：3 卷[M]. 北京：清华大学出版社，2012.
[7] 杭州华三通讯技术有限公司. 路由交换技术：4 卷[M]. 北京：清华大学出版社，2012.